Georg Bauer

Faszination Landtechnik

100 Jahre Landtechnik – Firmen und Fabrikate im Wandel

Georg Bauer

Faszination Landtechnik

**100 Jahre Landtechnik –
Firmen und Fabrikate im Wandel**

Verlags Union Agrar

Bibliografische Information **Der Deutschen Bibliothek**

Die Deutsche Bibliothek verzeichnet diese Publikation in der Deutschen Nationalbibliografie; detaillierte bibliografische Daten sind im Internet über http://dnb.ddb.de abrufbar.

DLG-Verlags-GmbH, Eschborner Landstraße 122, 60489 Frankfurt am Main
Eilbote Boomgaarden Verlag GmbH, Winsener Landstr. 7, 21423 Winsen/Luhe OT Roydorf

Druck auf chlorfreiem Papier

Grafisches Konzept: Ralph Stegmaier, Offenbach
Lektorat: Jürgen Boomgaarden, Winsen/Luhe, Rainer Rupalla, Frankfurt am Main
Produktion: Rainer Rupalla, Frankfurt am Main

Wetzlar-Druck, Wetzlar
Printed in Germany

ISBN 3-7690-0608-9

Vorwort

Wer kennt sie nicht, die großen Namen der Landtechnik? Viele haben Geschichte geschrieben. So wie Bautz, Fahr, Fortschritt oder Lanz. Andere Firmen schreiben gerade Geschichte. So wie Agco, CNH, Krone oder Kverneland.

In diesem Buch werden ausgewählte Unternehmen geschildert, die entweder global agieren, bedeutende Anbieter auf einem Kontinent sind oder auf ihrem Spezialgebiet herausragende Leistungen erbringen.

Freunde der Landtechnik und deren Geschichte werden in diesem Buch vieles Bekannte wiederfinden, manches Neue entdecken und anderes neu bewerten. Denn in die Unternehmensgeschichten ist reichlich Fachwissen eingeflossen, das im Wesentlichen auf ein über Jahrzehnte hinweg angelegtes privates Archiv des Verfassers begründet ist und durch die vielfältigen persönlichen Kontakte zu Mitarbeitern der einzelnen Firmen erweitert und ergänzt wurde.

Die ausgewählten Firmenportraits machen das vorliegende Buch zu einem idealen Nachschlagewerk für alle, die an der Entwicklung der Landtechnik-Industrie interessiert sind, wobei neben den wesentlichen, Epoche machenden Erfindungen der einzelnen Firmen auch viele zum Großteil noch unveröffentlichte Bilder von historischem Wert enthalten sind.

Gleichzeitig wird es für den Insider ein interessantes Lesebuch sein, da die Portraits neben den Fakten auch vielfach unbekannte, den Leser zum Schmunzeln, Nachdenken oder Erstaunen bringende Details enthält.

Mein Dank gilt den Unternehmen und deren Mitarbeitern, die mich mit Informationen, Berichten und Bildmaterial unterstützten. Ebenso bedanke ich mich bei meiner Familie, die mir in den Jahren des Recherchierens und Schreibens mit Geduld, Rat und Tat zur Seite stand.

Heßdorf, November 2002

Georg Bauer

Inhalt

Devisenkurse 12

Geleitwort 13

Firmenportraits

A

Accord GmbH & Co KG, Soest 14
Fähse, Vicon, Horsch, Dutzi, Kverneland, White New Idea

Agco, Duluth/Georgia (USA) 16
Deutz-Allis, Gleaner, Allis Chalmers, Hesston, Fiat, Ford, New Holland, White, Oliver, Hartparr, Cletrac, Cockshutt, Minneapolis Moline, Same-Lamborghini-Hürlimann, Massey Ferguson, White New Idea, Mc Connel, Black Machine, Glencoe, Tye, Farmhand, Landini, Iochpe Maxion, Ideal, Western Combine, Spra Coupe, Fendt, Dronningborg, Willmar, Great Plains, CNH Global, Same Deutz-Fahr Group, Ag-Chem, Caterpillar, Challenger

Amazonen-Werke H. Dreyer GmbH & Co KG, Hasbergen-Gaste 26
BBG, Krone

B

Josef Bautz GmbH, Saulgau 34
Claas, Fahr

Karl Becker GmbH & Co KG Maschinenfabrik, Oberweser 37
Fritzmeier, Cormall, Kongskilde, DanAgri

Bidell-Gruppe, Waldstetten 38
Eberhardt, Mengele, Fortschritt, Agco, Case IH

Bucher Industries A.G., Niederwenningen/Zürich (Schweiz) 42
Kuhn, Fahr, Allis Chalmers, Fiat

C

Antonio Carraro S.p.A., Campodarsego/Padua (Italien) 46

Case Corporation, Racine/Wisconsin (USA) **48**
Wallis Tractor, Detour, Tenneco, David Brown, Poclain, CDC, IHC, Steyr, Concord, Agrilogic, Bidell, Austoft, Fortschritt, MDW, Fiat

Claas KGaA., Harsewinkel **58**
Ford, Fahr, Bautz, Speiser, Komplex, Escorts Sanderson, LTS, Caterpillar

CNH-Global N.V. Amsterdam (Niederlande) **70**
Fiat, New Holland, Case, Agco, Laverda. Landini, Buhler, Steiger

D

Deere & Company, Moline/Illinois (USA) **76**
McCormick, IHC, Case, Caterpillar, Massey Ferguson, Heinrich Lanz, Remy & Fils, Rousseau, Thiebault, CCM, KHD, Fiat, Yanmar, Goldoni, Zetor, Renault, Kemper, Agritalia, Matbro, Krone, Cameco, Douven, Timberjack, Larsen & Toubro, Vapormatic, A & I, Homelite

F

Maschinenfabrik Fahr AG, Gottmadingen **90**
Krupp, Zahnradfabrik Karlsruhe, Arvika, Güldner, Claeys, Rivierre Casalis, KHD, Ködel & Böhm

Fella Werke GmbH, Feucht **98**
Fichtel & Sachs, Stille, Mannesmann, Netagco

Xaver Fendt GmbH & Co., Marktoberdorf **102**
KMF, Lely-Dechentreiter, Agco

Harry Ferguson Ltd., Banner Lane/Coventry (Großbritannien) **109**
David Brown, Ford

Fiat S.p.A. Turin (Italien) **112**
KOC Holding, Agrifull, Fiat-Allis, Laverda, Hesston, Braud, Fiatagri, Same, Case IH, Ford New Holland, N.H.Geotech

Ford Motor Company, Dearborn/Michigan (USA) **118**
Ferguson, County, Doe & Sons, Claas, Sperry New Holland, Fiat

Fortschritt Erntemaschinen GmbH. Neustadt/Sachsen **122**
Bidell, Case

G

Goldoni S.p.A. Migliarina di Carpi/Modena (Italien) **124**
Gutbrod, Hako

Greenland N.V., Nieuw Vennep (Niederlande) 127
Thyssen-Bornemisza, Vicon, Midema, Mullos, Trioliet, PZ Zweegers, Boeke Heesters, Rivierre Casalis, KHD, Kverneland

Franz Grimme Landmaschinenfabrik GmbH & Co KG, Damme 132
Internorm, Ricon, Agrovent, Climax, Gruse, Stoll, Spudnik

H

Hardi, Hartvig Jensen & Co A/S, Glostrup (Dänemark) 136
Cooper, Pegler, Evrard

Hassia Maschinenfabrik GmbH, Butzbach 138
Rau, Cormall, Becker, Lemken, Netagco

Gebr. Holder GmbH & Co Maschinenfabrik, Metzingen 141
Platz, Maruyama

Horsch Maschinenfabrik GmbH, Schwandorf 145

Hürlimann Traktorenfabrik, Wil (Schweiz) 148
Same

I / J

IHG-International Harvester Company, Chicago/Illinois (USA) 150
McCormick, Deering KHD, Zweegers, Braud, Dresser, Renault, Case, Tenneco, Navistar

JCB, J. C. Bamford Excavators Ltd., Rocester/Staffordshire (Großbritannien) 155

JF-Fabrikken Jens Freudendahl A/S, Sønderborg (Dänemark) 158
Samson-Tanges, Stoll

K

Franz Kleine Maschinenfabrik GmbH & Co, Salzkotten 161
Franz Kleine Agrartechnik, BBG, Rudolf Sack, Unsinn, Agrimac, Kverneland

Klöckner-Humboldt-Deutz AG (KHD), Köln 166
Deca, Demisa, Ritscher, Tatrac, Fahr, Eicher, Güldner, Hanomag, Ködel & Böhm, Sonacome, Mengele, InfoAgrar, Torpedo, IHC, Deutz-Fahr, Allis Chalmers, Daimler Benz, Greenland, Steyr, Same, Agco, Fortschritt

Ködel & Böhm GmbH, Lauingen 182
Klöckner-Humboldt-Deutz AG, Same Deutz-Fahr

Kongskilde Industries A/S, Sorø (Dänemark) 186
Skjold, Dameco, Cormall, Juko, Becker, Överum, Howard, TIM, Thyregod, Damagri

Maschinenfabriken Bernard Krone GmbH, Spelle 192
KMN, M+W Gear Company, Niemeyer, Amazone, John Deere

Kuhn S.A., Saverne (Frankreich) 200
Bucher-Guyer, Huard, Mattelest Diffusion, Audureau, Nodet-Gougis, Rauch

Kverneland A/S, Kverneland (Norwegen) 208
Globus, Fraugde, Underhaug, Taarup, Kidd, Maletti, Accord, Silo-Wolff, Greenland, Deutz-Fahr, Rau, Ferrag, Gregoire, Bobard, Socamav, Vicon, JCB, URM, Agrimac, Dumor

L

Landini S.p.A., Fabbrico/Reggio Emilia (Italien) 217
Massey Ferguson, Argo, Agco, Case, McCormick, Laverda, Valpadana, Fort, Pegoraro, Emmegi, SEP

Heinrich Lanz AG, Mannheim 223
Wery, Hofherr-Schrantz, Clayton Shuttleworth, John Deere

Lely Industries N.V., Maasland (Niederlande) 228
Niemeyer, Landsberg, Bautz, Remy, Welger, Emonds

Lemken GmbH & Co. KG, Alpen/Niederrhein 233
JF, Hassia, Cormall, Thrige-Agro, Panopa

Lindner Traktorenwerk Ges.mbH, Kundel/Tirol (Österreich) 239
Steyr, ZF, Case IH, DaimlerChrysler

M

Massey-Harris Company Ltd.
Massey Ferguson Ltd. 241
Varity Corporation, Dase, Wallis Tractor, Fahr, Hanomag, Ferguson, Mid Western, Perkins, Motor-Iberica, Iochpe Maxion, Ideal, Varity, Iseki, Agco

MDW Mähdrescherwerke, Singwitz 249
Raussendorf, Claas, KHD, Case

Karl Mengele & Söhne, Günzburg 252
KMN, Faun, Bidell, Weichel

Mercedes-Benz 255
Daimler-Benz, DaimlerChrysler Werk Gaggenau, Süddeutsche Automobilfabrik, Böhringer, KHD, Kramer, Hako, Kommobil, Multicar

N

New Holland Machine Company, New Holland/Pensylvania (USA) **261**
Sperry, Claeys, Ford, Fahr

New Holland Ltd., Brentford/Middlessex (Großbritannien) **263**
Fiatagri, NH-Geotech, Fiat-Hitachi, TCN, Manitou, Flexi-Coil, Bizon, O & K, Case IH

H. Niemeyer Söhne GmbH & Co. KG, Hörstel **269**
Lely, Fahr, Zweegers, Krone, Mengele, KMN, Vogel & Noot

Netagco Holding B.V. Lelystad (Niederlande) **272**
Thyssen-Bornemisza, Boeke Heesters, Greenland, Miedema, Trioliet, Rumptstad, Hassia, Schrijver, Reekie, Niewöhner, Weimar-Werke, Tolsma, Fella, AVR

P

Alois Pöttinger Maschinenfabrik Ges.mbH, Grieskirchen (Österreich) **277**
Landsberg, Nodet, Welger, Gallignani, Rabe

R

Rabe-Werk GmbH & Co., Bad Essen **282**
Rabe Agrarsysteme, Fortschritt, Maschio, Saxonia, Pöttinger

Maschinenfabrik Rau GmbH, Weilheim/Teck **286**
Imex, Sicam, Jean de Bru, MRM, Alloway, Hassia, Kverneland

Rauch Landmaschinenfabrik GmbH, Sinzheim **290**
Kuhn

Reformwerke Bauer & Co. Ges.mbH, Wels (Österreich) **294**
Agromont

Renault Agriculture S.A., Velizy (Frankreich) **298**
Porsche, MAN, Normag, Rivierre Casalis, Mitsubishi, Agritalia, Massey Ferguson, Gima, John Deere, JCB

Rivierre Casalis, Orléans (Frankreich) **306**
Fahr, Omnium, Vicon, Renault, Greenland, Kverneland

S

Same Deutz-Fahr Group S.p.A., Treviglio (Italien) **308**
Gepi, Lamborghini, Hürlimann, KHD, Agco, Dronningborg

Sampo Rosenlew Ltd. Pori (Finnland) **316**
Massey Ferguson, IHC, Wintersteiger

Steyr-Daimler-Puch AG, Wien (Österreich) **319**
Valmet, KHD, Case

Wilhelm Stoll Maschinenfabrik GmbH, Lengede-Broistedt **324**
JF-Fabriken

V

Väderstad – Verken, Väderstad (Schweden) **328**

Valtra Inc. *(Valmet)*, Suolahti (Finnland) **331**
Munktell, Volvo-BM, Arvika-Thermaenius, Trama, Steyr, Massey Ferguson, Agritalia

Vicon International B.V., Nieuw Vennep (Niederlande) **339**
Thyssen-Bornemisza, Greenland

Vogel & Noot Landmaschinenfabrik AG, Wartberg (Österreich) **341**
KMF, Niemeyer

W

Welger GmbH, Wolfenbüttel **346**
Lely

Z

P. J. Zweegers en Zonen
Landboumachinefabriek B.V., Geldrop (Niederlande) **349**
Bosch N.V., Fahr, Bamford, Kuhn, Greenland

Literaturhinweise **351**

Bildnachweise, Verfasser **352**

Für die Umrechnung in Euro der in der jeweiligen Landeswährung angegebenen Werte: Devisenkurse in Deutschland und im Euro-Währungsgebiet Euro-Referenzkurse* der Europäischen Zentralbank zum Jahresende 2000

Land	*1 Euro*	*Währung*	
Belgien	"	*40.3399*	*Belgische Franc*
Deutschland	"	*1.95583*	*Deutsche Mark*
Finnland	"	*5.94573*	*Finnmark*
Frankreich	"	*6.55957*	*Französische Franc*
Griechenland	"	*340.750*	*Drachmen*
Irland	"	*0,787564*	*Irische Pfund*
Italien	"	*1.936.27*	*Lire*
Luxemburg	"	*40.3399*	*Luxemburgische Franc*
Niederlande	"	*2.20371*	*Gulden*
Österreich	"	*13.7603*	*Schilling*
Portugal	"	*200.482*	*Escudos*
Spanien	"	*166.386*	*Peseten*
Dänemark *	"	*7.4631*	*Dänische Kronen*
Norwegen *	"	*8.2335*	*Norwegische Kronen*
Schweden *	"	*8.8313*	*Schwedische Kronen*
Schweiz *	"	*1.5232*	*Schweizer Franken*
Vereinigtes Königreich *	"	*0.62410*	*Pfund Sterling*
Vereinigte Staaten *	"	*0.9305*	*US-Dollar*
Japan *	"	*106.92*	*Yen*

Euro-Referenzkurse* der Europäischen Zentralbank zum Jahresende 2001

Land	*1 Euro*	*Währung*	
Dänemark *	"	*7.4365*	*Dänische Kronen*
Norwegen *	"	*7.9515*	*Norwegische Kronen*
Schweden *	"	*9.3012*	*Schwedische Kronen*
Schweiz *	"	*1.4829*	*Schweizer Franken*
Vereinigtes Königreich *	"	*0.60850*	*Pfund Sterling*
Vereinigte Staaten *	"	*0.8813*	*US-Dollar*
Japan *	"	*115.33*	*Yen*

Quelle: Deutsche Bundesbank

Geleitwort

Die Landtechnik-Industrie, eine der ältesten und aktivsten Maschinenbau-Branchen, hat eine wechselvolle Geschichte hinter und eine Zukunft vor sich, deren Verständnis nur vor dem geschichtlichen Hintergrund gelingt.

Dramatische Abschwünge und glanzvolle Aufstiege dieser Branche sind eng verbunden mit technischen Innovationen, die neue Märkte schaffen und ältere Technologien oft in kürzester Zeit verdrängen.

Natürlich sind es auch die Unternehmerpersönlichkeiten gewesen, die dieser Branche ihren Stempel aufdrückten. Sei es, dass sie für Niedergang oder rasanten Erfolg standen. Vor allem aber sind es die Unternehmen selbst, deren Namen oft Markencharakter weit über Deutschland hinaus, in Europa, Ost wie West, und manchmal auch weltweit erlangten. Viele dieser Unternehmen finden sich in dem vorliegenden Buch beschrieben.

Es ist sehr zu begrüßen, dass der Autor, der selbst sein Arbeitsleben in der Branche verbracht hat, sich der Mühe unterzogen hat, einen einmaligen Überblick über diese Branche zu schaffen und durch die Verwendung umfangreichen Bildmaterials und vieler bisher so nicht veröffentlichter Fakten ein interessantes Werk vorlegt.

Dieses Buch spiegelt auch die Geschichte des Verbandes dieser Industrie, des VDMA Fachverband Landtechnik, wider. Seit über 100 Jahren ist es auch eine Aufgabe des VDMA, die Landtechnik-Branche der Öffentlichkeit vorzustellen. Dabei sind wir immer auf Unterstützung aus der Wissenschaft, der Presse, vor allem aber auch der Mitgliedsunternehmen angewiesen gewesen. Daher begrüße ich dieses Buch als ein gelungenes Werk, das dem Bild der Landtechnik-Industrie in der Öffentlichkeit einen weiteren wichtigen Mosaikstein hinzufügt.

Der große Erfolg der ersten Auflage zeugt von dem Interesse, das die Landtechnik-Industrie in der breiten Bevölkerung findet. Die Überarbeitung und Ergänzung um weitere Firmen bringt das vorliegende Buch auf den neuesten Stand auch hinsichtlich der technischen Entwicklung.

Ich wünsche der zweiten Auflage den gleichen Erfolg.

Dr. Bernd Scherer
Geschäftsführer VDMA Fachverband Landtechnik

Accord

Accord GmbH & Co KG
Soest (D)

Das Weiste-Dreieck und die Revolution der Sätechnik

Eine der jüngsten deutschen Landmaschinenfabriken ist heute Teil des Kverneland-Konzerns

1948
gründet der Landwirt Heinrich Weiste mit der Vorstellung der ersten funktionsfähigen Pflanzmaschine für Kohl, Mais und Reis die Landmaschinenfabrik Heinrich Weiste & Co. in Sieningsen bei Soest.

Eine der ersten funktionsfähigen Pflanzmaschinen überhaupt.

Sätechnik – nach dem Zweiten Weltkrieg und heute. Mit ihren Produkten prägte die Firma Heinrich Weiste & Co. diese Entwicklung entscheidend mit.

1963
wird mit der Errichtung eines neuen modernen Werkes auf 12 000 m^2 Fläche im Industriegebiet Soest begonnen. Mit 80 Beschäftigten fängt gleichzeitig eine neue Entwicklungsära an.

1964
Erster Meilenstein ist die Erfindung und Entwicklung der Geräte-Schnellkupplung. Diese Dreieckskupplung, im Fachjargon „Weiste-Dreieck" genannt – gleichzeitig Grundlage für das Firmensymbol – ist mittlerweile mit mehreren hunderttausend Exemplaren im Einsatz.

1966
folgt als weitere bahnbrechende Entwicklung das Pneumatic-Säsystem. Der Engländer James Cooke baute bereits 1785 die erste brauchbare Sä- und Drillmaschine. Sein Prinzip, Saatgut durch einzelne Säräder zu dosieren und in Reihen zu „drillen", wird noch heute bei mechanischen Sämaschinen genutzt. Die Idee von Weiste, das Saatgut zentral zu dosieren und durch einen Luftstrom zu verteilen, revolutionierte die Sätechnik.

1968
Serienanlauf der ersten Generation pneumatischer Drillmaschinen mit 5 bis 7 m Arbeitsbreite; dazu kommt noch der erste pneumatische Düngerstreuer.

1971
erfolgen die ersten Lizenzvergaben nach Australien, Ungarn und in die USA, wo sich die Maschinen unter dem Namen „Air-Seeder" im großflächigen Getreidebau durchsetzen.

1977
folgt die zweite Generation der Pneumatic-Drillmaschinen mit Arbeitsbreiten von 3 bis 4 m.

1981
werden Lizenzverträge hierüber mit den Firmen Vicon, Horsch und Dutzi abgeschlossen; gleichzeitig wird der Saatgut-Fronttank für den Traktoranbau auf den Markt gebracht.

1983
erhält der Turbo-Düngerstreuer einen Aluminiumrahmen und zwei Jahre später eine elektronische Mengenregelung.

1985
wird die Firma Fähse in Düren übernommen, und im darauf folgenden Jahr erfolgt der Einstieg in die Einzelkornsaat mit den Maschinen Miniair und Monopill.

1989
wird das Werk Oestinghausen in Betrieb genommen, das ausschließlich Kunststoffteile für die Weiste-Werke in Soest und Düren herstellt.

1994
geht das Unternehmen Weiste mit der Firma Kverneland eine strategische Allianz ein und gibt dabei 26 % der Geschäftsanteile ab. Die erfolgreiche Entwicklung wird aus der nebenstehenden Tabelle ersichtlich.

oben:
Pneumatisches Einzelkornsägerät mit Fronttank. Seit 1971 werden diese Maschinen durch Lizenzvergaben in der ganzen Welt produziert.

links:
Weistes erster Meilenstein: Die Dreieckskupplung, mit der die Firma in den 60er Jahren die Basis ihrer Erfolgsgeschichte schuf.

Rund zwei Drittel des Umsatzes gehen in den Export. Das Lieferprogramm umfasst derzeit Pneumatic-Sämaschinen mit 2 bis 9 m Arbeitsbreite, -Düngerstreuer mit 16 bis 20 m Arbeitsbreite, Pflanzmaschinen, pneumatische und mechanische Einzelkornsämaschinen, pneumatische Einzelkorn-Folienlegegeräte, Feinsaatmaschinen für Gemüse und Kupplungsdreiecke.

1996
wird zu Jahresbeginn das Unternehmen vollständig von Kverneland übernommen und firmiert jetzt unter Kverneland Accord.

Umsätze und Zahl der Beschäftigten bei Weiste-Accord von 1970 bis 1995

	1970	*1980*	*1990*	*1995*
Gesamtumsatz in Mio. DM	9,0	10,0	47,0	56,0
Beschäftigte	90	95	280	225

AGCO

Duluth, Georgia
(USA)

Konzern aus der Retorte

Ein Produkt des amerikanischen Deutz-Abenteuers

1990

kauft Robert J. Ratliff, Geschäftsführer von Deutz-Allis, zusammen mit vier Mitarbeitern und einer Investorgruppe die Firma von der Muttergesellschaft Klöckner-Humboldt-Deutz A.G. in Köln ab und gründet die Agco Corporation.

Die Deutz AG hatte die traditionsreiche Allis Chalmers Co. erst fünf Jahre zuvor gekauft und in Deutz-Allis umfirmiert.

Allis Chalmers wurde 1901 gegründet. Sie entstand aus der Zusammenführung der 1861 von Edward P. Allis gegründeten Firma, die sich um die Jahrhundertwende zum größten Dampfmaschinenhersteller in den USA entwickelte, und der Stanzenfabrik Fraser & Chalmers. Allis Chalmers produzierte neben Traktoren auch andere Landmaschinen wie Bodenbearbeitungsgeräte, Mähdrescher, Aufsammelpressen etc. und durchlief eine sehr wechselhafte Geschichte mit Erfolgen und Schwächeperioden.

KHD verabschiedet sich damit nach fünf verlustreichen Jahren vom amerikanischen Markt, obwohl es dem Geschäftsführer gelungen war, die Deutz-Allis-Verluste von 82 Mio. $ im Jahr 1987 auf 1,6 Mio. $ im Jahr 1989 zurückzuführen. Von den 1 800 Händlerstützpunkten sind noch 800 vorhanden. Agco übernimmt gleichzeitig alle Serviceverpflichtungen von Deutz-Allis und kauft noch im gleichen Jahr den Mähdrescherhersteller Allis Gleaner Co. Im Jahr 1990 wird bereits ein Gewinn von 8 Mio. $ erwirtschaftet.

1991

übernimmt Agco die Firma Hesston, einen Hersteller von Futterernte-Maschinen. Hesston musste vom Eigentümer Fiat nach der Übernahme von Ford-New Holland auf Grund der amerikanischen Anti-Trust-Gesetze abgegeben werden. Noch im gleichen Jahr wird der Traktorenhersteller White übernommen.

Die White Motor Corporation, ein amerikanischer Lastwagenhersteller, betätigte sich seit 1960 auch im Landmaschinengeschäft.

MF 3690 mit 190 PS und Dynashiftgetriebe.

Ausgangspunkt war die Übernahme der Oliver Farm Equipment Company. In dieser 1929 gegründeten Firma waren so renommierte Unternehmen wie Hart Parr sowie Cletrac (eine ursprüngliche White-Gründung von 1917) aufgegangen.

Im Februar 1962 kam die in Kanada ansässige Firma Cockshutt Farm Equipment in Brantfort/Ontario hinzu, deren Gründung in das Jahr 1877 fällt. Anfang 1963 wurde die Minneapolis Moline Power Implement Company übernommen, ein 1929 in Minneapolis ebenfalls durch den Zusammenschluss mehrerer Firmen gegründetes Unternehmen.

1969 entstand aus der Neuordnung dieser Landtechnik-Unternehmen die White Farm Equipment Company mit Sitz in Oakbrook/Illinois.

1980 meldete die Muttergesellschaft White Motors Corporation, Farmington Hills, Konkurs an. Für die hohen Verluste waren die Absatzkrise besonders der amerikanischen LKW-Hersteller und der Einbruch im Geschäft mit Landmaschinen verantwortlich. Die Aktivitäten wurden bis zur Übernahme der Firma durch Agco eingeschränkt weitergeführt.

Daneben schließt Agco 1991 mit der italienischen SLH-Gruppe (Same-Lamborghini Hürlimann) einen Vertrag, wonach die Ölluft-gekühlten Same-Traktoren von 40 bis 130 PS über die Deutz-Allis-Linie und die wassergekühlten Lamborghini gleicher Leistung über die White-Linie vermarktet werden sollen. Es befinden sich auch noch sechs *DX-Modelle* mit 51 bis 120 PS von KHD im Lieferprogramm, die wie die Gleaner-Mähdrescher mit luftgekühlten Deutz-Motoren ausgestattet sind.

Die Agco-Strategie besteht aus 5 Punkten:

1. Händlerentwicklung: Mit mehr als 2 000 Händlern, darunter 700 Deutz Allis-, 640 Hesston- und 680 White-Händler, soll ein Netz aufgebaut werden, wobei Qualität vor Quantität steht. Zusätzlich werden Händler-Entwicklungsprogramme angeboten.

2. Ein technisch solides Produktprogramm.

3. Neue Wege im Vertrieb in allen Produktlinien.

4. Stärkung und Reorganisation des Ersatzteilbereiches für alle Produktlinien gemeinsam.

5. Die Entwicklung der im Februar '91 ge-

New Idea selbstfahrender Schwadmäher.

gründeten Finanzierungsgesellschaft, um die Endverkäufe entsprechend zu finanzieren.
Der Turnaround erfolgt durch Verminderung der Lager, der Personalkosten und der wesentlich besseren Nutzung der Anlagen und Einrichtungen.
Der Umsatz von Agco erreicht 1991 rund 275 Mio. $.

1992
geht die Expansion unvermindert weiter mit dem Erwerb der Vertriebsrechte der SLH-Spezialtraktoren für den nordamerikanischen Markt, nachdem 1991 bereits 1 650 Traktoren der SLH-Gruppe verkauft worden waren.

1993
übernimmt Agco die Vertriebsrechte von Massey Ferguson für Nordamerika sowie 5 % der Agricredit Finanzierungsgesellschaft. Interessant ist, dass im Lieferprogramm von MF rot lackierte, mit MF-Typenbezeichnung und Emblem versehene Claas-Mähdrescher im Programm sind.
Außerdem wird der Gruppe die Firma White New Idea angeschlossen, die Düngerstreuer, Pflanzmaschinen und andere Geräte produziert. Der Umsatz der Gruppe erreicht nun fast 600 Mio. $.

1994
kauft Agco von Varity die gesamte Landmaschinensparte Massey Ferguson. Damit macht Agco einen gewaltigen Satz nach vorne. Außerdem werden auch die restlichen Anteile von 50 % der Agricredit übernommen.
Des Weiteren wird der Knicklenker-Großtraktoren-Hersteller Mc Connel gekauft. Dessen *AgroStar*-4WD-Traktoren verfügen über 360 und 425 PS Leistung. Weiterhin wird das Pflanzmaschinen-Programm von Black Machine erworben.
Der Umsatz von Agco erreicht 1,4 Mrd. $.

1995
kommt die Ag Equipment-Gruppe mit Bodenbearbeitungs- und Bestellmaschinen von Glencoe, Tye und Farmhand hinzu. Zusätzlich sichert sich Agco die exklusiven Vertriebsrechte für Landini-Traktoren auf dem nordamerikanischen Markt. Im gleichen Jahr gelangten erstmals Agco-Produkte aus amerikanischer Fertigung nach Europa. Der Agco-Allis-und-White-Großtraktor mit einem 18/9-Gang-Powershift-Getriebe wird als *Same 265 DT-A*, als *Lamborghini Traction 265*, als *Deutz-Fahr AgroStar 8.31* und als

Höhere Motorleistung, verbesserte Antriebe sowie vergrößerte Reinigungsflächen zeichnen die Gleaner Modelle R 52 und R 72 aus.

Massey Ferguson MF 9240 mit entsprechenden Anpassungen geliefert. Dabei rüstet jedes Unternehmen diese Traktoren mit eigenen Motoren in einer Leistung um 260 PS aus. Der Gesamtumsatz der Gruppe, der erstmals den Ganzjahresumsatz der Massey Ferguson beinhaltet, steigt auf 2,1 Mrd. $, woran MF mit 61 % beteiligt ist.

MF präsentiert zur Sima zwei neue Traktoren-Baureihen. Während die *Serie 6100* mit sieben Modellen zwischen 80 und 120 PS die seit acht Jahren laufenden Traktoren der *Reihe 3000/3100* ablöst, ersetzt die *Serie 8100* mit fünf Modellen im Leistungsbereich zwischen 135 und 200 PS die *Reihe 3600.* Die *6100*er sind mit Perkins Quadram-Motoren, vierstufiger Lastschaltung *Dynashift* und elektrohydraulisch geschaltetem Wendegetriebe ausgerüstet. Die *8100*er haben Valmet-Motoren, neue Vorderachsen sowie Load-Sensing-Hydrauliksystem und MF-Datatronik II.

Auf dem Mähdrescher-Sektor wird das *AutoLevel-System* eingeführt. Der AutoLevel-Mähdrescher bleibt waagerecht am Seitenhang bis zu 12 %, was 7° Steigung entspricht und erntet unter diesen Bedingungen wie auf ebenem Feld. Zusätzlich wird das *Datavision-Ertragskartierungssystem 95* zur Erstellung von Feldkarten und den darauf erzielten Ertragsverteilungen vorgestellt.

In einer Untersuchung des Magazins „US News & World Report“ über die schnell wachsenden Firmen erscheint Agco auf Platz Nr. 4. Das weltweite Händlernetz umfasst nunmehr 6 600 Betriebe.

1996

verstärkt Agco seine südamerikanischen Aktivitäten durch die Übernahme des brasilianischen Herstellers Iochpe-Maxion, der Traktoren, Mähdrescher und landwirtschaftliche Geräte produziert. Der Jahresumsatz dieser Firma liegt bei etwa 400 Mio. $. Der Kaufpreis beträgt 260 Mio. $. Maxion produzierte bisher als Lizenznehmer Traktoren und Mähdrescher unter dem Markenzeichen MF. Die Mähdrescher werden unter dem Namen Ideal vertrieben. In Brasilien verfügt Maxion über ein Netz von 360 Händlern. Ferner gibt es Vertriebsorganisationen in Argentinien, Chile, Ecuador, Paraguay und Uruguay.

Die vier neuen White-Fieldmaster-Traktoren – robust und wirtschaftlich.

Im Juli werden die Western Combine Corp. und Portage Manufacturing erworben, die seit 1993 in Nordamerika Axialflussmähdrescher unter dem Markennamen Massey Ferguson verkauft haben.

Noch im Dezember kann die Deutz Argentina gekauft werden, ein Privatunternehmen, das Landmaschinen, Motoren und Lkw für Argentinien und andere Märkte in Südamerika herstellt. Mit diesem Erwerb sichert sich Agco eine führende Position auf den südamerikanischen Märkten.

Der Coup mit Fendt

Im Dezember wird die Akquisition der Xaver Fendt GmbH & Co. bekannt gegeben, die am 16. Januar 1997 abgeschlossen wird. Der Kaufpreis aller Gesellschaftsanteile beläuft sich auf 326 Mio. $, wobei auch Schulden von 38 Mio. DM übernommen werden. Eingeschlossen sind die Vertriebsgesellschaften in Frankreich (90 Händler), in Italien (60 Händler) und in Australien (50 Händler). Damit verbreitert und festigt Agco seine Basis in Westeuropa und kann gleichzeitig ein Premiumprodukt in Nordamerika anbieten. Im Rahmen einer globalen Absatzfinanzierung schließen die Agricredit (Agco

Fendt Favorit 800 mit 170 bis 230 PS und bis zu 50 km/h schnell.

Absatzfinanzierung für Nordamerika) mit einer Tochtergesellschaft der Rabobank in den Niederlanden ein Joint Venture, bei dem die Rabobank 51 % der Anteile von Agricredit übernimmt. Deshalb sind die Finanzierungsgewinne in der Bilanz nicht mehr aufgeführt.

Im Dezember erwirbt Agco die restlichen Anteile in Höhe von 68 % an der Dronningborg Industries A/S, so dass dieser Mähdrescher-Hersteller nunmehr voll in die Agco-Gruppe integriert wird.

Noch vor Jahresende verkauft Agco 50 % der Deutz Argentina Motorenproduktion und den Vertrieb an die Deutz AG in Köln.

Außerdem werden die Fendt-Caravan-Aktivitäten mit einem Umsatz von 330 Mio. DM an einen Wettbewerber verkauft. Fendt beschäftigte in diesem Bereich zuletzt 330 Mitarbeiter, die 4 600 Wohnwagen sowie 400 Reisemobile bauten.

Der *MF 9240* erhält die elektronische Hubwerksregelung *EHR*. Über 70 Mio. DM investiert Agco in ein neues Ersatzteilzentrum in Ennery bei Metz, nahe der deutsch-französischen Grenze. Mit 25 000 m^2 ist es das größte Landmaschinenersatzteillager der Welt.

AgcoStar 8425 – mit 435 PS Kraft für schwerste Bodenbearbeitung und hohe Flächenleistung.

1997

MF stellt die neue Baureihe *4200* vor. Acht Grundtypen mit drei Kabinen- und Motorversionen decken einen Leistungsbereich von 52 bis 110 PS ab. Zusätzlich stehen mehrere Getriebe zur Verfügung.

Außerdem hat MF den Vertrieb von selbstfahrenden Feldhäckslern der Firma Mengele im MF-Design übernommen.

Zum Jahresende erfolgt die Verlegung der deutschen MF-Zentrale von Eschwege nach Marktoberdorf zu Fendt. Im Gegenzug folgt im Sommer 1999 die Schließung der Fendt France und der Umzug nach Beauvais.

Fendt stellt auf der Agritechnica ´97 die komplette *900-Vario-Reihe* mit vier Modellen im Leistungsbereich von 170 bis 260 PS sowie stufenlosen Getrieben vor und erhält dafür die Goldmedaille. Insgesamt produziert Fendt in diesem Jahr 9 600 Traktoren, wovon 4 800 exportiert werden: 2000 Traktoren nach Frankreich, 650 nach Italien, 440 in die Niederlande, 200 nach Belgien und 250 nach Osteuropa.

1998

stärkt Agco die Fendt-Position in Großbritan-

nien. 29 flächendeckend ausgewählte Händler, darunter elf, die erstmals die Marke Fendt in ihr Verkaufsprogramm aufnehmen, sollen den Absatz steigern.
Eine weitere Akquisition ist die SpraCoupe-Produktlinie von selbstfahrenden Pflanzenschutzspritzen aus dem Hause Melroe (Bobcat) in Nord-Dakota, einer Tochtergesellschaft von Ingersoll-Rand.
Im August wird mit dem US-Unternehmen Cargill Inc. eine Vereinbarung zur Übernahme von Willmar, einem Hersteller von Feldspritzen, Düngerstreuern und knickgelenkten Ladefahrzeugen, getroffen. Die Produktpalette reicht von 500 bis 1000 Gallonen fassenden Feldspritzen (1 890 bis 3 780 l) und ergänzt hervorragend die SpraCoupe-Reihe. Damit sichert sich Agco nach eigenen Angaben 33 % des Marktes in Amerika. SpraCoupe und Willmar erzielen 1997 einen Umsatz von 90 Mio. $.

40 neue Produkte

Zusätzlich erwirbt Agco die Vertriebsrechte für die Marke Massey Ferguson in Argentinien, was den Marktanteil von Agco in diesem Land auf 35 % ansteigen lässt.
40 neue Produkte werden 1998 auf den Markt gebracht. Darunter für den amerikanischen Markt die Agco-Allis-*Serie 9700* sowie die *White Fieldmaster* mit je vier Modellen auf der gleichen Plattform wie die neuen großen Massey-Ferguson-Modelle, zusätzlich die Massey-Ferguson-Universal-Traktoren der *Serie 2200* und die *Typen 271/281*. Auf dem europäischen Markt werden im Herbst die Fendt *Favorit 700 Vario* mit 140/160 PS und dazu als Weltpremiere vier Mähdrescher mit fünf und sechs Schüttlern und Motorleistungen von 220 bis 330 PS sowie Korntankvolumen bis zu 9 500 l aus dem Hause Dronningborg vorgestellt.
Mit der Total-Übernahme von Dronningborg festigt Agco auch seine Führungsposition hinsichtlich GPS-Technologie, nachdem Massey Ferguson diese vor etwa einem Jahrzehnt eingeführt hatte.
Fendt kommt auf eine Traktorenproduktion von 10 500 Einheiten, wovon 5 300 in den Export gehen. Hier sind die größten Abnehmer Frankreich mit 2 000, Italien mit 700 und die Niederlande mit 500 Traktoren.

1999

stellt Massey Ferguson zwei neue Traktoren-Baureihen vor: die *6200*er mit sieben Modellen in einer Leistungsbreite von 85 bis 136 PS und die *8200*er, ebenfalls mit sieben Typen im Leistungsbereich von 145 bis 260 PS. Die Modelle *6245* bis *6255* sind in Normal- und Freisicht-Version lieferbar. Außerdem stehen für alle Modelle drei Getriebevarianten zur Wahl.
Fendt meldet eine gute Nachfrage nach den *Vario*-Traktoren der Baureihen *700* und *900*. Sie sind mit zwölf internationalen Preisen ausgezeichnet und erhalten 1999 wie bereits im Jahr zuvor den Titel „Tractor of the year".
Eine weitere Akquisition sind die Unternehmensbereiche von Great Plains Manufacturing Inc. Gegenstand der Übernahme sind vor allen Dingen Bestände und Forderungen.

unten links:
New-Idea-Anbau-Scheibenmäher am Massey Ferguson.

unten rechts:
New-Idea-Rundballenpresse.

Das „Innenleben" eines MF 7200.

Ein Agco Allis 9070. Die neuen White und Massey Ferguson fahren auf der gleichen Plattform.

Das Werk Salina/Kansas wird nicht übernommen, sondern geleast. Great Plains baut Drillmaschinen mit Schwerpunkt Direkt- und Mulchsaat sowie Einzelkornsägeräte und Pflanzenschutzspritzen. 1998 betrug der Umsatz rund 47 Mio. $, der in erster Linie in den USA erwirtschaftet wurde. Mit dieser Neuerwerbung strebt Agco in Nordamerika die Marktführerschaft auch in diesem Segment an.

Die ab der zweiten Jahreshälfte weltweit geringere Nachfrage nach Landtechnik führt zu einem Personalabbau von 1 400 Mitarbeitern bei gleichzeitiger Produktionsrücknahme und verringertem Umsatz. In dieser schwierigen Phase setzt Agco auf seine Multimarken-Strategie mit derzeit 17 Marken, die weltweit nunmehr von 8 200 Händlern und Vertriebspartnern verkauft werden.

Zwei Werke in Coldwater, Ohio, und Lockney, Texas, werden geschlossen.

In die Saison 2000 geht Massey Ferguson mit der neuen Mähdrescherreihe der Serie *7200*. Vier Fünf-Schüttler- und drei Sechs-Schüttler-Maschinen stehen im Angebot. Die Motorleistungen reichen von 165 bis 375 PS, die Korntankvolumina bis 9 500 l.

Fendt ergänzt seine mit stufenlosen Getrieben ausgerüstete Vario-Traktoren-Reihen, *Favorit 900* (180 bis 270 PS) und *Favorit 700* (115 bis 160 PS) um die Baureihe *Farmer 400* mit drei Modellen und Leistungen von 86 bis 120 PS.

Mit einer Produktion von 10 300 Traktoren und einem Umsatz von annähernd 1,12 Mrd. DM kann der Fendt-Umsatzverlust durch den Abverkauf der Caravansparte ausgeglichen werden.

Bislang wurden 80 Mähdrescher mit einem Gesamtwert von 23 Mio. DM in Norddeutschland verkauft.

Nachdem der erste Start in Nordamerika 1997/98 vermutlich wegen des zu hohen Preises von 170 000 $ für das Top-Modell *Favorit 926* nicht vorankam, zeichnen sich jetzt Erfolge ab. Obwohl der Preis um 25 % über dem der Wettbewerber liegt, sind anstelle der 100 geplanten bereits 200 Fendt-Traktoren verkauft worden.

Agco und CNH Global einigen sich darauf, dass Agco die Case-Anteile des gemeinsam betriebenen Werkes „Hay und Forage Industries" HFI übernimmt. Die amerikanische Kartellbehörde hatte bei der Fusion von New Holland und Case den Verkauf der HFI-Anteile zur Auflage gemacht.

2000

Die Same-Gruppe beteiligt sich mit 7 % am Aktienkapital von Agco. Die Deutz-Fahr-Mähdrescher-Produktion in Lauingen wird zum Jahresende geschlossen und 2001 nach Randers in Dänemark zu Dronningborg verlegt. Im Gegenzug werden sämtliche Obst- und Weinbautraktoren für Massey Ferguson im Same-Werk Treviglio, Italien, gebaut.

Im August übernimmt Agco 50 % der Anteile an der Same-Deutz-Fahr-North America, Inc. Vertriebsgesellschaft, die für den Verkauf der Marken Same, Deutz-Fahr, Lamborghini und Hürlimann in den USA und Kanada zuständig ist.
Auf dem ZLF München zeigt Fendt seinen neuen Mähdrescher *8350* mit acht Schüttlern, 350-PS-Motor und 10 500-l-Korntank. Massey Ferguson stellt den 8-Schüttler-Mähdrescher *Cerea* vor, die größte Maschine der Baureihe *MF 7200,* mit Schneidwerken von 6,75 oder 7,70 m. Auch dieses Modell ist wie alle übrigen *7200*er auf einem LKW-Chassis aufgebaut.
Die Traktorenreihe der *Serie 4200* im Leistungsbereich von 52 bis 110 PS wird mit dem 24/24 Power-Shuttle-Wendegetriebe ausgerüstet. Für die *Serien 6200/8200* präsentiert MF das System *Trailed Implement Control (TIC)*, mit dem gezogene Bodenbearbeitungsgeräte über die elektronische Hubwerksregelung *(EHR)* gesteuert werden. Radschlupf und Bodenverdichtung werden dadurch reduziert.
Die deutsche Massey Ferguson Vertriebsgesellschaft verlegt ihren Standort von Marktoberdorf nach Witzenhausen in Hessen.
Fendt geht im November mit der angekündigten Konzeptstudie des *GT 150* an die Öffentlichkeit. Der 2 t leichte Geräteträger mit 50-PS-Motor, stufenlosem Antrieb, mit Endgeschwindigkeit von 40 km/h und Knicklenkung ist für Landwirtschaft, Garten-, Obst- und Weinbau bis hin zur Grünflächenpflege gedacht.

2001

führt Massey Ferguson eine neue Baureihe ein. Diese Modelle *3300* für Sonderkulturen mit Motoren von 54 bis 93 PS, 1000 bis 1400 mm Gesamtbreite, Hinter- oder Allradantrieb und 40 km/h Höchstgeschwindigkeit stammen aus der Zusammenarbeit mit der Same Deutz-Fahr Group.
Der 10 000ste Fendt *Vario* verlässt das Werk Marktoberdorf.
Agco übernimmt die Firma Ag-Chem Equipment Co. Inc. Das Unternehmen stellt selbstfahrende Trägerfahrzeuge zur Dünger- und Planzenschutzmittelausbringung her. Der Umsatz lag 2000 bei 299 Mio. $. Das Ag-Chem-Werk in Beson/Minnesota wird geschlossen; ebenso wie das Agco-Werk in Willmar/Minnesota. Die Produktion wird auf das Ag-Chem-Werk in Jackson/Minnesota konzentriert.
Agco produziert weltweit in zwölf Werken: Je drei in den USA und Deutschland, zwei in Brasilien sowie je einem in Dänemark, Frankreich, Großbritannien und Mexiko. Agco erreicht weitere Kosteneinsparungen durch Aufgabe von Produktionsstandorten und eine gemeinsame Plattformstrategie. Hesston übernimmt vollständig die Produktion der Werke Coldwater, Ohio;

Fendt Farmer 300 C vor einem Ladewagen.

Fendt Mähdrescher beim Abtanken sowie Fendt 900 Vario.

MF 8200 XTRX bei seinem Weltrekord.

Terra-Gator 8144 mit Pflanzenschutzspritze.

Terra-Gator 2204 mit Kalkstreuer.

Die 2002 vorgestellte Fendt Rundballenpresse 2600 V.

Seit 2002 neu im Programm: Fendt 800 Vario-Presse.

Lockney, Texas und Indepence, Missouri. Aus Argentinien wird die Traktorenproduktion nach Canoas, Brasilien und die Mähdrescher nach Santa Rosa, ebenfalls in Brasilien, verlegt. Die Entwicklung erfolgt auf Basis des dänischen Mähdrescher-Werkes.
Die neue Marke Agco ersetzt die Traktorenmarken Agco-Allis und Agco-White; die Händler-Netze werden zusammengelegt.
Durch die Übernahme von Ag-Chem erreicht Agco einen Anteil von über 50 % des amerikanischen Feldspritzenmarktes, gleichzeitig wird die Produktion von Spra-Coupe- und Willmar-Spritzen in das Ag-Chem Werk verlagert. Damit sind drei weitere Standorte geschlossen worden.
Agcos Kronjuwel aber funkelt im Allgäu. Mit 10 165 gebauten Fendt-Traktoren steigt der Umsatz in 2001 auf beachtliche 576.8 Mio € mit 2 755 Beschäftigten und bestreitet damit 20 % des gesamten Agco-Konzerns.
Von den Fendt-Traktoren bleiben 4 870 in Deutschland, 5 295 gehen in den Export. Davon wiederum gehen 30 % nach Frankreich, 14 % nach Italien, 10 % in die Niederlande, 8 % nach Spanien, 6 % nach Österreich, jeweils 4 % nach Amerika, England, Saudi-Arabien und die Schweiz; der Rest in „übrige" Länder.
Zur Agritechnica wird die Baureihe *300c* im neuen Fendt-Design vorgestellt. Die Motorleistungen liegen bei 75, 86 und 100 PS. Ein 21/21-Gänge-Getriebe gibt es auf Wunsch. Mit dem *818 Vario* hat Fendt einen kompakten Großtraktor mit 180 PS entwickelt. Abgerundet werden die Neuheiten durch ein neues Universalfahrzeug *828 EVO* mit 190 PS und einer Spitzengeschwindigkeit von 65 km/h, mit Vorderachsfederung, Zwei-Mann-Fahrerhaus zwischen den Achsen und mit integrierter Luftfederung und Schwingungstilgung im Heck.
Die international stärkste Marke von Agco ist weiterhin Massey Ferguson.
Sie bietet zur Agritechnica eine dreifach Premiere mit der Reihe *4300* im Leistungsbereich von 52 bis 110 PS, den *3300er* Plantagentraktoren (aus Same-Produktion) und dem überarbeiteten Teleskoplader *8900.*
Gleichzeitig sind die Hochleistungstraktoren *MF 6200* und *MF 8200* im Leistungsbereich von 85 bis 269 PS aufgewertet worden. Neu ist die *FrontDual Control (FDC),* mit deren Hilfe Front- und Heckgeräte gleichzeitig geregelt werden.
Am 17. Dezember geben Caterpillar und Agco bekannt, dass die neue *Challenger*-Generation *MT 700* von Agco gebaut und weltweit vermarktet wird. Agco übernimmt hierfür das Traktorenwerk von Caterpillar in De Kalb, Illinois/USA. Agco ist größter Motorenkunde der Caterpillar-Perkins Division und wird dem Caterpillar-Handel weitere Produkte aus seinem Programm zur Verbreiterung des Landmaschinenangebotes anbieten.

2002

Diese Transaktion ist zum 5. März abgeschlossen. Entsprechend dem Kaufpreis werden gut 1 Mio. Stammaktien im Wert von 21 Mio. $ ausgegeben und für weitere 13 Mio $ Maschinen- und Teilebestände gekauft. Außerdem entrichtet Agco für jede produzierte Einheit eine Technik- und

Markt-Lizenzgebühr an Caterpillar. Agco erwartet einen um 10 % steigenden Nettoumsatz in 2002.

Bis Mitte des Jahres wird die neue Marke *Challenger* eingeführt. Die neue Baureihe *MT 700* besteht aus vier Modellen zwischen 235 und 306 PS, die Baureihe *MT 800* ebenso mit vier Typen zwischen 340 bis 500 PS. Zusätzlich werden Rad-Traktoren aus MF-Produktion angeboten.

Bis Ende Juni sind knapp 19 000 *Vario*-Traktoren gebaut worden.

Massey Ferguson stellt einen neuen Weltrekord im Dauerpflügen mit 251,37 ha in 24 Stunden auf und übertrifft damit den alten Rekord um 40 ha. Zum Einsatz kamen ein *MF 8280 Xtra,* dessen Sisu-Valmet-Motor mit 288 PS durch einen größeren Ladeluftkühler und geänderte Einspritzzeiten auf eine Leistung von 390 PS gebracht worden ist sowie ein 4-furchiger Front- und ein 13-furchiger Aufsattelpflug von Gregoire Besson.

Im Mai stellt Massey Ferguson offiziell sechs neue Traktoren von 160 bis 265 PS unter der Bezeichnung *MF 8200 Xtra* vor. Während der 165 PS starke *8220 Xtra* mit Perkins-Motor ausgerüstet ist, haben die größeren Modelle Sisu-Motoren.

Das *Dynashift-Plus*-Getriebe gibt es jetzt bis zum 200 PS starken *MF 8250.* Die drei großen Maschinen ab *MF 8260* sind wie bisher mit dem robusten *Power-Shift*-Getriebe, aber mit neuen Vorderachsen ausgerüstet.

Agco schließt das traditionsreiche Traktorenwerk in Coventry bei Birmingham in England. Die Produktion der CKD-Komponenten (Complete Knockdown Units – hauptsächlich für Lizenznehmer) wird nach Canoas in Brasilien verlagert. Die Jahresproduktion dort beträgt 20 000 Einheiten. Die Produktion der anspruchsvolleren 4200er-Serie wird nach Beauvais/Frankreich verlagert. Dort werden bereits die Großtraktoren gefertigt.

Die Challenger-Raupentraktoren verfügen über eine gefederte Fahrwerksaufhängung und sind bis 40 km/h schnell.

Der Fendt 930 Vario: Ein neues Design für den stärksten Fendt, der je gebaut wurde (310 PS).

Die neue Generation der 200er Spezialtraktoren, die 200 V/P, wurden 2002 vorgestellt.

Umsätze nach Produkten, Regionen und Marken von AGCO 2001

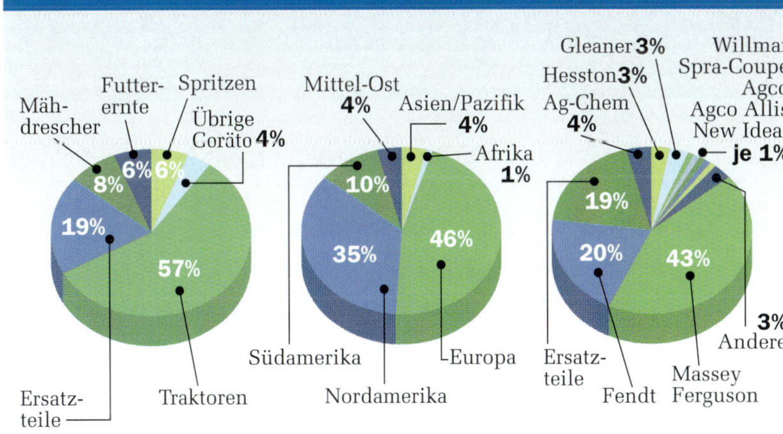

Anzahl der Händler und Vertriebsstellen von AGCO nach Regionen 2001

Westeuropa	2.900
Nordamerika	2.000
Südamerika	250
Übrige Länder	2.200
Total	7.350

Umsätze und Zahl der Beschäftigten des AGCO-Konzerns von 1994 bis 2001

	1994	*1995*	*1996*	*1997*	*1998*	*1999*	*2000*	*2001*
Gesamtumsatz	*1.359,0	*2.125,0	2.342,7	3.253,9	2.970,8	2.436,4	2.336,1	2.883,8
Nettogewinn	115,5	129,1	125,9	168,7	60,6	- 11,5	3,5	25,6
Beschäftigte	5.789	5.548	7.801	11.829	10.572	9.287	9.785	

Werte in Mio. US-$, ab 2001 in Mio. €; *1994 sind 39,7 und 1995 56,6 Mio. US-$ Finanzierungsumsätze enthalten
Kompakt-Traktoren und Maschinen für Grundstückspflege im Landtechnik-Umsatz enthalten.

Amazone

Amazonen-Werke H. Dreyer GmbH & Co KG
Hasbergen-Gaste (D)

Mit der Windfege fing es an

Eine breite Produktpalette und hohe Fertigungstiefe prägen heute das Familienunternehmen

1883
wird das Familienunternehmen von Heinrich Dreyer gegründet. Es befasst sich mit der Herstellung landwirtschaftlicher Maschinen aller Art. Der erste große geschäftliche Erfolg gründet sich auf die Produktion handbetriebener Getreidereinigungsmaschinen, den so genannten *Windfegen.*

1891
Dreyer lässt sich Amazone (deutsch: Heldin) als Warenzeichen eintragen.

1894
beginnt man in den Amazonen-Werken auch Pflüge zu entwickeln, deren Fertigung jedoch nach kurzer Zeit wieder eingestellt wird. Der Grund dafür ist die große Nachfrage nach der inzwischen weiter verbesserten Windfege.

Getreidereinigungsmaschine Windfege aus dem Jahr 1891.

1904
kann bereits der 10 000ste Getreidereiniger ausgeliefert werden. Das Produktionsprogramm wird um einen Federzinkenkultivator, Strohschneidemaschinen und Buttermaschinen erweitert. Mittlerweile ist die Anzahl der Beschäftigten auf 28 angestiegen.

1910
macht die Firma mit der Aufnahme von Kartoffelsortiermaschinen verschiedener Baugrößen in das aktuelle Bauprogramm einen wichtigen Schritt nach vorn. Inzwischen finden 42 Mitarbeiter Beschäftigung.

1914
wird der 50 000ste Getreidereiniger ausgeliefert. Die Mitarbeiterzahl erreicht 100.

1915
ist nach mehrjähriger Arbeit die Entwicklung des pferdegezogenen Kastendüngerstreuers abgeschlossen. Mit ihm können die Landwirte den vermehrt eingesetzten

Drillkombination mit Kreiselgrubber in 6 m Arbeitsbreite.

Mineraldünger gleichmäßiger verteilen. Dieser Düngerstreuer weicht von den bisher bekannten Bauarten deutlich ab und wird zum Patent angemeldet.

1939
erfolgt in der Unternehmensführung ein Generationswechsel. Die Amazonen-Werke beschäftigen bereits über 500 Mitarbeiter. Zwischenzeitlich werden die Walzenstreuer weiter verbessert und um einen Doppelwalzenstreuer für bergiges Gelände ergänzt.

1942
beginnt die Entwicklung eines traktorgezogenen Kartoffelsammelroders: Ein Schleuderradroder wirft die Kartoffeln in eine auf dem Boden rollende Siebtrommel, aus der mit einem Überladeband die Kartoffeln auf einen daneben fahrenden Wagen geladen werden.

1945
nehmen die Amazonen-Werke die Nachkriegsproduktion mit zunächst nur 30 Mitarbeitern wieder auf.

1949
kommt zu den Hauptumsatzträgern Düngerstreuer und Kartoffelsortierer die Entwicklung und Fertigung von Drillmaschinen hinzu. Getreidereiniger hatten inzwischen an Bedeutung verloren. Die Beschäftigtenzahl ist wieder auf 200 Mitarbeiter angestiegen.

1952
beginnt Amazone mit der Produktion eines stabilen 3-t-Dreiseitenkippers mit Stalldungstreuer. Im gleichen Jahr wird die Fertigung dieses Fahrzeugs aus Platzgründen zusammen mit den Drillmaschinen in einen gemieteten Betrieb nach Delmenhorst verlegt.

Amazone-Kartoffelvollernter von 1942.

Zusatztank auf der Ladefläche – Wirtschaftlich auf großen Flächen.

1956
vernichtet ein Großbrand im Werk Gaste die Lackiererei und den Großteil des Lagers samt den darin befindlichen Maschinen. Ein Schaden in Millionenhöhe.

1957
werden die Pachtverträge in Delmenhorst nicht mehr verlängert. Daraufhin wird im benachbarten Hude ein größeres Grundstück gekauft. Noch im gleichen Jahr beginnt der erste Bauabschnitt für das neue Werk.

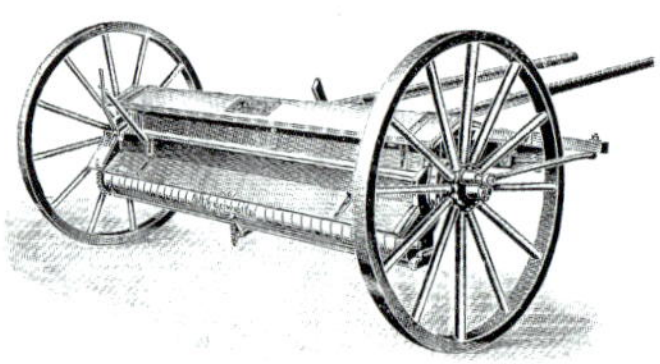

Einer der ersten Walzenstreuer.

1959
verlassen noch 10 000 Walzenstreuer das Werk Gaste, aber die nun vorgestellten Anbauschleuderstreuer sind bereits vom Markt so gut aufgenommen, dass in den 60er Jahren über 30 000 Einheiten pro Jahr verkauft werden können.

1964
bringen die Amazonen-Werke die Traktor-Anbaudrillmaschine auf den Markt. Von einer anfänglichen Produktion von 700 Stück/Jahr wird die Produktion in nur vier Jahren auf 7 000 Maschinen hochgefahren. Der Grund für diesen Erfolg besteht auch darin, dass der Hauptwettbewerber Glas, Dingolfing, zu sehr mit dem Automobilbau beschäftigt ist.

1967
erfolgt der Einstieg in die Pflanzenschutztechnik, auch auf Grund der stark aufkommenden Flüssigdünger. Ebenfalls aufgenommen wird die Fertigung von zapfwellenangetriebenen Bodenbearbeitungsgeräten. Als erstes Gerät wird die Rüttelegge in das Produktionsprogramm aufgenommen.

1968
wird von den Amazonen-Werken die erste moderne Drillkombination der Welt, bestehend aus einer Rüttelegge und einer Drillmaschine, ausgeliefert.

1970
erwirbt Amazone ein Zweigwerk in Forbach/Frankreich und baut es nach und nach aus. Zu Beginn ist dort der Einscheiben-Schleuderdüngerstreuer das Hauptprodukt.

1972
bringt das Unternehmen pneumatische Düngerstreuer auf den Markt. Bei diesen Geräten sorgt ein Gebläse über Rohrleitungen für die gleichmäßige Verteilung auch ungleich gekörnter Dünger bis auf 12 m

Arbeitsbreite. Die Zuteilung des Düngers in die Rohrleitungen erfolgt, wie bei Drillmaschinen, über Nockenräder.

1975
beginnt der Auf- und Ausbau einer Produktionsanlage für Kunststoff auf Polyäthylen-Basis, weil immer mehr Teile an den Maschinen aus diesem Werkstoff hergestellt werden.

1980
beginnt Amazone mit der Entwicklung von Direktsaatmaschinen. Hierzu erwirbt die Firma eine Beteiligung an einem kanadischen Unternehmen.

1982
verlässt bereits der 500 000ste Zentrifugal-Düngerstreuer das Werk in Gaste.

1983
wird anlässlich des 100-jährigen Firmenjubiläums eine neue große Streuversuchshalle in Betrieb genommen, in der auch die leistungsfähigsten Streuer mit Breiten bis 36 m auf ihre Streugenauigkeit geprüft werden können.

1987
stellen die Amazonen-Werke erstmals die Kombination von Kreiselgrubber mit Reifenpacker-Drillmaschine vor. Diese Maschine ermöglicht höhere Erträge bei gleichzeitiger Einsparung von Saatgut, Spritz- und Düngemittel. Sie wird europaweit ein Verkaufserfolg.
Überhaupt macht das Unternehmen immer wieder durch Pionierleistungen auf sich aufmerksam, zum Beispiel der erste Zweischeiben-Düngerstreuer, die Fahrgassenschaltung bei Drillmaschinen, die Zahnpackerwalze sowie die Reifenpacker-Drillmaschine.

Zum Produktprogramm gehört auch der Bau von Schüttgut-Lagerhallen. Hier ein Prospektbild von 1983.

1993
kann man, nach 110 Jahren des Bestehens dieses Familienunternehmens, auf stolze Produktionszahlen zurückblicken. So wurden insgesamt über 1,5 Mio. Landmaschinen hergestellt. Darunter befinden sich seit 1883 über 110 000 Getreidereiniger, seit 1911 rund 140 000 Kartoffelsortier- und -verleseanlagen und seit 1915 über 270 000 Walzendüngerstreuer.
Nach dem Krieg wurden über 150 000 Drillmaschinen und ab 1958 über 660 000 Zentrifugalstreuer (ohne Pneumatik- und Großflächenstreuer) gebaut.
Seit 1966 wurden 6 000 Großflächenstreuer gefertigt. Hinzu kommen ab 1967 über 50 000 Bodenbearbeitungsgeräte, seit 1968 über 15 000 Feldspritzen und seit 1976 10 000 Pneumatikstreuer.

1995
nimmt Amazone ein neues Montagezentrum für Feldspritzen in Betrieb. Dieser zweigeschossigen, 3 500 m^2 großen Halle ist auch ein Prüfzentrum angeschlossen.
Die High-Tech-Spritzen mit Behältergrößen von 400 bis 3 000 l gibt es mit 10 bis 30 m Arbeitsbreite. Die Gestänge sind durch eine spezielle Profilbauweise leicht und stabil zugleich, die Hochklapptechnik sorgt für eine geringe Transportbreite. Zur Spätdüngung im Getreide mit dem Flüssigdünger AHL (Amonnitrat-Harnstoff-Lösung) kann zu allen Gestängen ein zusätzlicher Schleppschlauch eingesetzt werden.

Drillkombination mit Rüttelegge.

Pneumatische Drillmaschine.

BBG-Anhänge-Feldspritze.

Eine neue Baureihe der Kreiselgrubber, starr oder klappbar, mit Arbeitsbreiten von 2,5 bis 6 m, wird vorgestellt. Damit kann jetzt Mulchsaat ohne Vorarbeit durchgeführt werden.

1996

stellt Amazone ein EDV-Programm für die teilflächenspezifische Düngung mit Feldspritzen vor. Mittels Satellitennavigation können vorgegebene Mengen an Pflanzenschutzmittel oder Flüssigdünger kleinflächig ausgebracht werden.
Darüber hinaus präsentiert die Firma eine neue Säkombination für Front- und Heckanbau mit Fronttank und im Heck aufgesatteltem Dosieraggregat.
Neu ist auch eine Einzelkornsämaschine mit kompaktem integriertem Klappsystem in der Klasse der achtreihigen Maissägeräte.

1997

wird ein klappbarer, 6 m breiter Kreiselgrubber vorgestellt. Ab Herbst ist eine Großflächenbestellkombination mit 6 m Arbeitsbreite verfügbar. In Zusammenarbeit mit dem Software-Haus Klöpper & Wiege kann nun den Landwirten ein durchgängiges System, von der Planung auf dem PC bis zur Steuerung der Maschine mit dem Bordcomputer angeboten werden.
Seit September arbeiten Amazone und Krone in Großbritannien zusammen. Die Amazone Ltd. übernimmt den Vertrieb unter Krone UK, wobei beide Unternehmen selbstständig bleiben.

1998

kommt die Bestellkombination *Airstar-Avant* auf den Markt. Hier trägt der 2,5 m breite Frontreifenpacker den niedrigen Sätank und treibt den Dosierautomaten exakt und schlupffrei an.
Amazone nimmt ein neues Ersatzteilzentrum in Betrieb. Auf einer Fläche von 2 800 m^2 lagern 20 000 verschiedene Teile. Im Hochregallager mit Positionsstaplern lagern weitere 5 000 verschiedene Großteile.

1999

kauft Amazone über ihre neue Tochtergesellschaft BBG Bodenbearbeitungstechnik Leipzig GmbH & Co KG die Produkt- und Markenrechte sowie den überwiegenden Teil des Anlagevermögens der BBG Bodenbearbeitungsgeräte Leipzig. Die BBG erzielt einen Umsatz von 23 Mio. DM und beschäftigt 130 Personen. Dadurch kann Amazone nun ein vollständiges Programm für alle Verfahren der Bodenbearbeitung und Sätechnik anbieten.
Das eigene umfangreiche Feldspritzen-Programm ist nunmehr um einen Selbstfahrer und größere Arbeitsbreiten ergänzt.
Der Standort Leipzig wird durch Investitionen in effizientere Fertigungsverfahren und ein Service-Center ausgebaut. Die überwiegende Anzahl der Mitarbeiter kann übernommen werden. Das Maschinenprogramm wird komplett weitergeführt und in Deutschland unter bekannter Farbe und Namen vermarktet, im Ausland jedoch unter Farben

Selbstfahrende Pflanzenschutzspritze SF 430 mit luftgefedertem Tandemfahrwerk, 18 bis 36 m Spritzgestänge.

und Namen der Amazonen-Werke verkauft. Auch technische Weiterentwicklungen kann das Unternehmen vorstellen:

– Die Grenzstreueinrichtung *Limiter* aus Edelstahl für Düngestreuer, von einem Rohrrahmen getragen, der die Einstellung vom Traktorsitz aus ermöglicht.

– Eine neue Generation von Kreiselgrubbern in vier Arbeitsbreiten bis 6 m. Besondere Kennzeichen sind Doppelrahmen, Kreiselwellen mit Zinkenträger aus einem Stück und federnde Zinkenbefestigung sowie ein patentiertes Zinkenschnellwechselsystem.

– Einen Fahrrahmen für Düngerstreuer mit 3 000 l Fassungsvermögen und Streubreiten bis 36 m zur Traktorentlastung und für kleinere Traktoren.

– Neue Drilltechnik für gleichmäßige und schlagkräftige Aussaat mit Schlepp- oder Rollscharen für die mechanischen Anbausämaschinen *D9* und Aufbau-Drillmaschinen *AD-03* zur Kombination mit Amazone-Bodenbearbeitungsgeräten.

– Die gezogene Großflächendrillmaschine *Airstar Xact* mit Kreiselgrubber und *Rotec*-Scharen bis 6,0 m sowie die *Airstar Variant 9-5 000* mit 9,0 m Arbeitsbreite, 5 000 l Saatgutbehälter, mit der bis zu 15 km/h schnell gearbeitet werden kann.

– Die Einzelkornsämaschine *Contour* für Mais, Sonnenblumen, Bohnen, Erbsen, Baumwolle und andere Saatgüter sowie nach kurzem Umbau auch für Zuckerrüben. Sie ist mit neuem Ablagesystem ausgestattet und deshalb auch zur Mulchsaat geeignet.

– Den Amazone-BBG-Anbauscheibengrubber zur Stoppelbearbeitung und Saatbettbereitung, dessen neigungsverstellbare breite Flügelschare eine flache Einmischung von Pflanzenresten gewährleisten. Es gibt sie in 3-, 4- und 6-m-Ausführung, wobei die beiden Letzteren zum Transport hydraulisch einklappbar sind.

– Die selbstfahrende Feldspritze *SF 430* von BBG mit luftgefedertem Tandemfahrwerk, das ein Schlingern des Spritzgestänges bei Bodenunebenheiten verhindert, mit 172-PS-Motor und 40 km/h schnell.

Die Innovationskraft des Unternehmens dokumentieren die Auszeichnungen auf den Agritechnica-Ausstellungen mit einer Gold- und sechs Silbermedaillen.

2000

nehmen die Amazonen-Werke eine neue Lackieranlage für kataphoretische Elektrotauchlackierung in Betrieb. Mit der hochglänzenden, harten Farbgebung wird ein flächendeckender Korrosionsschutz erreicht, gleichzeitig will Amazone damit Qualitätsmaßstäbe für Oberflächenveredelung setzen. Bei diesem Ereignis wird zugleich die Fertig-

Profihopper taufte Amazone den selbstfahrenden Grasshopper.

stellung des 700 000sten Zentrifugalstreuers gefeiert.
Zu den Anbau- und Anhängerfeldspritzen gibt es ein neues, vollhydraulisch geklapptes Spritzgestänge mit 10, 12 und 15 m Arbeitsbreite. Alle Einstellungen lassen sich elektrisch vom Fahrersitz aus handhaben.

2001

präsentiert Amazone den Straßenstreuer *E+S* mit 150 bis 620 l Fassungsvermögen. Eine Streufächerverschwenkung sorgt für genaue Dosierung bei kleinen und großen Mengen, weswegen er sich auch für die Besandung von Sportflächen eignet. Zur Grünflächenpflege wird der *Grasshopper* zum Mähen, Vertikutieren und Mulchen mit Arbeitsbreiten von 1,20 bis 2,10 m angeboten.
Daneben bietet Amazone eine Landschaftsbau- und Pflegekombination zur Tennenplatzpflege als Hartplatzrüttler an. Zur Kunstrasenpflege eignet sich eine Gras-, Breitsaatkombination zur Neueinsaat mit Rüttelegge, Sämaschine und Gitterwalze sowie eine Gras-Nachsaatkombination mit 1,50 m, 2 m und 2,5 m Arbeitsbreite.
Aus dem BBG-Programm wird die neue Scheibenegge *Taurus* mit X-förmiger Anordnung der Scheibenbatterien, Transporträdern und Rückverfestigern in 3 oder 4 m Arbeitsbreite vorgestellt. Dazu das multifunktionale Bodenbearbeitungsgerät *Centauer* mit 3, 4, 5, 6 oder 7,5 m Arbeitsbreite.
Zur Demopark stellt Amazone den selbstfahrenden *Grasshopper* mit 1,25 m breiter Mäheinheit oder Ventikutierer sowie Zwangsförderung des Mähgutes ohne Luftuntestützung für eine staubfreie Aufnahme vor.
Auf der Agritechnica werden die drei „*C*"-Maschinen für die kostenreduzierende Großflächenbestelltechnik vorgestelt. Die kurzscheibenegge *Catros* ist ein Spezialgerät zur intensiven und flachen Stoppelbearbeitung. Sie benötigt 160 PS bei 6 m Arbeitsbreite.
Die Bodenbearbeitungskombination *Centauer* mit Grubber und Scheibenegge, deren exakte Tiefenführung ein Job-Computer übernimmt, gibt es mit 5, 6 und 7,5 m Arbeitsbreite, jeweils auf 3 m Transportbreite klappbar. Hierfür gibt es eine Silbermedaille.
Schließlich die Packerschar-Sämaschine *Cirrus* mit 5 000-Liter-Tank sowie 8 oder 9 m Arbeitsbreite, deren walkfähige Packerrollen mit 70 cm Durchmesser und hydraulischem Druckausgleich für gute Rückverfestigung des Bodens sorgen.
Für Amazone wird 2001 zum Rekordjahr. Der Gesamtumsatz steigt um 15 %, der Export sogar um 20 %. Das seit 1998 zur Unternehmensgruppe gehörende Tochterunternehmen BBG in Leipzig steigert seinen Umsatz ebenfalls um 20 %.

Klar erkennbar. Kreiselgrubber, Keilringwalze, ROTEC-Schar und Exaktstriegel.

Packschar-Sämaschine Cirrus.

Besonders stark werden die Auslandsaktivitäten ausgebaut durch Kooperation mit starken Partnern, so mit Eurotechnik in Samara, Russland und mit der Firma Stara in Nao-me-Toque, Brasilien. Amazone liefert hierbei Know-How und komplizierte Teile. Die Partner vor Ort liefern Rahmen und Behälter und erledigen Montage und Farbgebung.

2002

Neu ist eine pneumatische Aufbausämaschine mit 750- bzw. 1 000-Liter-Tank für mittlere Betriebsgrößen. Mit einem universellen Koppeldreieck wird der Aufbau auf Geräte anderer Hersteller vereinfacht.
Mittlerweile werden Amazone Sämaschinen mit Arbeitsbreiten bis zu 12 m und Düngerstreuer mit bis zu 48 m Arbeitsbreite gebaut. Das Familienunternehmen wird bereits in der vierten Generation geführt. In Großbritannien und Frankreich hat Amazone eigene Vertriebsgesellschaften. In Algerien besteht ein Lizenzabkommen mit der algerischen Firma Enpma in Sidi Bel Abbes zur Herstellung von Drillmaschinen und Düngerstreuern. In Kanada baut der namhafte Hersteller von Großsämaschinen Morris Rod Weeder, Minnedosa/Manitoba, Amazone-Komponenten ein. In Russland wird in Samara ein Joint Venture zum Bau von Amazone- Maschinen gegründet. In den USA werden Amazone-Düngerstreuer von der Firma White New Idea in Coldwater, Ohio, montiert und unter diesem Namen vertrieben.

Umsatz nach Produkten und Regionen von Amazone 2001

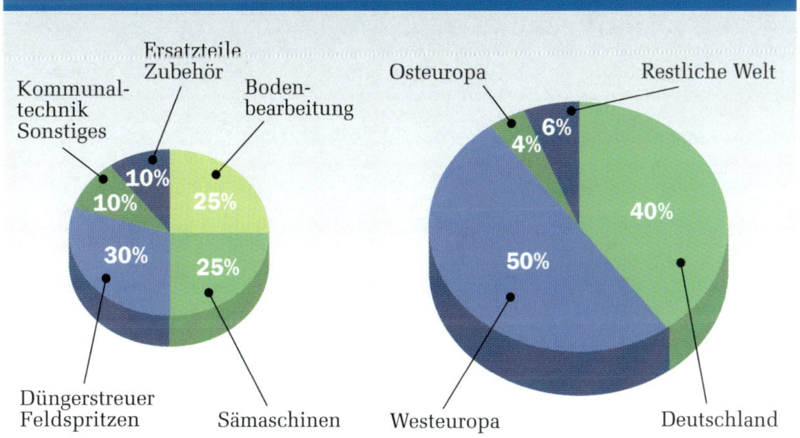

Umsätze und Zahl der Beschäftigten der Amazonen-Werke von 1994 bis 2000

	1994	*1995*	*1996*	*1997*	*1998*	*1999*	*2000*	*2001*
Gesamtumsatz in Mio. DM	171	185	206	225	240	262	268	150 €
Beschäftigte	961	922	1.025	1.093	1.116	1.188	1.229	1.300

Bautz

Josef Bautz GmbH
Saulgau (D)

Oft an der Spitze der technischen Entwicklung

Ein Baustein des heutigen Claas-Konzernes

rechts:
Mit Gabelheuwendern fing die Produktion an.

unten:
Von der Spinne baute Bautz rund 100 000 Stück.

1890
wird offiziell als Gründungsjahr angegeben, obwohl bereits 1879 vom Gründervater eine Hammerschmiede mit Werkstatt und Reparatur sowie Herstellung landwirtschaftlicher Geräte in Eglofs/Allgäu, zwischen Isny und Wangen gelegen, angekauft worden war. Der Gründer Josef Bautz entwickelt und erprobt seine selbst gebaute Heumaschine, einen leichtzügigen Heuwender.

1898
bauen nur zehn Mitarbeiter Hunderte der neuen Heuwender. Zusätzlich verkauft Bautz aus Amerika eingeführte Grasmäher.

1905
arbeiten bereits 40 Mitarbeiter in der Hammerschmiede. Die beliebten Trommelheuwender werden weit über das Allgäu hinaus verkauft.

1908
baut Josef Bautz seinen ersten Grasmäher. In der kleinen Fabrik wird es nun viel zu eng.

1909
kauft Bautz die Maschinenfabrik Blessing,

Bautz-Traktor mit 14-PS-2-Zylinder-Dieselmotor.

Votteler & Co. in Saulgau. Damit beginnt die industrielle Fertigung.

1914
entsteht der Grasmäher *Attila,* von dem über 100 000 Stück gebaut und in alle Welt verkauft werden. Erst 1934 ist er technisch überholt und wird durch ein Nachfolgemodell ersetzt.

1922
produziert Bautz neben den Heumaschinen die ersten Getreideerntemaschinen. Der *Imperator* ist ein Getreidemäher mit Ablage.
Der 400 Mitarbeiter zählenden Maschinenfabrik wird zunächst eine Grau- und später eine Tempergießerei angegliedert.

1929
Wird der Export nach Italien aufgenommen, das sich in der Folgezeit zum größten ausländischen Abnehmer entwickelt.

1930
wird das Werk auf eine Fläche von 53 000 m^2 vergrößert. Weitere Exportmärkte werden erschlossen.

1936
entsteht in Saulgau ein neuer Trommelheuwender, nachdem ein Jahr zuvor die Produktion von Bindemähern angelaufen ist. In Großauheim am Main wird eine 130 000 m^2 große Fabrikanlage zur Produktionserweiterung angekauft. Bautz will dort auch Traktoren bauen.

1938
verlassen 14 000 Erntemaschinen das Werk.

1946
kann die Produktion in dem unzerstörten, aber vorübergehend beschlagnahmten Werk wieder aufgenommen werden.

1950
wird der erste serienmäßig hergestellte Bautz-Traktor vorgestellt. Es ist ein robuster Kleintraktor mit einem gut funktionierenden Mähwerk. Der Traktor ist mit einem 14-PS-2-Zylinder-Dieselmotor ausgerüstet.
Bautz belegt einen führenden Platz bei den Erntemaschinenherstellern. Von den einstmals 28 deutschen Mähmaschinen- und

Der seinerzeit sehr moderne Großmähdrescher Titan wurde 1967 vorgestellt.

Mähbinderproduzenten sind nur acht übriggeblieben. Zusätzlich kann die Fertigung eines Grünfutterladers aufgenommen werden. Zu diesem Zeitpunkt hat das Werk 700 Mitarbeiter.

1954
bringt Bautz seinen ersten Mähdrescher auf den Markt. Es handelt sich dabei um eine gezogene Maschine, die vorzugsweise nach Skandinavien geliefert wird.
Damit Frankreich, der größte Agrarmarkt in Europa, besser bedient werden kann, wird in Paris die Bautz-Tochtergesellschaft Agrimac gegründet.

1956
verlässt der erste selbstfahrende Mähdrescher das Werk Saulgau. Noch im gleichen Jahr wird die Produktion der Sternradheumaschine *Spinne* (Lizenz Lely) aufgenommen.
Bis zu deren Produktionseinstellung werden mehr als 100 000 Einheiten ausgeliefert.

1959
gründet Bautz eine Vertriebsgesellschaft in Belgien, die Bautz-Belux.

1961
kommt die Bautz-Feldpresse Compact auf den Markt.

1962
wird die Gießerei mit großem Aufwand modernisiert. Zuvor ist das Erntemaschinenwerk ausgebaut worden. Nach mehr als 25 000 hergestellten Traktoren läuft die Produktion im Werk Großauheim aus. Im Erntemaschinenwerk Saulgau gibt es eine Vielzahl neuer Maschinen: den Feldhäcksler *Exakt*, den Schlegelfeldhäcksler *Rasant*, die Hochdruckpresse *Ama* (italienischer Ursprung), den *Allheuer*; den *Anbauheuer*, den *Wirbelwender* (Kreiselzettwender) und die Selbstfahrmähdrescher *T 600 S* sowie *Commodore*.

1965
feiert die Josef Bautz GmbH mit 1 200 Mitarbeitern das 75-jährige Bestehen des Unternehmens. Der letzte Bautz-Grasmäher verlässt die Produktion.

1967
stellt Bautz den Großmähdrescher *Titan*, eine sehr moderne Konstruktion, vor.

1969
wollen die Firmen Claas und Fahr in Konkurrenz zueinander das Unternehmen Bautz kaufen. Schließlich gelingt es Claas, den Zuschlag zu erhalten.
Heute wird dieses Unternehmen als Claas Saulgau GmbH mit eigener Geschäftsführung geführt.

Karl Becker GmbH & Co KG
Maschinenfabrik
Oberweser (D)

Becker

Bahnbrechend „mit Luft"

Einst Marktführer bei pneumatischen Einzelkornsämaschinen – Heute unter dem Dach der Kongskilde

1919
gründet Karl Becker sein Unternehmen in Kassel.

1949
erfolgt die Firmenverlegung nach Oberweser, dem heutigen Sitz des Unternehmens.

1950
entwickelt Becker den Kombi-Krümler *Quirl,* für den er ein Patent erhält. Weil der Vertrieb auch über Erstausrüster erfolgt, die ihre Saatbettkombinationen mit dem Kombikrümler als letzte Geräteeinheit abschließen, wird er praktisch an allen nichtwendenden Bodenbearbeitungsgeräten eingesetzt, was zu großen Stückzahlen für Becker führt.

1985
erfolgt die Markteinführung der ersten mechanischen, zentral angetriebenen Einzelkornsämaschine *Centra-Drill,* die vorwiegend im Rübenanbau eingesetzt wird.

1962
gelingt Becker die bahnbrechende Erfindung der pneumatischen Einzelkornsämaschine *Aeromat,* die mit einem Druckluftspülsystem arbeitet und als erstes Maissägerät kalibrierungsfähig arbeitet. Für diese Erfindung werden Becker weltweit Patente erteilt.

1985
wird das Unternehmen von der Georg Fritzmeier GmbH & Co, Großhelfendorf, erworben. Fritzmeier war durch den Bau von Traktorverdecken und -kabinen sowie durch die Nachrüstaktion mit den Umsturzbügeln bekannt geworden. Becker hatte zu diesem Zeitpunkt eine Betriebsfläche von 50 000 m^2, davon waren 10 000 überbaut. Die Firma beschäftigt rund 90 Mitarbeiter. Nach eigenen Angaben ist Becker Marktführer bei pneumatischen Einzelkornsämaschinen in Deutschland.

1990
übernimmt die 1961 gegründete, auf Mahl- und Mischanlagen sowie Strohmühlen und Futtermischwagen spezialisierte dänische Cormall Holding die Firma Becker in Oberweser.

1997
kauft die dänische Kongskilde Becker aus der Cormall Holding.

Centra-Drill, 12-reihig, bei Rübenanbausaat.

Aeromat MU 4Z, Beckers große Erfindung.

Bidell

Bidell-Gruppe
Waldstetten (D)

Autohaus und Landtechnik-Fabriken

Die Markenprodukte unter diesem Dach: Ford, BMW, Eberhardt und Mengele

1973
gründen Albert und Helmut Bidell eine Autowerkstatt und Lohnschweißerei auf dem elterlichen Anwesen.

1976
wird der Betrieb in das Industriegebiet von Waldstetten (südlich von Günzburg) in einen Neubau verlegt.

1977
kommt zur Schweißerei ein Press- und Stanzwerk hinzu. Das Personal wird auf 100 Mitarbeiter aufgestockt.

Grundmaschine der Projektstudie des Hochleistungsmähers.

1979
wird aus der Autowerkstätte das Autohaus Bidell (als Ford-Haupthändler).

1981
erfolgt mit der Übernahme der traditionsreichen Pflugfabrik Eberhardt der Einstieg in die Landtechnik und gleichzeitig der Wandel vom Handwerks- zum Industriebetrieb. Neu errichtete Fabrikanlagen in Waldstetten ermöglichen die Verlagerung von Eberhardt aus Ulms Stadtmitte.
Die 1854 in Ulm gegründete Gebr. Eberhardt KG Pflug- und Landmaschinenfabrik war zum bedeutendsten Hersteller von Bodenbearbeitungsgeräten in Deutschland aufgestiegen und durch den Export in alle Kontinente schon vor dem letzten Krieg weltbekannt. Diese Position konnte bis zu Beginn der 60er Jahre gehalten werden. 1965 erweiterte Eberhardt das im Markt schwächelnde Produktionsprogramm um kleine Ladewagen und Anbau-Maisfeldhäcksler. 1972 erfolgte die Einführung der hydraulischen Pflugdrehung, 1974 ein neues Pflugsystem mit außenliegenden Pflugkörpern und 1978 der Streifen-Pflugkörper. 1979, im letzten Jahr der Eigenständigkeit, lag der Umsatz bei nur noch

25 Mio. DM. Seit 1980 befand sich Eberhardt in der Liquidation.
Durch die Zugehörigkeit zur Bidell-Gruppe wird Eberhardt wieder an die großen europäischen Hersteller von Bodenbearbeitungsgeräten herangeführt.

1983
werden bereits wieder 2 000 Pflüge (allerdings nur kleine, einfache Gespannpflüge) in den Nahen Osten und weitere 8 000 nach Ghana geliefert.
In das Fertigungsprogramm werden neben Kreiseleggen auch neue Saatbettkombinationen mit Arbeitsbreiten von 2,20 bis 5,60 m aufgenommen. Die Mitarbeiterzahl steigt wieder auf 230 an.

1985
erwirbt Bidell die ehemalige Firma Mayr GmbH in Ellzee und firmiert sie um in die Eberhardt Maschinenfabrik Bidell GmbH. Zunächst nur als Zulieferbetrieb für die eigene Fertigung gedacht, erwirbt sich das Werk darüber hinaus einen Namen in Werkzeugbau und Verfahrenstechnik.
Die Mitarbeiterzahl der Gruppe ist inzwischen auf 340 angewachsen.

1987
wird bei Eberhardt der automatische Zugpunktregler eingeführt. Die Bidell-Gruppe erhält mit dem Kauf der GWF-Günzburger Werkzeugmaschinenfabrik (ein ehemaliger Mengele-Betrieb) ein weiteres Standbein. Die GWF war damals ein Begriff für Qualität und Fortschritt. Scheren und Pressen als robuste Einfachmaschinen gehören ebenso zur Produktpalette wie halb- oder vollautomatisch arbeitende CNC-gesteuerte Einzelmaschinen und komplette Bearbeitungszentren.

1988
kommt mit dem Ankauf des renommierten Autohauses Gutmann in Krumbach ein weiteres Autohaus mit der Marke BMW hinzu.

Mengele-Mammut 7800 mit Niemeyer-Scheibenmäher.

1990
beteiligt sich die Bidell-Gruppe mit zwei Dritteln an der Firma Walter Umwelttechnik GmbH.
Nach Firmenangaben wird die größte Schneidanlage der Welt nach Holland geliefert. Weitere große Anlagen, Pressen und Tafelscheren gehen nach Indien, China, Korea, Österreich, Schweiz und alle EG-Länder.
Eberhardt (als Marke) kann gute Verkaufserfolge mit dem erweiterten Kreiseleggen-Programm erzielen. Das Unternehmen exportiert zu dieser Zeit in 17 Länder. Ein besonders interessantes Geschäft konnte mit Uganda abgewickelt werden. In das Land werden 18 komplett eingerichtete Landmaschinenwerkstätten geliefert und damit Voraussetzungen für den Verkauf von Bodenbearbeitungsgeräten geschaffen.
Eine Umsatzverdoppelung erreicht in diesem Jahr der Betrieb Eberhardt in Ellzee (ehemals Mayr GmbH). Dort werden im Stahlbaubereich auf eigene Rechnung für verschiedene Hersteller Kreiselmähwerke, Kreiselschwader und Kabinen gebaut. Auf Grund dieser positiven Situation erreicht die Bidell-Gruppe in diesem Jahr einen Umsatz von 100 Mio. DM.

Mengele kommt im MF-Design.

1991
gelingt der Bidell-Gruppe mit der Übernahme der traditionsreichen Firma Karl Mengele & Söhne, Maschinenfabriken GmbH & Co. in Günzburg, eine weitere Vergrößerung des Bereiches Landtechnik. Die Mitarbeiterzahl in der Gruppe steigt auf 1 250 an.
Bidell zieht einen Millionen-Auftrag an Land, der dem Mengele-Werk 2 in Deffingen über Jahre hinaus Vollbeschäftigung sichert. Es handelt sich um einen Lohnauftrag der Firma F. X. Meiller in München (Kipper) über Ladebrücken von jährlich zwischen 20 und 30 Mio. DM.
Das Werk selbst wurde inklusive aller Grundstücke an die Firma Meiller veräußert. Das gesamte Inventar jedoch, wie Maschinenpark und das Hochregallager verblieben im Besitz der Firma Mengele. Ein langfristiger Vertrag garantiert Mengele die Nutzung der Fabrikanlagen. Die Firma Karl Mengele & Söhne Maschinenfabriken GmbH wird unter Beibehaltung des Namens innerhalb der Bidell-Gruppe weitergeführt.

1992
erreicht die Bidell-Gruppe einen Gesamtumsatz von 296 Mio. DM. Davon entfallen auf den Bereich Mengele 155 Mio. DM und auf den Bereich Eberhardt 93 Mio. DM (55 Mio. DM davon Teile- und Fremdfertigung). Die übrigen 48 Mio. DM Umsatz kommen aus den restlichen Sparten.

1994
übernimmt die Bidell-Gruppe die Fortschritt Erntemaschinen GmbH in Neustadt/Sachsen. Im Produktionsprogramm finden sich Großballenpressen, selbstfahrende Schwadmäher mit verschiedenen Erntevorsätzen und Anbauhubstapler.

1995
stellt das Unternehmen auf der SIMA in Paris eine Projektstudie eines selbstfahrenden Hochleistungsmähers mit einem 9 m breiten, dreiteiligen Scheibenmähwerk von Niemeyer vor. Diese Maschine mit Motorvarianten bis 408 PS hat hydrostatischen Antrieb mit Geschwindigkeiten bis zu 40 km/h, Vorderachslenkung und ist mit weiteren Zusatzgeräten für den Ganzjahreseinsatz gedacht.

1996
beginnt die Auslieferung der neuen Großpackenpressen *540/540 IS* im Mengele- und Fortschritt-Design aus dem Werk Neustadt. Eine rotierende Schneideinrichtung mit 14 Messern wird integriert. Wie bei den anderen Typen sorgt auch hier ein mehrstufiges Vorpresssystem für höchste Pressdichte.

Mengele-Großpackenpresse 540 im neuen Design.

1997
schließt Mengele ein Vertriebsabkommen mit dem Agco-Konzern zur Vermarktung des selbstfahrenden Feldhäckslers Mammut im MF-Design. Durch die Verlagerung der Produktion der Häcksler von Günzburg nach Neustadt werden von den 420 Arbeitsplätzen bei Mengele in Günzburg bis Mitte 1998 etwa 90 abgebaut.
Vor dem Hintergrund des geplanten Verkaufs von Fortschritt war die Produktionsverlagerung unumgänglich geworden. Als Käufer wurde die Case Corporation gehandelt, die dann am 7. Oktober die Fortschritt Erntemaschinen GmbH, Neustadt/Sachsen komplett übernimmt. Danach erwartet Mengele einen um 30 Mio. DM niedrigeren Umsatz von etwa 80 Mio. DM.

1998
bringt Mengele einen kippsicheren Hoflader mit teleskopierbarer Vorderachse auf den Markt. Diese Achse kann hydraulisch von 97 auf 176 cm Spurweite verbreitert werden. Dieser Knicklenker wird durch einen 30 bis 34 PS starken Motor hydrostatisch über Radmotoren angetrieben.
Am 12. Oktober muss die Mengele & Söhne GmbH, Günzburg, Vergleich anmelden. Ursache für den Liquiditätsengpass sind Verzögerungen in der Entwicklung und Anlaufprobleme bei neuen Produkten, weshalb ein größerer Bestand der neuen Ladewagenserie in der Saison nicht mehr abgesetzt werden kann. Mangels Masse droht nun ein Konkursverfahren, das die gesamte Bidell-Gruppe bedroht, deren Jahresumsatz mittlerweile auf 135 Mio. DM bei 650 Beschäftigten zurückgefallen ist. Schließlich mussten am 5. November alle zur Bidell-Gruppe gehörenden Firmen, ausgenommen der Autohäuser, Vergleich anmelden.

1999
übernimmt die neu gegründete Eberhardt-Mengele Productions GmbH alle Namens- und Patentrechte der Traditionsfirmen Eberhardt und Mengele. An der neuen Firma sind der geschäftsführende Gesellschafter Thomas Bidell und mehrere Landwirte mit einem Eigenkapital von 4,5 Mio. DM beteiligt.
Zum 1. April ist in neuen Fertigungshallen in Waldstetten die Produktion von Pflügen, Kreiseleggen, Kippern, Dungstreuern und Anbauhäckslern mit 80 Mitarbeitern angelaufen. Damit ist auch die Ersatzteilversorgung und der Service für die bisher ausgelieferten Geräte gesichert.

2002
Nur drei Jahre nach der Gründung muss die Eberhardt-Mengele-Productions GmbH (EMP) mit 110 Mitarbeitern am 21 Mai Insolvenzantrag stellen. Wegen der guten Auftragslage laufen Übernahmegespräche mit einem potenziellen Investor.

Bucher

Bucher Industries AG
Niederwenningen (CH)

Mit Kuhn in der ersten Liga

Landtechnik, Fahrzeugbau, Nahrungsmitteltechnik, Hydraulik und Maschinenbau sind die Konzernbereiche

1807
kauft Hans Jakob Bucher für seinen Sohn Heinrich, der das Schmiedehandwerk erlernt hat, eine seit dem 15. Jahrhundert bestehende „Schmiede in der Murzeln", nahe Niederwenningen, Kanton Zürich.

1817
brennt der kleine Betrieb ab, und noch im gleichen Jahr wird eine neue Schmiede in Surb aufgebaut. Dieser Neubau ist bis heute das Stammhaus des Unternehmens.

1874
wird die Firma in „Joh. Bucher, Mech. Werkstätte in Niederwenningen, Fabrication von mechanischen Bestandteilen (landwirthschaftliche Maschinen)" geändert. Mit vier Personen werden Obst- und Traubenpressen, Obstmühlen, Futter- und Rübenschneider sowie andere Geräte hergestellt.

1891
übernimmt Bucher den Verkauf von amerikanischen McCormick-Mähmaschinen sowie des *Patentrechens* von Fahr.

1901
1901 stellt Bucher seine ersten hydraulischen Obstpressen vor, die dazugehörenden Presspumpen sind durch Patente geschützt.

1909
werden auch Kleindreschmaschinen für Göpel oder Benzinmotor-Antrieb produziert.

1920
bringt Bucher eine Presse für Papier- und Baumwollabfälle, Holzwolle, Torf, Heu und Stroh und anderes auf den Markt.

1930
rüstet Bucher Gespanngrasmäher mit einem Aufbaumotor aus, so dass ein Zugtier zum Ziehen der Maschine ausreicht, während der Motor den Mähbalken antreibt. Verkauft werden sie unter dem Namen *Bucher-Motormäher.*

1939
führt Bucher-Guyer, so heißt die Firma seit 1937, zum erstenmal in der Schweiz Versuche mit einem amerikanischen Mähdrescher durch.

1944
1944 kommen die erfolgreichen Rekord-Motormäher auf den Markt. Sie haben Zapf-

Der erste Bucher-Vierradtraktor, der D 1800 von 1954.

wellenanschluss vorne und hinten zum Antrieb angebauter oder angehängter Geräte sowie eine Gabel-Eingrasvorrichtung, die das tägliche Grünfutterholen sehr vereinfacht.

1946
erwirbt Bucher-Guyer die Mehrheit an der elsässischen Firma Kuhn Frères & Cie. in Saverne. Der Import amerikanischer Allis-Chalmers-Traktoren beginnt. Anschließend übernimmt man die Generalvertretung für die Schweiz.

1951
wird die Firma in eine Aktiengesellschaft mit der Bezeichnung Bucher-Guyer AG umgewandelt. Die Mitarbeiterzahl ist inzwischen auf über 500 angewachsen.

1952
wird bei Bucher in Griessen, Südbaden, die Herstellung und der Vertrieb von Hydraulik-Kolbenpumpen und später auch von Axialkolbenpumpen aufgenommen. Die Entwicklung aus Niederwenningen wird deshalb nach Griessen verlagert.

1953
präsentiert Bucher den patentgeschützten Rotorrechen mit Bodenantrieb (Sternradmaschine).

1954
folgen die ersten Bucher-Vierradtraktoren, zunächst der Typ *D 1800*, später die Modelle *D 2000* und *D 4000*. Bucher wird zum wichtigsten Traktoren-Hersteller der Schweiz. Noch im gleichen Jahr werden die Entwicklungsarbeiten für den Ladewagen wieder aufgenommen, mit dem man bereits 1943 Feldversuche unternommen hatte. Zusätzlich gründet Bucher die Agro-Service SA in Zuchwil als weitere Vertriebsfirma.

1958
entwickelt Bucher einen Schwingsiebgraber für die schonende zweireihige Kartoffelernte. Seine Vorteile ermöglichen einen erfolgreichen Export. In Großbritannien wird er in Lizenz hergestellt.

Bucher-Motormäher.

1960
kann die Produktion der ersten Bucher-Ladewagen aufgenommen werden.

1962
stellt die Bucher-Guyer AG die Produktion der eigenen Traktoren ein und übernimmt die Generalvertretung von Fiat-Traktoren für die Schweiz. In kurzer Zeit sind sie die meistverkauften Traktoren im Land. Bucher verfügt über ein sehr gut funktionierendes Vertriebsnetz in der Schweiz und ist Importeur großer Landmaschinenfirmen aus Deutschland.

Der Rotorrechen mit Zinkensteuerung über eine Kurvenbahn im geschlossenen Getriebe war eine echte „Patentidee“.

1966
kommen die ersten Bucher-Transporter zur Auslieferung und bereits ein Jahr später das *Tractomobil*, der erste Zweiachsmäher der Welt mit Zapfwellen- und Geräteanschlüssen vorne und hinten. In dieses Jahr fällt auch der Abschluss der Entwicklungsarbeiten für den Kreiselschwader (Kreiselschwadrechen). Die Tochtergesellschaft Kuhn übernimmt anschließend die Produktion. In Folge werden Lizenzen an bedeutende Hersteller im Ausland vergeben.

1968
beginnt Bucher-Guyer – nach der Beendigung der Zusammenarbeit mit der japanischen Firma Meiki – mit der Herstellung von Kunststoff-Spritzgussmaschinen.
Ein neu entwickelter Mähaufbereiter findet das Interesse namhafter ausländischer Produzenten, die hierfür Lizenzen erwerben.

1970
wird eine selbstständige Abteilung für Industrie- und Kommunalfahrzeuge gegründet, die 1975 den Kommunal-Geräteträger *GT 1200* auf den Markt bringt.

1980
strukturiert man das Unternehmen um. Den vier Geschäftsbereichen Landtechnik, Fahrzeuge, Fruchtsaftanlagen und Industriepressen wird ein zentraler Betriebsbereich und das Ersatzteilwesen angegliedert.

1983
erwirbt Bucher-Guyer die Unitra Fördertechnik A.G. in Schlieren und gliedert es in den Geschäftsbereich Fahrzeuge ein.

1984
bringt das Unternehmen die neuen Zweiachsmäher *TM 800* mit 4-Rad-Antrieb und 4-Rad-Lenkung, Front- und Heckhydraulik und Zapfwelle auf den Markt.
In dieses Jahr fällt auch die Gründung der Bucher Holding AG, als Dachgesellschaft für die Bucher-Guyer AG, Niederwenningen (Schweiz), Kuhn SA, Saverne (Frankreich) und Bucher GmbH, Klettgau (Deutschland).

1986
kann sich Bucher-Guyer die Mehrheitsbeteiligung an der französischen Gesellschaft CMMC in Chalonnes-sur-Loire sichern, die seit ihrer Gründung Traubenpressen mit innenliegender Spindel unter der Marke Vaslin vertreibt. Die pneumatischen Traubenpressen von Bucher stellt später auch CMMC her. Das Unternehmen wird damit zum weltweit führenden Hersteller von Traubenverarbeitungsanlagen und später in Vaslin Bucher SA umfirmiert.

1990
gründet die Tochtergesellschaft Laeis Bucher GmbH in Trier (sie befasst sich mit der Herstellung von Fliesenpressen, Feinkeramikmaschinen und Feuerfestanlagen) in Wien die LBS Anlagenbau Ges. mbH. In diesem Bereich erreicht Bucher einen Marktanteil in Europa von deutlich über 50 %.

1993
gewinnt Bucher gegen härteste Konkurrenz einen Großauftrag über 4 x 4- und 4 x 6-Fahrzeuge für die Schweizer Armee.

1994
wird die Firma Schörling GmbH & Co. Waggonbau, Hannover, übernommen und in die Bucher-Schörling GmbH umgewandelt. Das Unternehmen hat bisher Großkehrmaschinen, Flughafengeräte und Sondermaschinen hergestellt.

Umsatz nach Produkten und Regionen von Bucher 2001

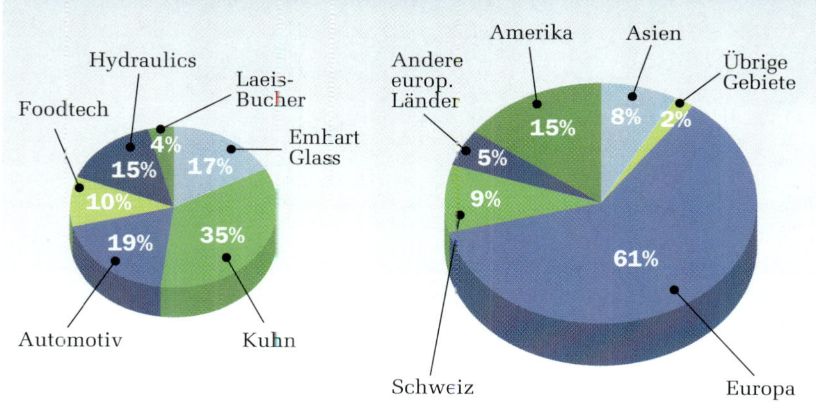

Der Bucher-Konzernbereich Hydraulik erwirbt die Firma Hidroirma SpA, Reggio Emilia/Italien.
Über 1000 im In- und Ausland erteilte Patente für dieses Unternehmen beweisen die ständige intensive Innovationstätigkeit und das Spezialisten-Know-how innerhalb der Bucher-Gruppe.

1995
wird die Gruppe in die fünf Bereiche Landtechnik, Fahrzeuge, Nahrungsmitteltechnik, Hydraulik und Maschinen aufgegliedert.

1996
Die Beringer Hydraulik AG, Neuheim, die mit 190 Mitarbeitern rund 45 Mio. sfr Umsatz erzielt, wird übernommen.

1997
Die Hydrotechnik Fruttingen AG, Schweiz wird übernommen. Diese Firma entwickelt und produziert mit 130 Beschäftigten ölhydraulische Steuerelemente.
Der Konzernbereich Hydraulik ist mittlerweile ein bedeutender Anbieter von Hydrauliksystemen für mobile und stationäre Anwendungen mit einem ausgebauten Vertriebs- und Servicenetz in Europa, USA und Fernost.
Bucher spielt in jedem Konzernbereich an der Spitze mit. So ist die Sparte Landtechnik bei Scheibenmähern und Heumaschinen Weltmarktführer. Mit Kehrmaschinen ist Bucher Nr. 1 in Europa, mit Geländefahrzeugen größter Hersteller in der Schweiz. In der Nahrungsmitteltechnik belegt das Unternehmen weltweit die Spitzenposition bei Fruchtsaft- und Weinproduktionsanlagen. Mit Feuerfestanlagen sind die Schweizer weltweit und bei Duroplast-Spritzgussmaschinen europaweit Spitze.

1998
wird der Firma Black & Decker die Emhart Glass-Gruppe für 194 Mio. $ abgekauft. Emhart Glass ist weltweit führender Anbieter von Maschinen und Anlagen auf dem Gebiet der Behälter-Glasproduktion mit Werken in USA, Deutschland und Schweden. Sie erzielte 1997 einen Umsatz von 187 Mio. $ mit 1 100 Beschäftigten.
Bucher schreibt in diesem Jahr rote Zahlen. Der Konzern verfügt allerdings über ein hohes Eigenkapital von mehr als 500 Mio. sfr und einen hohen Bestand an liquiden Mitteln von gut 450 Mio. sfr.
Bucher verfügt über insgesamt 22 Produktionsstätten sowie 49 Vertriebs- und fünf Dienstleistungsgesellschaften in 15 Ländern.

1999
schreibt Bucher wieder schwarze Zahlen und erzielt einen Umsatz von 1,5 Mrd. sfr. Von den sechs Sparten des Unternehmens ist die Landtechnik mit 41 % Umsatzanteil die umsatz- und ertragsstärkste.

2000
übernimmt die Bucher Hydraulik, Klettgau, den Bereich Pumpenbau der Firma Truninger AG in Langendorf/Schweiz und kann damit seine Position als Hersteller von Innenzahnradpumpen weiter ausbauen.

Geländefahrzeug Bucher Duro 4 x 4 (1995).

Umsätze und Zahl der Beschäftigten der Bucher-Gruppe von 1971 bis 2000

	1971	*1980*	*1990*	*1997*	*1998*	*1999*	*2000*	*2001*
Gesamtumsatz	197	345	792	1.219	1.320	1.510	1.503	1.488 (1.003 €)
davon Landtechnik	140	245	447	545	–	570	582	527[1] (355 €)
Beschäftigte	1.977	2.342	3.850	4.507	4.909	5.467	5.563	5.757

Werte in Mio. sfr
[1] nicht Handelsgeschäft und Produktion CH (in Bucher Automotive enthalten)

Carraro

Antonio Carraro Spa
Campodarsego (I)

Bei kleinen Schleppern ganz groß

Vielfältigkeit der Möglichkeiten kaum zu überbieten

Der erste Carraro von 1910.

Eine besondere Konstruktion war dieser Carraro „Scarabeo“ von 1960: Ein 1-Achs-Traktor mit Lenkvorderwagen zum Aufsitzen.

1910

stellt Giovanni Carraro, ein Schmied, auf der ersten Industriemesse in Padua seine neue Maschine vor, für die er eine Auszeichnung erhält. Sie kann gleichzeitig pflügen, säen, eggen und walzen. Nach verschiedenen Entwicklungen mit Motorgeräten und kleinen Anbaugeräten kommen

1950

die ersten richtigen Traktoren auf den Markt.

1960

übernimmt der Sohn Antonio Carraro die Firma. Es werden in diesem Jahr gerade mal 264 Carraro-Traktoren in Italien zugelassen. Antonio Carraros Ziel ist, multifunktionelle Traktoren für alle in der Landwirtschaft anfallenden Arbeiten zu entwickeln und zu fertigen. Der erste Zwei-Richtungs-Traktor, bei dem sich der Fahrerstand in wenigen Sekunden umkehren lässt, wird gebaut.

1963

folgt der Allradantrieb auf vier gleich große Räder, die Knicklenkung für einen sehr kleinen Wendekreis, Zapfwellen und Anbaumöglichkeiten vorn und hinten am Traktor. Dazu ein Synchrongetriebe bis hin zu dem kürzlich eingeführten Hydrogetriebe für die unmittelbare Fahrtrichtungsänderung durch einfache Pedalbetätigung. Daher sind die Carraro-Traktoren für die Arbeiten in Sonderkulturen, in engen Pflanzreihen, unter Rebdächern, in Obstgärten, im Gebirge und auf den Weiden häufig anzutreffen. Die Modelle *Tigretrac*, *Tigrone*, *Supertigre* sowie die *Cargo* und *Tigrecar* sind Arbeitsmaschinen für die spezialisierte Landwirtschaft. Im Kommunalbereich finden vor allem die hydrostatisch angetriebenen Modelle *Superpark* und *Tigretrac* Anwendung.
Mittlerweile verfügt Carraro durch die Verbindung von einer hydrostatischen mit einer mechanischen Komponente über ein leistungsverzweigtes stufenloses Getriebe aus eigener Entwicklung und Fertigung. Die Carraro-Traktoren gibt es in 100 Modellausführungen. Als Front- oder Knicklenker in einem Leistungsbereich von 21 bis 63 PS. Dazu werden noch Einachsschlepper und Motormäher mit Benzin- oder Dieselmotoren in Leistungen von 6 bis 12,5 PS angeboten.

1996

werden die drei Jahre zuvor begonnenen Investitionen, die der Verdoppelung der Produktion dienen, zum Abschluss gebracht,

weil man mit einer Steigerung der Verkäufe in 1995 und 1996 um 75 % rechnet. Ein Jahr vorher haben rund 7 000 Maschinen das Werk verlassen. Dabei ist ein Umsatz von 85 Mrd. Lire mit 350 Beschäftigten erzielt worden, gut 60 % davon im Export.
Stark ist vor allem der Absatz von Kommunalmaschinen. Während 1990 lediglich 10 % in diesen Bereich gingen, sind es 1995 bereits 40 %, und im laufenden Jahr wird ein Anteil von 50 % erreicht. Neue Traktoren für den Einsatz in Obst-, Wein- und Sonderkulturen werden vorgestellt.

1997

Für die nächsten drei Jahre sind weitere 30 Mrd. Lire an Neuinvestitionen und die Schaffung von zusätzlich 100 Arbeitsplätzen geplant. Mit einer Auslieferung von 7 500 Traktoren kann der Umsatz um 20 % auf 120 Mrd. Lire gesteigert werden. Der Exportanteil liegt jetzt bei 60 %. Verkauft werden die Produkte weltweit über 500 Vertragshändler und Importfirmen. In Italien erreicht Carraro mit rund 3 000 Traktoren etwa 10 % Marktanteil und damit die fünfte Position bei den Traktor-Neuzulassungen.

1998

Vier gleich große, lenkbare Räder mit automatischer Spurkontrolle besitzt der neue *Tigretrac 3800 HST 4 WS* der *Serie 30*. Dazu das Fahrtrichtungs-Umkehrsystem *RevGuide* sowie 3-Zylinder-36-PS-Dieselmotor und hydrostatisches VIAC-Getriebe.

1999

nimmt das Werk Lieferungen nach Nord- und Südamerika auf. 8 000 Traktoren rollen nun jährlich vom Band.
Das Ergebnis spiegelt die hohen Investitionen in Forschung und Entwicklung, rationelle Fertigung und Einführung der neuen Ergit-Serie wider. Gleichzeitig soll der Vertrieb in den Exportmärkten intensiviert werden. Der stärkste Exportmarkt ist Spanien mit einer eigenen Niederlasung, gefolgt von Deutschland, Niederlande, Österreich, Schweiz und Frankreich.

Der erste 4-Rad-Carraro von 1963.

Auf dem britischen Markt erfolgt jetzt eine Zusammenarbeit mit Turf Maschinery, einem führenden Anbieter von Maschinen für die Pflege von Golfplätzen und Grünanlagen. In den USA arbeitet Carraro am Aufbau eines engmaschigen Vertriebsnetzes, in Australien wird eine eigene Vertriebsgesellschaft, die Carraro Ozeanien Pty.Ltd., gegründet.

2000

rüstet sich das Unternehmen mit einem Investitionsprogramm von 40 Mio. DM für die Zukunft. Geplant ist eine Steigerung der Traktorproduktion auf 7 000 in 2001.

2001

7 000 Traktoren bei 100 Varianten – das kann kein Volumenhersteller leisten. Um die Effizienz der Produktion mit hoher Fertigungstiefe zu erhöhen, führen Porsche-Ingenieure das Kaizen-System ein.
Star im vielfältigen Carraro-Programm ist die *Egit*-Serie mit einer Leistungsbreite von 60 bis 87 PS. Dieser Multifunktionstraktor ist mit umkehrbarem Fahrerstand sowie integralen Schwingrahmen für eine optimale Bodenhaftung der vier niederdruckbereiften Antriebsräder ausgestattet.
Carraro erhält den „Preis der Innovation" auf der Messe in Montpellier. Der Kabinenaufbau entspricht den strengen Regeln in den USA zum Schutz des Fahrers zwischen Plantagenreihen beim Einsatz von Spritzen und ist dort zertifiziert. Wegen der großen Nachfrage nach Traktoren wird die Einachser-Produktion aufgegeben.
Der Umsatz in 2001 liegt bei 81,8 Mio. Euro mit 400 Mitarbeitern und 7 000 Traktoren.

Ein S. Ergit – SRX im Weinberg.

Ein Supertrac HTM bei der Grünlandpflege und . . .

. . . im Wintereinsatz.

Case

Case Corporation
Racine (USA)

Baumaschinen und Schlepper

Eine lange Geschichte endet mit einer überraschenden Übernahme und der Gründung des CNH-Konzerns

Der erste Case-Traktor aus dem Jahr 1892.

Case-Mähdrescher Modell 5.

1842
beginnt Jerome Increase Case mit der Fertigung der ersten von ihm entwickelten automatischen Dreschmaschine in Racine.

1869
stellt er die erste Case-Dampfmaschine vor. Damit erlangen er und sein Unternehmen weltweite Beachtung. Neu ist die verbesserte Dreschmaschine *Eclipse*.

1880
werden aus den für die Landwirtschaft entwickelten Dampfmaschinen die ersten Dampftraktoren entwickelt, die allerdings noch Pferde zur Steuerung benötigen.

1892
fahren die ersten Case-Traktoren aus dem Werk. Es sind eigentlich Dampftraktoren, die anstelle der Dampfmaschine einen Benzinmotor eingebaut haben.

1904
kommt die erste Ganzstahl-Dreschmaschine auf den Markt.

1910
sind auf den US-Farmen etwa 1 000 Traktoren aller Fabrikate im Einsatz.

Aus den Anfängen des Case-Mähdrescherbaus.

1912
hat sich Case mit der Produktion von Straßenwalzen und Gradern bereits einen Namen in der Baumaschinenbranche gemacht.

1913
errichtet Case sein erstes Traktorenwerk in der Nähe von Racine. Zur Erweiterung des Programmes werden auch Pflüge und andere Bodenbearbeitungsgeräte hergestellt.

1919
Mit der Übernahme der Wallis Tractor Company in Cleveland/Ohio werden die Case-Traktoren besser vom Markt aufgenommen. Viele Jahre hat Case die Geräte der Grand Detour Plow Co. verkauft; nun hat Case diese Fabrik erworben und bietet damit eine Full-Line an.

1920
experimentiert Case mit Mähdreschern, und zwar mit einer Maschine für die Ebene und einer weiteren für den Einsatz am Hang.

1923
als die 100 000ste Dreschmaschine das Montageband verlässt, kommt der erste Case-Mähdrescher, der Prairie-Typ, auf den Markt. Obwohl die Maschinen technisch sehr fortschrittlich sind, gibt es Schwierigkeiten, diese Maschinen gegen den bereits etablierten Wettbewerb zu verkaufen. Drei Jahre später wird der Bau von Dampfmaschinen nach 36 000 Exemplaren aufgegeben.

1929
bringt Case eine neue Traktorenreihe auf den Markt, die mit Vierzylinder-Reihenmotoren, Zapfwelle und Riemenscheibe ausgerüstet ist. Ein Jahr später wird diese Baureihe um eine Row-Crop-Dreirad-Ausführung ergänzt.

1939
präsentiert Case das D-Modell in Standard- oder Row-Crop-Ausführung. Dieser Drei-Scharpflug-Traktor mit Riemenscheibe bietet eine verstellbare Spurweite. Er ist gleichzeitig die letzte Case-Maschine vor dem Krieg.

Das Modell D, vorgestellt 1939.

Der Lenkarm der DC-Reihe hieß „chicken roost".

1946

übernimmt Case eine Fabrik der amerikanischen Regierung in Bettendorf (Iowa) und beginnt dort mit der Produktion von Schwadmähern, Aufsammelpressen, Mähdreschern und Maispflückern.
Ein Jahr später startet die Kilby Steel Co. in Anniston (Alabama) mit der Produktion von Rechen, Pflügen und Stalldungstreuern.

1957

kauft Case die American Tractor-Corporation in Churubusco, Indiana/USA, einen Hersteller von Raupenschleppern und Baumaschinen. Im selben Jahr führt Case einen neuen Baggerlader auf den amerikanischen Markt ein. Nachdem verschiedene Lösungen in der ersten Hälfte der 50er Jahre nicht befriedigten, entwickelte Case den ersten Baggerlader – den Urvater aller übrigen auf den Markt gebrachten.
Erstmals ist bei diesem Modell eine umfassende Garantie auf alle Systemkomponenten durch nur einen Hersteller gewährleistet. Mit dieser ungewöhnlich erfolgreichen Produkteinführung beginnt die weltweite Marktführerschaft von Case als Produzent von Baggerladern. Bis 1997 wird Case davon mehr als 360 000 Stück bauen und den Geschäftsbereich Baumaschinen durch mehrere Firmenakquisitionen ergänzen.

1963

verfügt Case über ein Netz von weltweit 125 Händlern sowie Zweigbetrieben in Frankreich, Großbritannien, Südafrika, Brasilien und Australien und über 15 Lizenznehmer in verschiedenen Ländern.

1964

wird der erste *1200 Traction King* vorgestellt, der erste Case-Großtraktor mit 120 PS, vier gleich großen, angetriebenen Rädern und 4-Rad-Lenkung sowie Kabine zwischen den Achsen. Im gleichen Jahr erwirbt die Kern-County-Land Company (KCL's) eine Beteiligung an Case, wird selbst aber

1967

von der Tenneco Inc. Texas, einer Industrie-Holding, übernommen. In der Folgezeit sieht sich Case mehrmals mit feindlichen Übernahmen konfrontiert, bis schließlich

1970

das Unternehmen J. I. Case als Tochtergesellschaft in den Firmenverbund Tenneco eingegliedert wird. Durch die Fusion mit weiteren Land- und Baumaschinen-Werken kann Case seine Marktposition in beiden Bereichen entscheidend vergrößern.

Der erste „aus einem Guss" konzipierte Baggerlader, der Typ 320 von 1957. Daneben der 1982 vorgestellte 580 G, der ebenfalls Maßstäbe setzte.

Modell 1200 Traction King von 1964 mit 120 PS.

1972

zieht sich Case aus dem Mähdrescherbau zurück, weil nur noch 7 % Marktanteil erreicht werden in einem Markt, der ein Jahr vorher gerade 28 000 Maschinen groß war und auf dem sich neun Anbieter in schärfstem Wettbewerb befinden. Außerdem ist die Case-Mähdreschertechnologie über zehn Jahre alt.

Mit der Übernahme der 1939 gegründeten britischen David Brown wird die Traktorenbasis wesentlich erweitert.

David Brown ist auf kleinere Traktor-Leistungsklassen spezialisiert und hat sich mit der Errichtung einer neuen Fabrik in Meltham finanziell übernommen. David Brown verfügt aber über ein großes Händlernetz in Großbritannien sowie in einigen Ländern Europas und den USA.

1975

versucht sich Case mit dem Vertrieb des Mercedes-Benz-Unimog in den USA über den eigenen Baumaschinenvertrieb, ist damit aber wenig erfolgreich.

1977

erwirbt Case 40 % der französischen Poclain SA, dem weltgrößten Produzenten von Hydraulikbaggern. Heute hält Case 95 % der Anteile.

In den USA unterzeichnen Case und Cummins Diesel ein 50:50-Joint Venture über die Entwicklung leichterer Dieselmotoren (Cummins-Motoren beginnen bislang erst bei 250 PS, und Case hat nur wenige Motoren der oberen Leistungsklasse). Das neue Unternehmen firmiert unter Consolidated Diesel Corporation (CDC). Bereits im Mai 1979 laufen die ersten Prototypen im Test.

1983

stellt Case mit der *Serie 94* ein neues Traktorenprogramm vor. Die 94er-Traktoren mit 43 bis 108 PS laufen in Großbritannien vom Band und die großen Traktoren mit Leistungen von 121 bis 277 PS in den USA. In den USA hat sich Case seit 1980 von der 7. Stelle auf die 3. Stelle der Zulassungsstatistik emporgearbeitet. In Europa können zwar Marktanteile hinzugewonnen werden, von einem Durchbruch kann aber noch keine Rede sein. Case allein ist nicht stark genug, eine führende Position im Landmaschinengeschäft wie John Deere oder Ford einzunehmen.

1984

erwirbt die Muttergesellschaft von Case, Tenneco Inc. den Landmaschinenbereich von International Harvester für 475 Mio. $. Die Hauptaktivitäten Tennecos liegen jetzt in den Bereichen Ölförderung und -verarbeitung, Erdgastransport, Land- und Baumaschinenfertigung, Automobilzubehör, Chemieprodukte, Schiffbau, Verpackungen, Versicherungen, Nahrungsmittel und Immobilien.

Der Gesamtumsatz von Tenneco beträgt über 14 Mrd. $, bei 111 000 Beschäftigten und einem Gewinn von über 700 Mio $. Case erhält die Option, die europäischen IH-Firmen zu übernehmen. Zuerst wird die IH in Großbritannien mit dem Werk in Doncaster übernommen, danach folgen Neuss in Deutschland und zuletzt die französischen Werke St. Dizier, Anger und Croix. Diese Übernahmen haben in der Fachwelt Verwunderung ausgelöst, meinten doch Börsenanalysten, dass sich Tenneco angesichts des unter Überkapazitäten leidenden Landmaschinenmarktes eher von Case trennen, anstatt diesen Bereich ausbauen würde.

Die Maxxum-Reihe erwies sich mit über 100 000 Schleppern als außerordentlich erfolgreich. Im Bild ein Maxxtrac Typ 5140 mit der Seriennummer 50 000.

Für Case hat diese Übernahme drei wesentliche Vorteile. Zum Ersten gewinnt man ein Top-Händlernetz mit 1 800 Firmen. Zweitens ist das Landmaschinenprogramm von IH sehr gut, und man kommt wieder mit renommierten Maschinen in das Mähdreschergeschäft. Drittens steigt der Weltmarktanteil bei Traktoren mit einem Schlag von 12 % auf 35 %, womit Case die Nummer zwei hinter John Deere mit 40 % wird.
Nach der Übernahme werden die Case-Produktionskapazitäten für Traktoren in den USA um 35 % reduziert.

1986
und in den Jahren danach beginnt eine Restrukturierung des gesamten Bereiches Case International, kurz Case IH genannt. Die Produkte werden in IH-Rot und Case-Weiß lackiert. Der Umsatz erreicht mit 3,4 Mrd. $ 23 % des Konzernumsatzes.

1987
wird die IH Australia Ltd. übernommen. Ebenfalls übernommen wird der kränkelnde Großtraktoren-Hersteller Steiger in Fargo/Nord-Dakota. Steiger baut Knicklenker, die weder Case noch IH im Programm haben.

1988
werden die ersten Großtraktoren der *Magnum*-Serie aus den USA mit einer Leistungsbreite von 155 bis 240 PS vorgestellt.
Als Ergänzung zu den Axialfluss-Mähdreschern werden konventionelle Maschinen von Dronningborg aufgenommen und unter der Marke Case-IH-Dania vertrieben.

1989
bringt das Werk Neuss nach einer fünfjährigen Entwicklungs- und Erprobungszeit eine neue Traktor-Generation auf den Markt: Die *Maxxum*-Reihe mit 90 bis 110 PS. Sie verfügt über ein Mehrstufen-Lastschaltgetriebe mit 16 bzw 24 Vorwärts- und 12 bzw 16 Rückwärtsgängen.
Das deutsche Vertriebsnetz besteht aus 94 Direkthändlern, deren 90 Filialen zusätzlich mit 260 vertraglichen Basishändlern zusammenarbeiten, die ihrerseits 1300 Handels- und Service-Stützpunkte unterhalten.

1991
zielt ein erstes Programm hauptsächlich auf die Ausschöpfung der Potenziale für Kostensenkungen und umfasst ein Volumen von insgesamt 462 Mio. $. Das zweite, weiter reichende Programm mit einem Volumen von 920 Mio. $ startet im März. Es soll Case innerhalb kurzer Zeit in die Gewinnzone zurückführen und dort auf Dauer etablieren. Die Erfolge bei der Restrukturierung machen den Weg frei für eine richtungweisende Entscheidung: Case soll nun seine unternehmerische Zukunft wieder selbst in die Hand nehmen.

1994
wird zu diesem Zweck ein größerer Anteil von Case-Aktien der Tenneco wieder an die New Yorker Börse gebracht.

Ebenfalls 1994 werden neue Produkte eingeführt, die Traktoren *Magnum 7200*, die *Maxxum 5200/5300*, die *Serie 3200/4200*, die Axialfluss-Mähdrescher *Baureihe 2100* sowie Baumwollpflücker und Reispflanzer.

1995
liefert Case 300 Mähdrescher in einem Gesamtwert von 45 Mio. $ an die Republik Turkmenistan, wohin sie bereits im Vorjahr Mähdrescher und Baumwollpflücker geliefert hatte.
Mit China hat Case ein Joint Venture für die Herstellung von Baumaschinen gegründet.
Im Laufe des Jahres, also nach fast genau fünf Jahren Bauzeit, kommt der 50 000ste *Maxxum* aus dem Werk Neuss und nach knapp zwei Jahren der 15 000ste Traktor der *Serie 3200/4200*. Sechs Modelle der knickgelenkten Großtraktoren mit Leistungen von 235 bis 400 PS werden noch eingeführt.
Tenneco trennt sich von weiteren 23 % der Case-Anteile, so dass der Mutterkonzern nur noch mit 21 % an Case beteiligt ist.
Case und Steyr beschließen die Zusammenarbeit. Steyr soll eine Traktorenreihe unter dem Markennamen Case für eine Marktnische bauen. Es handelt sich um die Case-Compact-Reihe für den Einsatz vorwiegend im Grünland.
Das Advanced Farming System (AFS) wird eingeführt. Dabei handelt es sich um ein satellitengestütztes GPS-System für die teilflächenspezifische Bewirtschaftung.
1995 erreicht Case einen Gesamtumsatz von knapp 5 Mrd. $, davon entfallen auf Landmaschinen 40 %, auf Baumaschinen 32 % und auf Finanzdienstleistungen 19 %.

1995 übernimmt Case 75 % an der Steyr Landmaschinentechnik Ges.mbH (SLT) und rundet sein Traktorenangebot nach unten ab. Im Bild: Case Compact/Steyr 900.

1996
übernimmt Case die Concord Inc., den größten US-amerikanischen Hersteller von Pneumatik-Drillmaschinen und anderen Saatsystemen. Es folgt die Übernahme von Austoft in Australien, einem Produzenten von Zuckerrohr-Erntemaschinen, der seine Geräte in 30 Ländern vermarktet.
Tenneco trennt sich von den noch verbliebenen 21 % seiner Beteiligung an Case, wodurch Case wieder zu einer unabhängigen Aktiengesellschaft wird. Zum ersten Mal seit 1966 erscheint die Case Corporation im April wieder in der in Börsenkreisen berühmten Fortune-500-Liste.
Case wird auch an der Pariser Börse notiert.
Im Juni wird zwischen der Case Corp. Racine/Wisconsin und der Steyr-Daimler-Puch AG, Wien (SDP), eine Vereinbarung getroffen, wonach Case 75 % der Anteile der Steyr Landmaschinentechnik Ges.-mbH (SLT) übernimmt. Diese Vereinbarung baut auf der vorangegangenen Kooperation auf.
Durch diese Beteiligung gewinnt Case eine zusätzliche Traktorenreihe, denn die Modelle der *Steyr-9000er-Reihe* werden bereits im Case-Layout als Ergänzung zwischen der *Maxxum*- und *Magnum*-Reihe angeboten.
Zusätzlich kann Case seine Position auf dem europäischen Markt verbessern. 1995 erwirtschaftete die SLT mit 400 Mitarbeitern einen Umsatz von 1,76 Mrd. öS. Das Unternehmen firmiert jetzt unter Case Steyr Landmaschinentechnik GmbH (SLT).
In Neuss läuft der 60 000ste *Maxxum* vom Band. Ein Produktionsrekord, nachdem erst auf der Agritechnica `95 der 50 000ste *Maxxum* verlost wurde. Danach präsentiert Case die neuen *Maxxum-Pro*-Traktoren als Nachfolger. Sie unterscheiden sich nicht nur durch höhere Antriebsleistungen sondern auch durch zahreiche neue, serien-

Selbstfahrende Feldspritze SP 3000.

mäßige Ausstattungen. Der kleinste Typ *5120 Pro* ist mit einem aufgeladenen Vierzylindermotor mit 94 PS ausgestattet, die folgenden drei Modelle jeweils mit einem Sechszylinder-Turbomotor mit 105, 117 und 132 PS.
Im Werk Doncaster rollt der 25 000ste *32er/42er* aus der Montage sowie der 50 000ste Feldhäcksler bei Hay and Forage Industries, Inc. (HFI), einem Joint Venture von Case und Agco Corp. mit Sitz in Hesston/Kansas. Case hat bereits 1987 mit der Produktion von Heu- und Futtererntemaschinen bei HFI begonnen und stellt inzwischen fast 40 verschiedene Produkte her. Schon im Februar geht der 60 000ste Kompaktlader aus dem Werk Wichita auf Promotionstour in Frankreich.
Ein weiteres Joint Venture, die UzCaseMash, wird in Usbekistan gegründet. An dem in Taschkent ansässigen Unternehmen hält Case die Mehrheit. In der Startphase sollen dort 100 zweireihige Baumwollpflücker montiert werden, später auch Schneidwerke für die Axialfluss-Mähdrescher, von denen in diesem Jahr 324 Einheiten sowie zusätzlich 150 *Magnum*-Traktoren geliefert werden. Auch der britische Baumaschinenhersteller Fermec, der durch ein Management-Buy-Out des Baumaschinengeschäftes von Massey Ferguson gegründet worden war, wird übernommen. 1995 lag dort der Umsatz bei 155 Mio. $, mit 580 Mitarbeitern. Zu den Produkten dieses Unternehmens gehören Baggerlader, Industrietraktoren, Kompaktlader und Minibagger.

Anbaufeldspritze MD 1200 auf einem Case IH CS 68.

1997

übernimmt Case das Softwarehaus Agri-Logic der Unternehmensgruppe Fluid Power Industrie. Agri-Logic gehört zu den führenden Unternehmen für computergestützten Präzisionsanbau und Ernteanalysen und ist der Hersteller von Software für das Advanced Farming System (AFS) von Case. Ein neues Großtraktorenkonzept – ein Knicklenker mit vier unabhängigen, bodenschonenden Fahrwerken – wird vorgestellt. Die beiden *Quadtrac 9350* und *9370* sind mit einem 360-PS-Motor, 12-Gang-Lastschaltgetriebe, Zapfwelle und Dreipunktkupplung ausgerüstet.
In Doncaster werden jetzt die Nachfolger der Neusser *Maxxum*-Traktoren gebaut. Neben Doncaster ist das Werk von SLT im österreichischen St. Valentin (an SLT besitzt Case 80 % Anteile), ein wichtiger Standort der europäischen Case-Traktorenproduktion. In diesem Jahr werden dort mehr als 7 000 Traktoren gefertigt. Diese werden neben der Case-Organisation über 850 selbstständige Steyr-Händler und fünf eigene Niederlassungen vertrieben. 1996 konnte dort ein Umsatz von 2,53 Mrd. öS erzielt werden, 51 % der Traktoren blieben in Österreich, 20 % gingen nach Deutschland.
Im August werden die letzten Mähdrescher und Traktoren aus einem 73 Mio. $ umfassenden Auftrag in die Ukraine geliefert. Ein Anschlussauftrag über 369 Axial-Flow-Mähdrescher und 45 *Magnum* Traktoren ist bereits erteilt.
Rund 100 Mio. $ wird Case in den nächsten drei Jahren in Brasilien in die Errichtung von Produktionsstätten investieren. Case ist in Brasilien schon seit 78 Jahren aktiv und ist in Lateinamerika die Nr. 1 bei leichten und mittelschweren Baumaschinen. Im 1977 eröffneten Werk im brasilianischen Sorocata werden Baggerlader, Radlader und Hydraulikbagger gefertigt. Seit der Übernahmen von Austoft Holding Ldt. im Jahr 1996 ist Case außerdem an einem Joint Venture mit der Ometto-Gruppe, Brastoft Maquinas Sistemas Agroindustrias SA beteiligt, die Zuckerrohrernte- und transportmaschinen herstellt. Dieses Joint Venture hatte kurz zuvor ein Produktionswerk in Piracicaba, Brasilien, gekauft.
Case übernimmt von der Bidell-Gruppe die Fortschritt Erntemaschinen GmbH Neustadt/Sachsen. Dazu gehören die Übernahme des geistigen Eigentums sowie Produktions- und Vertriebsrechte sämtlicher Mähdreschermodelle von den MDW Mähdrescher Werken GmbH, Singwitz, und für

Feldhäcksler Mammut 8790.

den selbstfahrenden Feldhäcksler der Karl Mengele & Söhne GmbH (ebenfalls Bidell-Gruppe). Fortschritt erzielte 1996 einen Umsatz von rund 70 Mio. DM mit 385 Beschäftigten. Die Mähdrescher-Werke Singwitz (MDW), die als eigenständige Gesellschaft weiterproduzieren werden, planen für 1997 mit 280 Mitarbeitern ebenfalls einen Umsatz von 70 Mio. DM, was einen Zuwachs gegenüber 1996 von 40 % bedeuten würde. Case erreicht durch die Übernahme eine Erweiterung seiner Landmaschinenpalette in Europa durch den Selbstfahrer-Häcksler, Großpackenpressen, Schwadmäher und Schüttler-Mähdrescher sowie zusätzlich den neuen 425 PS starken Arcus mit dem neuartigen Schacht-Rotor-Dreschsystem. Die Umsätze der Fortschritt-, Mengele- und MDW-Produkte addieren sich auf etwa 110 Mio. $. Case wird den Betrieb in Neustadt zu seinem europäischen Erntemaschinen-Zentrum ausbauen.
Auf der Agritechnica stellt man die neue *CX*-Traktorenreihe mit 50 bis 100 PS vor.
Im Baumaschinen-Sektor übernimmt Case die Firma Bormor Inc., USA, die Horizontalbohrmaschinen herstellt.
Des Weiteren schließt Case eine Allianz mit dem führenden japanischen Baumaschinenhersteller Sumitomo Construction Machinery Co. Ltd., einschließlich dessen US Tochter Link-Belt zur außereuropäischen Vermarktung und Produktion von Raupen-Hydraulik-Baggern.
Ein auf Nordamerika bezogenes Abkommen wird mit der Ingersoll Rand abgeschlossen. Es beeinhaltet die Lieferung von Teleskopladern zur Forcierung des Händler-Mietgeschäftes.
Mit einem Investitionsaufwand von 16 Mio. $ wird die in Doncaster/England bestehende Fertigungsstätte für Traktoren auf den neusten Stand gebracht und zu einem „Center of Excellence" ausgebaut. Dafür wird die seit 1908 bestehende Traktorenproduktion am Standort Neuss geschlossen. In Neuss hatten über 1 000 Arbeitskräfte 30 *Maxxum* täglich hergestellt. Insgesamt waren das seit Herbst 1989 genau 67 931 *Maxxum*, hinzu kamen noch 1,7 Mio. Dieselmotoren.
In einem zweiten Investitionsschub soll die Jahresproduktions-Kapazität in Doncaster auf rund 50 000 Einheiten ausgebaut werden.
Case übernimmt die Firma Gem Sprayers Ldt., einen in Privatbesitz befindlichen britischen Hersteller von Pflanzenschutzgeräten. Der in Großbritannien führende Hersteller baut Anbau-, gezogene und selbstfahrende Feldspritzen und erwirtschaftet mit 80 Mitarbeitern einen Umsatz von rund 12 Mio. $. Case wird nun diese Geräte in eigenen Farben über seine Vertriebsorganisation weltweit anbieten.
Bis zum Jahresende will Case 4 Mio. Aktien – etwa 1,5 Mio. der Stammaktien – zurückkaufen. Außerdem übernimmt Case planmäßig den verbleibenden Rest der Steyr-Anteile von 20 %.
Nach Usbekistan werden in diesem Jahr weitere 500 Traktoren und 200 Mäh-

Der in Raupen- und Radversion verfügbare STX.

drescher verkauft. Das 1996 gegründete Unternehmen UzCaseMash hat jetzt die Montage von Baumwollpflückern aufgenommen. Bis zum Jahr 2000 sollen dort jährlich 500 Einheiten gefertigt werden.

1998
kündigt Case die Übernahme der Firma Tyler Industries, Benson, Minnesota, USA, an. Dieses Unternehmen baut Düngerstreuer sowie Feldspritzen und nimmt auf dem nordamerikanischen Markt den Platz drei ein. Der Umsatz von Tyler erreichte 1997 66 Mio. $. Neben dem nordamerikanischen Markt behauptet sich das Unternehmen erfolgreich in Argentinien, Italien und den Niederlanden.

Case- und Steyr-Traktoren werden eine gemeinsame Plattform haben

Ein wesentliches gemeinsames Bauteil wird das von Steyr entwickelte stufenlose Getriebe sein, dessen Start für das zweite Halbjahr 1999 vorgesehen ist. Die *Maxxum-X*-Serie wird um fünf Modelle erweitert und bietet jetzt von 84 bis 166 PS ein lückenloses Angebot in dieser Baureihe.
Im Juli wird mit dem Traktorenwerk Juschmasch in Dnjepropetrowsk, Ukraine, das Gemeinschaftsunternehmen Dnjepr-Case gegründet. Noch in diesem Jahr ist die Produktion von 500 Traktoren mit 250 PS für die Bodenbearbeitung vorgesehen. Bis zum Jahr 2003 sollen dort 4 000 bis 4 500 Traktoren vom Band rollen.
Im Sommer billigt die EU eine Hilfe für die Fortschritt-Case in Neustadt, Sachsen. Die Nachfolgerin der Treuhandanstalt, die BVS, und das Land Sachsen beteiligen sich mit 12,6 Mio. DM zur teilweisen Deckung der Verluste, die sich seit der Privatisierung im Juni 1994 zu einer Gesamtsumme von 90 Mio. DM angesammelt haben. Damals waren die Mengele Maschinenfabrik GmbH mit 52 % sowie die Brüder Albert und Helmut Bidell mit 48 % an dem Gesamtkaufpreis von 1 Mio. DM beteiligt. Case beteiligt sich mit 12,4 Mio. DM an den Verlusten für das laufende Jahr und zahlt 27,7 Mio. DM für die Produktion des Feldhäckslers aus dem Eigentum Bidell/Mengele. Case wird dort in den nächsten drei Jahren 44 Mio. DM investieren, außerdem werden 400 Arbeitsplätze bis zum Jahr 2001 garantiert, derzeit sind 396 Mitarbeiter beschäftigt. Die Verbindlichkeiten von 0,4 Mio. DM aus der Zeit vor der Wiedervereinigung wurden erlassen. Case übernimmt den Bodenbearbeitungsspezialisten DMI, Inc. in Goldfield/Illinois (Umsatz 77 Mio. $). Neben Bodenbearbeitungsgeräten werden auch Geräte und Maschinen zur Düngerapplikation hergestellt. Das Geschäftsjahr 1998 ist ansonsten durch eine Marktabschwächung im zweiten Halbjahr gekennzeichnet. Drastische Maßnahmen werden beschlossen: Die Drosselung der Produktion um weitere 3 % (und damit 15 % unter Vorjahresvergleichszeitraum), die Schließung von zwei Werken, ein um 3 400 Mitarbeiter verkleinerter Personalbestand sowie beschleunigt umgesetzte Integrationspläne. Case verspricht sich dadurch Einsparungen von 95 bis 100 Mio. $, wobei zwei Drittel der Einsparungen schon in 1999 erzielt werden sollen.

1999
sehen Analysten schon zu Beginn des Jahres Case mit einer außerordentlichen Belastung von 130 bis 135 Mio. $ konfrontiert. Tatsächlich erleidet das Unternehmen im 1. Quartal einen Verlust von 48 Mio. $. Im Vergleichszeitraum des Vorjahres konnte noch ein Nettogewinn von 69 Mio. $ erzielt werden.

Am 20. Mai berichtet die Presse davon, dass Case von der zum Fiat-Konzern gehörenden New Holland NV, der späteren CNH, komplett für 4,3 Mrd. $ übernommen worden ist. Damit ist ein neuer Landtechnik-Gigant, jedoch mit Auflagen der amerikanischen und europäischen Wirtschaftsbehörden, entstanden. Gleichzeitig endet eine wechselhafte und von herben Schicksalsschlägen betroffene Geschichte von zwei der weltweit ältesten Landmaschinenfirmen, nämlich Case und International Harvester. Unter einem neuen Dach wird jetzt ein neues Kapitel aufgeschlagen.
In Russland wollen sich Case Corp. und Deere & Co. mit insgesamt 2,4 Mrd. $ an Landmaschinenherstellern beteiligen. Case wird vorzugsweise in den Kirow-Werken, St. Petersburg und John Deere in das Unternehmen Rostelmasch im Gebiet Rostow investieren.
Fünf neue *MX-Magnum*-Modelle mit Leistungen zwischen 182 und 279 PS bzw. Maximalleistungen von 204 und 306 PS sowie elektronisch gesteuertem 24/6-Gang Volllastschaltgetriebe sind seit einigen Monaten im praktischen Einsatz. Seit der Einführung vor zehn Jahren sind bis jetzt etwa 100 000 Einheiten gebaut worden. Diese 100 000 Maxxum sind zu 60 % in Europa, zu 30 % nach Nordamerika und zu 10 % in andere Länder verkauft worden.
Mit 10 Mio. DM Aufwand wird ein Gebrauchtmaschinen-Zentrum in Sietzsch bei Leipzig errichtet und zum Jahresende seinen Betrieb aufnehmen.
Gleich drei Großaufträge mit GUS-Ländern kann Case Neustadt abschließen. Nach Baschkordistan im Ural gehen für 40 Mio. DM 100 Mähdrescher der *500er*-Serie sowie je 20 Schwadmäher und Großballenpressen. Weitere 150 Mähdrescher der gleichen Serie gehen nach Kasachstan. Aus Weißrussland liegt ein Auftrag über 52 Mähdrescher vor.
Case erwirbt für 3,5 Mio. $ 5,8 % der Aktien an der Usbekischen Landmaschinenholding, deren Grundkapital 60 Mio. $ beträgt. Dafür werden die 15 dazugehörigen Unternehmen für vier Jahre von allen staatlichen Abgaben befreit. Die zwei Größten sind das Taschkenter Motoren- und Traktorenwerk.
Zur Agritechnica ´99 stellt Case mit den neuen Cross-Flow-Mähdreschern eine neue Schüttlerfamilie vor.
Nach nur drei Monaten Bauzeit wird im Dezember die neue Montagestraße für die Cross-Flow-Mähdrescher in Neustadt in Betrieb genommen. Insgesamt 36 Mio DM hat Case im Werk Neustadt in den vergangenen zwei Jahren investiert, in dem 300 Mitarbeiter beschäftigt sind.

2000

Wegen der umfangreichen Auflagen der EU muss Case die Grünlandtraktoren *946* und *958* an die Firma Lindner abgeben.
(Weitere Einzelheiten über die Auflagen der Kartellbehörden siehe Kapitel über CNH.)

Umsatz nach Produktgruppen und Regionen von Case 1996

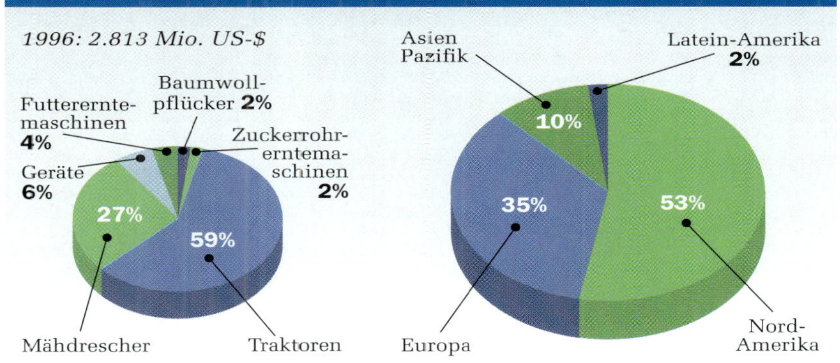

Umsätze, Ergebnisse und Zahl der Beschäftigten bei Case von 1994 bis 1998

	1994	*1995*	*1996*	*1997*	*1998*
Gesamtumsatz	4.405	5.105	5.409	6.024	6.149
davon					
Landtechnik	2.008	2.501	2.813	–	–
Baumaschinen	1.328	1.634	1.623	–	–
Finanz-Dienstleistungen	1.069	970	973	–	–
Nettogewinn	131	337	316	403	64
Beschäftigte	16.900	15.700	17.500	18.300	17.700

Werte in Mio. US-$
Kompakt-Traktoren und Maschinen für Grundstückspflege im Landtechnik-Umsatz enthalten.

Claas

Claas KGaA,
Harsewinkel (D)

Familienbetrieb und Global Player

Weltweit ganz vorn bei Mähdreschern und Feldhäckslern

1913
erfolgt die Werksgründung durch August Claas in Clarholz/Westfalen. Ein Jahr später treten Franz und Theo Claas in die Firma ein.

So begann die Claas-Mähdrescher-Entwicklung ab 1930: Mit einem aufgesattelten Frontschneider.

Zur Ernte 1936 führte Claas den ersten Mähdrescher des Kontinents ein.

1919
übersiedelt der Betrieb nach Harsewinkel, wo die Fertigung von Strohbindern erfolgt.

1921
wird das erste Claas-Patent auf einen Knoterapparat erteilt, weitere folgen. Die Besonderheit dabei ist der „Knoter", der später zum Claas-Firmenzeichen wird.
Ab 1924 erweitern Düngerstreuer das Herstellungsprogramm.

1930
beginnt die Firma mit der Entwicklung des ersten Mähdreschers, angepasst an die besonderen Erntebedingungen in Europa. Zunächst baut man eine Maschine um einen Traktor herum.

1934
fertigt Claas die erste Pick-up-Presse.

1937
wird die Serienfertigung von Mähdreschern aufgenommen, nach dem „Querfluss-System" Mäh-Dresch-Binder genannt.

1942
beginnt die Entwicklung des Mähdreschers

oben:
Der gezogene Mähdrescher Super ging ab 1947 in Serie.

links:
Der Urvater aller selbstfahrenden Claas-Mähdrescher: der Claas SF von 1953.

Super nach dem „Quer-Längsfluss-System". Bis zur kriegsbedingten Produktionseinstellung 1943 sind bereits 1 400 Stück gebaut.

1945
nimmt Claas die Produktion wieder auf. Im Programm befinden sich Stroh- und Pick-up-Pressen, Strohbinder und Drillmaschinen. Die gezogenen Mähdrescher *Super* gehen 1947 in Serie.

1953
stellt Claas den ersten selbstfahrenden Mähdrescher vor. Der *SF* mit 2,40-m-Schneidwerk besitzt einen 56-PS-Motor und Absackstand.

1955
spezialisiert sich Claas auf die Produktion von Mähdreschern und Pick-up-Pressen.

1962
erfolgt die Produktionsaufnahme bei der Usines Claas France S.A. in Metz-Woippy, einem neu errichteten Spezialwerk für Pick-up-Pressen. Der 100 000ste Mähdrescher verlässt das Werk in Harsewinkel.

1965
nimmt die Ford Tractor Operations Claas-Mähdrescher in ihr Lieferprogramm auf, die nunmehr in den USA und Kanada unter dem Namen Ford und in den Ford-Farben Blau/Weiß verkauft werden.

1966
Der selbstfahrende Großmähdrescher *Senator* kommt in neuem Styling auf den Markt.

kleine Fotos oben:
Die Ford Mähdrescher-Reihe (mit den Maschinen von Claas) umfasste die Typen 620 (Claas Consul), 630 (Claas Mercator) und 640 (Claas Senator).

großes Foto:
Claas Senator – die erfolgreiche Maschine der 70er Jahre.

1968

kann im Werk Harsewinkel bereits der 200 000ste Mähdrescher und im Werk-Metz/Frankreich die 50 000ste Pick-up-Presse fertiggestellt werden. In dieses Jahr fällt auch der Start des neuen Betriebszweiges, Claas-Fertigungstechnik.

1969

folgt mit dem Erwerb der Josef Bautz GmbH in Saulgau, die Maschinen für die Halmfutterernte und Mähdrescher herstellt, eine erhebliche Programmerweiterung. Bis zum erfolgreichen Abschluss mit Bautz liegt Claas in scharfem Wettbewerb mit der Maschinenfabrik Fahr AG in Gottmadingen, die ebenfalls an einer Übernahme interessiert ist. Gleichzeitig vergrößert sich durch diese Übernahme die Claas-Gießereitechnik.

Einer der ersten Claas-Feldhäcksler aus dem Jahr 1973.

1970

stehen wiederum Claas und Fahr im Wettbewerb um den Ankauf des gesamten Häckslerprogramms der Firma W. Speiser Maschinenfabrik und Eisengießerei, Göppingen. Claas erhält auch hier den Zuschlag und kann damit abermals sein Angebot auf dem Futtererntesektor erheblich erweitern. Die Verlagerung der Häcksler-Produktion nach Saulgau findet noch im gleichen Jahr statt. In diese Zeit fällt auch der Anlauf der Claas Hydraulik- und Antriebstechnik als neuer Bereich.
Ebenfalls 1970 beginnt die für Claas entscheidende Entwicklung des *Dominator 80*, einem Fünf-Schüttler-Mähdrescher mit modernem technischen Design, unter anderem einem Schnellwechselsystem für unterschiedliche Erntevorsätze, wie Schneidwerk, Pick-up, Maispflücker usw. In das Ford-Programm fügt sich diese Maschine unter der Typenbezeinung *642* und später als kleinere Vier-Schüttler-Maschine *622* ein, noch bevor dieses kleine Modell in Europa von Claas angeboten wird.

1971

In Europa geht die Entwicklung zunächst mit der 6-Schüttler-Maschine *Dominator 100 weiter.*
Andere Neuentwicklungen in diesem Jahr sind ein Fertigbau auf dem Gebiet universell nutzbarer Stallgebäude oder die transportable Körnermaistrocknungsanlage, die jedoch wieder so schnell verschwinden, wie sie gekommen sind.
Claas bringt weiterhin ein völlig neues Produkt auf den Markt: Den für tropische und subtropische Gebiete entwickelten Zuckerrohr-Vollernter *CC 1400.*
Im gleichen Jahr kann Claas gegen harte internationale Konkurrenz einen ersten Auftrag in Ungarn erhalten und damit eine langjährige, sehr erfolgreiche Zusammenarbeit einleiten.

1972
hat Claas mit enormen finanziellen Schwierigkeiten zu kämpfen. Die Gründe dafür sind Rückschläge im Exportgeschäft durch einseitige Programmstruktur, Mangel an Innovationen im aktuellen Lieferprogramm, ein extrem stark schrumpfendes Marktsegment für Kleinmähdrescher sowie interne Auseinandersetzungen im großen Familienclan. Krisenverstärkend wirkt die auffällige Fluktuation des erst spät herangezogenen Nichtfamilien-Managements. Die Gefahr wird aber durch eine Bürgschaft des Landes Nordrhein-Westfalen in Höhe von 40 Mio. DM, die vor allem der Erhaltung der über 6 500 Arbeitsplätze dient, abgewendet.
Zur Minderung des Wetterrisikos und Gewinnung von nährstoffreichem Futter wird erstmals die fahrbare Grünfuttertrocknungsanlage *Apollo* vorgestellt. Obwohl diese Anlagen einwandfrei arbeiteten, werden sie Opfer der Ölkrise.

1973
wird der erste selbstfahrende Claas-Feldhäcksler vorgestellt und der 250 000ste Mähdrescher ausgeliefert.

1974
steigt der Umsatz mit 570 Mio. DM erstmals deutlich über die 500-Mio.-Schwelle. Dabei wird der in drei Jahren entstandene Verlustvortrag (und einem Jahr mit neutralem Ergebnis) mehr als ausgeglichen. Die Produktion ist gegenüber 1970/71 um 48 % auf 9 685 Mähdrescher angewachsen, bei Pressen sogar um 74 % auf 11 921. Zusätzlich können 3 725 Feldhäcksler gefertigt werden. Einen weiteren Produktionsrekord meldet das Pressenwerk in Metz-Woippy, dort läuft die 100 000ste Pick-up-Presse vom Band.

1976
wird bei Claas die erste Rundballenpresse mit konstanter Presskammer gefertigt. Neu sind die angetriebenen Stahlwalzen anstelle der bisher bekannten Bänder.

Der Xerion war nicht das erste Systemfahrzeug von Claas. Hier der Claas-„Huckepack"-Geräteträger und Mähdrescher.

Bereits Anfang der 70er Jahre war Claas im Rahmen eines Konsortiums mit der Planung einer Landmaschinenfabrik für Algerien beschäftigt und hat dabei eine Fertigungslizenz für den Mähdrescher *Mercator 75*, die *Markant*-Pressen und Heumaschinen von Bautz vergeben. Claas hat die Federführung für eine Gruppe deutscher Landmaschinenhersteller wie z. B. Amazone, Rabewerke und Platz. Der Partner auf algerischer Seite ist die Sonacome in Algier. Das neue Landmaschinenwerk wurde in Sidi-bel-Abbes (Westalgerien) errichtet. 1976 konnte dort mit der Produktion begonnen werden. Seitdem sind in diesem Werk bis 1986 etwa 10 000 Mähdrescher und 30 000 Pick-up-Pressen sowie eine nicht konkret zu beziffernde Anzahl von Landmaschinen gefertigt worden.

1978
bringt Claas vier Mähdrescher der Komfortklasse mit integrierter Kabine und Leistungen von 85 bis 205 PS auf den Markt. Außerdem hat das Unternehmen mit einem Umsatz von 627,3 Mio. DM die vorangegangenen finanziellen Schwierigkeiten voll

Mit der fahrbaren Grünfutter-Trocknungsanlage Apollo wurde brikettiertes Heu bereits 1 Stunde nach dem Mähen garantiert lagerfähig.

Der Großmähdrescher Dominator.

überwunden und gibt die Landesbürgschaft vorzeitig zurück, eine fast einmalige Leistung in Deutschland. Das Unternehmen wird in eine OHG umgewandelt.

1980
verstärkt Claas sein Nordamerika-Engagement durch die Gründung der Tochtergesellschaft Claas of America in Troy/Michigan. Der Vertrieb wird über ausgewählte Ford-Händler organisiert. Die bis dahin bekannten Farben Blau/Weiß bleiben erhalten, jedoch mit dem Namen Claas und der Claas-Typenbezeichnung. Im Werk Harsewinkel wird der 300 000ste Mähdrescher fertiggestellt.
In England übernimmt Claas die langjährige britische Vertretung J. Mann and Son Ltd. in Saxham.

1981
stellt Claas mit dem *Dominator 116 CS* den ersten Großmähdrescher mit zwangsabscheidendem „Cylinder-System" anstelle der bekannten Hordenschüttler vor.
Die amerikanische Tochtergesellschaft hat ihren endgültigen Standort nun in Columbus/Indiana gefunden. Eine Montage der Mähdrescher in Südafrika wird vertraglich mit der Vetsak in Bothaville im Oranje-Freistaat geregelt. Die Vetsak importiert seit 30 Jahren Claas-Mähdrescher. In Amsterdam wird die Claas Finance B.V. gegründet.

1983
läuft das neue Programm der selbstfahrenden Feldhäcksler *Jaguar 695, 685, 680* und *675* mit Motorleistungen von 170 bis 280 PS an, nachdem ein Jahr zuvor eine neu konzeptionierte Ladewagenreihe die bisherigen Modelle abgelöst hatte.

1984
erhält das Unternehmen wieder einen Großauftrag aus Ungarn über 498 Mähdrescher. In den letzten Jahren sind im Durchschnitt jährlich etwa 250 Mähdrescher nach Ungarn geliefert worden: Nach Ablieferung dieses Auftrages hat Claas seit 1971 über 3 000 Einheiten dorthin geliefert. Die Empfänger sind die großen Produktionssysteme, wie beispielweise IKR und CPS in Babolna, KSZE in Szekszard und KITE in Nadudvar. Dort erreichen die Claas-Mähdrescher-Kampagnenleistungen von 600 bis 1 000 Einsatzstunden. Hierfür hat Claas seit 1972 470 ungarische Kundendiensttechniker in Harsewinkel und noch einmal 550 in Ungarn ausgebildet. Das wäre sicher ohne Gegenlieferungen von Kabinen und Schneidwerken aus Ungarn nicht möglich gewesen. Hier arbeitet man mit dem Unternehmen Komplex zusammen.

1986
liefert Claas 500 Mähdrescher nach Algerien. Dort werden schon seit 1976 Claas-Mähdrescher in Lizenz hergestellt.

1988
wird das breit gefächerte Pressenprogramm um die neue Pressenbauart, die Großballenkolbenpresse *Quadrant 1200* für hochverdichtete Rechteckballen, erweitert. Dazu bringt Claas als Ergänzung der Rollpressen mit dem Festkammersystem die Rollpresse *Variant* mit variabler Presskammer heraus. Mit dieser Maschine können Ballen unter-

schiedlicher Größe und individuell gewünschter Dichte gepresst werden.
Es erfolgt die vollständige Übernahme der britischen Vertretung J. Mann and Son Ltd. Saxham und dessen Umwandlung in Claas U. K. Saxham, die mit 177 Mitarbeitern für den Vertrieb der Claas-Produkte in Großbritannien verantwortlich ist.

1989
Mit der Firma Escorts Ltd. in New Delhi/Indien gründet Claas die Escorts-Claas mit Sitz im Raum New Delhi. Escort ist eines der größten Maschinenbauunternehmen des Landes, auch bekannt als großer Traktorenhersteller und Marktführer in Indien. Es ist geplant, noch im gleichen Jahr die Produktion von Mähdreschern für Reis und Getreide aufzunehmen.
In Harsewinkel wird der 350 000ste Mähdrescher fertigestellt.

1991
bringt das Unternehmen weitere Neuentwicklungen auf den Markt. Bei den Mähdreschern sind es die *Maxi-* und *Classic*-Reihen mit einem nach vorne klappbaren Schneidwerk mit 4,50 m Arbeitsbreite.
Daneben die neue Generation von selbstfahrenden Feldhäckslern *Mega* und den weltweit ersten 2-reihigen Zuckerrohrvollernter.
Claas hat sich schon länger mit dem Thema Nachwachsende Rohstoffe befasst und präsentiert erste Ergebnisse. So z. B. eine Spezialausrüstung zur Direkternte von Rizinusbohnen, die in Zusammenarbeit mit dem französischen landwirtschaftlichen Forschungszentrum Cemagreff entwickelt wurde. Des Weiteren Vorsätze zur Ernte von Riesenschilf und Weidenholz sowie das Funktionsmodell einer selbstfahrenden Flachserntemaschine.

1992
werden die Mähdrescher mit dem neuen *Mega*-Dreschsystem ausgestattet, was die Leistung der Maschinen deutlich verbessert. Das Kernstück dieses Systems ist ein Beschleuniger mit Abscheidekorb vor der Dreschtrommel.
Die Claas Fertigungstechnik nimmt ihre Arbeit im neuen Werk Beelen/Westfalen auf.

1993
stellt Claas eine richtungweisende Arbeitsmaschine vor, den *Xerion*. Dieses Spezialfahrzeug kann eine Vielzahl von Aufgaben in Land-, Bau-, Forst- und Kommunalwirtschaft erledigen. Das Besondere daran ist das neue hydrostatisch-mechanisch leistungsverzweigte stufenlose Lastschaltgetriebe.
Das Fahrzeug verfügt über Vierradantrieb mit Vierrad- oder Hundeganglenkung sowie eine Kabine, die innerhalb weniger Minuten in drei verschiedene Positionen geschwenkt werden kann zentral, vorne oder seitlich. Der Leistungsbereich liegt zwischen 200 und 300 PS.

1994
meldet Claas die Fertigstellung des 10 000sten selbstfahrenden Feldhäckslers.

Der speziell entwickelte Claas-Reis-Mähdrescher mit Gummiraupen-Laufwerk.

Der Xerion mit HM-8-Getriebe kann stufenlos in beide Richtungen gefahren werden.

Mit diesen Maschinen nimmt Claas die Spitzenposition in Europa ein und verkauft dort jeden zweiten Häcksler.
Zu den Großpackenpressen entwickelt man die Schneideinrichtung *Rotocut* und zur optimierten Handhabung der Großpacken einen Ballenstapler.

1995

schlägt Claas mit dem *Lexion 480* ein neues Kapitel in der Mähdreschertechnik auf. Mit einem Durchsatz von bis zu 40 t/h ist diese Maschine der leistungsfähigste Mähdrescher der Welt.
Kernstück ist ein völlig neues Dresch- und Abscheidesystem. Die synchron zur Dreschtrommel angetriebene Wendetrommel führt das Erntegut zu den parallel liegenden Abscheiderotoren des neuen Abscheidesystems *Roto-Plus*. Angetrieben wird der *Lexion 480* von einem 340-PS-Motor. Eine komfortable Vollsichtkabine mit einem zentralen System zur Überwachung und Einstellung sind weitere Besonderheiten, wie auch ein Informationssystem für das Betriebsmanagement.
Alle Rundballenpressen können mit dem Schneidsystem *Rotocut* ausgerüstet werden.
Neu gegründet wird die Sparte Agrocom. Sie dient der Entscheidungsoptimierung im Pflanzenbau, Verbesserung des Flottenmanagements und Erhöhung der Wirtschaftlichkeit in Fuhr- und Maschinenpark, durch den Einsatz modernster elektronisch gestützter Systeme und mit Hilfe der Satellitenüberwachung (GPS).
Claas hat die eingeleitete Umstrukturierung der Claas OHG in eine Kommanditgesellschaft auf Aktien (KGaA), die vor einigen Jahren begonnen worden war, abgeschlossen. Mit Beginn des neuen Geschäftsjahres am 1. Oktober 1995 tritt die Claas KGaA an die Stelle der Claas OHG und der Gebr. Claas Maschinenfabrik GmbH. Als Komplementär fungiert die Helmut Claas GmbH. Ein Gang an die Börse ist nicht geplant.
In Europa konnten in den letzten Jahren zusätzliche Marktanteile gewonnen werden, so dass 1995 jeder dritte verkaufte Mähdrescher, jeder zweite selbstfahrende Feldhäcksler und jede vierte Rundballenpresse und bei den Großpackenpressen sogar jede dritte von Claas stammen.

Claas-Teleskoplader.

1996

läuft im März das Jubiläumsmodell der Rundballenpresse *Rolant*, die 55 555ste Maschine im Werk Metz vom Band. Insgesamt wurden in Metz seit 1961 über 230 000 Pressen hergestellt.
Claas stellt die komplette Mähdrescher-Baureihe *Lexion*, bestehend aus sieben Modellen, vor. Wesentliche Kennzeichen sind 1 700 mm und 1 420 mm breite Dreschwerke mit 600 mm Trommeldurchmesser, konventionelle Schüttler, vergrößerte Korntanks

sowie Motoren von 170 bis 300 PS.
Die Spitzenmodelle sind mit dem Bordinformationssystem *Cebis* ausgerüstet. Zum Aufsuchen von Fehlern hat Claas das Diagnosesystem *CDS 3000* entwickelt.
Das Topmodell *Lexion 480* kann in einer Stunde 41,5 t Weizen ernten. Es ist damit der leistungsstärkste Mähdrescher der Welt.
Für die *800er*-Baureihe der Selbstfahrhäcksler entwickelt Claas einen eigenen reihenunabhängigen Maiserntevorsatz mit 4,5 m Arbeitsbreite. Mit der Einführung des *Quadro-Pac*-Stapelwagens für vier übereinander geschichtete Großpacken wird die Heu- und Strohbergung weiter rationalisiert.
Claas bringt eine neue, aus vier Typen bestehende Reihe von *Ranger*-Teleskopladern auf den Markt. Mit der britischen Firma Wordsworth Holding wird ein Joint Venture für die Entwicklung und Herstellung sowie den Vertrieb von Teleskopladern gegründet. Damit wird die 1979 begonnene langjährige Zusammenarbeit abgesichert. Die neue Gesellschaft heißt Sanderson Teleporters Ltd. Die Märkte in Großbritannien werden von Sanderson, die in Kontinentaleuropa von Claas bedient. Diese Teleskoplader (deren Produktkonzept 1979 entwickelt wurde und die Claas seit 1994 im Programm hat) bedrängen den normalen Frontlader-Traktor sehr.
Claas plant eine Mähdrescher- und Feldhäcksler- Produktion auch in der Ukraine. Die Charkiwer Oblastverwaltung hat diesem Vorhaben unter Beteiligung von Claas zugestimmt. Der ukrainische Partner sind die AT Awtramat und die Malyschew-Werke in Charkiw.
Ein wesentlicher Einschnitt in die Unternehmensstruktur ist die Dezentralisierung der einzelnen Bereiche. So verselbstständigt man neben der bestehenden Claas Saulgau und der CFT Claas Fertigungstechnik Beelen die CSE Claas Selbstfahrende Erntemaschinen, die CIT Claas Industrietechnik Paderborn und die Usines Claas France Metz. Jede dieser neuen Firmen ist für die Entwicklung, die Herstellung und das Marketing selbst verantwortlich.

1997

unternimmt Claas einen wichtigen Schritt zur globalen Ausrichtung des Unternehmens. Zwischen der Claas KGaA, Harsewinkel und dem US-Baumaschinenhersteller Caterpillar Inc., Peoria, mit einem Jahresumsatz in 1996 von ca. 16 Mrd. $, wird ein Joint Venture geschlossen. Caterpillar wird in Nordamerika mehrere Modelle der -*Lexion*-Baureihe in Caterpillar-Farben und -Logo verkaufen und später herstellen. In Europa wird Claas die *Challenger*-Raupentraktoren von Caterpillar in Claas-Farben und -Logo vertreiben und später auch bauen. In Ungarn nimmt die neue Gesellschaft Claas Hungaria Kft. ihren Betrieb auf. Die Claas KGaA hat von dem Mezögep-Konzern ein Werk in Törökszentmiklos mit 340

Quadrant Großpackenpresse.

Der Lexion 450 mit Raupenfahrwerk.

Ballen nach Wahl mit der Variant 180.

Zuckerrohr-Erntemaschine Ventor, die auch grünes Zuckerrohr ernten kann.

Mitarbeitern übernommen. Dieses Unternehmen stellt seit 20 Jahren wichtige Teile und Wirbelmäher für Claas her.
Claas übernimmt in Großbritannien das Gemeinschaftsunternehmen Sanderson Teleporters Ltd. als 100-prozentige Tochter. Unter dem neuen Namen Teleporters Ltd. produziert das Unternehmen in einer neuen Produktionsstätte in Bury St. Edmunds. Dies ist auch der Standort der britischen Claas Gesellschaft Claas UK Ltd.
Claas schließt mit Valtra do Brasil SA, dem brasilianischen Hersteller von Valmet-Traktoren, einen Kooperationsvertrag über den Vertrieb von Claas Mähdreschern in Brasilien. Valtra verfügt dort über ein Netz von 160 Händlern und Stützpunkten. Die getroffene Vereinbarung wird keine Auswirkung auf die Kooperation Claas und Lion SA haben, die Claas-Zuckerrohrerntemaschinen vertreibt. Claas hat für die Zuckerrohrernte in tropischen und subtropischen Gebieten spezielle Erntemaschinen entwickelt, die nicht nur wie sonst üblich vorher abgebranntes Zuckerohr verarbeiten, sondern wesentlich umweltfreundlicher auch grüne Pflanzen. Die Claas-Zuckerrohr-Erntemaschine *Ventor* ist weltweit die einzige Maschine, die zweireihig ernten kann. Claas verkauft diese Maschine in über 20 Staaten.
Zur Agritechnica ´97 erhält Claas eine Goldmedaille für das *HM 8*-Getriebe des *Xerion* und Silber für *Lexion, Agrocom* und *Quadropac*.
Claas schließt ein Joint Venture mit dem Agrar-Softwarehaus Klöpper & Wiege, Bielefeld. Durch die Verschmelzung entsteht Europas größter Entwicklungspool für Informationssysteme in der Landwirtschaft.

1998

eröffnet Claas ein Gebrauchtmaschinenzentrum in Landsberg, Sachsen-Anhalt.
Im Bereich Fertigungstechnik CFT wird die Firma Burkhardt Systemtechnik GmbH mit 40 Mitarbeitern im bayerischen Nördlingen übernommen, deren Kernkompetenz im Palettenumlauf liegt.
Im Mai meldet Claas Interesse an einer Übernahme der Landtechnik GmbH (LTS) Schönebeck bei der Treuhandnachfolgerin BVS. Claas beabsichtigt, dort eine neues Werk zu errichten, in dem die Selbstfahrhäcksler und der *Xerion* produziert werden sollen.
Im Sommer kommt die 30 Mitarbeiter starke Firma S.I.S. Ltd. hinzu. Mit dem Standort Coventry ist die CFT jetzt nahe der britischen Automobil-Industrie angesiedelt.
Die Claas Agrocom und Müller Elektronik, Salzkotten, wollen im Bereich Bordcomputer von Landmaschinen zusammenarbeiten. Ziel der beiden Unternehmen ist die breite Markteinführung des Landwirtschaftlichen Bus-Systems (LBS).
Claas liefert noch zur diesjährigen Ernte 100 Mähdrescher mit einem Gesamtwert von 28 Mio. DM nach Russland.
Für die Saison 1999 wurden die *Dominator*-

Challenger Raupenschlepper. Das unter Volllast schaltbare Getriebe ist bis 30 km/h ausgelegt.

Baureihe mit den Modellen *88 VX, 98 VX* und *108 VX* durch die Verwendung der *VistaCab* im Design des Lexion aufgewertet. Die Rundballen-Festkammer-Presse *250* erhält ein grundsätzlich neues Verdichtungssystem *MPS (Maximum Pressure System)*. Auch die neue Großpackenpresse *Quadrant 2200 RotoCut* erhält einen neuen Kraftstrang, einen Pressrahmenaufbau und ein Control-Terminal.

Die ersten *Cat-Lexion*-Mähdrescher werden nun in die USA geliefert. Sie sind mit einem Caterpillar-Dieselmotor und auf Wunsch mit Gummiraupenlaufwerk ausgerüstet. Mit dem Bau des neuen Mähdrescherwerkes in Omaha/Nebraska, wird begonnen. Die Feldhäckslerfamilie erhält Zuwachs durch den *Fieldshuttle*. Er überzeugt durch drei Achsen mit sechs großen Terra-Reifen und eigenem integrierten Ladecontainer. Auf dem Pressensektor gibt es die Neuentwicklungen mit der *Rollant 250* mit höherer Pressdichte sowie die *Quadrant 2200* und *2200 RC* mit Schneideinrichtung.

Die Claas-Gruppe ratifiziert mit der russischen Region Krasnojorsk einen Vertrag, wonach ein Joint Venture dort Erntemaschinen herstellen soll. In der Anfangsphase sollen es 300 bis 500 Maschinen sein.

1999

zeigt Claas auf der Landtechnik-Ausstellung Sima, Paris, den 15 000sten selbstfahrenden Feldhäcksler. 1973 hatte das Unternehmen mit deren Produktion begonnen. Vom ersten Modell *Jaguar 60* wurden bis Ende 1975 rund 500 Stück und bis Anfang 1984 weitere 2 700 Einheiten hergestellt. Mit der nachfolgenden *600er*-Baureihe setzt Claas für diese Maschinenart neue Maßstäbe und hält 50 % Marktanteil in Europa. 1993 löst die *800er*-Baureihe die Vorgänger ab, und bereits ein Jahr später wird der 10 000ste gemeldet.

In Wittstock, Brandenburg, wird ein weiteres Claas-Zentrum eröffnet.

Zur Agritechnica ´99 stellt das Unternehmen den *Laser Pilot* für die Getreideernte vor. Seit langem hat sich der Autopilot zur automatischen Lenkung am Bestand beim Mähdrescher und Feldhäcksler in der Maisernte bewährt. Jetzt ist dieses auch in der Getreideernte möglich durch eine optoelektronische Einheit, die über der linken Schneidwerkkante angebracht ist. Dafür erhält Claas eine Goldmedaille. Neu ist der *Dominator 128 VX*, mit 263 PS der stärkste Mähdrescher der *VX*-Baureihe. Ebenso neu ist der Teleskoplader *Ranger 974* mit gesteigerter Ladeleistung bis zu 3,6 t auf 6,20 m Höhe. Für die Futterernte gibt es das 8,5 m breite *Disco 8500-C*-Mähwerk mit Aufbereiter für das Mähen mit dem Feldhäcksler. Bis zu 15 ha/h sind damit möglich. Zum professionellen Einsatz gibt es den Silierwagen *Quantum 5500 S* in Ganzstahlbauweise mit zwei Dosierwalzen und 18 t Gesamtgewicht für 50 km/h.

Neu ist die zum Patent angemeldete

Die komplette Kette in der Grünlandernte: Mähen, Wenden, Schwaden und Laden.

Feldhäcksler Jaguar 900.

In Nordamerika früher mit Ford, dann mit Caterpillar als Partner.

Kraftübertragung *Permalink* beim Wender *Volto 870 H* sowie der Großflächenschwader *Liner 880 L* mit verstellbarer Arbeitsbreite von 7,45 bis 8,25 m.
Zusammen mit der *UFB-Locabail*, einer Tochter der französischen BNP-Paribas-Gruppe, gründet Claas die CFS (Claas Financial Services), die europaweit arbeitet.
Im Dezember wird mit der russischen Föderation eine Absichtserklärung über die Bildung eines Joint Ventures unterzeichnet. Danach soll in der Schwarzerde-Region in Tula ein Montagewerk für zuerst 300 Mähdrescher pro Jahr errichtet werden.

2000

erhält anstatt Claas die Doppstadt Umwelttechnik, Velbert, den Zuschlag für die Übernahme der Landtechnik Schönebeck.
Claas gründet eine eigene Vertriebsgesellschaft in Argentinien. Dieser Markt soll mit Mähdreschern, Feldhäckslern, Zuckerrohrerntern, Rundballenpressen und Grünfutter-Erntetechnik versorgt werden. Vorerst werden 40 Mitarbeiter beschäftigt.
Claas und Caterpillar verstärken, vorbehaltlich der Zustimmung der Kartellbehörden, im Rahmen einer weiteren Kooperation eine Neustrukturierung des Teleskopladergeschäftes. Caterpillar übernimmt ab Jahresmitte die Produktverantwortung, Claas bringt sein landtechnisches Know-how ein. Dadurch entsteht ein vollständigeres Produktangebot mit wesentlich erhöhtem Fertigungsvolumen. Die Produktion in Bury St. Edmunds bleibt erhalten. Claas vertreibt das neue Programm über das europäische Händlernetz, Caterpillar in seinem Design über sein weltweites Vertriebsnetz.
Das neue CS Parts Logistics in Hamm-Uentrop, ein Zentrum für den weltweiten Ersatzteilservice, wird in Betrieb genommen. Die Betriebsgesellschaft ist ein Gemeinschaftsunternehmen der Claas-Gruppe und des Logistik-Unternehmens Stute Verkehrs-GmbH, Bremen, eine 100 %ige Tochter der weltweit tätigen Kühne & Nagel AG.

Targo-C-Teleskoplader.

2001

werden fünf neue Feldhäcksler der *Jaguar*-Baureihe mit Leistungen von 321 bis 605 PS für noch größeren Durchsatz eingeführt. Dazu Pick-up-Vorrichtungen mit 3,0 und 3,3 m in schwerer Ausführung sowie ein 6 m breites reihenunabhängiges Maisgebiss. Daneben bleiben die jetzigen Modelle *820* bis *880 Overdrive* im Angebot. Neu ist auch die Rundballenpresse *Rollant 250* mit integriertem Ballenwickler sowie drei neue Mähdrescher *Medion*, basierend auf der *Dominator*-Technologie.
Bei den Teleskopladern werden die neuen *Targo-C-* und *Targo-K*-Familien eingeführt. (Seit Produktionsbeginn hat Claas mehr als 3 000 Teleskoplader verkauft.)
Ende des Jahres werden die ersten Mähdrescher in dem neuen Werk der Caterpillar-Claas America (CCA) vom Band laufen. Das Investitionsvolumen liegt bei über 50 Mio. $. In der Endausbaustufe sollen hier etwa 300 Mitarbeiter beschäftigt sein.
Claas kann seine Marktanteile trotz schrumpfendem Markt ausbauen. Der Weltmarktanteil bei Mähdreschern liegt jetzt bei 17 % und bei selbstfahrenden Feldhäckslern

bei 50 %. Bei Quaderballenpressen erreicht der Weltmarktanteil 17,5 % und bei Rundballenpressen 11 %. An Raupentraktoren hat Claas seit 1997 über 800 Stück verkauft.
Mit 110 Mio. DM wird in Harsewinkel – parallel zur laufenden Produktion – bis 2003 die Werkstrukur umgebaut. Die Mähdrescher- und Feldhäcksler-Fertigung läuft dann in völlig neuen Bahnen. Dabei wird besonderer Wert auf Komponentenfertigung gelegt, die an anderen Standorten auf dem Globus die Montage zu fertigen Maschinen erlaubt.
Im Werk Metz rollt die 250 000ste Claas-Presse vom Band.
Claas stellt eine neue Generation selbstfahrender Mähaufbereiter, den *Jaguar 8550 C* mit 312 PS und 8,40 m Arbeitsbreite, vor.
Kernstück der erneuerten Produktion im Stammwerk ist eine neue, innovative Farbgebungsanlage zur Verminderung der Umweltbelastung.
Die *Lexion-480-* und-*450*-Mähdrescher werden jetzt, nach den guten Erfahrungen in der USA, mit leistungsfähigeren Caterpillar-Motoren ausgerüstet. Nach nur sechs Jahren läuft bereits der 10 000ste *Lexion* vom Band.
In 2001 hat Claas eine Rekordernte eingefahren. Der Umsatz steigt um 7 % und das Ergebnis um 40 % – bei hinzugewonnen Marktanteilen.
Zum weiteren Ausbau der Aktivitäten in Russland und übrigen GUS-Staaten plant Claas dort ein Montagewerk. In Moskau und Kiew hat Claas eigene Tochtergesellschaften für die Ersatzteilversorgung.

2002

Nachdem sich der Joint-Venture Partner Caterpillar, nach dem Verkauf des *Challenger*-Werkes in De Kalb, Illinois/USA, aus dem Landtechnikgeschäft vollständig zurückzieht, übernimmt Claas den 50 %igen Anteil von Caterpillar an dem gemeinsamen Mähdrescherwerk in Omaha/Nebraska. Die von den Farmern gut angenommenen Maschinen werden weiter unter der Marke *CAT* exklusiv an die Caterpillar-Händler verkauft. Claas stellt nach über 1 000 verkauften *Challenger*-Traktoren den Verkauf in Europa ein, übernimmt jedoch exklusiv hierfür die Ersatzteilversorgung und den Service.

Umsätze und Zahl der Beschäftigten der Claas-Gruppe von 1965 bis 1990

	1965	*1970*	*1975*	*1980*	*1985*	*1990*
Gesamtumsatz	410	361	601,5	724,1	1.106,8	1,107,7
Auslandsanteil %	65,0	71,0	75,5	72,0	78,4	70,1
davon Landtechnik	410	361	601,5	724,1	1.106,8	1,107,7
Nettogewinn	–	-4	–	–	20,6	24,6
Beschäftigte	–	7.696	6.413	6.442	6.636	5.633

Werte in Mio. DM

Umsatz nach Produkten und Regionen von Claas 2001

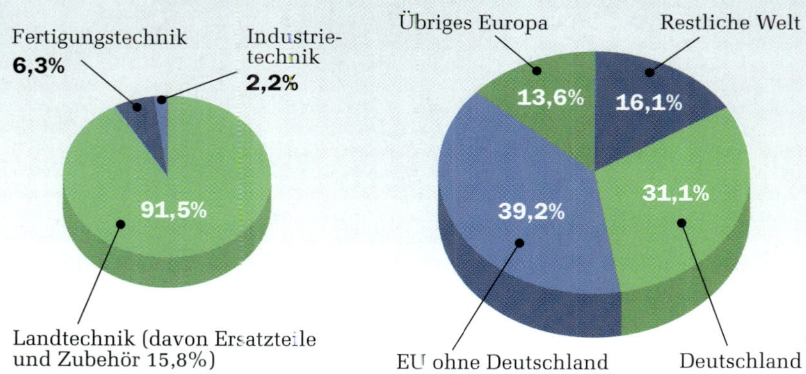

Umsätze, Ergebnisse und Zahl der Beschäftigten bei Claas von 1994 bis 2001

	1994	*1995*	*1996*	*1997*	*1998*	*1999*	*2000*	*2001*
Gesamtumsatz	1.134,0	1.256,6	1.466,5	1.914,1	2.167,9	2.031,1	2.100,2	1.147,9
Auslandsanteil %	65,5	61,9	68,4	70,6	69,7	65,5	66,5	68,9
Davon Landtechnik	1.115	1.221	1.349	1.827	2.047	1.914	1.924	1.051,2
Nettogewinn	27,8	65,0	54,6	52,9	53,2	11,4	14,5	14,4
Beschäftigte	4.379	4.511	4.831	5.571	6.030	5.853	5.558	5.488

Werte in Mio. DM, ab 2001 in €; Quelle: Geschäftsberichte

CNH

CNH Global N.V.
Amsterdam (NL)

Ein neuer Gigant ist entstanden

Einschneidende Auflagen durch die Kartellbehörden – 2002 nimmt das Unternehmen wieder richtig „Fahrt auf"

Traktor Modell 70 A von New Holland und . . .

. . . Baureihe M9000 von Steyr.

1999

Die zum Fiat-Konzern gehörende New Holland übernimmt für einen Kaufpreis von 4,3 Mrd. $ in bar den amerikanischen Wettbewerber Case Corp. Mit einem addierten Umsatz von 11,8 Mrd. $ ist damit ein neuer Landtechnik-Gigant neben John Deere entstanden. Im Baumaschinenbereich rückt das neue Unternehmen nach Caterpillar und Komatsu auf Platz drei vor. Der italienische Fiat-Konzern hält an dem neuen Unternehmen 84,5 % der Anteile.

Die Case Corp. erzielte 1998 einen Umsatz von 6,1 Mrd. $, beschäftigte 17 700 Mitarbeiter und verkaufte seine Produkte über rund 4 900 Händler. New Holland erzielte im gleichen Zeitraum einen Umsatz von 5,7 Mrd. $ mit 21 300 Mitarbeitern, einschließlich der kurz zuvor übernommenen O & K (Orenstein & Koppel) und vermarktet über etwa 2 100 Händler.

2000

Der neue Konzern heißt jetzt CNH und ist an der Börse in New York notiert. Die beiden Marken werden getrennt weitergeführt. Die Fusion wird von der EU-Kom-

Die neuen Mähdrescher der Modellreihe CX von New Holland und der neue Case IH aus der CT-Serie.

mission und dem amerikanischen Justizministerium am 28. Oktober und 4. November gebilligt, jedoch mit großen, einschneidenden Auflagen.

Case muss sich von folgenden Aktivitäten trennen:

1. Den Lizenzen für die Steyr-Modelle *M 948* und *M 958*, beziehungsweise *CS 48, CS 58*. Der zweitgrößte österreichische Traktorenhersteller, nämlich Lindner aus Kundl/Tirol, übernimmt sie. Die Fertigung läuft weiterhin in St. Valentin.

2. Dem Traktorenwerk Doncaster in England. Landini übernimmt es. Auch das Werk in St. Dizier/Frankreich geht an Landini, weil dort Teile für Doncaster gefertigt werden.

3. Den Großballenpressen aus dem Werk Neustadt/Sachsen. Landini übernimmt sie.

4. Im Baumaschinenbereich von der Marke Fermec, ausgenommen die Minibagger. Das Werk wird an die Terex Corp. verkauft.

5. In Nordamerika von dem 50-prozentigen Anteil an Hay & Forage Industries Hesston. Agco übernimmt diese Anteile und besitzt jetzt HFI komplett mit Ballenpressen und Schwadmähern.

New Holland muss sich trennen:

1. Vom Werk Breganza, wo die Laverda-Mähdrescher gebaut werden, Landini ist der Übernehmer, ausgenommen sind die Maschinen mit Hangausgleich.

2. In Nordamerika vom Traktorenwerk in Winnipeg mit den Genesis-Traktoren und den Knicklenkern, ausgenommen die *TF 140* mit Rückfahreinrichtung. Buhler Industries, Inc. aus Kanada übernimmt es.

Durch die erzwungenen Verkäufe hat die Fusion in Europa einen neuen Full-Liner entstehen lassen. Nämlich Landini mit den neuen Marken Laverda und McCormick.

Nach Abschluss des ersten Geschäftsjahres wird ein Gesamtumsatz von 10 Mrd. $ erzielt, wobei 5,9 Mio. $ auf das Landma-

Feldhäcksler FX 58.

schinengeschäft entfallen. 31 000 Mitarbeiter sind jetzt beschäftigt. Das Ergebnis weist einen Nettoverlust von 269 Mio. $ aus, exklusive der Ausgaben für Restrukturierung, entspricht aber den Erwartungen. Ein erneuter Weltrekord wird beim Pflügen von fast 210 ha in 24 Stunden mit einem Case *Quadtrac* mit 425 PS und einem 17-Schar-Volldrehpflug von Gregoire & Besson aufgestellt.

Im Juni werden 100 Montagekomponenten des Mähdreschers 525 in Neustadt vorgefertigt, um beim weißrussischen Lida (Lidagroprommasch) montiert zu werden.

Auf einem Feldtag in Russland hat Case das gesamte Programm vorgestellt. Darunter die neuen knickgelenkten *STX-Steiger*-Traktoren mit vier unabhängigen Gummi-Raupenfahrwerken mit 275, 325, 375 und 440 PS. *Zwei Landwirte, Douglass und Maurice Steiger, begannen 1957 einen großen Traktor zu bauen, um die Arbeit auf ihrer Farm Thief River Falls/Minnesota besser bewältigen zu können. Als andere Farmer Interesse bekunden, wird ihr Geschäft 1969 als Firma eingetragen, die Produktion nach Fargo, Nord-Dakota verlagert. Die Traktoren mit den Namen Wildcat, Bearcat und Cougar erwerben einen ausgezeichneten Ruf.*

Der 40 000ste Case IH Steiger läuft vom Band. Dazu drei neue Cross-Flow-Mähdrescher, die die Reihe nach unten erweitern, mit 200 oder 240 PS ausgestattete Fünf-Schüttler- sowie eine 280 PS starke Sechs-

Das komplette Pressen-Programm.

Teleskoplader LM 425.

Schüttler-Maschine. Der praktische Einsatz, der bereits auf der Agritechnica ´99 gezeigten *CVX*-Traktorenreihe mit vier Modellen und Motoren von 120, 130, 150 und 170 PS zeigt der breiten Öffentlichkeit das stufenlose, leistungsverzweigte hydromechanische Wendegetriebe. Dieses elektronisch gesteuerte Getriebe ist nach jahrelanger Entwicklungsarbeit bei Steyr enstanden.

2001

Das Unternehmen sieht jetzt eine Wende in der Belastung der Fusion mit Case. Schon im laufenden Jahr werden Einsparungen von 300 Mio. $ erreicht.
Alle drei Marken – New Holland, Case IH und Steyr – werden über getrennte Händlernetze vermarktet, jedoch für Westeuropa aus einer Hand geführt.

CNH-Case-IH

Das Unternehmen hat über 1 500 *MX Magnum* in Europa verkauft. Neue Mähdrescher der *CT*-Baureihe vervollständigen das Angebot, wie auch die drei neuen Großpackenpressen der *LBX*-Baureihe mit leistungsstarkem Rotor und patentiertem Vorpresssystem. Anlässlich der Agritechnica übergibt Case IH den 2 000sten *CVX*-Traktor mit stufenlosem Getriebe.

CNH-New Holland

In rascher Abfolge hat New Holland das Produktangebot erweitert. Am unteren Ende ist das Traktorenangebot jetzt auch in Europa mit den GT- und TS-Modellen für Rasenpflege und Gartenbau bis 20 PS ergänzt. Brandneu sind die Baureihen TCD und TCE mit 21 bis 49 PS mit einem Geräteprogramm für die Grundstückspflege und den Kommunalbereich.
Mit der Einführung der neuen Mähdrescher- und Traktoren-Generation *CX* will New Holland seinen ersten Rang im europäischen Traktorenmarkt (20,6 % Marktanteil) und Mähdreschermarkt (26,8 %) weiter ausbauen. Flankiert wird das Ganze durch eine dynamische Händlerentwicklung und integrierte Systeme. „New Look, New Tec, New Holland“ ist der Slogan für den Marktangriff.
Die *CX* 5- und 6-Schüttler-Maschinen verfügen über ein Korntankvolumen von 7 600, 9 000 und 10 500 l. Das Leistungsspektrum reicht von 218 bis 374 PS.

CNH-Steyr

Die *M 9000*-Modelle werden jetzt mit einem achsgeführten Fronthubwerk mit direkt an der Vorderachse befestigten

New-Holland-Rasentraktor GT 75.

Traktor aus der TCD-Reihe, im Bild ein TC 27 D.

Der Case MX 285 (oben) und der New Holland TG 285 (rechts) basieren technisch auf derselben Plattform.

Unterlenkern zur optimalen Bodenführung der Geräte ausgerüstet.
Die Steyr *CVT 120/130*-Traktoren mit stufenlosem *S-tronic*-Getriebe erhalten jetzt ein Motor-Getriebe-Management, Power-Shuttle-Funktion, Vorgewendemanagement, Druckluftanlage, Klimaanlage und DeLuxe-Sitz mit Armrest-Control zur Bedienung der wichtigsten Traktorfunktionen.

Case JX 100.

2002

Um Synergien noch besser ausschöpfen zu können, wird die Zahl der 280 juristischen Personen von CNH-Global weiter reduziert, damit die Verwaltung effizienter und die Kapitalstruktur günstiger gestaltet werden kann. Der Großteil betrifft die Länder Australien, Belgien, Brasilien, Frankreich, Deutschland, Großbritanien, Italien, Kanada, Luxemburg, Österreich, Polen, Spanien und die USA. In Deutschland gibt es nur noch den Verwaltungsstandort Heilbronn.

Vom CNH-Global-Gesamtumsatz entfallen auf New Holland 56 % und auf Case IH (incl. Steyr) 44 %.
Vom Case-IH-Umsatz gehen 60 % nach Nordamerika, 30 % nach Europa, 3 % nach Lateinamerika und 7 % in die übrigen Länder.

New-Holland-Mähdrescher CS 540.

Umsatz nach Geschäftseinheiten und Regionen von CNH 2000

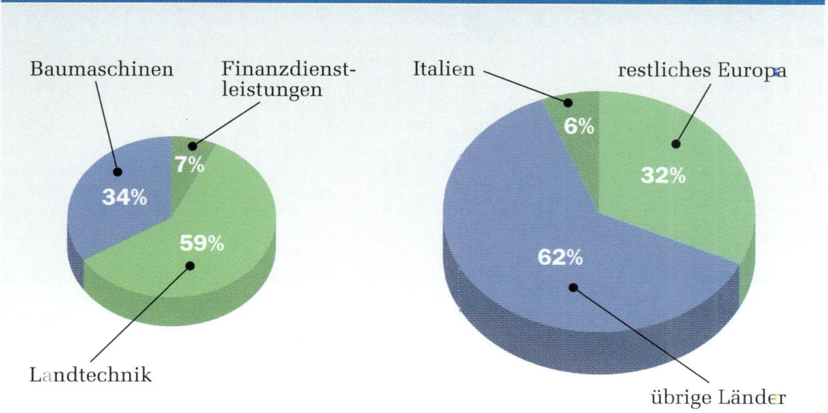

Umsatz und Zahl der Beschäftigten von CNH-Global 1999, 2000 und 2001

	1999 [1]	*2000*	*2001*
Gesamtumsatz	9.952	10.770	10.777
Operatives Einkommen	95	45	209
Netto-Gewinn (Verlust)	(170)	(754)	(291)
Beschäftigte	34.963	31.033	28.127

Werte in Euro; [1] *pro forma*

Alle Angaben aus Fiat-Group-Konzernbericht
CNH erzielt 17 % des Fiat-Konzernumsatzes

CNH-Global weltweit vertreten

	Italien	*übriges Europa*	*restliche Welt*	*Total*
Produktions-stätten	5	12	25	42
Vertriebs-stützpunkte	282	4.388	7.030	11.700

John Deere

Deere & Company
Moline, Illinois
(USA)

Der Weltmarktführer ging seinen Weg immer allein

Mit der Übernahme von Lanz in Europa Fuß gefasst – Schon früh auf Full-Line-Strategie gesetzt – Große Typenvielfalt von jedem Grundmodell

1837
baut der Schmied John Deere seinen ersten Stahl-Pflug in Grand Detour/Illinois. Mit ihm gelingt es erstmals, die harten Böden der Prärie umzubrechen und damit neues Farmland zu gewinnen.

1846
ist das Geschäft so stark angewachsen, dass sich John Deere entschließt, nach Moline umzusiedeln, wo er den Grundstein für die weitere Entwicklung seines Betriebes legt. Schon im ersten Jahr können 700 Pflüge verkauft werden.

1868
wird die Deere & Company mit einem Grundkapital von 150 000 $ und vier Anteilseignern gegründet.

1876
taucht der „springende Hirsch" erstmals als Warenzeichen auf.

1880
werden zu den Pflügen Kultivatoren und Maispflanzer in das Produktionsprogramm aufgenommen. Rund 800 Mitarbeiter sind nun beschäftigt.

1886
Im Todesjahr von John Deere werden bereits über 90 000 Pflüge verkauft. Nur drei Jahre später werden 4-, 5- und 6-Schar-Pflüge für die aufkommenden Dampftraktoren hergestellt.

1902
kommt es wegen der aggressiven Geschäftsmethoden des Wettbewerbers International Harvester zu einer ersten Konfrontation der beiden Unternehmen.
Die International Harvester (IH), ist aus einem Zusammenschluss von fünf Firmen hervorgegangen (darunter Mc Cormick Harvesting Machine Co, Deering Harvester Co und Milwaukee Harvester Co). IH erreicht einen Marktanteil von rund 90 % am Getreidebinder-Markt und 80 % an der Grasmäher-Produktion.
John Deere ist sehr stark im Pfluggeschäft und führt mit weiteren Bodenbearbeitungsgeräten sowie Pflanzmaschinen für Mais und Baumwolle diese Märkte an.

Ein John Deere aus der neuen Serie 8020.

1909

will Deere & Company die J. I. Case übernehmen und wird dabei wieder von der International Harvester gestört. Zwischen den größeren Herstellern von Landtechnik entbrennt ein massiver Wettbewerb, weil sich alle um eine „Full-Line" bemühen, entweder durch Übernahmen oder Zukauf fehlender Produkte im Lieferprogramm.

1912

betreibt die Deere & Company – teils durch eigene Erweiterungen, teils durch geschickte Zusammenschlüsse – insgesamt zehn Fabriken und 20 Filialen, in denen etwa 1 500 Mitarbeiter im Durchschnitt 53 Stunden pro Woche arbeiten.

1918

Mit der Übernahme der Waterloo Gasoline Engine Company kommen Traktoren in das John-Deere-Programm, nachdem Deere bereits mit selbstfahrenden Kultivatoren experimentiert hatte.
Diese Firma hat ihren Ursprung im Froehlich Tractor. John Froehlich – ein Lohndrescher – wird das Verdienst zugeschrieben, den ersten Traktor mit Benzinmotor gebaut zu haben.

1920

Mit dem legendären *Waterloo Boy* gelingt

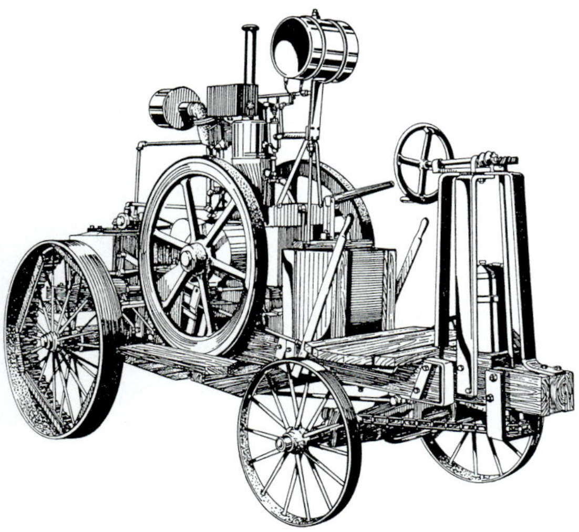

unten links:
Ein Froehlich-Traktor aus dem Jahr 1892.

unten rechts:
Vom Waterloo Boy baute Deere von 1917 bis 1924 insgesamt 28 500 Stück.

der große Durchbruch. Er verfügt bereits über einen 2-Zylinder-12-PS-Kerosin-Motor mit Riemenscheibe und Zweiganggetriebe. Von diesem Traktormodell werden von 1914 bis 1924 nicht weniger als 28 530 Einheiten gebaut. Über 4 000 davon gehen während des I. Weltkrieges zur Ernährungssicherung nach England. Noch im selben Jahr folgt der Typ D, ein sehr erfolgreiches Modell, das bis 1953 mehr als 160 000-mal gebaut wird.

1925

beginnt Deere & Company mit der Mähdrescher-Produktion, nachdem die Firma bereits seit 15 Jahren Mähbinder baut. Einen Prototyp hat Deere zum Test mit zwei Wettbewerbsmaschinen für die Ernte vorbereitet und beendet diesen Vergleich mit einem beachtlichen Erfolg. Im folgenden Jahr werden sie noch einmal einer harten Erprobung unterzogen.

Auch die Maispflücker (Corn Picker) sind einfache Maschinen, die schon 1927 in das Produktionsprogramm aufgenommen werden.

Weil Deere wegen des starken Wettbewerbs auf dem Mähdreschersektor nicht zu zaghaft einsteigen will, wird für deren Produktion eine neue Fabrik errichtet.

Der 1929 eingeführte GP Wide-Tread wurde bis 1933 gebaut. Er verfügte über 20 PS am Zughaken und 20 PS an der Riemenscheibe.

Das Modell D, 1923 eingeführt, wurde 30 Jahre lang gebaut – insgesamt 160 000-mal.

1926

bietet die Firma Caterpillar Deere an, ihre Mähdrescher-Aktivitäten (Western Harvester Company) für 1,2 Mio. $ zu kaufen. Dieses Angebot erreicht John Deere zu einem günstigen Zeitpunkt (zu Beginn der eigenen Mähdrescher-Entwicklung und kurz nach der Übernahme der Kombination Holt und Best durch die Western Harvester). Der Kauf ist für Deere & Company sehr vorteilhaft, auch wegen der Produktionsrechte für den Hangmähdrescher. Dabei übernimmt Deere den kompletten Bestand fertiger Caterpillar-Mähdrescher.

Die beiden Unternehmen treffen ein zukunftsentscheidendes Abkommen über eine Vertriebskooperation, wobei Caterpillar und Deere gegenseitig ihre Vertriebswege nutzen. Caterpillar verzichtet auf den Bau von Landmaschinen und Radtraktoren, Deere auf die Herstellung von Raupen-Traktoren. Diese Kooperation besteht bis Anfang der 50er Jahre.

Im ersten Jahr der Produktion (1928) verlassen bereits 500 Maschinen und ein Jahr später 1 500 Mähdrescher die neue Fabrik.

1930

muss auf Grund der Weltwirtschaftskrise die Beschäftigtenzahl um 2 400 auf 8 422 abgebaut und die Werke zeitweise geschlossen werden. Der Umsatz fällt von 63 auf 8,7 Mio. $ zurück. Im Zeitraum von 1927 bis 1932 liefert Deere & Co. fast 8 200 Traktoren

Das Modell R wurde von 1948 bis 1954 gebaut und verfügte über eine Zapfwelle und hydraulische Hubzylinder.

in die Sowjetunion, das entspricht etwa 13 % des Absatzes in den USA.

1934
wird das *A-Modell* eingeführt, der meistgebaute Traktor in der John-Deere-Geschichte. Bis 1952 werden von diesem Typ 279 880 Exemplare produziert.

1936
haben sich auf dem amerikanischen Markt die Schwergewichte zwischen den einzelnen Longline-Anbietern erneut verschoben. Verlusten bei International Harvester stehen Gewinne von John Deere gegenüber.

1937
erreicht John Deere erstmals einen Umsatz von über 100 Mio. $.

1948
sind die Marktanteile der Full-Liner im Verhältnis zur gesamten US-Landmaschinenindustrie stark angewachsen – von 37 % im Jahr 1944 auf 63,5 %.

1949
ist John Deere in allen nordamerikanischen Regionen etwa gleich stark vertreten. Nicht so aber in Europa, wo alle namhaften amerikanischen Wettbewerber seit Anfang des Jahrhunderts bzw. Anfang der 20er Jahre über eigene Produktionsstätten verfügen. Deere ist dort lediglich durch einige Importeure vertreten.

1955
beginnt Deeres Aufstieg zum Branchenführer in der Landtechnik. Zwei Jahre zuvor waren Gespräche mit Massey Ferguson an unterschiedlichen Auffassung zwischen den Firmen gescheitert, aber auch an der amerikanischen Antitrust-Behörde, die eine Marktbeherrschung verhindern wollte.

1956
tritt John Deere mit der Übernahme der Heinrich Lanz AG, Mannheim, in Europa erstmals als Hersteller auf. Das Traktorwerk steht in Mannheim, in Zweibrücken werden Erntemaschinen produziert. Zugleich erhält Deere & Co über die Lanz Iberica auch Zugang zum abgeschotteten spanischen Markt. In den USA wird intensiv an einer neuen Traktorenreihe gearbeitet.

1958
werden die ersten Traktoren und Landmaschinen in Monterrey/Mexiko gefertigt.

1959
steigt Deere in den australischen Markt ein. In Frankreich wird zusammen mit drei Her-

1876

1912

1936

1937

1950

1956

1968

2001

Der selbstfahrende Baumwollpflücker.

stellern ein gemeinsames Unternehmen gegründet. An dieser Gruppe CCM (Compagnie Continental de Motoculture) hält Deere 51 %. Die drei Partner sind: Remy & Fils in Senoches (Heumaschinen, Sternradmaschinen, Feldhäcksler und Bodenbearbeitungsgeräte, ausgenommen Pflüge), Ets. R. Rousseau in Fleur'y-le-Aubrais (Niederdruckpressen und Dreschmaschinen) sowie Thiebault Bourguignonne in Arcles-Gray (Niederdruckpressen, deren Typ *Lady Bug* großen Markterfolg hat, Getreidereiniger, Heurechen und Mähwerke).

Der erste Gartentraktor von John Deere aus dem Jahr 1963.

1960

stellt Deere & Company unter dem Slogan „A New Generation of Power" eine komplett neue Traktorenreihe mit neu entwickelten Reihen-Motoren in modernem Design vor. Zur Präsentation fliegt Deere 6 000 Händler aus aller Welt in die USA ein. Damit endete die „Zwei-Zylinder-Ära".

1961

wird die neue Traktorenfabrik in Argentinien in Betrieb genommen.

1962

übernimmt Deere 80 % der Anteile an der CCM in Frankreich. Remy setzt seine Erfolge bei den Feldhäckslern und Bodenbearbeitungsgeräten fort, während Thiebault jetzt alle Sammelpressen sowie zusätzlich einen exzellenten Mähknickzetter baut. John Deere kauft in Saran bei Orleans ein großes Grundstück und errichtet darauf eine Motorenfabrik, die alle europäischen Traktoren- und Erntemaschinen-Werke beliefern soll. Schon zwei Jahre später verlassen die ersten Motoren das Fließband.

1963

erschließt sich Deere mit dem Einstieg in die so genannten „Consumer Products" mit Gartentraktoren, handgeführten und Aufsitz-Mähern und dem entsprechenden Zubehör ein neues, sehr ertragreiches Geschäftsfeld.
John Deere überholt die IHC und wird weltgrößter Landtechnikproduzent.

1964

kommen die ersten Mähdrescher aus Zweibrücken auf den Markt. Einige Jahre später werden sie durch eine ganz neue Baureihe ersetzt. Dabei wird das Baukastensystem so konsequent angewandt, dass mehr als zwei

John Deere-Lanz 300 mit 28 PS, vorgestellt 1960.

Gezogener Mähdrescher der 70er-Reihe (1964).

Drittel aller Teile baugleich für alle Typen sind. Der Konzernumsatz steigt auf 816 Mio. $, ein Plus von 140 % gegenüber 1955. Deere & Company verzeichnet laufend ansteigende Umsätze und Erträge, ausgenommen in Mannheim.

1969

erscheint in der Zeitung „Die Zeit" ein Artikel mit der wenig freundlichen Überschrift „Die verspielte Erbschaft – Die Geschichte eines amerikanischen Fehlschlages". John Deere hat in Mannheim sehr hohe Verluste zu verkraften. 1970 übernimmt John Deere die 1948 in Australien von Bob Chamberlain gegründete Traktorfirma und erhält damit einen wertvollen Stützpunkt auf dem fünften Kontinent.

1970

beginnen streng vertrauliche Gespräche mit der Klöckner-Humboldt-Deutz AG (KHD) über eine Zusammenarbeit. Mit einer zunächst einfachen Formel: Deutz-Motoren in John-Deere-Traktoren und Deere-Getriebe in Deutz-Traktoren. KHD besitzt schon die Mehrheit an der Maschinenfabrik Fahr AG. Alle Felder weltweiter Zusammenarbeit werden diskutiert. Sie erstrecken sich von einem Joint Venture bis zur vollständigen Übernahme. KHD ist zu diesem Zeitpunkt etwa so groß wie John Deere und erzielt 800 Mio. $ Umsatz, aber nur 5,9 Mio. $ Gewinn. Deere will KHD jedoch nicht an dem vorteilhaften und profitablen Amerika-Geschäft teilnehmen lassen. Es heißt, die „Chemie" zwischen den beiden Managements stimme nicht und eine vollständige Übernahme der Landtechnik sei dem KHD-Mehrheitsaktionär, Familie Henle, nicht zu vermitteln, sodass die Gespräche scheitern.

1971

versucht Deere einen zweiten Anlauf in Europa – mit Fiat. Fiat produziert hier doppelt so viele Traktoren wie Deere in Mannheim. In Europa hat Deere einen Marktanteil von 4,2 % und Fiat einen von 9 %. In Argentinien hält Fiat 57 % und Deere 20 % Marktanteil. Auch in Südafrika, im Iran und der Türkei haben beide Firmen Interessen. Zusätzlich verfügt Fiat wie Deere über Baumaschinen im Programm, so dass auch hier gemeinsame Interessen bestehen. Die Verhandlungen verlaufen sehr positiv und sind schon bis in die Details, wie einem gemeinsamen Firmenzeichen, gediehen. Die Pressemeldungen sind gedruckt und versandbereit, da beenden beide Präsidenten die Kooperationsbemühungen am 12. Januar 1972 mit einem Händedruck. John Deere geht fortan seinen Weg alleine, was sich im Nachhinein als richtig erweist.

DeereFiat

FiatDeere

Man war sich fast schon einig, da beschloss John Deere, seinen Weg doch alleine weiterzugehen.

1977

Als die Importe japanischer Kleintraktoren

Der selbstfahrende Mähdrescher aus amerikanischer Fertigung.

nach den USA enorme Formen annehmen, beschließt Deere mit Yanmar den Einstieg in den Kleintraktorenmarkt. Yanmar ist mit 38 000 Traktoren der zweitgrößte Hersteller – nach Kubota mit 80 000 Einheiten.

1979
ist das Jahr mit dem höchsten Personalbestand (65 392 Mitarbeiter). Der Konzernumsatz beläuft sich auf 5 Mrd. $, der Gewinn auf 310 Mio. $.

1981
wird in Bruchsal das Kabinenwerk eröffnet. Gut 20 000 Kabinen werden dort jährlich für die Traktoren-, Mähdrescher- und Feldhäcksler-Fertigung in Mannheim und Zweibrücken hergestellt.

1985
erfolgt die Einführung völlig neuer Traktoren der *50*er-Reihe, die sehr stark den europäischen und hier besonders den deutschen Bedürfnissen entgegenkommt.

1986
besteht das neue Kleintraktorenprogramm, das vorwiegend zur Rasen- und Grundstückspflege eingesetzt wird, aus drei Typen mit hydrostatischem Antrieb, die 1989 um weitere mit Leistungen von 16 bis 33 PS ergänzt werden.

1987
nimmt Deere Traktoren des italienischen Herstellers Goldoni für den Einsatz im Obstbau und Plantagen in das Programm auf und versieht sie mit Motoren aus der Deere-Fertigung in Saran.
Im Werk Getafe (bei Madrid) wird der 150 000ste Traktor gefertigt.

1991
kommt in den USA aus dem Werk Augusta eine neue 5000er-Reihe mit 2- und 4-Rad-Antrieb, einfacher Technik und 3-Zylinder-Motoren.

1992
wird in Mannheim die lang erwartete neue Generation mit der *6000er-Reihe* mit (später) sieben Modellen und Leistungen von 75 bis 130 PS präsentiert. Aus Waterloo stammt die neue *7000er-Reihe* mit drei Modellen, deren Leistung zwischen 130 und 170 PS liegt. Beide Traktorenreihen haben eine Vollrahmenkonstruktion zur Gewichtseinsparung und besondere Vielseitigkeit in den Getriebevarianten.

1993
werden Zetor-Traktoren, insgesamt mit acht Modellen in einer Leistungsbreite von 43 bis 91 PS, als John-Deere-*Reihe 2000* vermarktet.

1994
1994 erfolgt die Einführung der neuen Großtraktoren der *Reihe 8000* mit vier

Umsätze, Ergebnisse und Zahl der Beschäftigten bei John Deere von 1960 bis 1990

	1960	*1964*	*1970*	*1975*	*1980*	*1985*	*1990*
Gesamtumsatz	510,3	816,6	1.158,1	2.994,7	5.562,7	4.171,0	7.875,0
Davon							
Landtechnik			910,8	2.543,3	4.488,8	3.118,3	4.519,0
Baumaschinen			216,9	411,9	981,0	942,4	1.348,0
Rasen- u. Grundstückspflege	–	–	–	–	–	–	912,0
Sonstige Dienstleistungen			30,4	39,5	92,9	110,3	1.096,0
Beschäftigte	28.176	23.586	39.868	55.242	61.039	40.509	38.493
Nettogewinn	19,8	38,0	46,0	179,1	228,3	30,5	411,0

Werte in Mio. US-$

Modellen und Leistungen von 185 bis 260 PS. In Auslegung und Komfort sind diese Traktoren bereits für das 21. Jahrhundert gedacht. Gleichzeitig erscheint die *3000er-Reihe* in Europa mit vier Typen von 55 bis 85 PS. Hier handelt es sich um die Ceres-Baureihe von Renault, die mit John-Deere-Motoren ausgerüstet ist

1995

Ab diesem Jahr wird John Deere von der Firma Matbro aus Dungannon (Nordirland) mit Teleskopladern in den Hausfarben Grün/Gelb beliefert. Daneben bedient Matbro, wie bisher (in Gelb/Grau) weiterhin seine eigene Vertriebsorganisation.
Die Hauszeitschrift „The Furrow" (in Deutschland „Flur und Furche") ist 100 Jahre alt. Weltweit werden in 27 Sprachen 1,3 Mio. Exemplare verteilt, davon allein 700 000 in zehn europäischen Staaten. Damit ist The Furrow die am meisten verbreitete landwirtschaftliche Fachzeitschrift der Welt.
Im Juli rollt der 50 000ste Traktor der Baureihe *6000* vom Band. Mit der Fahrerunterstützung *HMS* optimiert John Deere den Bedienungskomfort dieser Baureihe. Mit Hilfe der elektronischen Fahrerunterstützung lassen sich beim Wendevorgang bis zu einem Drittel der bisher notwendigen Handgriffe einsparen.
Im Sommer beginnt eine Zusammenarbeit zwischen John Deere und Krone, Spelle. Krone wird künftig seine Großpackenpressen auch im John-Deere-Design liefern, die dann über die John-Deere-Vertriebsorganisation europaweit verkauft werden.
Bei den Rasen- und Grundstückspflegemaschinen werden neue Einsteigermodelle von Rasentraktoren und handgeführten Rasenmähern, der Produktreihe *Sabre by John Deere*, eingeführt.
Gegen Ende des Geschäftsjahres läuft der 800 000ste Mähdrescher (seit der Produktionsaufnahme in 1927) vom Band.
Die steigenden Einkommen der US-Farmer begünstigten die Investitionen in der Landwirtschaft, sodass die Umsatzerlöse des Unternehmens erstmals die 10-Mrd.-$-Schwelle überschreiten.

1996

läuft der 100 000ste John-Deere-Mähdrescher aus dem Werk Zweibrücken vom Band, wo seit Aufnahme der Produktion im Jahr 1965 bereits die fünfte Mähdrescher-Generation entwickelt worden ist.
Für Nebenerwerbslandwirte und Grünlandbetriebe kommen neu die Traktorenmodelle *6200 SE* und *6400 SE*.
In den USA stellt John Deere die neue 13 m breite *Direktsaatmaschine 1850* vor. Deere führte Direktsaatmaschinen bereits 1989 mit dem *Modell 750* ein.
Ein ganz neues Feld betritt John Deere mit der Entwicklung einer *selbstfahrenden Feldspritze 4700* speziell für große Farmen mit exakter Mengensteuerung von Spritzmittel und Flüssigdünger.
Eine weitere Neuheit ist die *Feldspritze 320*, die mit Kapuzen zur Unkrautbekämpfung zwischen den Reihen ausgerüstet ist. Sie ist vorbereitet zur selektiven Unkrautbekämpfung mittels Bildverarbeitung.
In Mannheim werden seit nunmehr 75 Jahren Traktoren gebaut. Seit 23 Jahren sind unter John-Deere-Regie über 850 000 Traktoren hergestellt worden, in diesem Zeitraum hat man fast 1 Mrd. DM investiert.
Zum Jahresende 1996 stellt das Unternehmen die Nachfolgemuster *7010* der *7000*er Baureihe vor. Sie sind mit den so genannten Konstantmotoren, mit hohem Drehmomentanstieg und gesteigerter Arbeitsleistung über der Nennleistung, ausgerüstet. Die Motorleistungen betragen 140, 155 und 175 PS. Weitere Detailverbesserungen betreffen unter anderem das Hubwerksmanagementsystem *HMS*.

1997

zu Beginn des Jahres kommen die neuen Mähdrescher der *Serie 2200* auf den Markt. Sie sind eine Weiterentwicklung der bisherigen Z-Serie. Diese vier Mähdrescher

Selbstfahrender Feldhäcksler 6850 im Mais.

Schmalspur- und Super-Schmalspur-Traktoren mit Gesamtbreiten von 1 050 bzw. 1 330 mm und Leistungen von 53, 72 und 80 PS.

Moderner Kompakttraktor der Serie 4010 in einer Leistungsbreite von 19,5 bis 48 PS.

Ein Hillmaster aus der 1997 vorgestellten Serie 2200.

verfügen über Antriebsleistungen von 210, 235, 250 und 270 PS. Alle Typen sind in *Standard*- und *Hillmaster*-Versionen lieferbar. Hinzu kommen fünf Traktoren der neuen *5000*-er Serie mit Leistungen von 55 bis 80 PS. Diese Drei- und Vierzylinder-Modelle gibt es in Standard- und Schmalspurausführung, mit einem synchronisierten 12/12- oder 24/24-Gang-Getriebe mit Geschwindigkeiten von 0,4 bis 30 bzw. 40 km/h. Die *5000*er-Reihe wird im italienischen Rovigo bei Agritalia gebaut.
Noch rechtzeitig zur Ernte soll das Unternehmen 630 Mähdrescher und 100 Baumwollpflücker nach Kasachstan liefern. In die Ukraine hat John Deere bereits über 1 000 Mähdrescher geliefert.

Im März übernimmt John Deere die 1908 gegründete Maschinenfabrik Kemper GmbH, Stadtlohn. Besonders interessieren hier die reihenunabhängigen Maiserntevorsätze für die selbstfahrenden Feldhäcksler. In China gründet Deere ein Gemeinschaftsunternehmen mit der Jiamusi Combine Factory in der Provinz Heilongjiang.
Im Herbst erhält Deere den Design-Preis 1997 von Baden-Württemberg für die *6000*er-Baureihe. Mit dem innovativen Konzept, dessen Hauptmerkmal ein durchgehender Brückenrahmen ist, sind in weniger als fünf Jahren 100 000 Traktoren dieser auch mit internationalen Preisen anerkannten Baureihe abgesetzt worden.
Trotz mehrwöchiger Produktionspause im Zuge der Inbetriebnahme der 23 Mio. DM teuren neuen Endmontage in Mannheim können Lieferengpässe vermieden werden. Im Werk Mannheim sind 2 400 Mitarbeiter beschäftigt.
Zum 25. Mal in Folge ist John Deere Deutschlands führender Traktorenhersteller mit 23 998 Einheiten, das sind 52,4 % der deutschen Gesamtproduktion. Mit 21 972 Schleppern stellt Deere 64 % der deutschen Traktorexporte.
In den USA beginnt die Produktion des modernen sechsreihigen Baumwollpflückers *9976*. Mit dem 300-PS-Motor und einer Erntegeschwindigkeit von 6,4 km/h

Traktor aus der 5000er-Serie mit Frontlader.

Ein 3010er mit Feldspritze.

ist diese Maschine für höchste Leistungen ausgelegt. Den *9976* gibt es auch in vier- oder fünfreihiger Ausführung in Ergänzung zu den kleineren *9970*-Modellen.
Deere ist der größte Partner des tschechischen Traktorenherstellers Zetor in Brünn und nimmt 95 % der Produktion von 13 000 Traktoren ab.
Zur Agritechnica ´99 bietet Deere zur Baureihe *8000 T* ein Raupenlaufwerk mit einfacher Spurweitenanpassung und elektronischer Steuerung zur verbesserten Lenkpräzision an.
Deere übernimmt den niederländischen Pflanzenschutz-Technik-Hersteller Douven mit Sitz in Horst/NL, einen führenden europäischen Anbieter von Anbau-Anhänge- und selbstfahrenden Feldspritzen. Douven bleibt weiter für die Produktentwicklung, Fertigung und Kundenbetreuung verantwortlich. In den Benelux-Staaten werden die Maschinen als „Douven", ansonsten aber nur noch in Grün/Gelb angeboten.

1998
erwirbt Deere Teilbereiche des Teleskoplader-Geschäftes von Matbro, einer Tochter der Powerscreen mit Sitz in Dungannon, Nordirland. Der Erwerb umfasst Schutzrechte an der Matbro-Teleskoplader-Baureihe, sodass John-Deere-Teleskoplader und Ersatzteile aus eigener Fertigung anbieten kann. Damit ist auch die Ersatzteilversorgung früher ausgelieferter John-Deere-Teleskoplader gesichert.
Große Pläne hat das Haus für seine Sparte Rasen- und Grundstückspflege. Die Mehr-Marken-Strategie aus diesem Sektor mit John Deere, Homelite, Sabo, Sabre und Roberine sorgt für Erfolg. Geplant ist eine Umsatzsteigerung von derzeit 2,6 auf 3 Mrd. $ im Jahre 2001. Dazu wird die neue *4000*er-Kommunaltraktoren-Reihe, die Zweitmarke *Sabre by John Deere* bei Rasentraktoren und eine etablierte Golfplatztechnik sowie Großflächen-Sichel- und Spindelmäher beitragen.
Neu ist der Einstieg in das wachsende Marktsegment der Zuckerrohrernte. Dazu hat John Deere die in Louisiana, USA ansässige Firma Cameco Industries gekauft, die eine gute Maschine baut und in diesem Bereich 100 Mio. $ umsetzt.
Der Bau der Traktorfabrik in Pune im westlichen Indien kommt gut voran, sodass der Produktionsbeginn kleinerer Traktoren auf der Basis der *5000*er-Reihe mit 35 bis 75 PS für 1999 geplant ist. Für John Deere ist dieser Universaltraktor eine geeignete Plattform für den Weltmarkt.
Mit zwei anderen Firmen formt John Deere ein Joint Venture zur Entwicklung von *Green Star*, einem System zur Ertragsmessung und Kartierung und dessen Weiterentwicklung zu einem kompletten Farm-Management-System (Precision Farming). Bereits ein Drittel aller in Nordamerika verkauften John-Deere-Mähdrescher werden mit dem Green-Star-System ausgerüstet.

Der neueste Feldhäcksler der Serie 7 000 im Leistungsbereich von 315 bis 570 PS.

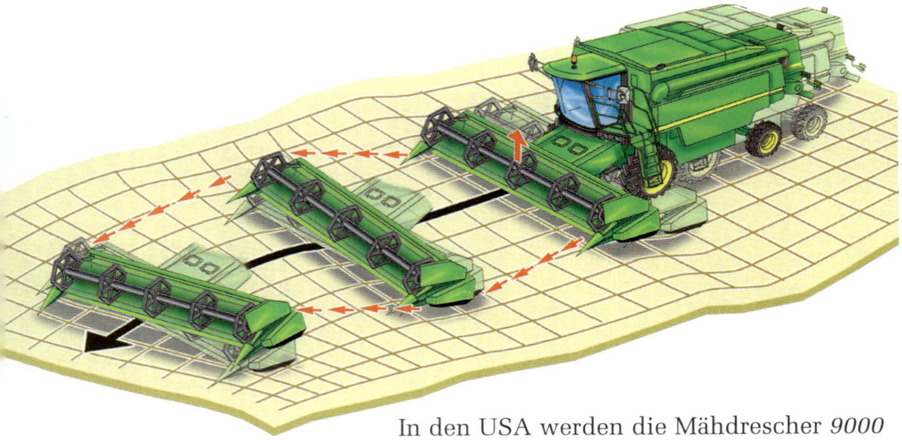

Schneidwerksausführung CountourMaster.

In den USA werden die Mähdrescher *9000* eingeführt. Die *2000*er-Mähdrescher aus Zweibrücken rüstet Deere auf. So erhält die größte Maschine einen 9 500-l-Korntank, und alle Maschinen können mit der Schneidwerksausführung *CountourMaster* ausgerüstet werden.
Neu für Europa ist die Einführung des *CTS*-Mähdreschers, bei dem nach dem herkömmlichen Dreschwerk anstatt des Hordenschüttlers zwei Rotoren die Kornabscheidung aus dem Stroh übernehmen. Es stehen drei Motoren mit 260, 278 und 291 PS zur Auswahl. Der Korntank fasst 9 000 l.
Ebenso neu für Europa ist die Einführung des John-Deere-Mulchsaatsystems. Es besteht aus dem Mulchtiller zum Lockern, Zerkleinern und Rückverfestigen mit Arbeitsbreiten von 4,6 m, 5,3 m und 6,0 m, dem Mulchfinisher zum Unkrautbekämpfen, Düngereinarbeiten und Bodeneinebnen mit Arbeitsbreiten von 5,7 und 7,1 m sowie der Mulchsaatmaschine mit 6, 8 und 9 m oder der Direktsaatmaschine mit 3 oder 6 m Arbeitsbreite.
Neu sind auch vier selbstfahrende Feldhäcksler aus dem Werk Zweibrücken. Die Traktorenproduktion in Mannheim erreicht 28 200, die Erntemaschinenproduktion in Zweibrücken 2 600 Stück.
Deere kann seinen Traktoren-Marktanteil in Deutschland auf 19 % erhöhen.
Zum Jahresende wird die Gießerei in Mannheim stillgelegt.
Im laufenden Geschäftsjahr erzielt der Konzern ein Rekordergebnis. Der Gewinn steigt erstmals auf über 1 Mrd. $. Der Umsatz erreicht 13,8 Mrd. $. Die deutschen Unternehmensteile sind mit 3,6 Mrd. DM dabei.

1999

Russische Behörden verhandeln mit John Deere über den Ankauf von Landtechnik für 1 Mrd. $.
Für die *6010*er Baureihe wird jetzt ab 125 PS das von der *7010*er bekannte PowerShift-Getriebe mit 18/7 Gängen angeboten.
Mit dem Einstieg bei Douven bietet Deere jetzt Anbau- und Anhängefeldspritzen mit 800, 1000 und 1 200 l bzw. 2 400, 3 200 und 3 800 l an. Die Gestängearbeitsbreiten betragen bei den Anbauspritzen 15 bis 24 m und

Schnittzeichnung eines CTS-Mähdreschers mit zwei Rotoren anstatt Hordenschüttler.

Das Innenleben eines 6010.

bei den gezogenen bis 36 m. Eine Regelelektronik sorgt für exakte Ausbringung. Auch Sprühgeräte für den Obst- und Weinbau sowie Hopfenkulturen mit 1 000 oder 1 500 l stehen zur Verfügung.
Mit einem türkischen Hersteller und Anbieter von Hydraulikkomponenten wird ein Gemeinschaftsunternehmen, in dem Deere & Co. die Mehrheit hat, gegründet. Die John Deere Hattat A.S. in Cerkezköy (westlich von Istanbul) soll dort eine Fabrik für 50- bis 90-PS-Traktoren errichten.
Zur Agritechnica ´99 werden zwei neue Knicklenker, der *9300* (360 PS) und der *9400* (425 PS) mit voll synchronisierten 24/6-Gang-Getrieben mit einfacher Lastschaltstufe vorgestellt. Dazu die neuen Großtraktoren der *Serie 8010* mit vier Modellen von 195 bis 270 PS. Neu ist das automatische 16/5-Gang-PowerShift-Getriebe, das die notwendigen Schaltvorgänge selbstständig übernimmt.
Zum Jahresende wird für 600 Mio. $ der Forstmaschinen-Produzent Timberjack Group, eine Tochter des finnischen Konzerns Metso Corporation, übernommen. Die Marke bleibt erhalten, denn Timberjack ist nach eigenen Angaben der weltweit führende Anbieter von Forstmaschinen mit Werken in Finnland, Schweden, Kanada sowie den USA. Die Produkte werden in 80 Länder verkauft und ein Jahresumsatz von 580 Mio. $ erzielt.

2000

Deere beginnt in Indien mit der Produktion von Traktoren mit 55 PS. Die L & T-John Deere Ltd. mit Sitz in Pune im Westen des Landes ist ein 50:50-Joint-Venture mit der indischen Larsen & Toubro Ltd (L&T). Die L&T mit Sitz in Mumbai (Bombay) gehört zu den zehn größten Privatunternehmen in Indien. In der 50 000 m^2 großen Fabrik können jährlich bis zu 30 000 Traktoren hergestellt werden. Innerhalb eines Jahres sollen zwei kleinere Modelle hinzukommen.
Zur Jahresmitte stellt John Deere ein neu gestaltetes Logo vor – den Hirsch mit mehr Dynamik, der für globale Stärke und Beweglichkeit steht.
Die Pflanzenschutztechnik wird mit der Einführung der *800*er Serie ergänzt. Bei diesen drei Modellen mit 2 400, 3 200 und 4 000 l sind bereits zukünftige Anwendungsprofile durch modularen Aufbau berücksichtigt, wie Universaldeichsel, verschiedene Deichsellenksysteme, Vorgewende-Automatiksystem, verschiedene Spurweiten, Federungstechnik für hohe Geschwindigkeiten bis 50 km/h, Spritzcomputer und CAN-BUS-System mit dem John-Deere- Greenstar.
Die John Deere Finance GmbH, die russische Tochter der US-Firma Deere & Co., hat jetzt die Lizenz für Leasinggeschäfte in Russland erhalten. John-Deere-Technik wird

Ein Traktor aus der Serie 9020, vorgestellt im Herbst 2001.

in Russland und anderen GUS-Ländern schon seit 90 Jahren genutzt.
Der John-Deere-Vertrieb Deutschland hat sein neues Verwaltungsgebäude nach nur siebenmonatiger Bauzeit in Bruchsal in Betrieb genommen.
Die Traktorproduktion in Mannheim wird auf 29 300 gesteigert. Hinzu kommen 2 200 Erntemaschinen aus Zweibrücken und 31 500 Kabinen aus Bruchsal. Die Mitarbeiterzahl in Deutschland beträgt 4 550, davon 2 680 in Mannheim, 860 in Zweibrücken und 650 in Bruchsal.
In Deutschland ist John Deere mit rund 21 % Anteil neuer Marktführer bei Traktoren. In Spanien werden 26 % und in Großbritannien 29 % Marktanteil erreicht. In Westeuropa insgesamt hat Deere seinen Marktanteil bei Traktoren seit 1992 von 10 % auf rund 17 % gesteigert.

2001 wird auch ein neuer Teleskoplader mit Knicklenkung vorgestellt.

2001
übernimmt Deere die britische The Vapormatic Company Ltd. in Exeter. Vapormatic zählt zu den weltweit führenden Anbietern von Ersatzteilen für Landmaschinen. Vor einem Jahr hat sich Deere & Co. durch die Minderheitsbeteiligung an A&I Products, einen führenden nordamerikanischen Hersteller und Vermarkter von Ersatzteilen für alle Landmaschinenmarken, bereits in diesem Markt etabliert. A&I Products seinerseits hat das Unternehmen Riverside Tractor Parts in Memphis, Tennesee, gekauft. Alle drei Firmen werden wie bisher über ihre eigenen Vertriebswege verkaufen.
Mitte März läuft der 200 000ste Traktor der Serie *6000/6010* seit seiner Produktionsaufnahme Ende 1992 in Mannheim vom Band.
Im Kabinenwerk Bruchsal werden 10 Mio. DM zur Erweiterung der Produktion um zusätzliche 5 000 m^2 investiert.
Im Herbst wird die Konsumgütersparte Homelite verkauft.

Aus Europa, Afrika und Südamerika

Im September demonstriert John Deere im spanischen Sevilla vor Vertriebspartnern und Journalisten seine Stärke in einer umfassenden Produktoffensive. Mit 63 neuen Modellen die größte Neuheiten-Präsentation, die es je gab. Ein Auszug:

– Drei Knicklenkermodelle *9020* von 423 bis 507 PS und 18/6-Gang-PowerShift-Getriebe.

– Fünf Großtraktoren der Baureihe *8020* von 220 bis 325 PS und gefederter Hinterachse.

– In der Baureihe *6020* fünf Vierzylinder mit 80 bis 120 PS sowie vier Sechszylinder von 110 bis 160 PS.

– Die Serie *5010* mit zwei Drei- und einem Vierzylinder Motor von 53 bis 80 PS, die es jetzt auch als Schmalspurtraktoren mit 1,30 m Außenbreite gibt, gedacht für kleinere, mittlere und Grünlandbetriebe.

– Zehn Mähdreschermodelle in vier neuen Baureihen:

1. Großmähdrescher *9880* mit 465 PS, 9,15 m Schnittbreite und 11 000-l-Korntank mit Tangential-Zuführtrommel und Axial-Dresch- und Abscheiderotor.
2. Die *WTS*-Reihe mit Tangential-Dreschwerk mit 5- oder 6-Schüttlern.
3. Elf-Stufen-Multischüttler und Power-Separator (Trommel mit gesteuerten Fingern).
4. Die *CWS*-Modelle mit fünf oder sechs Schüttlern.

– Teleskoplader mit Knicklenkung und 97 oder 117-PS-Motor.

– Die *7010*-Traktorenreihe aus dem Werk Waterloo gibt es jetzt auch mit einem von John Deere entwickelten stufenlosen Getriebe.

Auf der Basis des CAN-BUS-Systems bietet John Deere mit dem *Star Fire*-System alle notwendigen Voraussetzungen zur Informations- und Datenverarbeitung in einem Agrarmanagement-System.

2002

In die Tochtergesellschaft Maschinenfabrik Kemper GmbH & Co KG werden 5 Mio Euro für eine neue Farbgebungsanlage investiert. Das Unternehmen erzielt mit 200 Mitarbeitern 43 Mio. Euro.

Seit 1960 hat John Deere aus dem Werk Mannheim 1,25 Mio. Traktoren geliefert. Diese gehen derzeit in über 90 Länder.

Umsatzaufteilung John Deere nach Regionen 2001

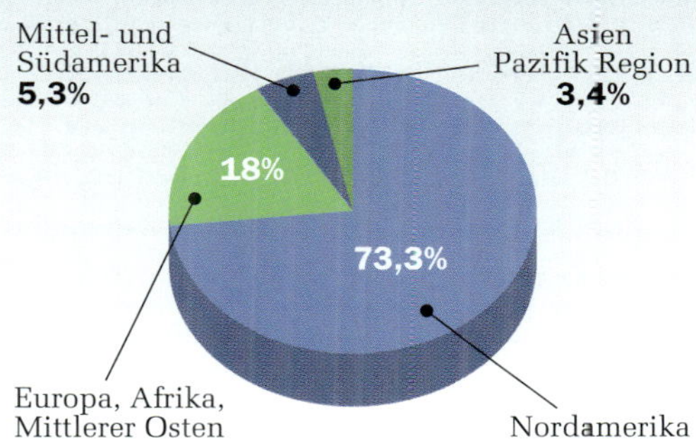

Hinterachsfederung.

Vorderachsfederung.

Umsätze, Ergebnisse und Zahl der Beschäftigten bei John Deere von 1994 bis 2001

	1994	*1995*	*1996*	*1997*	*1998*	*1999*	*2000*	*2001*	*2001 in €*
Gesamtumsatz	8.977	10.291	11.229	12.791	13.822	11.751	13.137	13.293	15.083 €
Davon									
Landtechnik	4.718	5.277	6.097	7.048	7.217	5.138	5.934	6.269	7.113 €
Baumaschinen	1.640	1.875	1.919	2.262	2.585	1.880	2.203	2.086	2.367 €
Rasen- u. Grundstückspflege	1.305	1.678	1.624	1.772	2.124	2.648	2.966	2.667	3.026 €
Finanz-Dienstleistungen	1.314	1.461	1.589	1.709	1.896	2.050	1.968	2.079	2.359 €
Beschäftigte	34.252	33.375	33.919	34.420	37.002	38.700	43.600	45.069	
Nettogewinn	604	706	817	960	1.021	239	486	(64)	(72,6 €)

Werte in Mio. US-$, ab 2001 in Mio €.

Fahr (Deutz-Fahr)

Maschinenfabrik Fahr
Gottmadingen (D)

Der Kreiselheuer-Weltmeister

Keine eigenen Großmähdrescher zu bauen, war ein strategischer Fehler – 1968 mehrheitlich vom KHD-Konzern übernommen

1870
gründet Johann Georg Fahr die Maschinenfabrik Fahr in Gottmadingen. Die Neumühle wird zu einer mechanischen Werkstätte umgebaut, und er beginnt mit drei Mitarbeitern mit der Fertigung von Futterschneidmaschinen, Handdreschmaschinen, Göpelwerken, Rübenschneidern, Schrotmühlen, Sägen, Obst- und Weinpressen sowie später mit Aufzügen und Brauereieinrichtungen. Der Vertrieb erfolgt über Vertretungen.

1875
erfolgt der erste Export von Maschinen nach Österreich. Vom k.u.k. Österreichischen Patentamt wird Fahr sein erstes ausländisches Patent für Futterschneidmaschinen erteilt.

1892
wird im Zweigwerk Stockach nach einjährigem Umbau der erste Guss hergestellt.

1896
beginnt man die Ausfuhr von Maschinen in die Schweiz. Gleichzeitig verlässt der

Foto links: Futterschneidmaschine Alemannia aus dem Jahr 1894.

Foto rechts: Gabelheuwender Stabil H aus dem Jahr 1905.

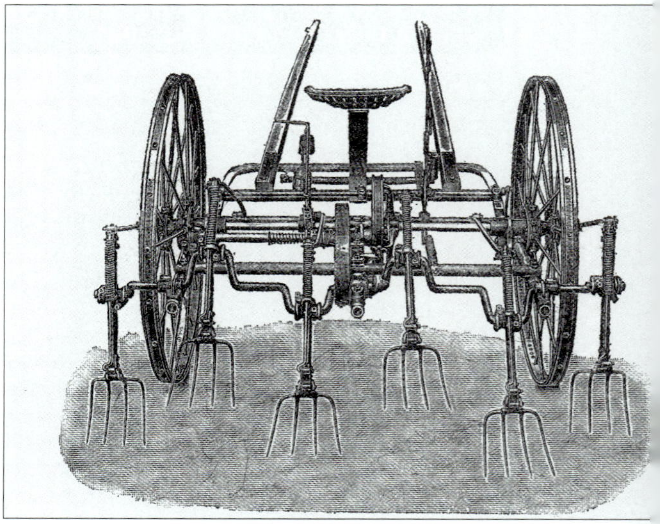

500ste Fahr-Gabelheuwender das Werk. Er ist zwar nach amerikanischen Vorbildern gebaut, jedoch den speziellen Erfordernissen der mitteleuropäischen Landwirtschaft angepasst. Zum besseren Erfassen von kurzem Futter verwendet man geschmiedete Gabeln mit vier Zinken.

1899
stellt Fahr den ersten Grasmäher vor, ein Jahr zuvor den ersten Pferderechen. Das Unternehmen zählt nun 120 Mitarbeiter.

1902
läuft die Produktion der ersten Fahr-Trommelheuwender an.

1908
baut Fahr den ersten Getreidemäher mit Flügelablage und entwickelt einen kombinierten Heuwender mit Schwadrechen, für den ein Jahr später mehrere Reichs- und Auslandspatente erteilt werden.

1911
wird der Familienbetrieb in eine Aktiengesellschaft umgewandelt und unter Verzicht auf alle anderen Produkte auf Erntemaschinen spezialisiert.

1912
Die erste Verkaufsniederlassung wird eröffnet – in Berlin-Lichtenfelde.

1914
sind bereits 400 Mitarbeiter in den Fahr-Betrieben beschäftigt.

1919
schließt Fahr, nach dem Einbruch der Produktion durch den Ersten Weltkrieg, mit der Firma Friedrich Krupp AG in Essen einen Vertrag über eine Zusammenarbeit im Bereich Herstellung und Vertrieb von Landmaschinen, die sieben Jahre andauert.

1926
erzielt Fahr (Geschäftsjahr 1925/26) einen Umsatz von 4,5 Mio. Reichsmark, zwei Jahre später bereits 7,6 Mio. und 1929/30 10,8 Mio. Reichsmark.

1930
sind 1 300 Mitarbeiter beschäftigt. Im gleichen Jahr wird das erste Fließband in der neu erbauten Montagehalle für Bindemäher in Betrieb genommen. Die dritte Familiengeneration mit Johann Georg Fahr III als

großes Bild:
Der Fahr-Mähbinder mit Schnecken-Abteiler von 1935.

kleines Bild:
Getreidemäher „Greif“ mit Flügelablage von 1909.

oben links:
Erster Fahr-Traktor, mit Deutz-Dieselmotor F2M141 mit 22 PS von 1938.

oben rechts:
Ein MD1, Serie 1 (1951).

Alleinvorstand übernimmt die Führung des Unternehmens.

1938
ist ein besonders innovatives Jahr für Fahr. Im Werk Gottmadingen wird der erste traktorgezogene Bindemäher mit Zapfwellenantrieb hergestellt und mit der Traktorenproduktion sowie der Mähdrescherentwicklung begonnen.
In das gleiche Jahr fällt auch der Aufbau einer Filiale in Stettin. 3 000 Personen beträgt nunmehr die Mitarbeiterzahl.

1939
werden weitere Verkaufsfilialen in Bremen, Neumünster und Frankfurt am Main gegründet. Vier Jahre zuvor waren bereits Niederlassungen in Wesseling bei Köln und in Nürnberg errichtet worden.

1942
geht kriegsbedingt der Holzgasschlepper *HG 25* in die Serienproduktion.

1945
sind die Werke und einige Filialen erheblich zerstört. Auf Grund von Beschlüssen des alliierten Kontrollrates in Berlin wird der Maschinenpark des Schlepperwerkes demontiert.

1946
kann die Produktion mit 1 300 Mitarbeitern wieder aufgenommen werden, unter anderem mit allerlei Notartikeln für den Hausgebrauch.

1951
übernimmt Fahr die Zahnradfabrik Karlsruhe, die 1962 nach Argentinien verkauft wird. Daneben beginnt Fahr als erster deutscher Produzent mit der serienmäßigen Herstellung von Trommelfeldhäckslern und zeigt den ersten selbstfahrenden Mähdrescher auf der DLG-Ausstellung in Hamburg. Die Traktorenproduktion hat mittlerweile den 10 000sten Fahr-Dieselschlepper fertiggestellt. In Braunschweig wird eine neue Filiale eröffnet.

1952
erfolgt die Gründung der Fahr-Argentina Safic in Buenos Aires. In Gottmadingen beginnt die Serienproduktion der Mähdrescher.

1953
haben die Mähdrescher noch eine Tuchplattform und ein Stufengetriebe, das ein Jahr später durch einen stufenlosen Antrieb ersetzt wird. Die Tuchplattform bleibt erhalten, obwohl die bekannten Wettbewerber schon Schneckenplattformen verwenden. Gleichzeitig werden Versuche mit einem Großmähdrescher gefahren und zusätzlich mit einem traktorgezogenen Modell *MDT* experimentiert, wozu Fahr mit dem schwedischen Hersteller Arvika kooperiert.

oben links:
Ein MDM von 1955.

oben rechts:
Ein GT 130, gebaut von 1955 bis 1957.

1955
erhalten die Mähdrescher eine Schneckenplattform. Der Großmähdrescher *MDS* (später *MDM*) wird weiterentwickelt und erreicht bereits eine Stundenleistung von 5 t bei einem Eigengewicht von 5,3 t mit Korntank, jedoch ohne Anbaupresse. Mit 150 Stück beginnt der Serienanlauf der traktorgezogenen Mähdrescher *MDT*. Zur Unterstützung des Vertriebes im südbayerischen Raum eröffnet Fahr eine Filiale in München-Unterföhring.

1956
stellt Fahr, dem allgemeinen Trend folgend, einen Geräteträger *GT 130* in ungewöhnlicher Bauart vor. Bei diesem Einholm-Geräteträger ist der 17-PS-Motor über der Vorderachse angeordnet. Daran folgt der Zentralholm und dahinter der Fahrerstand mit dem darunterliegenden Wendegetriebe mit je zwölf Gängen sowie Portalachsen für große Bodenfreiheit. Der hydraulische Kraftheber bedient die Dreipunktkupplung hinten sowie die Zwischenachsgeräte. Eine nach zwei Seiten kippbare Ladepritsche kann zwischen Motor und Fahrerstand aufgebaut werden.

1958
gelingt Fahr erneut eine vielbeachtete Traktorkonstruktion, der *D 177*. Es ist ein sehr moderner Reitsitz-Traktor mit 34-PS-Vierzylinder-Dieselmotor, langem Radstand für hohe Zugleistung und einem überaus günstigen Leistungsgewicht (45,5 kg/PS). Er hat ein Getriebe mit acht Vorwärts- und vier Rückwärtsgängen, serienmäßige Differentialsperre, Zapfwelle sowie hydraulischen Kraftheber und Dreipunktkupplung.
Groß ist die Überraschung, als Fahr praktisch mit dem Serienanlauf des so sehr gelobten *D 177* eine Zusammenarbeit mit dem Wettbewerber Güldner in Aschaffenburg bekannt gibt. Ziel ist es, Kosteneinsparungen durch die Entwicklung einheitlicher Modelle, die sich nur durch Motorhaube und Farbe unterscheiden, zu erreichen, um dem härter gewordenen Wettbewerb besser begegnen zu können.

1959
sieht man das Ergebnis dieser Kooperation auf der DLG-Ausstellung in Frankfurt: die Fahr-Güldner-Europareihe mit vier Grundtypen von 15, 20, 25 und 34 PS. Der Erfolg dieser Reihe auf dem Markt ist überraschend groß.
Gleichzeitig startet Fahr eine Zusammenarbeit bei Mähdreschern mit dem belgischen Produzenten Leon Claeys in Zedelgem. Danach baut Fahr die kleineren Mähdrescher bis zum Typ *M 80* und Claeys die größeren. Fahr übernimmt den Claeys-Mähdreschervertrieb in der Bundesrepublik. Auf Grund dieser Zusammenarbeit muss Fahr die vielversprechenden Entwicklungsarbeiten an den Großmähdreschern einstellen. Mit dem

Typ *MDM* besaß Fahr bereits einen Mähdrescher, der dem Clayson *M 103* von 1961 weit überlegen war. Der Fahr-Mähdrescher hat eine Stundenleistung von 5 t und ist mit 4,3 t (inklusive Tank, ohne Anbaupresse) um 1 t leichter als der *M 103* von Claeys. Fahr steckt die Investitionen in den Traktorenbau, anstatt sie in den Erfolg versprechenden Mähdrescherbau zu lenken.
Eine weitere Zusammenarbeit bei Aufsammelpressen und der Körnermaisernte wird mit der Firma Rivierre-Casalis in Orleans/Frankreich begonnen. Das Fahr-Verkaufsprogramm erweitert sich um Hochdruckpressen sowie 1- und 2-reihige Maispflücker und Pflückschroter.

1960

Nachdem die Mechanisierungswelle in der Landwirtschaft seit Mitte der 50er Jahre so richtig eingesetzt hat, erreicht Fahr imponierende Fertigungszahlen. Seit Bestehen sind fertiggestellt: 500 000 Gras- bzw. kombinierte Gras- und Getreidemäher; 120 000 Graszetter, Schwadenwender und Haspelwender, 155 000 Gabelheuwender; 130 000 Heu- und Getreiderechen bzw. Schwadenrechen; 210 000 Binde- und Getreidemäher.

Ein KH 6 von 1964 erst beim Zetten und dann beim Schwaden.

Die „Kreisel-Ära“

1961

beginnt Fahr mit der Serienfertigung der Kreiselheuer, die sich einige Jahre später als der größte Produktionserfolg auf dem Weltmarkt für Landmaschinen erweisen. Diese Halmfutter-Zett- und -Wendemaschine kann sich, auf Grund der durch Räder geführten in sich gelenkig verbundenen Kreiselsegmente, hervorragend an die Bodenbeschaffenheit anpassen und mit den gegenläufigen Kreiselpaaren das Erntegut bei sehr hoher Fahrgeschwindigkeit vollständig aufnehmen und locker breitstreuen.
Die Konstruktion basiert auf einer Idee des Schmiedemeisters Josef Maugg aus Böhen bei Memmingen aus dem Jahr 1959, die der Fahr-Konstrukteur Michael Stampfer bestens umsetzt. Sie ist durch viele Patente so gut geschützt, dass sie vom Wettbewerb erst Jahre später und dann nur durch Lizenznahme nachgebaut werden kann.
Im gleichen Jahr rollt der 100 000ste Fahr-Traktor vom Band. Damit gehört man nun nicht mehr zu den kleinen Anbietern. Trotz dieser großen Erfolge kommt es zu einer engen Zusammenarbeit mit der Klöckner-Humboldt-Deutz AG in Köln, die 25 % des Fahr-Aktienkapitals übernimmt.
Im Fertigungsprogramm gibt es jetzt kleine und mittlere Mähdrescher, traktorgezogen oder selbstfahrend, Heuwerbemaschinen (Kreisel- und Schnellheuer), Feldhäcksler, Niederdruckpressen, Spateneggen und – neu seit einem Jahr – Stalldungstreuer.

Zusätzlich werden Gießereiprodukte und Kunststoffpressautomaten produziert.

1962
erfolgt dann die Einstellung der Fahr-Traktorproduktion und die Umstellung für die Fertigung des Deutz *D 15*. Damit endet zugleich abrupt die Zusammenarbeit mit Güldner. Im Konzept ist verabredet, dass sich KHD auf Traktoren und Fahr ausschließlich auf Landmaschinen zum Aufbau einer Full-Line, wie immer diese auch aussehen mag, konzentrieren soll.

1963
sind in den drei Fahr-Werken Gottmadingen, Stockach und Argentinien sowie in den sieben Filialen 4 200 Mitarbeiter mit der Herstellung und dem Vertrieb der Fahr-Erzeugnisse beschäftigt.

1964
stellt Fahr den Traktorenbau endgültig ein. Im Mähdrescherbereich zeichnet sich mit der Übernahme von Claeys durch die New Holland Machine Company und damit dem Wegfall der großen Claeyson-Mähdrescher im Fahr-Angebot eine sehr unangenehme Situation ab. Schnellstens muss nun ein eigener Großmähdrescher entwickelt werden. Im Nachhinein kann man sagen, dass sich für Fahr die Zusammenarbeit mit Claeys verheerend auswirkte.
Neu in das Fertigungsprogramm kommen Ladewagen, ausgestattet mit einem Rechenkettenförderer. Fahr führt im darauf folgenden Jahr als erster Hersteller Schneidmesser im Förderkanal ein.

1965
wird das Werk Mühlhausen (nördlich von Singen gelegen) gekauft, wo die Fertigung von Ladewagen und Stalldungstreuern zusammengefasst wird.
Mit den neuen Großmähdreschern werden die ersten Einsatzversuche durchgeführt. Fahr entwickelt sich zum drittgrößten Mähdrescherhersteller in der Bundesrepublik.

Der D 117 S, die deutsche Ferguson-Variante.

Die Kreiselheuerfertigung erreicht Rekordzahlen. In diesem und dem darauf folgenden Jahr werden jeweils 61 000 und ein Jahr später mehr als 66 000 Kreiselheuer gebaut – bei einer sehr hohen Fertigungstiefe.
Im Werk Gottmadingen werden bis zum Jahr 2000 insgesamt 735 000 Kreiselheuer gebaut. Davon für die Fahr AG (1961-76) 556 000 Stück, für Deutz-Fahr (1977-88) 143 000 Stück, für Greenland (1989-97) 29 000 Stück und für Kverneland (1989-2000) 6 400 Stück.

1966
kann mit dem Kreiselmäher die nächste Großserienmaschine in Produktion genommen werden. Bei diesen ersten Kreiselmähwerken handelt es sich um 1,65 m breite Viertrommelmaschinen zur Dreipunktaufhängung am Traktor, die zum Transport nach hinten geschwenkt wird.

1967
kommt die zweite Generation der Kreiselheuer mit dem *KH 20* und *KH 40* in das Programm und wird ein Jahr später um den *KH 60* und *KH 4s* ergänzt.
Es beginnt die Serienproduktion der neuen Großmähdrescher *M 1000* und *M 1200*.
In Argentinien muss nach größeren Verlusten die Traktorenproduktion eingestellt werden. Immerhin sind dort mehr als 10 000 Traktoren vom Band gelaufen.

Ein WE 332 L von 1974.

1968
übernimmt die Klöckner-Humboldt-Deutz AG die Aktienmehrheit an Fahr und gliedert die Fahr AG in die KHD-Firmengruppe ein. 37 % der Anteile besitzt danach noch die Familie, und 12 % befinden sich in Streubesitz. Im selben Jahr feiert Fahr auch die Fertigstellung des 350 000sten Kreiselheuers, des 20 000sten Mähdreschers und des 20 000sten Kreiselmähers.

1969
beginnt Fahr mit der Großserienfertigung der Kreiselschwader *KS 6* und *KS 8*. Im Herbst nimmt die Deutz-Fahr Vertriebs GmbH – eine 50:50-Gemeinschaftsgründung von KHD und Fahr mit Sitz in Köln – ihre Arbeit auf.
Sie ist für den Verkauf der Deutz-Traktoren und Fahr-Landmaschinen in Deutschland zuständig. Neben Personal bringt Fahr acht werkseigene Filialen ein. Im ersten Anlaufjahr hat sich dadurch der Inlandsvertrieb um 1 Mio. DM verteuert. Teilweise auch deshalb, weil Personal aus den Vertriebsorganisationen von Linde-Güldner und Rheinstahl-Hanomag übernommen und eingegliedert werden musste. KHD übernimmt deren Ersatzteilversorgung, damit den beiden Konzernen der Ausstieg aus der Traktorenproduktion erleichtert wird.

1970
übernimmt Fahr die Führung der Ködel & Böhm GmbH, Lauingen, die KHD im Dezember 1969 erworben hat. Die Liegenschaften werden an Fahr verpachtet, während Fahr den gesamten Maschinenpark und die Einrichtungen kauft.
Ködel & Böhm erzielte in seinem letzten Geschäftsjahr mit 1 700 Mitarbeitern einen Jahresumsatz von 70 Mio. DM.
Fahr rüstet den Betrieb in Lauingen zu einem Mähdrescherwerk um und verlagert die eigene Mähdrescherfertigung einschließlich der nötigen Einrichtungen dorthin. Im Gegenzug übernimmt Fahr alle übrigen Ködel & Böhm-Landmaschinen in die Produktion nach Gottmadingen.
Damit wird von Fahr die seit 1967 laufende Planung und Entwicklung einer neuen Mähdrescherreihe – mit der Errichtung einer neuen Fabrik dafür auf dem Gottmadinger Firmengelände – aufgegeben.
Im März läuft der 400 000ste Kreiselheuer und der 30 000ste Kreiselmäher vom Band.
Durch den Zusammenschluss des Traktorenbereiches von KHD mit den Landmaschinenfabriken Fahr und Ködel & Böhm entsteht eine landtechnische Unternehmensgruppe, die jetzt der größte Hersteller auf dem inländischen Landmaschinen- und Traktorenmarkt und zudem ein bedeutender Exporteur ist.

1971
gehört zu den Neuentwicklungen die Feld-

Die Fahr-Mähdrescherproduktion übernahm das Werk Lauingen von vormals Ködel & Böhm.

trocknungsanlage *FTS 3000* mit ihren peripheren Geräten, die eine wirtschaftliche und wetterunabhängige Ernte des Grünfutters ermöglicht. Gleichzeitig wird dabei ein höherer Nährstoffgehalt des vermarktungsfähigen Futters erreicht.
Da es sich hierbei um große Anlagen mit entsprechenden Verkaufswerten handelt, wird zunächst nur von kleinen Stückzahlen ausgegangen. Sie ereilt aber das gleiche Schicksal wie die Anlagen von Claas und Taarup, als der Ölpreis nach oben schnellt.

1972
kann Fahr seine Umsätze um 15 % auf 260 Mio. DM steigern. Damit beträgt der Anteil am gesamten deutschen Landmaschinenumsatz 13 %.
Fahr erwirbt die Kapitalmehrheit an dem französischen Generalimporteur L. Bonnet & Fils SA, Paris und ein Jahr später die restlichen Anteile.

1973
wird der 500 000ste Kreiselheuer fertiggestellt, was bedeutet, dass seit Produktionsbeginn vor zwölf Jahren an jedem Arbeitstag etwa 190 Kreiselheuer produziert worden sind – ein absoluter Rekord für eine Landmaschine. Im Dezember folgt dann noch der 100 000ste Kreiselmäher.

1975
kauft KHD weitere Fahr-Aktien und schließt mit Fahr einen Beherrschungsvertrag ab.

1977
übernimmt KHD zum 1. Januar den laufenden Geschäftsbetrieb der Maschinenfabrik Fahr AG, deren Werke ab sofort unter die neue Bezeichnung Klöckner-Humboldt-Deutz AG, Zweigniederlassung Fahr mit Sitz in Gottmadingen, tragen.

Weiterentwicklung siehe KHD (Deutz-Fahr) und Same Deutz-Fahr.

Umsätze und Zahl der Beschäftigten bei der Fahr A.G. von 1950 bis 1976

	1950/51	*1960/61*	*1970/71**	*1976*
Gesamtumsatz	74,0	153,8	225,4	335,5
davon Export in %	–	22	35	51
Gewinn	–	0,97	-1,79	5,38
Beschäftigte	–	4.225	4.528	4.044

Werte in Mio. DM
*Wegen Umstellung war 1970 ein Rumpfgeschäftsjahr und 1971 das Kalenderjahr, dem diese Zahlen entsprechen.

Fella

Fella Werke GmbH
Feucht (D)

Viele Eigentümerwechsel und Lean Production

Heute eine Tochter der holländischen Netagco-Holding

Frühe Konzentration auf Heumaschinen

rechts:
Leichter Zapfwellenbindemäher mit drei Tüchern.

unten:
Trommeltzettwender Wiesel.

1918
wird das Unternehmen unter dem Namen „Bayerische Eggenfabrik AG“ gegründet. Eggen und Kultivatoren bestimmen das Herstellungsprogramm.

1921
Der Markenname Fella ensteht. Das Wort ist abgeleitet von Fellah, Fellache = ägypt. Bauer.

1929
wird Fella, dessen Programm mittlerweile um Pflüge erweitert wurde, von der Flick-Gruppe übernommen.

1932
verlassen die ersten Erntemaschinen das Werk in Feucht. Umwandlung der Firma in „Fella-Werk AG“. Die Produktion von Bindemähern wird aufgenommen.

1950
sind Mähmaschinen, Trommelrechwender und Mähbinder im Erntemaschinen-Lieferprogramm. Der Mähbinder wird nach dem System Leege hergestellt, bei dem statt einer Haspel ein an einem Ring befestigtes umlaufendes Stabwerk angebracht ist, des-

oben links:
Der Dreipunkt-Beetpflug Titus III F „besticht durch einfache Bauart", so Fella 1959.

oben rechts:
Selbstfahrender Kleinmähdrescher FSM 180, Ende der 50er Jahre.

sen Stäbe quer von der Seite her unter die Halme greifen, sie aufrichten und über den Schneidbalken legen.

1954
hat Fella auch selbstfahrende Mähdrescher im Lieferprogramm.

1961
besteht das Mähdrescherprogramm aus den Typen *FSM 180* mit 1,58 m Schnittbreite, 780 mm Trommelbreite bei 460 mm Durchmesser, dreiteiligen Hordenschüttlern, 27-PS-VW-Motor oder 34-PS-Daimler-Benz-Motor sowie den *Helios FSM 230* mit den gleichen Abmessungen, jedoch 2,30-m-Schneidwerk und 34-PS-DB-Motor OM 636 oder 39-PS-Perkins Four 107. Bis zur Einstellung des Mähdrescherbaues werden insgesamt fast 1 700 Einheiten gefertigt.

1963
steigt Fella in die Entwicklung und Fertigung der Kreiselzettwender (Lizenz Fahr) ein und bezeichnet diese als Turboheuer. Für die nächsten zwei Jahre sind Fahr und Fella alleinige Anbieter in Deutschland.

1964
erwirbt Fichtel & Sachs die Landmaschinenfabrik, die über ein sehr großes, unbebautes Areal verfügt. Geplant war, die zu F & S gehörende Zweirad-Union aus der städtischen Enge Nürnbergs dort auszusiedeln, was jedoch nie verwirklicht wurde.

1966
hat Fella Scheibenrad-Feldhäcksler und Stahl-Silos im Lieferprogramm.

1970
befinden sich im Maschinenangebot Trommel- und Scheiben-Mähwerke, Turboheuer, Turboschwader, Ladewagen, Erntewagen, Ballenautomatikwagen, Förderbänder und Anbau-Maishäcksler. Ferner Stalldungstreu-

Turboheuer TH 4D.

SM 300 Trans KC mit Schwadversetzung.

er, die man von der in Konkurs gegangenen Firma Stille in Münster übernommen hatte. Die Bodenbearbeitungsgeräte, vorwiegend Pflüge, werden jedoch aus dem Programm genommen.

1976

ist das Werksgelände 200 000 m^2 groß, wovon 52 000 m^2 überbaut sind. Fella beschäftigt 700 Mitarbeiter und erzielt einen Umsatz von rund 50 Mio. DM, wovon der Export 25 % ausmacht.

1981

wird aus Rationalisierungsgründen eine Programmbereinigung und Konzentration auf Heuerntemaschinen und Siloblockschneider vorgenommen sowie gleichzeitig die Mitarbeiterzahl auf 400 reduziert.

1986

erreichen die Fella-Werke einen Umsatz von 75 Mio. DM. Die Mitarbeiterzahl beträgt 500. Die Fertigung ist mit hohen Investitionen in Schweißroboter, computergesteuerte Anlagen, Bearbeitungszentren und eine moderne Lackieranlage modernisiert worden. Jährlich werden nun etwa 20 000 Maschinen hergestellt.

1987

übernimmt Mannesmann die Firma Fichtel & Sachs und damit auch die Landmaschinen-Tochter Fella, deren Umsatz inzwischen auf 84 Mio. DM geklettert ist.

1988

veräußert Mannesmann überraschend die Landmaschinenfabrik im Rahmen eines Management-Buy-Out (MBO) an Peter K. Timmermann, der seit zwölf Jahren als Alleingeschäftsführer das Unternehmen leitet. Als Käuferin und Finanzholding gründet Timmermann im Juli die Fella Industrieanlagen Verwaltungs GmbH, gleichzeitig Trägerin des Darlehens für den achtstelligen Kaufpreis.
Als „Abschiedsgeschenk“ hilft der Konzern mit einem günstigen langfristigen Verkäuferdarlehen. Produktionsprogramm und Mitarbeiter werden unverändert übernommen.
Die neu in das Programm aufgenommenen Scheibenschwader können sich allerdings – wie auch bei den Wettbewerbern – im Markt nicht durchsetzen.
Der Umsatz steigt auf 92 Mio. DM bei annähernd 25 000 gefertigten Maschinen.

1990

gelingt Fella ein Umsatzsprung auf 108 Mio. DM mit nunmehr 560 Mitarbeitern.

1993

zum 75-jährigen Bestehen zeigt sich Fella in moderner schlanker Verfassung. Der Umsatz liegt auf Grund der schwierigen Anpassungszeit bei etwa 73 Mio. DM.

1996

erreicht Fella bei stark zurückgenommener

Fertigungstiefe mit nur mehr 180 Beschäftigten rund 73 Mio. DM. Der Exportanteil liegt bei 60 %.
Im aktuellen Lieferprogramm sind:
– Elf Typen Trommelmäher (davon sechs für den Frontanbau) sowie zwölf Typen Scheibenmäher (davon vier für den Frontanbau und zwei gezogene Versionen). Alle Mäher sind mit nachrüstbaren Conditionierern über Schnellwechselsysteme zu ergänzen, dabei kommen wahlweise Zinken- oder Rollen-Conditionierer zum Einsatz.
– Elf Modelle Turboheuer (davon vier gezogene) mit Arbeitsbreiten von 4,30 bis 13 m und als Spezialität einige Heuer in Leichtbauweise für Kompakt- und Berg-Traktoren (Zweiachsmäher).
– Einkreisel- und Duo-Schwader in verschiedenen Ausführungen, wobei besonders bei den Duo-Schwadern eine vollkardanische Bodenanpassung (Fella-Patent) mit zwei Schwenkachsen große Pendelwege erlaubt.
– Siloblockschneider, davon acht Modelle mit Doppelmesser und sechs Modelle mit U-Rahmen für Dreipunktaufhängung sowie Spezialtypen für den Frontladeranbau.

1996
startet das Unternehmen mit sieben neuen Modellen in die Saison. Erwähnenswert ist hierbei ein Schnellschwader für den Frontanbau mit einer Arbeitsbreite von 3,8 m mit Vierradfahrwerk und kardanischer Kreiselaufhängung, gleichzeitig zum Heckeinsatz mit bis zu 4,2 m Arbeitsbreite.

1997
produziert Fella 10 000 Maschinen und erreicht einen Gesamtumsatz von 72 Mio. DM mit 152 Beschäftigten. Die Produktion erfolgt nach dem Konzept der vier „selbststeuernden Fabriken in der Fabrik“, was auch die Ertragskraft fördert.

1998
begeht Fella sein 80-jähriges Jubiläum. Das Umstrukturierungskonzept des Unternehmens gilt als beispielgebend. Fella konzentriert sich nur noch auf die Kernkompetenzen Technik, Entwicklung, Vertrieb und Marketing sowie Lackierung und Montage. Die Einzelteile werden nach eigenen Zeichnungen und Vorrichtungen von spezialisierten Zulieferern eingekauft. Mit einem Aufwand von 10 Mio. DM für die mehrjährige Organisations- und Umbauzeit mit begleitender externer Beratung wird der Betrieb auf eine hocheffiziente Montage- und Lackiertechnik sowie Logistik umgestellt, wobei der Export ein sehr wichtiges Standbein ist.

1999
erhält Fella den „International Best Factory Award“, eine hohe Auszeichnung für das Fella-System der vier selbststeuernden Fabriken mit hoher Produktivität, Flexibilität und Qualität.
Im Dezember übernimmt die niederländische Netagco-Holding BV, Lelystad, sämtliche Anteile der Fella GmbH, Feucht, sowie der Vertriebsgesellschaft mbH, Salzburg, gegen Barzahlung. Fella erzielt mit 140 Mitarbeitern einen Umsatz von 72 Mio. DM, davon rund zwei Drittel im Export. Netagco realisiert 1999 einen konsolidierten Umsatz von 400 Mio. DM und beschäftigt 750 Mitarbeiter.

Weiterentwicklung siehe Netagco.

Der TS 670 K Hydro.

Fendt

Xaver Fendt GmbH & Co.
Marktoberdorf (D)

Der Schrittmacher in der Schleppertechnik

Unter amerikanischem Dach auf Expansionskurs – „Perle" der Agco Corporation

Der motorisierte Grasmäher mit 4 PS aus dem Jahr 1928.

Das Fendt-Dieselross aus dem Jahr 1930.

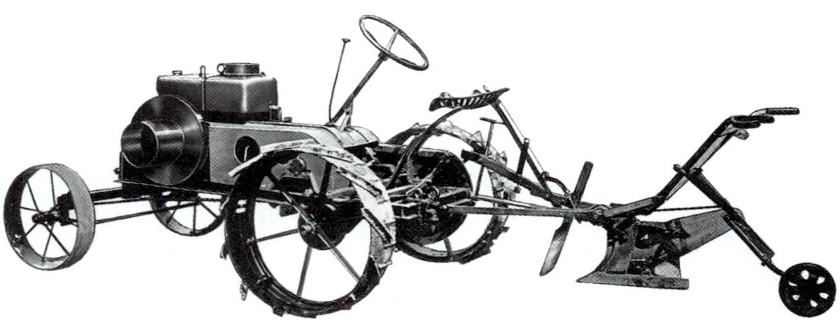

1928
bauen Hermann Fendt und sein Vater den ersten selbstfahrenden Fendt-Grasmäher mit einem 4-PS-Benzin-Aufbaumotor und Riemenscheibe. Wegen des hohen Benzinverbrauchs hält sich die Nachfrage in Grenzen.

1930
wird deshalb eine Neukonstruktion vorgestellt, das 6-PS-Fendt-*Dieselross* mit Mähwerk und Anbaupflug, der erste europäische Kleinschlepper.

1932
erhält das Dieselross anstelle der Eisenräder Vollgummibereifung, eine gefederte Vorderachse und einen stärkeren 9-PS-Dieselmotor.

1937
können die neuen Werksanlagen auf dem bis heute bestehenden Standort in Betrieb genommen werden. Gleichzeitig erfolgt die neue Firmeneintragung der Maschinen- und Schlepperfabrik Xaver Fendt & Co. als Kommanditgesellschaft in das Handelsregister. Das neue Traktormodell *F 18* mit 16 PS ist der erste Traktor in Europa der

mit einer fahrunabhängigen Motorzapfwelle ausgerüstet ist.

1938

kommt zusätzlich das *Dieselross F 22* mit einem 22-PS-Motor auf den Markt, um auch größere Landwirte ansprechen zu können. Während alle bisherigen Modelle mit Kleindieselmotoren mit Verdampfungskühlung ausgerüstet sind, hat der *F 22* einen stehend eingebauten 2-Zylinder-Dieselmotor mit Kühler und Lüfter. Im Laufe des Jahres wird der 1 000ste Fendt-Traktor gebaut.

Das Dieselross F 22 erregte 1938 auf Grund seiner Form Aufsehen.

1940

steigt die Jahresproduktion erstmals auf über 1 000 Traktoren/Jahr an.

1942

muss auf Grund der Treibstoffknappheit ein neuer Weg beschritten werden. Dieser führt zur Entwicklung und Produktion des Holzgasgenerator-Schleppers mit 25 PS Motorleistung.

1948

beginnt der Mechanisierungsboom in der Landwirtschaft. Fendt begegnet dieser Herausforderung mit einem Kapazitätsausbau durch Werkserweiterungen und Personalaufstockungen. Bereits im folgenden Jahr können vom *Dieselross F 18* mit 18 PS 20 Stück monatlich hergestellt werden.

1952

stellt Fendt zwei neue Traktoren mit 12 und 40 PS vor.

1953

geht der *F 12* in Serienproduktion. Gleichzeitig beginnt die Markteinführung des zukunftsweisenden 12 PS starken Geräteträgers mit vier Anbauräumen: Vorne, hinten,

Fendt Dieselross F 12, Baujahr 1953.

Der Rübenvollernter zum Fendt-Einmannsystem.

zwischen den Achsen und über dem Zentralholm. Die Landwirte schätzen die freie Sicht nach vorn, da der Motor unter dem Fahrerstand liegt.

1954
übernimmt Fendt die Firma Helmut Sachse KG in Kempten, die heutige Tochtergesellschaft Kemptener Maschinenfabrik GmbH (KMF), Kempten.

1958
kommen die *Farmer-* und *Favorit*-Traktoren auf den Markt. Der *Favorit 1* ist richtungsweisend in Form und technischer Ausstattung, wie zum Beispiel der 40-PS-Motor und das Vielgang-Feinstufengetriebe.

Geräteträger im Bestelleinsatz.

1961
rollt bereits der 100.000ste Fendt-Traktor vom Band, nachdem Fendt ein Jahr zuvor erstmals in Deutschland einen Marktanteil von über 10 % erreicht hatte.

1962
wird der erste selbstfahrende Rübenvollernter auf der Basis des *Fendt-GT-Einmann-Systems* vorgeführt, für den Fendt mit der höchsten DLG-Auszeichnung prämiert wird, nachdem der Geräteträger bereits 1953 diese Auszeichnung erhalten hat.

1968
rüstet Fendt die neuen *Farmer-3*-Typen mit stufenloser Anfahrautomatik *(Turbomatik)* aus. Diese technische Entwicklung ist Vorbild für andere Hersteller.

1970
übernimmt Fendt die Landmaschinenfabrik Lely-Dechentreiter in Asbach-Bäumenheim. Die zusätzliche Kapazität sowie Facharbeiter verkürzen die Lieferzeiten. Zusätzlich steigt man in das Caravan-Geschäft ein.

1971
bringt Fendt das *Agrobil S* auf den Markt. Dieses Fahrzeug ist hauptsächlich als Erntefahrzeug und zum schnellen Transport von

Das Agrobil S: zum schnellen Transport (60 km/h) von max. 8 t Zuladung.

frisch gemähtem Futter zu den in Süddeutschland verbreiteten stationären Grünfutter-Trocknungsanlagen gedacht. Das Fahrzeug mit 8 t Tragkraft und 60 km/h Transportgeschwindigkeit wird über einen eingebauten Häcksler beladen.

1975
kommen zur Vervollständigung des Programmes die Fendt-Spezialtraktoren für den Wein-, Hopfen- und Obstanbau mit Leistungen von 42, 50 und 65 PS auf den Markt. Der 250 000ste Fendt-Traktor wird ausgeliefert.

1976
setzt Fendt mit seinen Großtraktoren der Baureihe *Favorit LS* mit 6-Zylinder-Motoren neue Maßstäbe bei Großtraktoren. Drei Jahre später folgen die noch größeren *Favorit 622 LS* mit 211 und *626 LS* mit 252 PS.

1980
errichtet Fendt neue Produktionsanlagen im Werk Asbach-Bäumenheim, wo die Favorit-Großtraktoren, Geräteträger, Traktorkabinen und auch die Wohnwagen produziert werden.

In Marktoberdorf hat man das Entwicklungs- und Forschungszentrum fertiggestellt, und für einen besseren Zugang zum französischen Markt wird die Fendt-France in Metz gegründet. Insgesamt werden rund 12 Mio. DM investiert.
Die neue *300er-Farmer*-Baureihe von 50 bis 86 PS leitet einen neuen Traktorentrend ein mit Endgeschwindigkeit von 40 km/h, Vierradbremse, Turbomatik und gummigelagerter Komfortkabine.
Vom Gesamtumsatz von 490 Mio. DM entfallen 80 % auf den Traktoren- und Landmaschinenbereich.

1981
erhält Fendt eine neue Geschäftsführung. Die beiden persönlich haftenden Familiengesellschafter ziehen sich vom aktiven Geschäft in den Aufsichtsrat zurück.

1982
hat das neue Management die Finanzkrise, die im Wesentlichen durch einen Liquiditätsengpass entstanden ist, überwunden. Das Entwicklungs- und Forschungszentrum hat sehr viel Geld gekostet, dennoch haben

Den Xylon gibt es mit 110- bis 140-PS-Motoren.

sich diese Anstrengungen gelohnt. Fendt erreicht einen Gesamtumsatz von 709 Mio. DM, baut 15 400 Traktoren, überholt auf dem deutschen Markt IHC und zieht mit dem Marktführer KHD, bei einem Marktanteil von jeweils 18,9 %, gleich. Die systematische Erschließung neuer Märkte, wie Australien und Schweden sowie die Übernahme des Auslandsvertriebes über eigene Filialen markieren die neue Exportpolitik.

1984
werden erstmals die Freisichttraktoren mit größerer Motorleistung vorgestellt. Bei diesen Traktoren hat Fendt das Zentralrohr der Geräteträger verkürzt, der Zwischenachsanbau ist nun nicht mehr möglich, aber mit dem *380 GTA* hat Fendt jetzt den Freisichttraktor ohne störende Motorhaube realisiert.

1985
wird Fendt erstmals Marktführer bei den Traktorzulassungen in Deutschland mit 6 388 Traktoren, was einem Anteil von 18,4 % entspricht. Das Eigenkapital steigt auf 105 Mio. DM.

1987
kommt Fendt mit der *200er*-Baureihe mit Leistungen von 40 bis 70 PS auf den Markt. Hier wird erstmals Hightech in kompakter Dimension angeboten, denn Fendt hat in dieser Leistungsklasse eine elektronische Hubwerksregelung eingebaut.

1991
gibt das Unternehmen die Zusammenarbeit mit dem ostdeutschen Landmaschinenhersteller Weimar-Werk GmbH bekannt. Dort sollen künftig im Auftrag Teile gefertigt und Geräteträger gebaut werden. Im wiedervereinigten Deutschland erreicht Fendt mit einem Absatz von 5 597 Traktoren wieder die Spitzenposition mit 17,6 % Marktanteil.

1993
stellt Fendt auf der Agritechnica drei komplett neue Baureihen vor. Die *Farmer* 300 von 75 bis 125 PS, die *Favorit 500 C* von 95 bis 140 PS und die *Favorit 800* von 165 bis 230 PS.
Die *300er*-Reihe hat man mit dem EHS-Wendegetriebe mit elektro-hydraulischer Vorwahl, Turbokupplung und Overdrive ausgerüstet sowie einer neuen Komfortkabine und verbessertem Hydrauliksystem. Die beiden *Favorit*-Modelle erhalten die gleiche Getriebetechnik und zur Verbesserung des Fahrkomforts eine niveaugeregelte Vorderachse.

1994
erfolgt der Serienanlauf des Systemfahrzeuges *Xylon*, das seit 1991 auf mehreren Ausstellungen im In- und Ausland vorgestellt worden ist, um dessen Nutzerakzeptanz zu testen. Das Fahrzeug hat annähernd vier gleich große Räder und die Kabinenanordnung zwischen den Achsen. Getriebe und Hydrauliktechnik stammen

vom *Favorit 500*. Es wird mit Leistungen von 105, 125 und 140 PS angeboten.
Nach zwei Verlustjahren schreibt das Unternehmen auch wieder schwarze Zahlen. Der Absatz von Kommunaltraktoren ist um 20 % auf 330 Einheiten zurückgegangen. Grund hierfür ist die starke Investitionszurückhaltung der Kommunen.
Der gesamte Jahresabsatz im Schlepperbereich beläuft sich auf 7 370 Stück.

1995
präsentiert Fendt mit dem *Favorit 926 Vario* einen neuen Großtraktor mit 260 PS sowie stufenlosem Getriebe und hat damit die Antriebstechnik für Traktoren revolutioniert. Bei diesem *Vario*-Getriebe ist erstmalig der Wirkungsgrad eines Lastschaltgetriebes mit den Vorteilen eines stufenlosen Fahrantriebes kombiniert. Das leistungsverzweigte Getriebe verbindet Hydrostatik und Mechanik zu einer stufenlosen Antriebseinheit, die durch einen einfachen und robusten Aufbau besticht.

1996
kann Fendt den 500 000sten Traktor seinem künftigen Besitzer übergeben. Zum Jahresende berichtet das Unternehmen über eine sehr positive Geschäftsentwicklung, so dass eine weitere Steigerung des Umsatzes über die Milliarden-DM-Schwelle erwartet wird.
Das Familienunternehmen Fendt verfügt nunmehr über drei Produktionsstätten:
– Werk 1, das Stammwerk in Marktoberdorf (Verwaltung, Entwicklung, Fertigung und Montage der Traktoren, Ersatzteillager).
– Werk 2, die Kemptener Maschinenfabrik in Kempten (KMF) Tochtergesellschaft (Teilefertigung, Hydraulikkomponenten, Gabelstaplervertrieb).
– Werk 3, in Asbach-Bäumenheim (Karosserieteile, Kabinen, Wohnwagen und Wohnmobile).
Das Produktionsprogramm umfasst Traktoren, Schmalspurtraktoren, Geräteträger, Systemtraktoren von 45 bis 260 PS und Kommunalfahrzeuge, Wohnwagen, Wohnmobile sowie den Gabelstaplervertrieb.
Vertriebstochtergesellschaften sind:
Fendt-France S.A.R.L. in Metz/Frankreich,
Fendt-Italiane GmbH in Lana/Italien,
Fendt-Australia Pty. ltd. in Victoria, Australien und die
Fendt-Verkaufsniederlassung in Kassel mit dem zentralen Ersatzteillager.
Zur Stärkung der Kapitalbasis – sie beträgt

Favorit 800, vorgestellt auf der Agritechnica '93, ausgestattet mit Motoren von 170 bis 230 PS.

Mit dem Favorit 900 mit Variogetriebe besetzt die Marke Fendt im Agco-Konzern das Hochpreissegment.

derzeit 75 Mio. DM Stammkapital und ein zusätzliches Gesellschafterdarlehen von 50 Mio. DM – erwägt die Geschäftsführung mit den Gesellschaftern einen Börsengang oder eine Partnerbeteiligung. Es kommt jedoch ganz anders.

1997
erwirbt die zur Agco Corporation gehörende Massey Ferguson alle Anteile der Xaver Fendt GmbH & Co. Als Kaufpreis werden 326 Mio. $ genannt, wobei Agco auch 38 Mio. DM Schulden übernimmt. Damit ist der letzte große unabhängige Traktorenhersteller in Deutschland von einem ausländischen Konzern übernommen worden.

FENDT
Umsätze nach Regionen

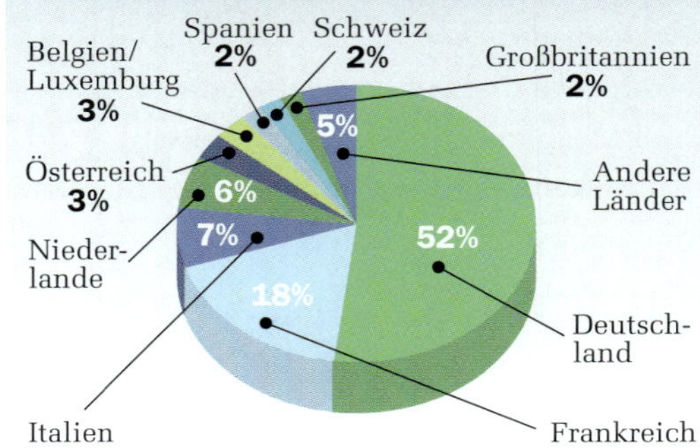

Weiterentwicklung siehe Agco.

Umsätze, Ergebnisse und Zahl der Beschäftigten bei Fendt von 1970 bis 1996

	1970	*1980*	*1985*	*1990*	*1993*	*1994*	*1995*	*1996*
Gesamtumsatz	217	467	759	934	719	865	911	1.036
davon								
Traktoren	181	365	703	808	555	699	728	981
Caravans	10	28	32	82	114	114	114	113
KFM, Außenumsatz	9	19	24	44	37	43	45	42
Absatz Traktoren (Stück)	10.974	10.798	12.952	11.964	6.810	7.370	7.811	8.820
Exportquote %	26	32	50	47	40	44	43	47
Caravans	900	2.469	2.358	3.557	4.925	4.600	6.065	4.516
Produktion Traktoren (Stück)	11.679	10.746	12.691	12.185	6.896	6.790	7.830	8.811
Beschäftigte	3.300	3.396	3.720	3.908	2.979	2.885	2.925	3.025

Werte in Mio. DM

Harry Ferguson

Harry Ferguson Ltd.
Covertry (GB)

Erfinder der Dreipunkthydraulik

Keimzelle für Massey Ferguson, Ford und David Brown –
von „Little grey Fergie“ und ihren Halbbrüdern wurden 1,27 Millionen Stück gebaut

Erster Prototyp Black Tractor von 1933.
Er hieß so, weil er schwarz lackiert war.

Ford N 9, gebaut in Detroit 1939.

1933

geht Harry Ferguson mit seinem *Black Tractor* auf Vorstellungstour. Er will seinen Traktor bauen lassen und selbst vermarkten.
Seine Idee besteht darin, den Traktor mit Zapfwelle und Gerät über eine Dreipunktaufhängung und Hydraulik zu einem System zu entwickeln. Die durch Zugarbeit belastete Hinterachse bringt eine höhere Zugleistung und verhindert zugleich ein Aufbäumen des Traktors. Zusätzlich wird die Hinterachse durch eine Teilentlastung der Vorderachse, bei Erhalt der Lenkfähigkeit, belastet.
Obwohl das Ergebnis beachtlich ist, dauert seine Überzeugungsarbeit fast drei Jahre, ehe er mit der Firma David Brown – einem Getriebehersteller – einig wird, seinen Traktor zu bauen.
1936 bis 1939 baut David Brown vom *Typ A* etwa 2 000 Traktoren und dazu mehrere tausend Anbaugeräte. Danach endet die Zusammenarbeit.

1939

übernimmt Henry Ford in den USA die Produktion, mit dem dort bezeichneten *Typ 9N*, in neuer, moderner Form. In den darauf

Der original Ferguson TE 20, gebaut von der Standard-Motor-Company in Großbritannien 1946.

folgenden sieben Jahren werden über 306 000 Ford-Ferguson-Traktoren produziert.

1946

wird der erfolgreiche *TE 20* (Tractor Europe) in den Standard-Werken Banner-Lane in Coventry in Produktion genommen.
„Little grey Fergie“, wie man ihn liebevoll nannte, begann seinen Siegeszug um die ganze Welt.
Mit diesem und nachfolgend modifizierten Modellen, die man wahlweise mit einem Benzin- oder Dieselmotor ausrüsten kann, entwickelt sich eine unglaublich erfolgreiche Massenproduktion. 517 000 Traktoren verlassen bis 1956 das Werk.

Ferguson TE 20 mit Anbau-Hochdruckpresse.

1947

wird die Produktion des *Typs 9N* bei Ford in den USA eingestellt, womit keine Geschäftsgrundlage für das „Handshake Agreement“ zwischen Henry Ford und Harry Ferguson mehr besteht. Ferguson nutzt dies, um den *TE 20* in die USA zu exportieren.
1948 reagiert Ford Dearborn mit der Produktionsaufnahme des *8N*, einem Viergang-Traktor, in Rot-Beige lackiert, ohne Absprache mit Ferguson. Die Verwendung der Zugkraft-Regelhydraulik stellt eine eklatante Verletzung der Ferguson-Patente dar. Ferguson eröffnet daraufhin einen Rechtsstreit, der sich über Jahre hinzieht.
Im gleichen Jahr kauft Harry Ferguson eine Fabrik in Detroit zum Bau des *TO-20* (Tractor Overseas).
Bis weit in die 50er Jahre liefert jeder britische Landmaschinenhersteller Geräte, um den *TE 20* für den jeweiligen Einsatz entsprechend auszurüsten. Aus den USA kommt eine seitlich an den Traktor angelenkte Hochdruckpresse dazu, die nach dem gleichen System wie die später in Europa verbreiteten Maisfeldhäcksler angetrieben wird.
In Großbritannien wird ein Mähdrescher entwickelt, der an den *TE 20* angebaut werden kann: Dazu wird die serienmäßige Spurverstellung, in Fahrtrichtung links, auf die größte Weite gebracht, mit dem Traktor rückwärts unter die auf Stützen stehende Dreschmaschine gefahren und nach Befestigung das Schneidwerk mit dem Schrägför-

derer angebaut. Hinter dem Fahrersitz ist Platz für den Absackstand und den Bedienungsmann.
Dieser Mähdrescher arbeitete sehr überzeugend, wird aber nach der Übernahme von Ferguson durch Massey-Harris eingestellt.

1952
endet der Rechtsstreit mit einem Sieg von Harry Ferguson und einer Abfindung von 9,25 Mio. $, für damalige Zeiten eine enorme Summe. Die Produktion des *8N* wird sofort eingestellt, nachdem in der kurzen Zeit seit 1948 442 000 Einheiten gebaut worden waren. Ford antwortet direkt mit der Produktion des Fordson Major in England, die Ferguson zwang, über ein größeres Modell nachzudenken. Das Ergebnis ist 1958 der *MF 65*.

1954
wird die Harry Ferguson Ltd. durch Massey Harris Co. Ltd., Toronto, übernommen. Bis dahin sind, wie die Tabelle unten zeigt, enorme Stückzahlen gebaut worden.
Nimmt man die Ferguson-Fertigungen bei David Brown, Ford/USA und Standard zusammen und schließt auch den *Ford 8N* ein, so sind von einem einzigen Schlepper-Typ rund 1,27 Mio. Einheiten produziert worden!

Weiterentwicklung siehe Massey Ferguson und Agco.

Der Ferguson-Traktor-Aufbau-Mähdrescher wurde nach der Fusion mit Massey Harris nicht mehr weiterverfolgt.

Umsatz und Produktion bei Harry Ferguson von 1939 bis 1947

	1939	*1940*	*1941*	*1942*	*1943*	*1944*	*1945*	*1946*	*1947*
Traktoren (Stück)	10.233	35.742	42.910	16.478	21.062	43.443	28.749	59.773	47.682
Anbaugeräte (Stck.)	9.730	47.774	85.219	48.896	56.393	174 176	176.022	238.142	169.367
Umsatz in Mio. $	4,9	18,2	26,9	14,1	20,2	50,9	42,0	79,4	70,5
Gewinn in Mio. $	0,17	0,27	0,43	0,26	1,16	0,81	0,62	4,30	2,20

Entwicklung der Traktorenproduktion bei Harry Ferguson von 1946 bis 1954 (Stück)

	1946	*1947*	*1948*	*1949*	*1950*	*1951*	*1952*	*1953*	*1954*
Großbritannien	300	20.500	57.000	38.500	51.500	73.500	69.500	48.000	62.500
USA (Detroit)	–	–	2.000	13.000	24.500	33.500	36.000	17.500	14.000
Frankreich	–	–	–	–	–	–	–	2.000	4.500
USA (Ford 9N)	70.000	47.500							
Gesamt	70.300	68.000	59.000	51.500	76.000	107.000	105.500	67.000	81.000

Fiat (Fiatagri)

Fiat S.p.A.
Turin (I)

Weltkonzern setzt heute noch auf Traktoren

Durch geschickte Taktik und Übernahmen brachte das größte italienische Industrie-Imperium wesentliche Teile des internationalen Landmaschinenmarktes in seine Hände.

1899
ist die Stammgesellschaft F.I.A.T. (Fabbrica Italiana Automobili Torino) gegründet worden. Aus dieser primitiven Automobilwerkstätte mit 50 Arbeitern in Corso Dante entwickelte sich bis heute das größte Industrieunternehmen Italiens.

1998
erreicht der Konzern einen Umsatz von 88,6 Billionen Lire (89.777 Mrd. DM) mit 220 000 Beschäftigten in den Sparten: Fiat Auto SpA, Turin (Automobile) mit den Marken Fiat, Lancia, Alfa Romeo und Maserati; Iveco NV, Amsterdam (Nutzfahrzeuge); New Holland NV, Amsterdam (Landtechnik und Baumaschinen); Magneti Marelli SpA, Mailand (Autozulieferer): Teksid SpA, Turin (Gussteile); Comau SpA, Grugliasco bei Turin (Maschinen und Anlagenbau); Fiat Ferroviaria SpA, Turin (Eisenbahn-/Straßenbahntechnik); Fiat Avio SpA, Turin (Düsen- und Raketentriebwerke); Itedi Italiana Editione SpA, Turin (Zeitung La Stampa und Anzeigenagentur); Toro Assicurationi SpA, Turin (Versicherung); Ferrari SpA, Modena (Sport-Rennwagen). Im Mai kauft die Fiat SpA über ihre Tochtergesellschaft New Holland NV, Amsterdam, den US-Landtechnik-Giganten Case Corp. Racine, Wisconsin. Diese neue Gruppierung firmiert unter CNH (Case – New Holland) und ist zweitgrößter Landtechnik- und drittgrößter Baumaschinen-Hersteller der Welt. Die Fiat SpA hält 84,5 % der Anteile an CNH.

Der erste Fiat-Traktor von 1919.

Von dem 1956 eingeführten Modell „la Piccola“ werden innerhalb von drei Jahren 20 000 Stück verkauft.

Der Landtechnik-Bereich

Der landtechnische Bereiche von Fiat beginnt

1919
mit der Vorstellung des ersten Fiat-Traktors *702*. Mit einem 30-PS-Vierzylindermotor, einem Getriebe mit drei Vorwärts- und einem Rückwärtsgang und Stahlrädern wiegt das Fahrzeug 2.900 kg. Davon und dem stärkeren Typ 703 werden etwa 2.000 Stück gebaut, bis sie

1927
durch das Modell 700 abgelöst werden, welches bereits über eine Trommelbremse verfügt.

1932
baut Fiat den ersten Raupentraktor, der auch mit einem Planierschild ausgerüstet werden kann.

1949
gibt es erst den ersten Fiat-Traktor mit Gummibereifung.

1953
stellt Fiat den ersten Allradtraktor, *Modell 5 R-DT*, vor. Mit der Einführung des Allradantriebes steigt Fiat schnell zum weltweit führenden Hersteller von Allradtraktoren auf.

1956
bringt das Unternehmen den zukunftsorientierten Kleintraktor *La Piccola* auf den Markt. Es ist ein Traktor mit Halbrahmen, 2-Zylinder-Dieselmotor mit 19 PS, 6/2-Getriebe, Zapfwelle und Dreipunktkupplung. Davon werden in den ersten drei Jahren über 20.000 Einheiten verkauft.

1958
folgt das Modell *411 R*, wahlweise mit Hinterrad- oder Vierradantrieb. Es hat einen 36-PS-Motor, ein Getriebe mit 6 Vorwärts- und 2 Rückwärtsgängen, Doppelkupplung mit unabhängiger Zapfwelle und verfügt bereits über einen Kraftheber mit Regelhydraulik.

1962
Schließt Fiat ein Joint Venture mit der türkischen Firma KOC Holding in Ankara und gründet damit das Unternehmen Turk-Traktor.

Modell 441 R, mit Allradantrieb und 40-PS-Motor.

1964
schafft Fiat mit der *Diamant*-Serie, die aus vier Modellen mit Leistungen von 22 bis 65 PS besteht und mit synchronisierten Getrieben ausgerüstet ist, die erste vereinheitlichte Traktorenreihe.

1968
folgt die Serie *Nastro d'oro* mit acht Modellen in 23 verschiedenen Versionen im Leistungsbereich von 25 bis 85 PS, die mit 2-, 3-, 4-, und 6-Zylinder-Motoren ausgerüstet sind. Fiat stellt in diesem Jahr 61 500 Traktoren her. 51 000 in Italien, wovon 26 000 exportiert werden und 11 500 in ausländischen Gesellschaften.

1970
wird aus dem Traktorspezialisten Fiat-Trattori. Fiat hat seit Beginn der Produktion 645.605 Traktoren in Italien und den Exportmärkten verkauft. Im gleichen Jahr wird die Fiat Maccine Movimento Terra S.p.A. gegründet, in der alle Baumaschinenaktivitäten des Konzerns zusammenfasst sind. Kurz darauf übernimmt man die Firma Simit, den führenden italienischen Hersteller von Hydraulikbaggern, der 1921 gegründet worden ist.

1971
erfolgt die Erweiterung der Serie *Nastro d'oro* um die Großtraktoren mit 100 und 130 PS. Noch im gleichen Jahr beginnt Fiat auch mit der Produktion von Baumaschinen in Belo Horizonte, Brasilien. Gleichzeitig finden intensive Gespräche mit John Deere über eine Zusammenarbeit statt, die sehr weit fortschreiten und im Detail diskutiert sind, und, obwohl die Informationen hierüber an Presse und Vertriebspartner postfertig vorliegen, werden sie dennoch ergebnislos abgebrochen.

1974
schließt Fiat Macchine Movimento Terra ein Joint Venture mit dem amerikanischen Hersteller Allis Chalmers Corp., woraus die Fiat-Allis entsteht. Im Gegenzug gründet man die Fiat Trattori S.p.A. als selbstständige Tochtergesellschaft.

1975
werden die bisherigen Traktorenreihen durch die Komforttraktoren der *Serie 80* mit Leistungen von 55 bis 180 PS abgelöst. Das Besondere an dieser Modellreihe ist, dass die Kabine von dem bekannten italienischen Automobil-Stylisten Pininfarina entworfen worden ist. Fiat Trattori übernimmt alle Aktien des mit Problemen kämpfenden und noch einzig verbliebenen italienischen Mähdrescherproduzenten Laverda.

1977
will Fiat stärker im nordamerikanischen Markt Fuß fassen. Zu diesem Zweck übernimmt Fiat 50,2 % Anteile der Firma Hesston, die mit 3.000 Beschäftigten einen Umsatz von 187 Mio. $ erwirtschaftet, jedoch mit 6,2 Mio. $ Verlust in wirtschaftlichen Schwierigkeiten steckt. In Italien erwirbt man gleichzeitig den Traktorenhersteller Agrifull, der auf kleinere und mittlere Traktoren spezialisiert ist.

1981
baut Fiat 76.928 Traktoren, davon 24.286 Montagesätze CKD (Completely Knocked Down) für ausländische Produktionen. Fiat Trattori ist damit der drittgrößte Traktoren-Hersteller der Welt mit einem Umsatz von rund 2,66 Mrd. DM in diesem Bereich.

1983
stellt man die *Serie 66* mit Standardtraktoren von 45 bis 80 PS Leistung und die Serie 90 mit den Komforttraktoren im Leistungsbereich von 65 bis 130 PS vor. Den Exportanteil steigert Fiat auf 72 % und erreicht insgesamt einen Umsatz von nahezu 3 Mrd. DM. Noch im gleichen Jahr gründen Fiat Trattori und Pakistan Tractor Corporation ein Joint Venture, die Al Ghazi Tractors Ltd. in Karachi, Pakistan.

1984
erfolgt eine Firmenänderung, aus Fiat Trattori S.p.A. wird Fiatagri. Alle Landmaschinenaktivitäten sind jetzt in diesem Bereich zusammengefasst. Fiatagri übernimmt 75 % der Braud-Anteile für seine Tochter Laverda. Die französische Firma Braud ist 1870 in St Mars La Jaille gegründet worden und baute viele Jahre sehr erfolgreich Dreschmaschinen, später dann auch eine komplette Reihe von Mähdreschern unterschiedlicher Leistung, deren Produktion aber zu Beginn der 80er Jahre eingestellt wurde. 1975 gelang Braud der erste funktionsfähige selbstfahrende Traubenvollernter, danach spezialisierte die Firma sich darauf und wurde sehr schnell Weltmarktführer auf diesem Gebiet.
Seit 1. Januar 1984 gehört Laverda zu 100 % Fiat. Der Einstieg in das Mähdreschergeschäft kostet 700-800 Mio. DM.

1985
ist Fiatagri im siebten Jahr Marktführer in Europa mit 16 % Marktanteil, gefolgt von IH mit 9 %. Die Auslastung der Fertigungsstätten liegt bei 80 %. Zu den Übernahmegerüchten der in Schwierigkeiten befindlichen Same-Gruppe nimmt auf der Agritechnica seitens Fiat niemand Stellung. Den weltweit rückläufigen Märkten kann sich Fiat noch weitgehend entziehen.

1986
liefert Fiat 24 % seiner Traktoren nach Italien, 51 % ins übrige Europa, 10 % nach Nordamerika, 7 % nach Asien und Australien und 8 % in die restlichen Länder, dabei vorzugsweise nach Südamerika. Im Gesamtumsatz von 1 850 Mrd. Lire sind eingeschlossen: die Umsätze der hundertprozentigen Tochtergesellschaften Laverda SpA mit

Innenleben eines Traubenvollernters, den die Firma Braud 1975 erstmalig auf den Markt gebracht hat.

1984:
Fiatagri entwickelt die „Full-Line"-Modellreihe.

Ein 130-90 beim Pflügen.

160 Mrd. Lire (Mähdrescher-Marktanteile in Italien 48 %, Frankreich 15 % und Europa mit 10 %) sowie Mowansa S.A mit 5.632 Pesetas und einem Traktorenanteil in Spanien von 18,7 %, Hesston S.A mit 371 Mio. ffr., Braud S.A mit 139 Mio. ffr. (- 28 % gegenüber 1985) und abschließend die US-Tochter Hesston Corp. Mit 120 Mio. US $ (-32 % gegenüber 1985), an der Fiat mit 47,47 % beteiligt ist.

1987

wird zwischen Fiat Allis und dem japanischen Baumaschinenhersteller Hitachi ein Joint Venture geschlossen, was zur Gründung der Fiat-Hitachi Excavators S.p.A. (Bagger) führt, an der Fiat mit 51% beteiligt ist.

1988

werden die beiden Firmen Fiatagri und Fiatallis zum neuen Unternehmen Fiat Geotech zusammengeführt, das nun für alle Landmaschinen- und Erdbewegungsmaschinen-Aktivitäten verantwortlich zeichnet. Im Rahmen dieser großen Restrukturierung schließt man auch die beiden französischen Firmentöchter zur Hesston-Braud mit Sitz in Coex/Frankreich, zusammen. Fiat Geotech erwirtschaftet einen Gesamtumsatz von 4,2 Mrd. DM und beschäftigte 14.000 Mitarbeiter in 10 Werken. Das im Herbst aufkommende Gerücht einer Übernahme von Case-IH aus dem Tenneco-Konzern wird in Turin kategorisch dementiert. Reizvoll wäre dies für Fiat gewesen, weil man einerseits zum Branchenriesen John Deere hätte aufschließen können und gleichzeitig über eine große Repräsentanz in Nord- und Südamerika verfügt hätte.

1990 führt Fiat die Baureihe „Winner" ein.

1990

im April beginnen Gespräche mit Ford über eine Zusammenlegung der Aktivitäten auf dem Agrarsektor. Mit der Realisierung würde man vom vierten und fünften Platz in der Traktorenweltliga auf den ersten, noch vor Massey Ferguson, vorrücken. Der Weltmarkt für Landtechnik hat ein Volumen von etwa 36 Mrd. DM, der zu 70 % in den Händen von fünf Firmengruppen liegt. Ford New Holland hat einen Umsatz von 5,2 Mrd. DM mit 18.000 Beschäftigten und erreicht mit 53.000 Traktoren einen Marktanteil von 13 % in den USA und 8 % in Europa und mit 4.700 Mähdreschern einen Marktanteil von 6 % in den USA und 21% in Europa. Dazu werden noch 12.500 andere Landmaschinen gebaut. Fiat Geotech hat einen Umsatz von 4,2 Mrd. DM mit 13.300 Beschäftigten und mit 42.140 Traktoren einen Anteil von 16 % und mit 1.659 Mähdreschern einen Anteil von 10 % in Europa. Die große Konkurrenz kommt hauptsächlich aus den USA, die japanischen Firmen fürchtet man weniger, weil sie über keine breite Absatzstruktur verfügen. Die Gespräche enden zum Jahresende. Fiat Geotech bringt im gleichen Jahr die Komforttraktoren der neuen *Winner*-Serie mit Lastschaltgetriebe und Motorleistungen von 100 bis 130 PS auf den Markt.

1991

wird der Fiat-Italienvertrieb durch den Zusammenbruch der Absatzgenossenschaft Federconsorzi (eine Föderation der italienischen Bauernverbände) getroffen, weil über diese Organisation das gesamte Fiat-Inlandsgeschäft abgewickelt wurde. Die Folge ist nun der Aufbau einer vollkommen neuen Absatz- und Service-Struktur.
Im gleichen Jahr übernimmt Fiat Geotech den italienischen Baumaschinenhersteller Benati und gliedert diese Firma der Fiat-Hitachi-Gruppe an.
Danach beeindruckt die Elefantenhochzeit zwischen Fiat und Ford doch die gesamte Landtechnikbranche. Allerdings muss die Hesston Corp./USA verkauft werden, weil die Antitrustbehörde der USA dieser Verbindung sonst nicht zugestimmt hätte.
Fiat verbindet nun Ford New Holland mit der eigenen Fiat Geotech zu der neuen Unternehmensgruppe N.H.Geotech. Ford hält zunächst noch 20 % der Anteile, es ist aber beabsichtigt, diese nach und nach ganz an Fiat abzugeben. Damit wird aber auch ein komplexer Prozess ausgelöst, nämlich die einzelnen Firmenteile neu zu organisieren und in das Gesamtunternehmen entsprechend zu integrieren. Auch Versatile Landmaschinen Kanada, spezialisiert auf große Knicklenkertraktoren, wird ein Teil von Ford New Holland America, N.H.Geotech's nordamerikanische Division.

1992

wird mit Hitachi ein zweites Joint Venture mit Baumaschinen geschlossen. Die Al Futtaim Group übernimmt die Pakistan Tractor Corporation und ändert den Firmennamen in Al Ghazi Tractors Ltd., Pakistan. Die Ford-Traktorenproduktion in Brasilien wird von Sao Paulo nach Curitiba verlegt, wo nunmehr auch Mähdrescher gebaut werden.

1993

hat Fiat Trattori die *66er*-Serie überarbeitet und dabei die Standardtraktoren von 45 bis 80 PS mit Synchron-Wendegetrieben und Allradbremsen ausgestattet, die Komforttraktoren *Serie 94* erhalten Allradbremsen, elektrohydraulischen Bedienungskomfort, Bordcomputer und eine rostfreie, voll verzinkte Karosserie.

Weiterentwicklung siehe New Holland Ltd. und CNH.

Umsätze, Produktion und Zahl der Beschäftigten bei Fiatagri von 1981 bis 1986

	1981	*1982*	*1983*	*1984*	*1985*	*1986*
FIAT						
BEREICH LANDTECHNIK						
Gesamtumsatz	1.479	1.568	1.735	1.951	2.149	1.850
Beschäftigte	12.300	11.730	11.600	11.533	11.143	10.895
Produktion						
komp. Traktoren	52.642	42.700	40.400	39.700	46.200	39.700
SKD, CKD, Bauteile	4.286	7.800	12.600	12.000	7.600	8.400
Gesamt	76.928	50.500	53.000	51.700	53.800	48.100
Ausländi. Tochterges. Assozierte Unternehmen Lizenznehmer		23.000	27.100	26.600	19.400	13.000
Total	76.928	73.500	80.100	78.300	73.200	61.100
Verkäufe aus						
Italien					55.365	50.310
Spanien					3.325	2.675
Argentinien					796	711
CKD-Bausätze					21.540	9.964
Total					81.026	63.702
MÄHDRESCHER, LAVERDA					***2.710***	***2.128***
davon						
MD-Laverda Italien					541	638
BEREICH BAUMASCHINEN						
Umsatz		720	804	1.010	949	893
Beschäftigte		7.050	6.200	5.800	5.606	5.461

Umsatz-Werte in Mrd. Lire , Produktionszahlen in Stück

Ford

Ford Motor Company
Dearborn/Michigan (USA)

Aus Ford wurde Fordson – aus Fordson wurde Ford

Lange Zeit weltgrößter Traktorenfabrikant – New Holland übernommen – 1990 verabschiedete sich der Autokonzern aus der Branche

1903
gründet Henry Ford I die Ford Motor Company in Detroit USA und beginnt mit der Produktion von Automobilen.

1907
baut Ford den ersten Prototyp eines Traktors. Dazu verwendet er einen 4-Zylinder-20-PS-Petrolmotor, ein 3/1-Gang-Getriebe sowie Frontachse mit Rädern und Lenkung und weitere Komponenten der Automodelle B und K, die Hinterräder stammen von einem Mähbinder.

Henry Ford mit dem Stolz seiner Arbeit.

1917
verlässt Ford die eigene Autofirma, um im Juli das Traktorenwerk Henry Ford & Son zu gründen, denn seinen Namen allein darf er nicht verwenden, daher der Produktname *Fordson*. Mit diesem Traktor gelingt ihm im selben Jahr der Durchbruch.
Bei diesem Modell handelt es sich um eine rahmenlose Blockkonstruktion, ebenso mit 4-Zylinder-20-PS-Motor, und bis auf das Schneckengetriebe im Endantrieb haben Standardtraktoren immer noch ein ähnliches Konzept. Dieser Traktor ist der erste, der in Massenproduktion hergestellt wird. Mit seinem Erscheinen endet auch die Herstellung der in Europa so beliebten Motorpflüge.
Von diesem Typ werden bis 1928 750.000 Exemplare produziert, erst danach werden wesentliche Änderungen durchgeführt.

1918
kann schon im Juli die Tagesproduktion von 64 auf 131 gesteigert werden.

1921
fällt der Ausstoß wegen der andauernden Depression auf rund 37.000 zurück, danach steigt die Produktion wieder über 69.000

oben:
Fordson Major, 1947.

rechts:
Fordson Dexta, 1958.

Einheiten auf rund 102.000 Stück an. 25.000 kann Ford zwischen 1920 und 1926 nach Russland liefern. Ford war erst 1917 so richtig in das Traktorengeschäft eingestiegen und hat dann bis 1921 bereits zwei Drittel des Marktes erobert.

1928
stellt Ford die Traktorenproduktion in den USA ein und verlegt diese zuerst nach Cork/Irland und später ab 1933 nach Dagenham in Großbritannien.

1938
trifft Henry Ford mit Harry Ferguson zusammen. Ferguson führt seinen Traktor vor. Weil seine Patente nicht käuflich sind, kommt es zu dem berühmten „Handschlag-Abkommen" ohne jegliche schriftliche Fixierung.

1939
baut Ford mit dem *Typ 9N* wieder Traktoren in den USA und kann in nur sieben Jahren 306.000 Stück herstellen.

1947
endet die Zusammenarbeit mit Ferguson im Streit, denn Ford bringt mit dem *N 8* einen Traktor auf den Markt, der dem Ferguson gleicht und auch mit dem Ferguson-System ausgerüstet ist, wofür Ford aber keine Lizenzzahlungen mehr leistet. Ferguson strengt einen Patentprozess an, den er schließlich 1952 gewinnt und mit einer Schadenssumme von 9,25 Mio. $ abgefunden wird. Ford hat in der Zwischenzeit, bis zur Einstellung der Produktion 442000 N-8-Traktoren gebaut.
Noch im gleichen Jahr läuft die Produktion des legendären *Fordson Major* in Dagenham, Großbritannien an. Dieses Modell ist mit einem 4-Zylinder-40-PS-Dieselmotor, 6-Gang-Getriebe, wahlweise Einfach- oder Doppelkupplung, Zapfwelle und Hydraulik-Kraftheber ausgestattet, deren Pumpe von der Zapfwelle im Getriebegehäuse angetrieben wird.

1958
bekommt der *Fordson Major* das kleinere Modell *Fordson Dexta* als Ergänzung. Dieser leichte Traktor ist mit einem 3-Zylinder-Dieselmotor mit 31 PS, aber ansonsten wie der größere Fordson Major ausgerüstet.

Der Ford Typ-9N nach dem Ferguson-System.

1959

kommt das Select-O-Speed-Getriebe auf den Markt. Der Fortschritt ist das Schalten ohne Kupplungsbetätigung unter Last und bei voller Fahrt.

1960

wird die Traktorenreihe um den *Super Major* mit 54 PS erweitert und zwei Jahre später mit dem Modell *Super Dexta* und 36-PS-Motor ergänzt.

1963

beträgt die Jahresproduktion in Dagenham 83.182 Stück, die nach dem Krieg bei nur 25.000 lag. In Dagenham werden alle Traktoren von Ford gefertigt, ausgenommen für den EWG-Raum, wo sie in Antwerpen, Belgien, gebaut werden und den USA; dort werden sie im Werk Highland Park, Detroit, montiert.

1964

verlegt Ford die Traktorenproduktion Großbritannien in ein neues modernes Werk nach Basildon.

1968

erhält die aus vier Modellen bestehende Traktorenreihe leistungsgesteigerte Motoren und gleichzeitig eine geänderte Modellbezeichnung. Der *2000* hat nun 34 PS *(Dexta)* der *3000* 44 PS *(Super Dexta)* der *4000* 52 PS *(Major)* und der *5000* 62 PS *(Super Major)*.

1969

schließt Ford ein Abkommen über eine Lizenzproduktion mit Escorts Tractor Ltd. in Indien.

1975

beginnt Ford mit der Traktormontage in Sao Paulo, Brasilien. Ebenso führt man mit Claas Gespräche über eine Zusammenarbeit in Europa, nachdem Ford bereits seit 1967 Claas-Mähdrescher in Ford-Blau und mit Ford-Signet in den USA verkauft.
Ford ist bewusst, dass, wenn man zu den ganz Großen gehören will, ein starkes Full-Line-Angebot benötigt wird.

1977

wird die Traktorenreihe noch einmal überarbeitet, weiterentwickelt und erweitert. Jetzt sind elf Modelle mit Leistungen von 38 PS bis 145 PS lieferbar. Außerdem finden die Ford-Traktoren bei verschiedenen Ausrüstern Sympathie, weil die Fertigungsorganisation so entwickelt ist, dass man zu den Serientraktoren nichts hinzufügen muss, sie aber auch ohne bestimmte Teile beziehen kann. So ist es möglich, z. B. ohne

Traktor aus dem Jahr 1972.

Vorderachse oder nur den Motor-Getriebe-Block zu kaufen. Zuerst ist es Doe & Sons Ltd in Ulting Maldon, Essex, die zwei Fordson Major jeweils ohne Vorderachse über ein Knickgelenk zusammenbauen, so dass man damals schon über einen starken 108 PS-Traktor verfügt, den es ab Werk noch in keinem europäischen Angebot gibt. Oder County Commercial Cars Ltd in Fleet Hants, Aldershot, die der Ford-Traktoren-Organisation einen Vierradantrieb mit vier gleich großen oder unterschiedlichen Radgrößen anbieten.

1985

erwirbt die mexikanische Ford Beteiligungsgesellschaft Fabrica de Tractores S.A. (FTA) die Agromark S.A., bisher Lizenzabnehmer für MF-Traktoren in Mexiko. Die Übernahme umfasst ein Traktorenwerk in Queretaro und ein Landmaschinenwerk nahe Mexiko Stadt mit zusammen 600 Beschäftigten.
Die FTA, an der Ford mit 40 % beteiligt ist, während die 60 % von der National Financiera S.A., einer Entwicklungsbank der mexikanischen Regierung, gehalten werden, ist Marktführer mit Ford-Traktoren der Serie 6600. Die Fabrikation wird von den Werken Brasilien und Antwerpen beliefert.

1986

kauft Ford Motor Co. die Sperry New Holland und gründet die Landmaschinen-Division Ford New Holland mit Sitz in Troy, Michigan. Dafür zahlt Ford etwa 330 Mio. $ einschließlich der Lagerbestände, Forderungen aus Großhandelsgeschäften, Anlagen in zehn Ländern und Markenzeichen. Außerdem übernimmt Ford Verbindlichkeiten für 110 Mio. $.
Mit dem Erwerb von New Holland wird der Landmaschinenbereich einen jährlichen Umsatz von über 2 Mrd. $ mit 18 000 Mitarbeitern sowie 8 000 unabhängigen Händlern in 100 Ländern erzielen. Die neue Gruppe verfügt jetzt über Produktionsanlagen in Australien, Brasilien, Belgien, Großbritannien, Frankreich und in den Vereinigten Staaten. Darüber hinaus ist man an gemeinsamen Projekten oder Lizenzunternehmen in Indien, Japan, Mexiko, Pakistan und der Türkei beteiligt. Obwohl Ford die internationale Marktführerschaft anstrebt, gibt es Schwächen in verschiedenen Ländern. So kann der Anteil in Deutschland nie eine befriedigende Position erreichen, ebenso wie auch in Schweden.

1990

unterzeichnen der Autokonzern Ford Motor Co. und die italienische Fiat S.p.A. ein Abkommen, ihre jeweiligen Landtechnik-Aktivitäten in eine gemeinsame Tochtergesellschaft einzubringen. Ford bringt die Ford New Holland mit weltweit etwa 18 000 Mitarbeitern ein, Fiat die Fiat Geotech mit rund 13.000 Mitarbeitern.
Ford wird an dem neuen Unternehmen mit operativem Sitz in London mit 20 % und Fiat mit 80 % beteiligt. Die Markennamen Fiat und New Holland werden weiterverwendet, während Ford sein ovales Emblem für vier Jahre und den Namen für maximal zehn Jahre zur Verfügung stellt.

1991

hat die EG-Kommission diese Fusion unter Auflagen genehmigt. Das neue Unternehmen wird von der niederländischen Holding N.H. Geotech N.V. geführt.
1992 wird in Brasilien die Traktorenfertigung von Sao Paulo nach Curitiba verlegt, wo auch Mähdrescher gebaut werden sollen.

Weitere Entwicklung siehe Fiat, New Holland und CNH.

Ford-Traktoren-Produktion von 1970 bis 1991* (Stück)

	1970	1975	1980	1985	1987	1988	1989	1990	1991
USA	33.032	38.342	35.282	36.061	-	-			
Restl. Welt	58.817	73.981	62.415	47.787	-	-			
Total	91.849	112.323	97.701	83.848	63.914	76.514	71.690	67.570	13.200

Ab 1. 1. 1987 Ford New Holland Inc. / Ab 1. 1. 1991 New Holland Geotech.
Quelle: Geschäftsberichte Ford Motors Company

Fortschritt

Fortschritt Erntemaschinen GmbH
Neustadt/Sachsen (D)

Von Neustadt wurde ein Riesen-Kombinat regiert

Einer der ältesten Landmaschinen-Standorte Deutschlands

Schwadmäher mit Feldfutterschneidwerk und Schwadablage …

… und mit Universal-Schneidwerk im Raps.

1918
wird der Grundstein für das neue Landmaschinenwerk gelegt, denn es wurden schon im 19. Jahrhundert im Raum Neustadt/Sachsen Landmaschinen gebaut. So beispielsweise ab 1854 Getreidereinigungsanlagen, ab 1864 fahrbare Dreschmaschinen und ab 1896 die ersten Glattstrohpressen. Die Gebäude wurden von wechselnden Firmen genutzt.

1922
gehört dieser Betrieb der Firma Leinbrock in Gottleuba und 1924 der Firma Küttner in Pirna.

1939
ist das Werk ein Zweigbetrieb der Firma Hering aus Nürnberg. Nach dem Krieg werden hier wieder Großdreschmaschinen gebaut.

1947
wird das Werk ein Volkseigener Betrieb, das VEB-Herkules Landmaschinenwerk.

1949
erfolgt die Gründung des Fortschritt Landmaschinenwerks Neustadt mit Betrieben in Neustadt und Stolpen sowie die Produktionsaufnahme von Anbaumähwerken für Traktoren.

1951
wird die Produktion der Mähwerke um Maschinen für die Heuwerbung ergänzt. Zusätzlich erfolgt die Aufnahme der Produktion von Niederdruckpressen. Von dem Modell *T 242* werden über 30.000 Einheiten gebaut.
Noch im gleichen Jahr erfolgt der Zusammenschluss der ostsächsischen Landmaschinenwerke von Neustadt und Stolpen (Futtererntemaschinen und Aufsammelpressen) sowie Bischofswerda (später Mähdrescher) und Kirschau. Das Erntemaschinenwerk Neustadt wird zum Leitbetrieb bestimmt.

1954
kommen die ersten gezogenen Mählader in das Fertigungsprogramm, zwei Jahre später gezogene Feldhäcksler.

1958
ergänzt die erfolgreiche Produktion von Hochdruckpressen das Programm, denn von dem Modell *K 442* (eine Schwingkolben-Hochdruckpresse) werden nicht weni-

links: Schwadmäher 340 mit vollhydraulischem Einzelradantrieb und 102-PS-Motor.
rechts: Großballenpresse 531 mit vier Hochleistungsknüpfapparaturen.

ger als 95.000 Stück hergestellt, und von der Gleitkolbenpresse *K 453/454* 47 000 Einheiten.

1964
wird die Angebotspalette um die Fertigung von Stalldungstreuern erweitert.

1970
beginnt die Herstellung von selbstfahrenden Schwadmähern und Feldhäckslern. Die Feldhäckslerproduktion wird allerdings drei Jahre später ausgelagert. Deren Fertigung übernimmt das VEB Traktoren- und Dieselmotorenwerk, Schönebeck bei Magdeburg (heute LTS).

1978
erfolgt der Zusammenschluss aller Landmaschinenbetriebe in der DDR durch die Gründung des Kombinates Fortschritt Landmaschinen mit Sitz und Stammbetrieb in Neustadt/Sachsen.

1989
wird mit der gezogenen Großpackenpresse eine von Grund auf neu entwickelte Maschine in das Fertigungsprogramm aufgenommen.

1990
findet schließlich mit der Gründung der Fortschritt-Erntemaschinen GmbH, Neustadt/Sachsen, ein neuer Anfang statt. Zum Produktionsprogramm gehören die Produktlinien selbstfahrende Schwadmäher und Hochdrucksammelpressen, die bis zu diesem Zeitpunkt mit Jahresstückzahlen zwischen 5 000 und 7 000 in nur wenigen Varianten gefertigt und fast ausschließlich in die Ostmärkte exportiert worden waren.

1991
1991 bis 1993 kommen 22 neue Erzeugnisse in das Produktionsprogramm, von Traktoranbaugeräten bis zu selbstfahrenden Erntemaschinen sowie außerhalb der Landtechnik Lkw-Aufbauten für die Müllentsorgung. Auf den westlichen Märkten werden zwischenzeitlich schon 30 Prozent der Umsätze getätigt. 3 200 Schwadmäher mit einem Umsatzwert von über 40 Mio. DM werden nach Russland geliefert. Im Herbst 1991 läuft der 60 000ste selbstfahrende Schwadmäher vom Band.

1993
reduziert man die Mitarbeiterzahl von 950 auf 600 und strebt ein Umsatzziel für das kommende Jahr von 130 Mio. DM an.

1994
wird im Juni die Fortschritt Erntemaschinen GmbH durch vollständige Übernahme ein Unternehmen der Bidell-Gruppe, Waldstetten.

Weiterentwicklung siehe Bidell, Case IH und CNH.

Goldoni

Goldoni SpA
Migliarina di Carpi (I)

Nicht nur Einachser

Mit der Motorisierung kam der Aufschwung – Heute verlassen 35 000 Traktoren für alle speziellen Kulturen, GaLaBau und Kommunen jährlich das Werk

1926
erfolgt die Firmengründung mit der Produktionsaufnahme von Pumpen, Bewässerungsanlagen und Sprühgeräten.

1950
wird außerdem auf Grund der stürmisch einsetzenden Motorisierung der italienischen Landwirtschaft zusätzlich die Fertigung von Motorgeräten aufgenommen.

1955
kommen nach dreijähriger Entwicklungszeit zuerst die Balken-Motormäher und ein Jahr später Einachsschlepper mit Anbaufräsen auf den Markt. Später werden sie zu Universal-Motorgeräten zum Fräsen, Pflügen, Spritzen und Mähen weiterentwickelt.

1961
ist bei der Entwicklung des Modells *Export*, einem Einachsschlepper, gleich die Umrüstung in einen Kleinschlepper mit vier angetriebenen Rädern eingeplant. Bis 1973 werden davon über 30 000 Stück verkauft.

1968
entwickelt Goldoni aus den Einachsschleppern knickgelenkte vierradangetriebene Traktoren. Sie werden zuerst in Sonderkulturen sowie Wein- und Obstbau eingesetzt, später finden sie auch in der Landwirtschaft eine gute Aufnahme. Von dieser *Universal*-Serie können bis 1986 über 32 000 Einheiten verkauft werden.

1970
kommen die ersten Goldoni-Motorgeräte in Deutschland auf den Markt. Es sind vorzugsweise Einachsschlepper.

1980
hat Goldoni neben den Motorgeräten ein

Goldoni-Einachs-Traktor mit Bodenfräse.

Goldoni-Traktoren im GalaBau-Einsatz.

komplettes Spezialtraktorenangebot im Lieferprogramm. Es sind Knicklenker mit 18 bis 42 PS, Allradtraktoren von 42 bis 70 PS, wovon auch einige in John-Deere-Farben auf den europäischen Markt kommen. Daneben sind Raupentraktoren mit 45 und 60 PS und Transporter mit Knick- oder Vorderradlenkung im Angebot. Schon lange sind Kommunaltraktoren, besonders aus der *Serie 3000*, Teil der Produktpalette.

1986
erzielt das Unternehmen mit 450 Beschäftigten einen Jahresumsatz von 70 Mrd. Lire. Goldoni hat eine Jahreskapazität von rund 35 000 Einachstraktoren, Balkenmähern, Traktoren und Transportern.
Für Zusatzgeräte wie Mähantriebe, Rotormäher, Bodenfräsen, Anhänger und Schneefräsen gründet Goldoni eine Tochtergesellschaft, die Firma Cavallini SpA.
Goldoni-Geräte werden jetzt auch in Frankreich und Spanien produziert und in Lizenz, aber unter anderen Namen, in Kroatien, Türkei, Georgien, Russland, China und Iran gebaut.

1988
stellt Goldoni mit der Serie *Idea* eine völlige Neuentwicklung vor. Es sind drei Modelle mit 20-, 27- und 30-PS-Dieselmotoren und mechanischem 16-Gang Synchrongetriebe. Mit entsprechenden Zusatzgeräten können die Geräte nahezu alle Kommunalarbeiten besonders auch auf dem Gebiet der Rasenpflege und Gehwegreinigung erledigen. Diese Modelle werden auch in deren Farben an die Gutbrod Marketing GmbH geliefert. Weil Gutbrod keine Traktoren mehr aus Japan beziehen kann, kommt es zu dieser Zusammenarbeit, die aber nach der Übernahme von Gutbrod durch MTD wieder beendet wird.

1990
entwickelt Goldoni einen speziellen Front-Sichelmäher mit 1,50 m Schnittbreite und Seitenauswurf. Diese Maschine hat einen 30-PS-Motor und hydrostatischen Fahrantrieb sowie hydraulischen Kraftheber. Jetzt kann Goldoni den Kommunen und Landschaftspflegern ein komplettes Programm anbieten.

Der Rondó ist ein wendiges Arbeitsgerät für den Einsatz bei Grünarbeiten, auf Gehwegen oder den Winterdienst.

Transcar-Universalfahrzeug mit Knicklenkung in sieben Leistungsklassen von 18 bis 52 PS.

Goldoni-Idea-Traktor beim Grubbern in einer Baumschule.

1997

bringt Goldoni zur Komplettierung der Kompakttraktor-Serie das Modell *Star 75 maX* heraus. Als Antriebsquelle dient ein John-Deere-3-Zylinder-Turbomotor mit 72 PS mit einem 16/8-Gang-Dual-Power-Getriebe sowie als 8/8-Gang-Wendegetriebe, beide synchronisiert. Eine Zapfwelle hinten mit zwei Geschwindigkeiten sowie Frontzapfwellen und Frontkraftheber und Vierradbremssystem vervollständigen die Ausrüstung.

1998

präsentiert Goldoni den Spezialmäher *Idro* mit 70-PS-Motor, 1,50 m Mähwerk, aufgesatteltem Grasfangbehälter mit Saugturbine und hydraulischer Entleerung.
Neu ist der *Transcar*-Transporter mit 40 km/h, 6/3-Gang-Synchrongetriebe mit Heckzapfwelle, Allradantrieb, Fahrerkabine und 1,5-t-Dreiseitenkipper.

1999

stellt das Unternehmen wesentliche Neuheiten vor, so die neuen *Quasar*- und *Star*-Modelle im Leistungsbereich von 20 bis 70 PS mit dem 40-Gang-Dual-Power Getriebe mit 40 km/h Endgeschwindigkeit.
Neu sind auch die Raupenschlepper mit 55 und 75 PS.
Mit der Firma Hako wird eine Zusammenarbeit bei Fahrzeugen für die Grundstückspflege vereinbart. Goldoni liefert Hako Powertrains für den hydrostatischen Antrieb der Hako-Traktoren.

2000

arbeiten über 400 Mitarbeiter für die Firma. Rund 35 000 Einheiten verlassen jährlich das Werk.
Seit knapp zehn Jahren lässt John Deere von Goldoni Obst- und Weinbautraktoren für Spanien und Portugal bauen.

2001

erzielt das Unternehmen mit 340 Beschäftigten einen Umsatz von 71,6 Mio. €, wovon 80 % auf Traktoren und 20 % auf Einachser entfallen.

2002

stellt Goldoni neue Traktoren vor: Die überarbeiteten *Star*-Modelle mit neuer Kabine, und 40 km/h, den *Maxter W 70 REV* mit Fahrer-Wendestand und den neuen *Quasar 85* mit 85-PS-Motor, extrem großer Vorderbereifung sowie geräumiger Fahrer-Plattform.

Umsätze und Zahl der Beschäftigten von Goldoni 1994 bis 2000

	1994	*1995*	*1996*	*1997*	*1998*	*1999*	*2000*	*2001*
Gesamtumsatz	81,0	83,0	86,0	103,0	118,0	121,0	122,0	71,5
Beschäftigte	295	296	293	356	357	360	363	340

Werte in Mio. Lire, ab 2001 in Mio *.

Umsatz nach Produkten und Regionen von Goldoni 2001

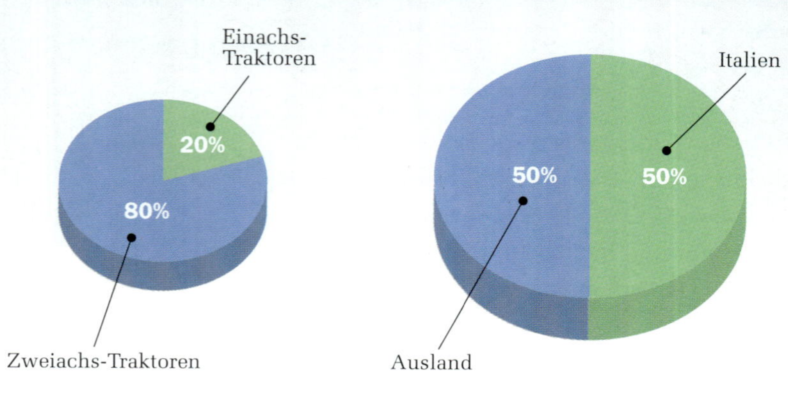

Greenland N.V.
Nieuw-Vennep (NL)

Greenland

Nomen est Omen

Gescheiterter Versuch eines Konzerns, in die Landtechnik zu diversifizieren –

Heute bei Kverneland

1981
wird die zum Thyssen-Bornemisza-Konzern gehörende Greenland Gruppe geformt. In ihr sind jetzt sämtliche Landmaschinen-Aktivitäten des Konzerns zusammengefasst. Durch weitere gezielte Firmenzukäufe soll eine weltweit operierende Landmaschinengruppe entstehen. Im September kommt die Firma Vicon B.V. in Nieuw-Vennep dazu. Danach folgen weitere niederländische Firmen wie Miedema, Mullos, Trioliet und PZ Zweegers sowie der Landmaschinengroßhändler und IHC-Generalvertreter Boeke Heesters.

1987
wird die Firma Rivierre Casalis, Orleans, (bisheriger Eigentümer ist die Renault Agriculture) gekauft. Sie ist das erste ausländische Unternehmen, das Greenland übernimmt und wird in die Tochtergesellschaft Vicon eingegliedert.
Die deutschen Verkaufsniederlassungen der Firmen Vicon und PZ Zweegers werden zu einer gemeinsamen Firma PZ-Vicon GmbH mit Sitz in Grevenbroich zusammengefasst.
Der Gesamtumsatz der Greenland-Gruppe liegt jetzt bei 770 Mio. hfl, wovon

Greenland-Großpackenpresse.

Kombiniertes Mähen mit separatem Aufbereiter.

PZ-Frontmähwerk GM 270 F.

480 Mio. hfl in Europa, 220 Mio. hfl in Nordamerika und 70 Mio. hfl in den übrigen Märkten erzielt werden.
Daran sind die Herstellung und Vertrieb von eigenen Landmaschinen mit 57 % beteiligt, der Vertrieb von anderen Fabrikaten mit 28 % sowie die Herstellung und der Vertrieb von Ei-Handling und Brutapparaturen mit 15 %.
Der Thyssen-Bornemisza-Konzern erreicht in diesem Jahr einen Gesamtumsatz von 2,8 Mrd. $ mit insgesamt 12 700 Beschäftigten. Dieser Mischkonzern arbeitet mit Unternehmensgruppen auf verschiedenen Geschäftsfeldern, wovon die Landtechnik mit 680 Mio. DM gut 13 % vom Konzernumsatz erreicht.
Die übrigen Geschäftsfelder sind: Glas-Container (570 Mio. DM Umsatz), Container-Leasing und Metallprodukte (208 Mio. DM), Pumpen und Ventile (462 Mio. DM), Informationssysteme (336 Mio. DM) sowie Finanz-, Investment-, Handels- und Transportfirmen mit zusammen rund 2,7 Mrd. DM

Greenland/Deutz-Fahr, Rundballenpresse mit Festkammer.

1988

unterzeichnen die KHD AG, Köln, und die Greenland N.V. Amstelveen, NL, eine Absichtserklärung über eine Zusammenarbeit bei Landmaschinen. Im November genehmigt das Bundeskartellamt diese angekündigte Kooperation. Die Zusammenarbeit umfasst die Produkte Heuerntemaschinen, Pressen und Ladewagen.
Es entsteht die Greenland GmbH & Co KG, Gottmadingen, die mit dieser Übernahme die Existenz des Produktionsstandortes Gottmadingen sichert. Das Werk Gottmadingen erzielte 1987 einen Umsatz von 192 Mio. DM.

1989

wird unter Federführung von Greenland die neue Gesellschaft Deutz-Fahr Landma-

Rivierre-Greenland, Rundballenpresse mit variabler Presskammer.

schinen-Vertriebs GmbH, an der KHD mit 20 % beteiligt ist, gegründet. Sie hat die Aufgabe, die grünen Deutz-Fahr-Futtererntemaschinen über die bisherigen Vertriebswege der Deutz-Fahr-Landmaschinen-Organisation zu vermarkten.
Damit verfügt Greenland über zwei eigene Vertriebsorganisationen in Deutschland. Dazu Boeke Heesters in den Niederlanden und die Cooperative in Kanada.
Produktion und Vertrieb in Nordamerika erfolgen durch Alleays, CI (Cereal Implements) und MFI (Massey Ferguson Implements). Diese bieten ein komplettes Programm von Bodenbearbeitungsgeräten und Drillmaschinen bis hin zu Schwadmähern und gezogenen Mähdreschern an.
Bereits im ersten Jahr können die beiden neuen Gesellschaften in Gottmadingen einen Umsatz von 160 Mio. DM bei einem ausgeglichenen Ergebnis erreichen. Es gab allerdings – noch durch KHD veranlasst – eine drastische Personalanpassung in Gottmadingen von 1 300 auf 540 Personen. In diesem ausgeglichenen Ergebnis spiegelt sich auch die Reduzierung der überhöhten Warenbestände, die Bereinigung der Fertigungspalette und natürlich auch die durch den Anlauf bedingten Marktanteilsverluste wider – obwohl die Marktanteile nach eigenen Angaben aber immer noch bei über 25 % des Gesamtmarktes liegen.

1990
können diese Gottmadinger Firmen einen Umsatz von 175 Mio. DM erzielen bei einem Nettoertrag von 1,8 Mio. DM.

1991
ist ein Jubiläumsjahr für das Werk Gottmadingen: „30 Jahre Kreiseltechnik“. Bislang sind von hier über 1,3 Mio. Kreiselheuer und Kreiselschwader ausgeliefert worden. 64 % des derzeitigen Programms sind in den vergangenen Jahren erneuert worden.

PZ-Greenland, Anbaufeldhäcksler.

Dabei liegt der Umsatzanteil der Kreiselheuer und -schwader bei 33 %, der Kreiselmäher bei 26 %, der Ladewagen bei 20 % und der Aufsammelpressen bei 21 %.

1993

trennt sich Greenland von Randaktivitäten. Die Tochterfirmen Boeke Heesters (Importeur von Case-Traktoren und -landmaschinen), Miedema (Hersteller von Maschinen für die Kartoffellagerung) und Trioliet (Hersteller von Düngerstreuern und Siloentnahmegeräten) werden an die neue niederländische Gruppe Netagco Holding verkauft, zu der bereits die Firma Rumpstad (Hersteller von Bodenbearbeitungsgeräten) gehört. In den abgegebenen Firmen sind 285 von insgesamt 1 250 Greenland-Mitarbeitern beschäftigt.
Der Vertriebssitz Grevenbroich (Vertriebsorganisation) wird aufgegeben und nach Gottmadingen verlagert. Dort sind jetzt neben der deutschen Greenland-Produktion die Vertriebsorganisationen der Marken Vicon, PZ-Zweegers und Deutz-Fahr angesiedelt.

Gut erkennbar das Aufbereitungssystem HPC.

Der Gesamtumsatz von Greenland erreicht 475 Mio. DM, wovon 30 % auf den Food-Processing-Bereich und 335 Mio. DM auf Landmaschinen entfallen. Daran ist das Werk Gottmadingen mit 110 Mio. DM beteiligt. Aus Gottmadingen kommen Kreiselheuer, Kreiselschwader, Rundballenpressen mit konstanter Presskammer, Großpackenpressen und Erntewagen.
Das Werk Geldrop in den Niederlanden steuert 95 Mio. DM Umsatz bei und liefert Trommelmähwerke mit und ohne Aufbereiter, Heumaschinen mit horizontalen Zinken, Rundballenpressen mit variabler Presskammer sowie Maishäcksler.
Das Werk Nieuw Vennep kommt auf 75 Mio. DM Umsatz und fertigt Scheibenmäher mit und ohne Aufbereiter, Düngerstreuer, Feldspritzen und Elektronik.
Das Werk Jean de Braye, nahe Orleans (Frankreich) ist mit 25 Mio. DM dabei und produziert Großpackenpressen sowie pneumatische Drillmaschinen.
Zu diesen 305 Mio. DM Fertigungsumsatz kommen noch 30 Mio. DM Umsatz mit Handelswaren hinzu.
Neben diesen vier Produktionsstätten verfügt Greenland jetzt über eigene Vertriebsniederlassungen in den Benelux-Staaten, Deutschland, Großbritannien, Frankreich, Spanien, den USA und Japan.

1994

baut das Werk Geldrop den 400 000sten Trommelmäher, der 1964 von Piet Zweegers auf den Markt gebracht worden war.

1995

liefert das Werk in Nieuw Vennep den millionsten Vicon Pendeldüngerstreuer aus. Greenland stellt ein neues Aufbereitungssystem, den *HPC High-Performance-Conditioner* vor, das sowohl für Trommel- als auch Scheibenmäher geeignet ist. Dabei dreht eine obere Walze mit V-förmigen Stahlleisten schneller als die untere Walze mit Nylon-Bürsten. Das zwischen diesen beiden aufbereitete Mähgut gelangt über ein Führungsblech zur Verteilwalze, die für eine optimale Streuung sorgt.

1996

erfolgt eine Optimierung des Pendeldüngerstreuer-Systems, mit dem jetzt von 1 m bis 18 m gestreut werden kann. Mit der Vicontrol-Dosiereinrichtung kann die von der Fahrgeschwindigkeit abhängige Ausbringmenge eingehalten werden.

1997

wird die *Master Press* eingeführt, eine Festkammer-Rundballenpresse, deren Rollkammer mit 18 Faltenprofil-Stahlwalzen höchste Verdichtungen ermöglicht.
Die Scheibenmähwerke werden wesentlich verbessert, und die *HPC-Aufbereiter* gibt es jetzt auch in den Arbeitsbreiten von 2,4 m bis 6 m.
Obwohl die Greenland-Gruppe aus den letzten Jahren nur schwache Ergebnisse vorweisen kann, ist der Jahresumsatz mit 1 182 Mitarbeitern wieder auf 312 Mio. DM angestiegen. Daran sind die Maschinen für die Futterernte mit 240 Mio. DM beteiligt.

1998

Am 15. Mai wird Greenland – überraschend für die Branche – komplett von der Kverneland-Gruppe übernommen.

Greenland: Umsätze von 1987 bis 1997

	1987	*1993*	*1997*
Gesamtumsatz Landtechnik	655	376	312
davon			
Geldrop	–	107	–
Nieuw-Vennep	–	84	–
St. Jean de Braye	–	28	–
Gottmadingen	192	123	–
Produktion total	439	342	–
Handelswaren	216	34	–
Food Processing	115	140	–
Total	770	516	–

Werte in Mio. hfl

PZ-Greenland, Scheibenmähwerk mit HPC-Aufbereiter.

Vicom-Greenland, Zweischeiben-Düngerstreuer.

Umsatz nach Produkten und Regionen von Greenland 1997

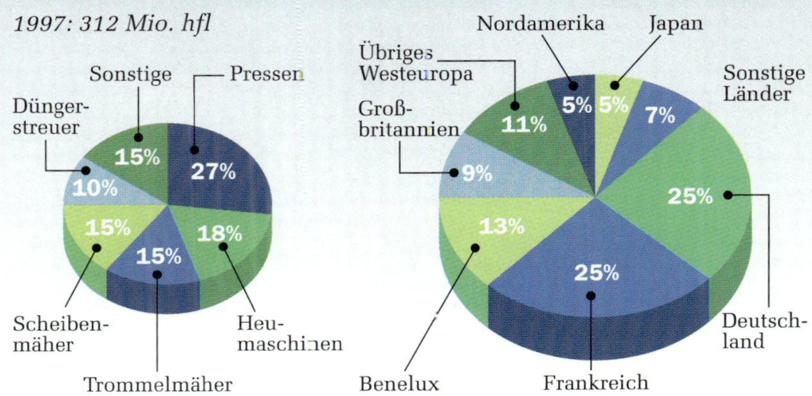

Grimme

Franz Grimme
Landmaschinenfabrik GmbH & Co KG
Damme (D)

Die Kartoffel im Fokus

Frühe Spezialisierung brachte Erfolg – Aus eigener Kraft zur Marktführerschaft

1861
errichtet Franz Carl Grimme in Damme/ Oldenburg einen Schmiedebetrieb. Franz August Grimme führt den Betrieb ab 1899 weiter und ergänzt ihn um ein Eisenwarengeschäft (das noch heute besteht) und später um einen Landmaschinenhandel.

1930
tritt Franz Grimme in den Betrieb ein. Er befasst sich schon sehr früh mit den Problemen einer rationelleren Kartoffelernte.

1937
beginnt Franz Grimme mit der Herstellung von Kartoffel-Reihenablegern.

Schleuderradroder mit Ablegerollkorb.

1938
wird die erste Produktionshalle gebaut, die noch heute als Ersatzteillager dient. Gleichzeitig laufen Versuche mit einem bodenangetriebenen Vollernter.

1940
müssen diese vielversprechenden Versuche jedoch kriegsbedingt abgebrochen werden.

1945
kann die Produktion wieder mit den Kartoffel-Reihenablegern aufgenommen werden.

1947
bringt Grimme nacheinander Schleuderradroder, Kartoffel-Vorratsroder, den ersten zapfwellengetriebenen Siebglocken-Vorratsroder und die Kartoffel-Vollerntemaschinen auf den Markt.

1950
werden die von Franz Grimme entwickelten Tieflader-Stalldungstreuer in großer Serie gebaut. Obwohl sie großes Interesse bei den Landwirten finden, müssen sie aus Rationalisierungsgründen und Konzentration auf die Kartoffelvollernter-Fertigung 1962 wieder aus dem Programm genommen werden.

Erste Versuchsmodelle Kartoffelvollerntemaschinen von 1940 und …

… mehrreihiger gezogener Überladeroder aus dem Jahr 1998.

1955
erfolgten Planung und Ausführung der ersten Ausbaustufe des heutigen Betriebes.

1956
gehen die Kartoffelvollernter in Serie.
40 Maschinen beträgt die erste Jahresproduktion, von denen allein 30 in die Niederlande verkauft werden können.
In der Folgezeit wird der Betrieb weiter ausgebaut.

1974
stellt Grimme die erste zweireihige selbstfahrende Kartoffel-Vollerntemaschine der Welt vor. Sie hat hydrostatischen Antrieb und einen 3,5 t fassenden Sammelbunker.

1980
und in den nachfolgenden vier Jahren wird der Betrieb modernisiert und neue Technologien zur Herstellung der Maschinen eingesetzt. Unter anderem erfolgt die Einführung der Lasertechnik in der komplexen Blechverarbeitung sowie der Robotereinsatz in der Schweißtechnik.

1987
wird die Firma Internorm gegründet. Sie stellt Druck- und Lackierwalzen sowie technische Produkte aus Kunststoff her und beschäftigt heute 35 Mitarbeiter. Internorm beliefert mit Rollen und anderen Komponenten auch die Landmaschinenindustrie.

1989
errichtet Grimme ein neues Verwaltungsgebäude. Zusätzlich werden die Produktionsflächen erweitert. Mit der Einführung der neuen CAD-Technologie sind technische Neuentwicklungen schneller und effektiver zu realisieren.

1991
beginnt nach der Öffnung der östlichen Märkte die Zusammenarbeit mit „Metalist, Samara"

1993
engagiert sich Grimme mit der Gründung der Vertriebs-Tochtergesellschaft in Großbritannien noch stärker auf diesem Markt.
Es erfolgt eine Erweiterung des Verkaufsprogramms um Kartoffellege- und -pflegetechnik sowie die Lager- und Belüftungstechnik.

1995
Die Firma Ricon wird gegründet. Sie befasst sich mit der Herstellung von Sieb- und Förderbändern und beschäftigt mittlerweile 25 Mitarbeiter.

8-reihige Kartoffellegemaschine GL 38Z.

Im Fertigungsbetrieb wird eine neue, umweltfreundliche Farbgebungsanlage installiert. In Samara, 1 200 km südöstlich von Moskau, werden 20 Grimme-Kartoffelvollerntemaschinen der Baureihe *DR 1500* und 20 Kartoffelkrautschläger der Baureihe *KS 3000* montiert. In den nächsten Jahren sollen die Stückzahlen auf 250 Einheiten pro Jahr erhöht werden. Im Samara-Projekt arbeiten mehrere deutsche Firmen zusammen.

1996

erzielt Grimme einen Umsatz von 135 Mio. DM. In der Lagertechnik vertritt Grimme die niederländischen Hersteller Agrovent und Climax in den Ländern Deutschland, Großbritannien und Österreich, während man in Frankreich und den Niederlanden getrennte Wege geht.

Schüttbunker und Verladebänder für einen schonenden Transport.

1997

kommt Grimme mit einem komplett neu entwickelten zweireihigen Kartoffelbunkerroder für Seitenaufnahme auf den Markt. Das Erntegut passiert zwei Ebenen mit verbessertem Trennergebnis bei höchster Schonung, bevor es in den Bunker gelangt.

1998

übernimmt Grimme den Vertrieb der August Gruse GmbH, Aerzen-Groß Berkel. Gruse ist Hersteller von Kartoffelpflanzmaschinen.

Das Unternehmen präsentiert vier Neuentwicklungen in Modulbauweise. Es handelt sich um zweireihig arbeitende Maschinen, den *Bunkerroder SE 150-60* mit 6 -t-Bunker, den Überladeroder *GZ 1700* (völlig neu konzipiert), den Selbstfahrer *SF 150-60* mit 280-PS-Motor sowie den vierreihig arbeitenden Überladeroder *GV 3000*.

Mit 500 verkauften Maschinen in Deutschland hält Grimme nach eigener Einschätzung 80 % Marktanteil. Der Exportanteil liegt bei 60 %. Nach Produktgruppen erwirtschaftet Grimme das Gros mit der Rodetechnik (78 %), die Legetechnik erreicht rund 7 %, die Entsteinungstechnik und Beetformtechnik zusammen 10 % und die Belüftungs- und Lagertechnik 5 %.

Der Bunkerroder dominiert mit 95 % Anteil den Markt in Deutschland, während die zwei- und vierreihigen Überladeroder in den Export gehen. In den Niederlanden sind diese Roder mit 50 % am Export beteiligt, in Großbritannien und Frankreich machen sie 100 % der Grimme-Exporte aus.

Selbstfahrender Bunkerroder SF 150-60 mit hydrostatisch angetriebenen Zwillings-Lenkrädern.

1999

muss Grimme die Zusammenarbeit mit dem niederländischen Hersteller Climax – nachdem dieser von der Agrimac übernommen worden ist – beenden. Grimme stellt seine eigene Entwicklung der Einlagerungstechnik bereits auf der Agritechnica vor.

Mit dem Slogan „Der Ganzjahres-Grimme“ bietet das Unternehmen nunmehr ein Komplettprogramm für den Kartoffelbau, beginnend mit den Kartoffel-Legemaschinen über Dammformer und Dammfräsen sowie Stein- und Klutentrennmaschinen. Hinzu kommen die Rodemaschinen in verschiedenster Ausführung. Angefangen von den ein- und mehrreihigen Maschinen, gezogen und selbstfahrend, mit Bunker oder Überladeband. Neu dazu kommen die eigenen Anlagen und Geräte für die Kartoffel-Lagertechnik.

Das Kartoffelerntemaschinenprogramm wird um den vierreihigen Selbstfahrer *SF 3000* ergänzt, bei dem die Vorderräder mittels hydraulischer Radmotoren angetrieben werden, und die Hinterachse ein bodenschonendes Bandlaufwerk aufweist.

1999

erzielt Grimme mit 500 Mitarbeitern einen Umsatz von rund 170 Mio. DM, wovon

75 % aus der Kartoffelerntetechnik stammen. Das Unternehmen verfügt über eigene Vertriebsniederlassungen in England und Kanada.

2000

kann Grimme 50 Bunkerroder *DR 1500* nach Ostasien liefern, einer weiteren Region zu den bereits 60 Lieferländern, die das Unternehmen weltweit bedient.
Ein neues Ausstellungs- und Schulungszentrum, das *Technicom*, mit einer Ausstellungsfläche von 1400 m^2 sowie mehreren Service- und Schulungsräumen wird eröffnet.
Der vierreihige Selbstfahrer *SF 3000* in Bunkerausführung mit verändertem Fahrwerk wird vorgestellt. Das Bandlaufwerk befindet sich nun vorn, hinter den Rodewerkzeugen mit nachgeordnetem Bunker, Reinigungs- und Trenneinrichtungen.

2001

übergibt Grimme die 1 000ste Entsteinungsmaschine *CS1500/1700*. Grimme übernimmt alle Rechte und Patente der Firma Stoll im Bereich der sechsreihigen Rübenerntetechnik. Der moderne Aufbau der selbstfahrenden Kartoffelvollernter bietet die Möglichkeit, auch Rübenrodeeinheiten aufzunehmen und so eine selbstfahrende Rübenerntemaschine herzustellen. Zur Agritechnica erhält Grimme eine Medaille für die vierreihige selbstfahrende Kartoffelerntemaschine SF 3000-15 mit Großbunker und stufenloser Reihenanpassung zwischen 75 und 90 cm. Anstelle von Antriebsrädern besitzt die Maschine ein Gurtbandlaufwerk und Doppellenkräder hinten. Basis war die Stoll-Konstruktion.

2002

Zu Jahresbeginn gründen Grimme und die Spudnik Equipment Company in Blackfood, Idaho/USA ein Joint Venture für Fertigung, Verkauf und Service von Kartoffeltechnik in Blackfood unter dem Namen Spudnik Equipment Company LLC. Das 1958 gegründete Unternehmen Spudnik mit jetzt 180 Mitarbeitern hat sich zum führenden Anbieter von Kartoffeltechnik in Amerika entwickelt.

Vollernter mit Raupenlaufwerk (aus einer Stoll-Maschine weiterentwickelt).

Entsteinungsmaschine CS 6000.

Dammfräse DF 1500/3000 für große, bauchige Dämme.

Umsatzaufteilung Grimme nach Regionen 2001

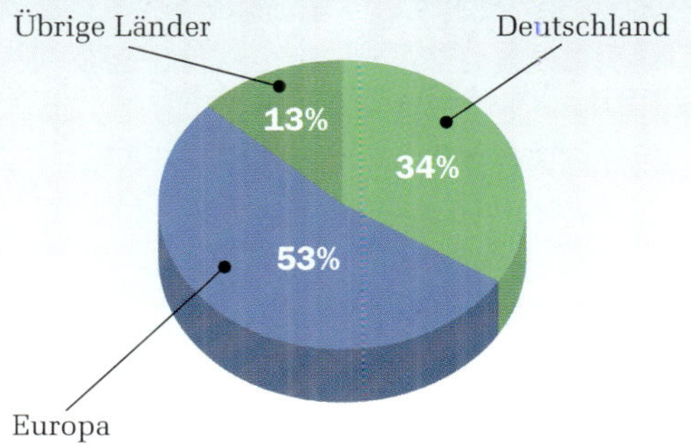

Umsätze und Zahl der Beschäftigten bei Grimme von 1970 bis 2000

	1970	*1980*	*1990*	*1995*	*1998*	*1999*	*2000*	*2001*
Gesamtumsatz	20	36	81	117	142	183	179	92
Export-Anteil %	45	63,9	59,3	58,1	60,6	60,6	62,6	66,0
Beschäftigte	223	328	478	445	484	484	554	600

Werte in Mio. DM, ab 2001 in Mio €.

Hardi

Hartvig Jensen & Co A/S
Glostrup (DK)

Der Pflanzenschutz-Spezialist

Am Anfang stand die Epoche machende Erfindung der Membranpumpe

Hardi-Anbaufeldspritze.

Anbaufeldspritze mit zusätzlichem Frontbehälter.

1957
gründet Hartvig Jensen das Unternehmen in Glostrup nahe Kopenhagen, das heute noch Stammsitz und Hauptverwaltung mit einer kleineren Produktionsstätte ist. Hartvig Jensen ist Spezialist auf dem Sektor Pflanzenschutz. Die von ihm entwickelte Membranpumpe als zentrale Verteileinheit erweist sich als Epoche machend und ist heute noch das Herz aller Hardi-Spritzen. Nach und nach baut und vervollkommnet Hardi sein Pflanzenschutz-Programm. Darin befinden sich handbediente Rückenspritzen, Motorrückenspritzen, Anhänge-, Karren- und Pick-up-Spritzen, Traktor-Anbau- und Aufbauspritzen, Anhängefeldspritzen, Sprühgeräte in mannigfacher Ausführung sowie vielseitiges Zubehör und Sonderausrüstungen, so dass ein optimaler Einsatz für alle Anwendungszwecke erreicht werden kann.

1988
muss wegen der regen Nachfrage ein neues großes Werk in Aslev (etwa 100 km südlich von Kopenhagen) mit 40 000 m^2 großen Produktionshallen errichtet und in Betrieb genommen werden.
Hardi legt besonderen Wert auf Forschung und Produktentwicklung und ist bestrebt, einen sehr hohen Anteil an Eigenproduktion zu erreichen. Dies gilt sowohl für Bauteile von Spritzen als auch für die Ausrüstung an Werkzeugen, Maschinen und sonstigen Fertigungsausrüstungen. So fertigt Hardi zum Beispiel mit einer computergesteuerten Kunststoffgießmaschine sämtliche Kunststofftanks in den unterschiedlichsten Größen ausschließlich selbst.
In diesen Zeitraum fällt auch die Entwicklung der ersten selbstfahrenden Pflanzenschutzspritzen.
Der Export erfolgt in mehr als 100 Länder, der Umsatz erreicht knapp 600 Mio. dkr.

1990
feiert Hardi sein 33-jähriges Bestehen. Produziert werden mit 1 200 Beschäftigten in Dänemark, Frankreich und Spanien jährlich rund 40 000 Feldspritzen und etwa 100 000 Kleinspritzen für den Haus- und Gartenbereich. Geliefert wird in 133 Länder, der Exportanteil beträgt mehr als 90 %. Zusammen mit den Vertriebsgesellschaften in Frankreich, Großbritannien, Spanien Schweden, Nordamerika, Kenia und Norwegen kann ein Umsatz von 720 Mio. dkr erzielt werden. Zum Vergleich: 1977 waren es noch 100 Mio. dkr. Damit hat sich Hardi in 33 Jahren zum absoluten Weltmarktführer emporgearbeitet. In Deutschland beträgt der Anteil am Markt nach eigenen Angaben 22 %, in der Exportliste steht Deutschland an 6. Stelle.

Die Kundenbindung wird neben intensiven Schulungen mit Teilnehmern aus 46 Ländern im Kurszentrum Hjalet in Dänemark mit der Kundenzeitschrift „Hardi Rama“ gepflegt. „Hardi Rama“ erreicht eine Auflage von etwa 2,5 Mio. Exemplaren pro Ausgabe und erscheint in Dänemark, Deutschland, Norwegen, Schweden, Schweiz, Niederlande, Frankreich, Spanien, Großbritannien, Irland, Tschechische Republik, Südafrika, Australien, Kanada und USA.
Seit einem Jahr ist das neue *Twin-System* (gegen Windabdrift) im Programm. Es handelt sich um eine Kombination von konventionellen Flachstrahldüsen mit einer Luftunterstützung. Dabei können kleinere Düsen verwendet werden (vorteilhaft bei Chemikalien mit sehr geringen Aufwandmengen) weil der Luftstrom den Sprühnebel in den Bestand drückt, so dass die feinen Tröpfchen nicht weggeweht werden.

1997
zeigt Hardi auf der Agritechnica die neuen Selbstfahrer *Alpha 2000* und *2500* mit gefedertem allradgetriebenem Fahrwerk, wahlweise drei Motorleistungen mit 111, 133 oder 167 PS und sechs Gestängebreiten von 18 bis 28 m. Ebenso werden die großen gezogenen Feldspritzen *Commander* mit Behältergrößen bis 3 500 l und Gestängebreiten bis 28 m sowie die neuen kompakten Aufbauspritzen *Demount* für Trac-Fahrzeuge vorgestellt. Bei den Anbauspritzen die neuen *Master*- und *Mega*-Baureihen sowie die neuen Anhängesprühgeräte *Condor* mit 2 000 l Fassungsvermögen. Dazu nützliches Zubehör, wie den *Hardi-Pilot,* Spritzcomputer und die *Metpole*-Wetterstation mit zwölf Sensoren, die seit vier Jahren auf dem Markt ist und seit kurzem auch mit entsprechender Software ausgerüstet ist.

2000
gehört das Unternehmen zur Cheminova Holding A/S und jetzt zur Auriga Holding mit einem Jahresumsatz von über 920 Mio. DM, zu dem Hardi nach einigen Turbulenzen – die nach dem Rückzug des Firmengründers entstanden sind – mit rund 210 Mio. DM (und 1 230 Beschäftigten) beiträgt. Hardi fertigt jährlich etwa 7 000 Anbau- und 3 000 Anhänger-Feldspritzen, dazu rund 2 000 Obstbauspritzen sowie 100 000 Hand- und Rückenspritzen. In der Hardi-Produktgruppe finden sich auch die Spitzenmarken Cooper Pegler (Rückenspritzen) und Evrard (Selbstfahrer).
Produktionsstandorte sind in Dänemark, Taastrup und Alslev, in Spanien Lleida, in den USA Davenpart, in Australien Cavan und in Frankreich (Evrard) Viabon.
Noch mehr Schlagkraft hat die neue selbstfahrende Feldspritze *Alpha Twin Force* mit 3 400 oder 4 100 l Behältervolumen, Spritzgestänge von 24 bis 36 m, 1,30 m Bodenfreiheit sowie 40 km/h Transportgeschwindigkeit und Vierradlenkung. Die neue Applikationstechnik ermöglicht Wasseraufwendungen von 100 l/ha mit einer Fahrgeschwindigkeit von 15 km/ha.

Anhängefeldspritze Commander plus mit Aluminium-Gestänge.

Hardi-Selbstfahrer Alpha Twin Force ermöglicht Fahrgeschwindigkeiten bis 15 km/h.

Hassia

Hassia Maschinenfabrik GmbH
35510 Butzbach (D)

Spezialist für Saat- und Kartoffeltechnik

Programmteile wurden von Lemken und Netagco übernommen

Hassia-Drillmaschine Typ LAN, Baujahr 1963.

Kartoffel-Vollernter MKBK, Baujahr 1969.

1880
gründet Andreas Jakob Tröster die Firma und beginnt mit der Fabrikation von Göpeln und Schrotmühlen in der seit Generationen in Familienbesitz befindlichen Schmiede in Griedel.

1891
wird der Betrieb mit 15 Beschäftigten nach Butzbach (bei Frankfurt/Main) verlegt und 1892 mit der Fertigung von Drillmaschinen begonnen.

1898
wird der Firma Tröster ein Patent für eine Glatt- und Breitstrohpresse erteilt.

1900
beschäftigt die Firma 34 Mitarbeiter. Zusätzlich erfolgt die Ausdehnung des Landmaschinenhandels durch den Verkauf von Dreschmaschinen sowie den Import von Mähmaschinen und Getreidemähern aus den USA.

1905
wird die Landmaschinenfabrikation um eine Eisengießerei erweitert und ein Jahr

Kartoffel-Vollernter Typ, SB6, Baujahr 1980.

später die Produktion von Hackmaschinen aufgenommen.

1914
hat das Unternehmen 100 Mitarbeiter.

1933
steigt die Beschäftigtenzahl mit dem Beginn der Fertigung von Vielfachgeräten auf 162.

1942
wird die 100 000ste Drillmaschine ausgeliefert.

1945
erfolgt die Wiederaufnahme der Produktion in der zur Hälfte zerstörten Fabrik.

1948
erhält das Unternehmen ein Patent für das Präzisionssärad zur Hassia-Drillmaschine.

1951
kommt es mit der Verselbständigung der Landmaschinen-Handelsgesellschaft Tröst-er KG zur Trennung vom Hassia-Fertigungsbetrieb.

1953
kann die erste europäische Traktor-Anbaudrillmaschine vorgestellt werden. Ein Jahr später wird die Fertigung von Kartoffel-Legemaschinen aufgenommen.

1958
wird mit der Entwicklung und Produktion von Kartoffel-Vollerntemaschinen begonnen.

1960
ergänzen Einzelkornsämaschinen das Programm.

1969
verlässt die 200 000ste Drillmaschine das Werk.

1971
erfolgt die Produktionsaufnahme von pneumatischen Einzelkornsämaschinen. Zusätzlich wird die Hassia-Rau-Vertriebsgesellschaft gegründet. Damit können nunmehr im Export komplette Mechanisierungslinien für die unterschiedlichen Kulturarten angeboten werden.

Kartoffel-Legeautomat, Typ FLO-6reihig, Baujahr 1970.

Einzelkornsämaschine Variosem, 12-reihig, Baujahr 1995.

Diese Maschinen werden in 70 verschiedene Länder verkauft.

1972
werden die Siebrost-Vollernter um die Siebband-Roder ergänzt.

1973
erfahren die Kartoffel-Legeautomaten mit der Einführung des Doppelbecherband-Systems eine entscheidende Weiterentwicklung. Im darauf folgenden Jahr erhalten die Drillmaschinen Universalsäräder und stufenlose Ölbadgetriebe.

Zwei gekoppelte 3-m-Drillmaschinen für hohe Flächenleistungen aus 1992.

1977
werden die pneumatischen Einzelkornsämaschinen mit dem Säscheiben-Fächerrad-Säsystem ausgerüstet.

1980
feiert das Unternehmen sein 100-jähriges Jubiläum und kann dabei die 375 000ste Hassia-Landmaschine ausliefern. Über 600 Mitarbeiter arbeiten in den Betriebsstätten.

1991
meldet die Hassia-Landmaschinenfabrik A. J. Tröster mit derzeit 250 Beschäftigten Konkurs an, nachdem ein Investor überraschend von seinem Engagement Abstand genommen hatte. Das Familienunternehmen, das 1990 rund 40 Mio. DM Umsatz erreichte, hat aufgelaufene Verbindlichkeiten von etwa 12 Mio. DM.
Das Landmaschinenhandelsunternehmen ist davon nicht betroffen.
Der 13. Oktober ist der erste Arbeitstag der neu gegründeten Hassia-Maschinenfabrik GmbH & Co. KG. Sie gehört nunmehr der dänischen Cormall-Holding A/S in Sonderborg, unter deren Dach mehrere Firmen zusammenarbeiten. Darunter die im Sommer des Jahres erworbene Landmaschinenfabrik Becker Gmbh & Co. KG in Oberweser-Gieselwerder mit etwa 90 Beschäftigten.

1992
wird die Herstellung von Kartoffel-Vollerntemaschinen eingestellt.

1995
geht auch diese Nachfolgefirma in Konkurs. Im April wird die Lemken-Hassia Drilltechnik GmbH mit Sitz in Butzbach als hundertprozentige Tochter der Lemken GmbH & Co. KG gegründet. Zusätzlich wird das Know-how der Einzelkorndrilltechnik übernommen.
Die Kartoffel-Legeautomaten werden nach Holland an die Netagco Holding BV, Lelystad, weiterverkauft.

Kartoffellegemaschine, Baujahr 1998.

Gebr. Holder GmbH & Co Maschinenfabrik
Metzingen (D)

Holder

Spezialtraktoren und Pflanzenschutz

Bei Einachser- und Schmalspurtraktoren die Entwicklung entscheidend mitgeprägt

1888
entwickelten Christian und Friedrich Holder in Urach die erste selbsttätige Pflanzenschutzspritze der Welt (heute im Deutschen Museum in München) und legt damit den Grundstein für das Unternehmen Holder. Ein Jahr später folgt die erste deutsche Petrol-Wasserspritze zur Bekämpfung der Blutlaus im Wein-, Obst- und Hopfenbau.

1898
wird die erste selbsttätige Rückenspritze angeboten.

1902
zieht das Unternehmen zur Erweiterung der Produktion an seinen heutigen Standort nach Metzingen.

1913
beschäftigt Holder bereits 100 Mitarbeiter. Viele „Original Holder Spritzen" kommen in dieser Zeit mit dem Prädikat „Die erste der Welt" auf den Markt.

1927
kommt Holder mit dem ersten Motor-Rücken-Sprühgerät auf den Markt sowie der ersten

Links eine selbstfahrende Schmalspur-Motor-Hopfen-Spritze, rechts eine gespanngezogene Motor-Obstbaumspritze. Beide stammen aus den 20er Jahren.

Max Holder bei der Vorführung seines Universal-Einachsschleppers.

Ein 20-PS-Holder-Allrad-Schlepper A 21 S.

selbstfahrenden Zweigang-Motor-Baum- und Hopfenspritze Autofix.

1930
verlässt der erste Holder-Einachsschlepper mit 6 PS Motorleistung das Werk (er steht als Beispiel für den technischen Fortschritt ebenfalls im Deutschen Museum in München).

1932
kann die erste im Vollölbad arbeitende Motorpumpe mit Sicherheitsstufenventil vorgestellt werden.

1936
bringt Holder die Drei-Kolben-Motorspritze, ein Jahr darauf folgt die selbstfahrende Hochdruckspritze *Auto-Rekord*.

1942
gelingt der Firma die Entwicklung eines Holzgas-Generators für Kleinstmotoren.

1951
baut Holder als Erster einen Dieselmotor in einen Einachsschlepper ein. Ein Jahr später wird daraus der erste Vierradtraktor *B10* entwickelt und wieder ein Jahr später der erste Holder-Traktor mit Allradantrieb. Mit diesem Traktor revolutioniert Holder die Schwerstarbeit im Weinbau und erobert in diesem Spezialmarkt für viele Jahre unangefochten die Spitzenposition.

1966
schließen sich die beiden Traditionsunternehmen Holder und Carl Platz, Frankenthal, zur Holder-Gruppe zusammen. In den Werken Metzingen, Grunbach und Fran-kenthal werden nun vier Produktgruppen Pflanzenschutzgeräte, Allradtraktoren, geräte und Hochdruckreinigungsgeräte. Die Entwicklung der Pflanzenschutztechnik wird in den nachfolgenden Jahren für sparsame Ausbringung, zur Entlastung der Umwelt, wesentlich beeinflusst. Holder und Platz führen dazu auch die Elektronik und halbautomatische
Geräte ein.

1967
wird die Diagnosestation Dositest zur Überprüfung von Pflanzenschutzgeräten eingeführt, von der innerhalb kurzer Zeit 400 Stationen im Einsatz sind.

1978
fließt die erste Dosierelektronik Dositron, ein Vorläufer heutiger Technik zur schlagbezogenen Datenerfassung – Datenaustausch über PC – mittels Chipkarte und GPS-Steuerung in das Lieferprogramm ein.

1980
hat Holder das Know-how aus der Traktorentechnik zur Produktion von Spezialtraktoren für den Kommunaleinsatz ausgeweitet. Diese erfolgreiche Diversifikation
macht Holder zu einem der führenden Anbieter auf diesem Markt.

Anhängespritze mit längsgeklapptem 30-m-Spritzgestänge in stabiler Gitterbauweise und Pendel mit stufenloser Dämpfung.

1983
erfolgt die Einführung der Tangential-Querstromtechnik, noch heute höchster Standard der Pflanzenschutztechnik im Obst- und Weinbau.

1985
erzielt Holder mit 900 Mitarbeitern, davon 220 im Werk Frankenthal, einen Umsatz von rund 130 Mio. DM. Hauptumsatzträger sind die Pflanzenschutzgeräte mit rund 55 Mio. DM (42 % des Gesamtumsatzes).

1986
Anfang Februar wird Holder zur Eröffnung eines Vergleichsverfahrens gezwungen. Als Gründe werden die Zusammenbrüche von Märkten in Nahost, anhaltende Nachfrageschwäche seitens der Landwirtschaft sowie außerordentliche finanzielle Belastungen bei der Modernisierung des Unternehmens angegeben.

1987
Im November kann das Vergleichsverfahren erfolgreich abgeschlossen werden. Dabei verändert sich das Unternehmen grundlegend. Die Produktion wird von drei Standorten auf einen – das Werk Metzingen – zusammengelegt. Der Produktbereich Platz-Hochdruckreinigung in Frankenthal wird aufgegeben. Der Gesamtumsatz liegt jetzt bei 85 Mio. DM, der mit 530 Mitarbeitern erzielt wird. Davon entfallen auf Traktoren 48,5 Mio. DM, auf Pflanzenschutz- und Umwelttechnik 28,5 Mio. DM und die restlichen 8 Mio. DM auf Motorgeräte. 60 % der Traktorproduktion werden ins Ausland verkauft.

1990
steigen die Umsätze bei nunmehr 480 Mitarbeitern wieder auf 90 Mio. DM. Hinzu kommen noch die Umsätze der Holder of North America in Höhe von 3,5 Mio. DM. Der Pflanzenschutzbereich ist daran mit 43,2 Mio. DM beteiligt, die Traktoren mit 39,2 Mio. DM und die Motorgeräte mit 7,5 Mio. DM. Im Geschäftsbereich Motorgeräte bietet Holder Balkenmäher, Motorhacken und Einachsgeräte für Landwirtschaft, Gartenbau, Kommunen und Hobbygärtner an.

1992
werden alle Holder-Geschäftsanteile von der japanischen Maruyama Manufacturing Company Inc. Tokio übernommen.
Die 1895 gegründete Maruyama, einer der führenden japanischen Landmaschinenhersteller, erlöst über 50 % des Jahresumsatzes von 28 Mrd. Yen (360 Mio. DM) mit Pflanzenschutzgeräten. Die Exportquote von Maruyama liegt bei 20 %. Die Firma verfügt über eigene Verkaufsbüros in Paris, Singapur und den USA.
Holder soll mit der bisherigen Geschäftsführung als selbstständige Tochtergesellschaft weitergeführt werden.
Die Agria-Werke GmbH, Möckmühl, übernehmen die gesamte Sparte Motorgeräte. Mit den handgeführten Motorgeräten hat Holder 1991

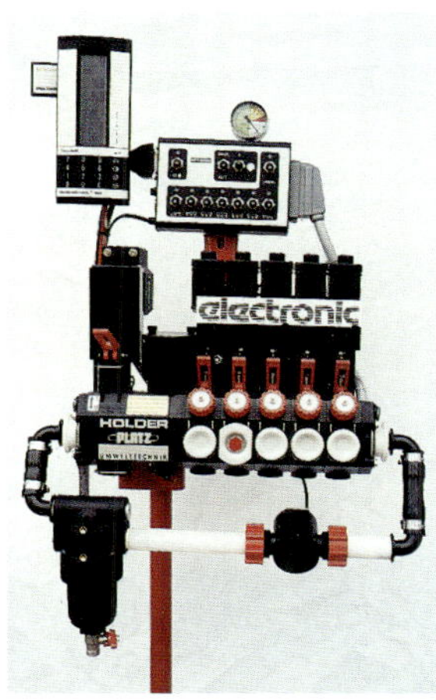

Dosicontrol® Armatur – erhältlich von der einfachen handgeschalteten Version bis zum Agrarcomputer.

nur noch einen Umsatz von etwa 6 Mio. DM erzielt und dabei in Deutschland einen Marktanteil von unter 10 % erreicht.

1996

kauft die Gebr. Holder GmbH & Co KG, vertreten durch Dr. Hans Saur, wieder alle Geschäftsanteile von der japanischen Maruyama Manufacturing Co zurück. Die auf nunmehr 170 Personen reduzierte Belegschaft erreicht zum Geschäftsjahresschluss einen Umsatz von rund 60 Mio. DM.

1997

verfügt die zur Agritechnica vorgestellte Anhängerspritze über eine Luftfederung, was unabhängig von der Belastung immer einen gleichmäßigen Düsen-Abstand zum Boden gewährleistet. Sie ist für 40 km/h Straßenfahrt zugelassen.

1999

stellt das Unternehmen neben dem bekannten Programm von Anbau- und gezogenen Feldspritzen einen *Selbstfahrer HS 3200* vor, bei dem wesentliche Teile der Feldspritze von der Trac-Aufbauanlage stammen.

Holder-Selbstfahrer HS 3200 mit Vorderrad-, Allrad- und Hundegang-Lenkung.

2000

hat Holder den Turnaround aus eigener Kraft geschafft. Einschließlich der Auslandstöchter in Frankreich und Kanada erreicht der Umsatz wieder 90 Mio. DM, von dem rund 50 % auf Spezial-Traktoren (900 Stück) entfallen, gefolgt von den Pflanzenschutzgeräten und dem Ersatzteilbereich. Vom Gesamtumsatz werden 50 % im Export erzielt.
Der Grund dieses Erfolges liegt in der innovativen Produktentwicklung des gesamten Lieferprogrammes und der Neuordnung der Produktion. Mit dem „Rundum-Sorglos-Paket“ wird ein umfassender Versicherungsschutz über die einjährige Herstellergarantie hinaus für weitere drei Jahre gegen eine Selbstbeteiligung von 500,- DM angeboten und damit ein ganz neuer Weg beschritten.

2001

muss Holder nach starken Umsatzeinbrüchen das Insolvenzverfahren beantragen, das am 1. Juli eröffnet wird. Einem Verlust von 470 000 DM im Jahr 1999 steht 2000 ein Gewinn von 325 000 DM gegenüber.
Auf der Demopark zeigt Holder eine neue Traktorenreihe und zwar Kommunaltraktoren mit neuen Getriebelösungen zum Einsatz auf Straße und Schiene sowie ein erweitertes Mähgerätekonzept.
Nach gescheiterten Übernahme-Verhandlungen mit diversen Firmen erklären sich Händler und Importeure bereit, als stille Gesellschafter mit 3,5 Mio. DM in das Unternehmen einzusteigen. Die Gläubiger stimmen dem Insolvenzplan zu. Die Anzahl der Mitarbeiter sinkt von 175 auf 135. Zur Agritechnica stellt Holder einen neuen Traktor *Extra Slim* mit 92 cm Außenbreite und 58 PS vor.

2002

Am 30. September verlässt der Insolvenzverwalter das Haus. Es wird wieder normal gearbeitet.

Horsch Maschinen GmbH
Schwandorf (D)

Horsch

Pfluglos lautet das Konzept

Ein Landwirt aus Bayern wagt den Schritt vom Praktiker zum Fabrikanten

1969
übernimmt der Landwirt Dankwart Horsch den rund 300 ha großen landwirtschaftlichen Betrieb Gut Sitzenhof und experimentiert dort, weil es auf den steinigen Böden der Oberpfalz große Probleme beim Pflügen gibt, mit Fräsen, Scheibendrillmaschinen, Spatenrolleggen und Grubbern.

1972
hat er nach anfänglichen Schwierigkeiten den pfluglosen Ackerbau so weit im Griff, dass auch die Erträge stimmen. Dieses Wissen soll sich für die Zukunft auszahlen.

1980
baut Michael Horsch eine Accord-Drillmaschine mit pneumatischer Sädosierung auf eine 4,0 m breite Fräse, die das Saatgut unmittelbar hinter der Fräswelle auf den Fräshorizont ablegt. Das hochgeschleuderte Erdreich bedeckt das Saatgut mit der Feinerde, während die Steine, Kluten und Ernterückstände obenauf liegen. Damit ist die Grundidee des Horsch-Systems geboren. Weil der erforderliche Leistungsbedarf bei über 200 PS liegt, entwickelt Horsch einen Dreiradtraktor mit 250 PS Leistung. Dieser Traktor hat eine bodenschonende Terrabereifung, so dass jede Spur nur einmal befahren wird. Nach und nach wird das Programm immer vielfältiger und breiter ausgebaut.

1984
gründen Michael und Walter Horsch das mittelständische Unternehmen Horsch Maschinen GmbH. Das neue Unternehmen sieht sich denn auch weniger als klassischer Landmaschinenhersteller, sondern bietet vielmehr innovative Konzepte für die moderne Landwirtschaft durch kostensparende Anbauverfahren und Produktionstechniken bei Mähdruschfrüchten und setzt dabei auf die großflächige Landwirtschaft.

Terra-Trac mit 3000 l Saattankinhalt und Airseeder CO9.

Horsch-Doppelscheiben-schar-Drillmaschinen gibt es auch in schmaler Arbeitsbreite von 3 m.

Dazu hat Horsch auf dem Gut Sitzenhof – das nunmehr seit über 30 Jahren pfluglos bewirtschaftet wird – 20 ha Versuchsflächen angelegt. Auf denen können die verschiedensten Bodenbearbeitungs-, Sä- und Düngeverfahren besichtigt werden.

1995
stellt Horsch auf der Agritechnica den neuen *Horsch-Trac AT 200 (L)* mit Aufbaulasten bis zu 12 t vor. Dieser 185 PS starke Allradtraktor mit Lastschaltgetriebe ist bis 60 km/h schnell, hat einen Radstand von 4,5 m und kann wahlweise mit Niederdruck- oder Pflegebereifung ausgerüstet werden. Die L-Version verfügt zusätzlich über Hinterachs- bzw. Hundeganglenkung. Diese patentierte Lenkung, gesteuert über Lenkcomputer, ermöglicht sogar bei Terrabereifung einen engen Wenderadius und bei Hundegang vier getrennte Reifenspuren ohne Überlappung. Bei dem Grundfahrzeug handelt es sich um einen modifizierten JCB Fastrac.

Airseeder mit PPF-System, das geringe bis hohe Düngermengen präzise senkrecht unter die Pflanze plaziert, ohne Verbrennungen zu verursachen.

1997
gelingt es, das Horschsystem für Sätechnik und Bodenbearbeitung von einem Nischenmarkt überzuführen in den planbaren „Haupt-"Markt. In Bezug auf die Trac-Technik hat dies nicht geklappt. Aus diesem Grunde wird eine zweite Gesellschaft, die Horsch GmbH & Co KG, unter dem Namen „Horsch Technologie" gegründet, die sich mit der Intensivierung von Entwicklung und Vertrieb speziell der Horsch-Trac und ihrer Anwendungssysteme beschäftigt. Auf diesem Gebiet besteht auch eine lose Kooperation mit dem Trac-Vertrieb von Claas und JCB. Im gleichen Jahr entwickelt Horsch auch neue Bodenbearbeitungsgeräte zur Stoppelbearbeitung.

1998
eröffnet Horsch sein neues Informationszentrum, das FIT-Zentrum für Forschung – Information – Technologie. Hier soll künftig mit Praktikern, Kunden, Beratern und Wissenschaftlern das Wissen über acker- und pflanzenbauliche- sowie betriebswirtschaftliche Zusammenhänge erarbeitet und optimale Bewirtschaftungssysteme vermittelt werden.

1999
geht Horsch eine Vertriebs- und Marketingkooperation mit dem britischen Hersteller Simba ein. Simba vertreibt Horsch-Produkte in Großbritannien und liefert eigene Bodenbearbeitungsgeräte (schwere Scheibeneggen und Doppelringwalzen) in Horsch-Farben für den Vertrieb in Deutschland. Im Juni kommt der neue Horsch-All-Trac *AT 300* auf den Markt, ein ganzjährig einsetzbares Trägerfahrzeug mit verschiedenen Schnell-Wechselaufbauten bis zu

Horsch-Umladewagen mit 20 m³ Fassungsvermögen, die Lösung für die gebrochene Erntekelle im Großbetrieb.

Airseeder mit 9 m Arbeitsbreite für Mulch- oder Direktsaat mit patentiertem Tandem-Reifenpacker.

15 t. Wie beim *AT 200 (L)* wird hier eine starre oder lenkbare Hinterachse angeboten. Dabei handelt es sich um einen Fendt Vario 926 mit 260 PS, stufenlosem, leistungsverzweigten Getriebe und der bewährten Horsch-Hinterachslenkung mit Terrabereifung. Elektrik und Elektronik sowie die Kabine stammen vom Claas Lexion. Dieser Horsch *AT 300* kann bei allen Fendt-Vertriebspartnern bezogen werden. Der Gesamtumsatz der Firma dürfte bei etwa 35 bis 40 Mio. DM liegen. Dieser Schätzung liegt eine Mitarbeiterzahl von 120 Personen zugrunde, multipliziert mit dem durchschnittlichen Pro-Kopf-Umsatz der deutschen Landtechnikindustrie und unter Berücksichtigung der geringen Fertigungstiefe bei Horsch.

1999
wird der neue Horsch *Quattro* vorgestellt. Er kann in einem Arbeitsgang Ernterückstände bis auf 20 cm Tiefe einmischen, Bodenverdichtungen bis auf 45 cm lockern, den Boden einebnen und rückverfestigen. Dazu gibt es verschiedene Werkzeuge: X-förmige Scheibenegge, Tiefenlockerungszinken und Doppelscheibenpacker. Es gibt ihn in Arbeitsbreiten von 3, 4, 5 und 6 m. Neu ist auch eine Ringwalze aus der Zusammenarbeit mit Simba mit 6,60 m, 7,60 m und 8,20 m Breite, wobei die keilförmigen Gussringe einen Durchmesser von 550 mm haben.

2000
bietet Horsch das bewährte *Pronto*-Konzept, eine Doppelscheibenschar-Drillmaschine mit 12 m Arbeitsbreite bei 3 m Transportbreite und 5 000-l-Saattank an.

2001
wird zur Agritechnica der neue *Terrano FX* Grubber mit TerraGrip-Zinken zum Einmischen von Ernterückständen bis zu 30 cm Tiefe mit 3, 4 und 6 m Arbeitsbreite vorgestellt.
Horsch betreibt jetzt weltweit vier FIT-Zentren mit Niederlassungen – neben Deutschland – in Frankreich, Ukraine und den USA.

2002
hat man wegen der zunehmend größere Maschinen eine neue Produktionshalle mit 2 200 m^2 für 1,7 Mio. Euro in Betrieb genommen.
Neu auf den Markt kommt der robuste Schwergrubber *Terrano* für Arbeitstiefen bis 40 cm und Arbeitsbreiten von 3 bis 7 m. Außerdem die Packerwalze *Optipack DD* mit starken Doppelscheiben mit 70 cm Durchmesser in 6,60 und 8,20 m Arbeitsbreite.

Umsatz nach Produkten und Regionen von Horsch 2001

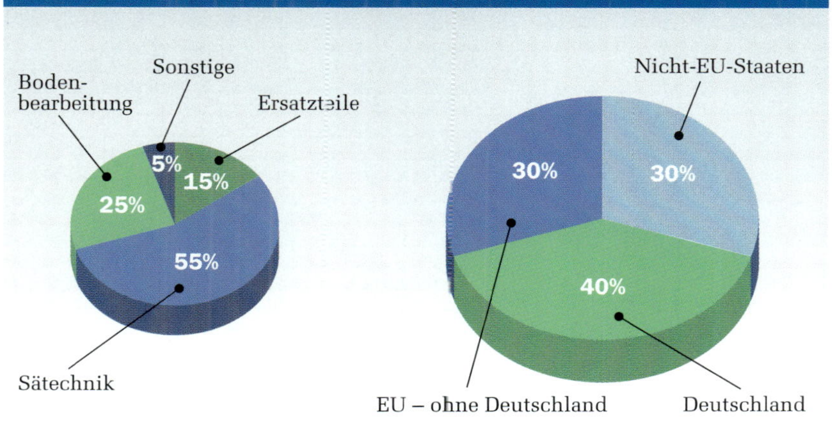

Hürlimann

Hürlimann Traktorenfabrik
Wil, (CH)

Schweizer Traktorenschmiede: Klein, aber fein

Die Marke sowie Teile der Motorentechnik
leben als S+L+H (Same+Lamborghini+Hürlimann) bis heute weiter

1929
ist die Geburtsstunde des ersten Hürlimann-Traktors *1 K8*, ausgerüstet mit einem Bernard-Benzin-Motor, der über 8 PS Leistung verfügt und einem Getriebe mit 3/1 Gängen. Hans Hürlimann hat in das Getriebe als Besonderheit zusätzlich einen Mähantrieb eingebaut. Die Vorstellung dieses Traktormodells ist so erfolgreich, dass bereits ein Jahr später 169 mit schwedischen Herkules-Mähwerken ausgerüstete Traktoren ausgeliefert werden.

1936
rüstet Hürlimann seine Traktoren mit eigenen Motoren aus, die bis dahin mit Fremdfabrikaten ausgestattet waren. Zuerst sind es Motoren mit 2 und 4 Zylindern.

1941
entwickelt Hans Hürlimann die *Motoregge*, eine Rüttelegge, die anstelle des Seitenmähwerkes angebaut werden kann und vom integrierten Mähantrieb angetrieben wird. Damit wird Pflügen und Eggen in

1929 brachte Hans Hürlimann mit dem 1 K8 seinen ersten Traktor auf den Markt.

Hürlimann-Traktor aus der Same-Produktion.

einem Arbeitsgang möglich – ein bemerkenswerter Rationalisierungsfortschritt.

1959
beschäftigt das Unternehmen rund 200 Mitarbeiter.

1960
kann Hürlimann in der Schweiz 780 Traktoren verkaufen. Im ersten Halbjahr 1961 waren es bereits 578 Traktoren, wie aus einer Werbeanzeige in „Der Traktor" hervorgeht.

1972
führt Hürlimann nach mehreren Verlustjahren – deren Grund zu geringe Produktionszahlen und eine zu große Typenvielfalt sind – Gespräche mit Same, die zunächst im Sande verlaufen.

1975
glaubt Hürlimann, in den Lamborghini-Traktoren, die bereits 1972 von Same übernommen worden waren, die ideale Ergänzung zu seinen eigenen Modellen gefunden zu haben.
Man nimmt fünf Modelle von Lamborghini in das Programm auf und liefert dafür wassergekühlte 4- und 6-Zylinder-Dieselmotoren von 54 bis 200 PS nach Italien.

1977
wird die Personen- in eine Aktiengesellschaft umgewandelt, an der sich Same mit zunächst 35 % beteiligt. 160 Mitarbeiter bauen noch Hürlimann-Traktoren, die jedoch schon mit wesentlichen Komponenten der Same-Gruppe ausgerüstet sind.

1981
übernimmt Same die restlichen 65 % der Aktienanteile.

1983
Im Februar stellt Hürlimann nach 54 Jahren die Produktion seiner eigenen Traktoren ganz ein, die Beschäftigtenzahl ist auf 50 zurückgegangen. Die Firma Hürlimann Traktoren AG wird als reine Handelsfirma weitergeführt.

1989
werden zusätzlich zum Vertrieb der Hürlimann-Traktoren auch die Modelle von Lamborghini und Same in der Schweiz verkauft, was die Namensänderung der Firma in die S+L+H-Traktoren AG zur Folge hat.

1990
bezieht diese Firma neue Gebäude. Der Produktname Hürlimann bleibt erhalten, wie auch die bei Hürlimann entwickelte Motoren-Technik in den neuesten S+L+H-Modellen weiterbesteht.

oben links.
Strohbergung mit einer IHC-Hochdruckpresse.

oben rechts:
Der IHC 1046, eines der erfolgreichsten Modelle.

1963

haben sich die Zugleistungen der produzierten IH-Traktor-Modelle *706, 806, 1206* nahezu verdreifacht. Eine bessere Ausnutzung der Traktoren kann durch den *Torque Amplifier*, dem ersten Zweistufen-Lastschaltgetriebe und die Zugkraftregelung erreicht werden.
Merkmale für den Fahrkomfort sind Hilfskraftbremse, Lenkhilfe, unabhängige Zapfwelle und Frontantrieb.

1970

steht die IHC im Zenit ihrer wirtschaftlichen Entwicklung. Es wurden bisher mehr als 5 Mio. Traktoren ausgeliefert. Sie werden von über 100 000 Mitarbeitern in 46 Werken gebaut. 250 000 dieser Traktoren stammen aus Neuss.
Der verstärkten Forderung nach erhöhter Zugleistung kommt IHC mit dem Modell *IH 1566* mit 127 und 140 PS nach.

1972

steht IHC in Deutschland erstmals an erster Stelle der Zulassungsstatistik – mit einem Rekord-Marktanteil von 21,7%. IHC hat damit den bis dahin lange führenden Traktorenhersteller Deutz von der ersten Stelle verdrängt.
Einige Jahre zuvor ist das Landmaschinenprogramm des niederländischen Fabrikates Zweegers in das Vertriebsprogramm übernommen worden, um der Verbindung Deutz-Fahr besser begegnen zu können.

1979

streiken in einem der härtesten amerikanischen Arbeitskämpfe vom 1. November an 35 000 amerikanische Mitarbeiter bei der Muttergesellschaft der IHC, um sich der Verschlechterung des 1950 abgeschlossenen recht großzügigen Manteltarifvertrages zu widersetzen. Als der Streik am 21. April 1980 endet, hat das Unternehmen 479 Mio. $ verloren.
IHC gibt die langjährige Marktführerschaft in den USA an John Deere ab.

Mähdrescher 8-71 mit 75-PS-Motor, 3 m Schnittbreite und 2250-l-Korntank.

Ein 1255 XL mit 125 PS aus Neusser Fertigung im neuen Case-IH-„Outfit“.

1980
kauft IHC ein Mähdrescherwerk der französischen Firma Braud S.A. Es ist geplant, dieses für 40 Mio. $ zur Herstellung von Axialfluss-Mähdreschern umzubauen.

1981
sinken die Aktien der IHC auf den tiefsten Stand seit 35 Jahren. Die Gesamtschulden betragen etwa 4,9 Mrd. $ trotz des Verkaufes der Solar-Turbinen-Division.

1982
trennt sich IHC vom defizitären Baumaschinen-Bereich, der an die Dresser Industries abgegeben wird. Nach Analystenmeinung reichen diese Verkäufe jedoch nicht aus, um die Überlebensfähigkeit des Unternehmens zu sichern.
Bis dahin hat die IHC über 5 Mio. Traktoren gebaut.
In Deutschland dagegen bleibt IHC seit zehn Jahren in ununterbrochener Reihenfolge Marktführer bei den Traktorzulassungen.

1983
übernimmt Dresser auch den deutschen Baumaschinen-Bereich der IHC mit dem Werk Heidelberg.
Die französische Regierung hat vor, IH in Europa zu „nationalisieren“ und drängt die staatliche Renault SA zu deren Erwerb. Man träumt dort vom Entstehen der international größten Landmaschinen-Industrie. In Frankreich hatte man in der Vergangenheit schmerzliche Verluste hinnehmen müssen.
Nach dreimaliger Sanierung war nämlich der letzte französische Mähdrescher-Produzent Braud 1975 in Staatsbesitz übergegangen. Doch Mähdrescher produzierte Braud längst nicht mehr. Von den einstmals 19 französischen Traktorenherstellern ist nur noch Renault übrig geblieben.
Renault kann sich auf Grund der eigenen schwierigen Situation (im ersten Halbjahr 1982 über 1 Mrd. FF Verlust) den von außen herangetragenen Expansionswünschen widersetzen.
Noch im gleichen Jahr stößt IHC auch die Beteiligung an dem niederländischen LKW-Produzenten DAF ab.

1984
verringern sich die Verluste dank der erheblichen Einsparungen im Zuge der Reorganisation. Dennoch unterzeichnen IHC und Renault eine Absichtserklärung, in Europa auf den Gebieten der Entwicklung und Herstellung von Traktorenbauteilen zusammenzuarbeiten. Dabei sollen die beiden Firmen ihre wirtschaftliche Selbstständigkeit behalten.
Zwischenzeitlich laufen auch Verhandlungen mit der Zahnradfabrik Passau ZP über eine Zusammenarbeit im Getriebebau.
Ende November schließen die J. I.Case Co., Racine/USA und IH einen Vertrag über den Verkauf verschiedener Vermögenposten an

Umsatz nach Produktgruppen von IHC Neuss 1977 und Case IH Neuss 1989

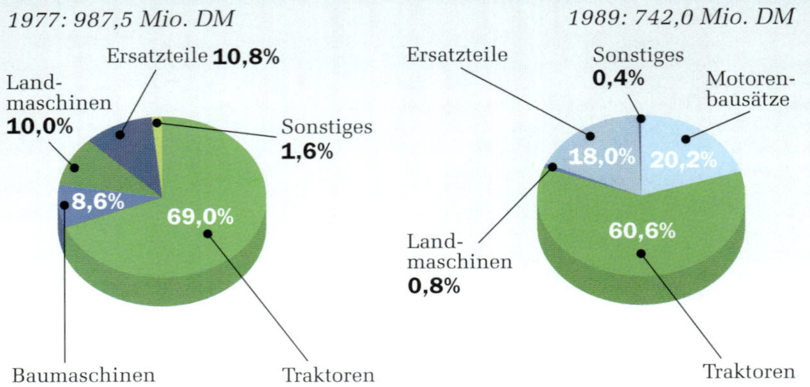

Umsätze und Zahl der Beschäftigten bei IHC von 1965 bis 1982

	1965	*1970*	*1975*	*1980*	*1982*
Gesamtumsatz	2.336,7	2.711,5	5.246,0	5.968,4	4.292,0
Davon					
Lastkraftwagen	1.063,5	1.335,6	1.999,0	2.701,1	2.428,0
Landmaschinen und Traktoren	819,8	841,5	2.105,7	2.507,0	1.864,0
Baumaschinen	344,6	361,6	886,8	760,3	–
Sonstiges	108,7	172,8	254,5	–	–
Umsatz nach Regionen (in Prozent)					
Nordamerika	79,1	80,5	78,0	74,0	81,0
Europa/Afrika	11,1	10,5	15,8	18,7	17,0
Lateinamerika	3,5	3,0	1,1	1,1	1,0
Pazifik-Region	6,3	6,0	5,1	6,2	1,0
Beschäftigte			110.990	87.162	43.290

Werte in Mio. US-$

Umsätze, Produktionszahlen und Zahl der Beschäftigten bei IHC Neuss von 1973–1977 und Case IH Neuss von 1985–1989

	IHC Neuss			*Case IH Neuss*		
	1973	*1975*	*1977*	*1985*	*1987*	*1989*
Gesamtumsatz TDM	598,2	894,9	987,5	639,4	557,7	742,0
Gewinn	23,0	43,6	53,0	4,1	-32,3	-7,3
Exportanteil (%)	52,2	60,3	54,6	56,8	55,4	61,2
Beschäftigte	4.619	5.166	5.159	2.701	2.423	2.232
Produktion Traktoren	16.736	19.372	22.048	8.840	7.291	10.471
Produktion Motoren	64.782	67.966	68.955	32.651	31.692	33.042
Traktoren-Bausätze	12.293	12.893	12.110	10.017	7.642	6.377
Rad- u. Baggerlader	1.315	1.692	919	–	–	–

Werte in Mio. DM

die Tenneco Inc. Die Transaktion umfasst folgende Einheiten von International Harvester:
– Die Mähdrescher-Fabrik in East Moline/Illinois.
– Die Fabrik für landwirtschaftliche Geräte in Hamilton/Ontario.
– Das Konstruktionsbüro in Hinsdale/Illinois.
– Die Werkzeugmaschinen in den 14 Fabriken in Rock Island/Illinois und Memphis/Tennessee.
– Das Vertriebsnetz in Nordamerika und die dazugehörigen Außenunterstützungen.
– Die IHC-Tochtergesellschaft in Großbritannien einschließlich ihrer Traktorenfabrik in Doncaster/England.

Tenneco hat darüber hinaus den Erwerb weiterer Einheiten für die Herstellung landwirtschaftlicher Maschinen von IHC in Deutschland, Frankreich und Dänemark vereinbart. Voraussetzung dafür ist allerdings, dass gewisse Untersuchungen abgeschlossen und zufriedenstellende Vereinbarungen mit Kreditgebern und der öffentlichen Hand des jeweiligen Landes getroffen werden.

In dem Vertrag wird gleichzeitig festgelegt, dass IH auf eigene Kosten das sehr moderne Traktorenwerk Rock Island/Illinois stilllegt. Damit werden die Fertigungskapazitäten in den USA um gut 30 % verringert. Am 28. November wird in der Finacial Times hierüber ausführlich berichtet, also genau vor der „Smith Field Show" in London.

Damit hat einer der ältesten und größten Pionierbetriebe der Landtechnik aufgehört, als selbstständiges Unternehmen zu existieren. Während die Landmaschinensparte in die Case Corp. aufgeht, wird der Lastwagenbereich verselbstständigt und unter der Marke *Navistar* weitergeführt.

Der International Harvester, die seit 1979 keine Gewinne mehr erzielt hat, haben auch die Umschuldungsoperationen in diesem Zeitraum nicht mehr helfen können.

JC Bamford (JCB)

J. C. Bamford Excavators Ltd. (JCB)
Rocester (GB)

In die Marktlücke des MBtrac gestoßen

Ein Baumaschinen-Hersteller sorgt in der Landwirtschaft für Furore

1945
gründet im Oktober Joe C. Bamford seinen kleinen Betrieb mit dem Bau von Anhängern, die vorzugsweise aus Altmaterial von Armeebeständen bestehen.

1948
rüstet er seine Anhänger mit einem Hydrauliksystem aus. Zuvor mussten die Anhänger über einen Schraubenmechanismus mit Handkurbel gekippt werden. Der Vorjahresumsatz beträgt 10 500 £.

1949
stellt Bamford den ersten einarmigen Frontlader an einem Fordson-Major-Traktor vor, später gibt es auch Doppelarm-Frontlader für die Landwirtschaftstraktoren.

1953
erfolgt die Ausrichtung der Produkte immer mehr in Richtung Baumaschinen mit einem Hydraulik-Heckbagger für größere Traktoren.

1957
gelingt ihm der Durchbruch mit dem *Hydra-DiggerLoadall* – damit ist der erste Baggerlader geboren. Die Antriebseinheiten hierfür stammen vom Fordson Major, später von BMC Nuffield.

1963
werden die Raupenbagger in das Produktionsprogramm aufgenommen. Die Entwicklung zu Bau- und Industriemaschinen ist damit vollzogen.

1968
kauft Bamford mit der Firma Chaseside Engineering in Blackburn einen gut eingeführten Radladerhersteller.

Titel einer Werbeschrift für den ersten JCB-Hydraulik-Heckbagger.

JCB-Fastrac im Mäheinsatz.

1977

stellt JCB den ersten *einarmigen Teleskop-Lader* vor, ursprünglich eine amerikanische Idee. Dieses Produkt ist auf den Weltmärkten überaus erfolgreich. Es findet auch wieder das Interesse der größeren Farm-Betriebe und bringt natürlich Nachbauer auf den Plan, die an diesem offenbar lukrativen Geschäft teilhaben wollen. Mit der Loadall-Reihe wird JCB später zum Weltmarktführer.

1987

experimentiert JCB mit einem „Hochgeschwindigkeitstraktor“ *HMV (High Mobility Vehicle)*, der 72 km/h erreicht und daher eine neue Dimension für Landwirte, Lohnunternehmer und kommunale Versorgungsträger eröffnet.

Fastrac 2135 und 3185 mit 5- und 6-scharigen Wendepflügen.

1989

gründet JCB eigens dafür die JCB-Landpower Ltd., denn dieses Fahrzeug soll in einer besonderen Fabrik in Cheadle, Staffordshire, gefertigt werden.

1990

stellt JCB dieses neue Fahrzeug auf der Smithfield-Show in London vor.
Den Antrieb liefert ein 6-Zylinder-Perkins-Dieselmotor wahlweise mit 125 PS oder 145 PS (mit Turbolader). Das Schaltgetriebe hat 3 (Gruppen) x 6 Vorwärtsgänge und 1 (Gruppe) x 6 Rückwärtsgänge. Die Hubkraft an der Heckhydraulik beträgt 5 500 kg, die der Fronthydraulik 3 000 kg. Das Rahmenfahrzeug hat Allradantrieb der vier gleich großen Räder, ist voll gefedert mit einer zentral zwischen den Rädern aufgebauten Komfortkabine.

1991

stößt das Fahrzeug mit dem Namen *Fasttrac* in ganz Europa in eine Marktlücke, die der *MB-Trac* von Mercedes-Benz nach Produktionseinstellung hinterlassen hat.

1995

bietet die JCB Landpower Division vier Modelle mit Leistungen von 115, 148, 168 und 188 PS an, dazu Teleskop-, Rad- und Kompaktlader für den Bereich Landwirtschaft, Forst, Industrie und Kommunen. Bamford produziert in Großbritannien in sechs Werken in Rocester, Stammbetrieb und Hauptverwaltung, Blackburn Cheadle, Rugeley, Uttoxeter und Wrexham, und besitzt eigene Tochtergesellschaften in den USA, Frankreich, Deutschland, Italien, Niederlande und Spanien. Dazu Regionalbüros in Dänemark, Zypern, Südafrika, Brasilien, Kolumbien, Mexiko, Australien, Singapur und Honkong sowie ein Joint Venture mit Escorts-JCB in Indien.
JCB schließt mit der Renault Agriculture ein Handelsabkommen. Danach wird Renault alle Produkte von JCB Landpower in 74 französischen Departements exklusiv verkaufen. Das Geschäftsjahr 1995 kann das Unternehmen mit einer Umsatzsteigerung von 25 % abschließen. 705 Mio. £ werden erreicht gegenüber dem Vorjahr mit 564 Mio. £. Bei Baggerladern schätzt das Unternehmen seinen Weltmarktanteil auf 24,6 %, womit JCB Marktführer ist. Auch bei Teleskopladern liegt das Unternehmen mit 26,4 % an der Spitze. In Deutschland werden insgesamt 1 145 Maschinen inklusive *Fastrac* verkauft und dabei ein Umsatz von 110 Mio. DM erzielt. Über 60 % der Produktion werden in 140 Länder exportiert. JCB ist im Maschinenbau das größte britische Privatunternehmen.

1996
führt JCB mit der *Quadtronic* die Vorderradlenkung bei den kleineren Fastrac-*Modellen 1115* mit 123 PS und *1135* mit 148 PS ein. Seit diesem System wird ab einer Geschwindigkeit von 20 km/h automatisch die Lenkung der Hinterachse blockiert. Ein zusätzlicher Selbstdiagnose-Computer überwacht alle Funktionen der Maschine.

1997
wird gegen Ende des Jahres die neue *Fastrac-Baureihe 3000* mit dreistufigen PowerShift-Getrieben vorgestellt. Gleichzeitig hat man die *1100er-Reihe* aufgerüstet und in *2000er-Reihe* umbenannt und um einen neuen *Typ 2150* erweitert. Das *Modell 2150* wird von einem 198 PS starken Motor angetrieben. Das *Modell 3155* verfügt über eine Motorleistung von 168 PS, und der *3185* hat 188 PS. Mit dem dreistufigen Lastschaltgetriebe erhöht sich die Gangzahl auf 54 Vorwärts- und 18 Rückwärtsgänge. Powershift und Selektronic sorgen dabei für einen sanften Gangwechsel. Der Umsatz erreicht 774 Mio. £.
76 % der Maschinen werden exportiert. In Deutschland kann JCB 1 250 Maschinen mit einem Wert von 117 Mio. DM absetzen. Die Landpower Division verkauft davon 420 Maschinen, wobei die *Fastracs* am besten abschneiden.

1998
bestätigen JCB und Perkins ihre seit über 30 Jahren bestehenden guten Geschäftsbeziehung durch eine langfristige Liefervereinbarung. Demnach sollen auch nach der Übernahme von Perkins durch Caterpillar jährlich 25 000 Motoren an JCB geliefert werden. Perkins seinerseits stellt Dieselmotoren in einem Leistungsbereich von 5 bis 2 637 PS mit einer Jahreskapazität von über 300 000 Einheiten her und liefert diese Motoren in 160 Länder. Gesichert wird auch die Zusammenarbeit mit der japanischen Sumitomo auf dem Gebiet der Raupenbagger. 14 Modelle aus dem breitgefächerten JCB-Programm kommen von Sumitomo.

1999
Der neue, auf der Agritechnica vorgestellte Teleskop-Kompaktlader *525-50 Farm Special* ist eine Weiterentwicklung des Vorgängers mit einer auf 2,5 t erhöhten Hubkraft. Die Hubhöhe des mit Allradantrieb sowie Allradlenkung ausgestatteten Fahrzeuges beträgt 5,0 m, und bei maximaler Reichweite von 2,82 m ist die Hubkraft noch 1 t.
JCB steigert seinen Gesamtumsatz auf 833 Mio. £ und 91 Mio. £ Gewinn. Der Exportanteil beträgt 72 %.

2000
muss JCB wegen schwerer Verstöße gegen das europäische Kartellrecht eine Geldstrafe in Höhe von 39,6 Mio. Euro bezahlen.

2001
bietet JCB für die Fastrac-Reihen *2000* und *3000* ein sogenanntes *Smoothshift-Getriebe* mit Auto-Shuttle-Wendegetriebe und Knopfdruckschaltung an.
Bei den neuen 120 PS starken Teleskopladern *530-70 Farm Special* vermindert das *Smooth Ride System* bei flotten Fahrten Stöße auf unebener Fahrbahn.
JCB investiert in Deutschland 85 Mio. DM zur besseren Marktdurchdringung.
20 % des europäischen Marktes entfallen auf Deutschland.

JCB-Teleskoplader 528 S mit 2,8 t Ladeleistung und 6.75 m Ladehöhe.

Moderner Fastrac mit hoher Transportgeschwindigkeit 80 km/h und 188 PS Motorleistung.

Umsätze, Produktionszahlen und Zahl der Beschäftigten bei JCB-Bamford von 1960 bis 2000

	1960	*1970*	*1980*	*1990*	*1995*	*2000*	*2000* in Euro
Gesamtumsatz in Mio. Brit. £	9,0	21,1	105,0	375,0	704,6	889,4	1.425,3
Hergestellte Maschinen	1.225	4.168	6.040	13.916	22.056	30.282	
Beschäftigte						4500	

-JF-

JF-Fabriken
J. Freudendahl A/S
Underborg (DK)

Die späte Geburt des Mähbinders

Riesenerfolg mit gezogenen Mähdreschern – Heute ein bedeutender Hersteller von Grünlandtechnik – Stoll übernommen

1951
beginnt mit sechs Mitarbeitern die Produktion des kleinen, leichten Eintuchbinders in einem Geräteschuppen, mit dem der Ingenieur Jens Freudendahl weltweit bekannt wird. Schon seit 1944 trug er sich mit dem Gedanken, einen einfachen, billigen Mähbinder herzustellen.
Bis 1950 waren zehn Versuchsmuster im Erprobungseinsatz. Dieser Eintuchbinder kann sowohl in gezogener Ausführung als auch im Front- oder Heckanbau eingesetzt werden.
Von diesem Produkt werden in den folgenden Jahren, als sich schon die meisten Hersteller von Mähbindern aus diesem Geschäft verabschiedet haben, noch weit über 80 000 Einheiten hergestellt.

Der legendäre JF-Eintuchbinder in der Entwicklungsphase.

1957
erfolgt die Markteinführung des Allzweckwagens, von dem innerhalb von sechs Jahren mehr als 30 000 Stück im Einsatz sind. Ein Jahr später folgt der Anbauschlegel-Feldhäcksler, der ebenfalls ein großer Markterfolg wird: In nur fünf Jahren werden rund 20 000 Maschinen ausgeliefert. Danach werden Schnellheuer und Frontschwadleger in das Lieferprogramm aufgenommen.

1960
gelingt mit der Vorstellung des Schlegelfeldhäckslers der Einstieg in die Futterernte. Auch diese Maschine, die in den skandinavischen Ländern, Großbritannien, Irland, Benelux und Norddeutschland gute Aufnahme findet, wird in größeren Stückzahlen gebaut.

1962
überrascht das Unternehmen die Fachwelt mit einem Traktor-Seitenanbau-Mähdrescher, der auch den kleineren Betrieben die Vorteile des Mähdrusches bringen soll. Das

Bis in die 70er Jahre hinein verkauft JF jährlich 2000 bis 3000 dieser gezogenen Mähdrescher.

5 oder 6 Fuß breite Schneidwerk ist dabei asymmetrisch vor dem Traktor angeordnet, die eigentliche Dreschmaschine mit Dreschgutförderer befindet sich auf der rechten Traktorseite, der Absackstand am Traktorheck, der später durch einen Korntank ersetzt wird.
Mit Jahresstückzahlen zwischen 2 000 bis 3 000 Einheiten erreicht JF bis in die Mitte der 70er Jahre hinein, als der Bedarf an gezogenen Mähdreschern insgesamt abnimmt, noch einmal einen großen geschäftlichen Erfolg.

1968
bringt JF einen leichten Trommelmäher auf den Markt.

1972
werden die ersten Exaktfeldhäcksler vorgestellt und

1976
ein Anbau-Zettrechwender, bestehend aus zwei Kreiseln, die mit zwei Schwadformern auch für diesen Arbeitsgang geeignet sind.

1987
beginnt JF mit der Entwicklung und Produktion großer, leistungsstarker Maschinen. Ein Stalldungstreuer mit vier Streuwalzen und Tandem-Achse sowie ein gezogener Scheibenmäher mit eingebautem Conditioner sind die ersten Vertreter einer neuen Maschinengeneration für größere landwirtschaftliche Betriebe.

1997
übernimmt JF die Firma Samson-Tanges. Dieser Hersteller von Futtermischwagen, ermöglicht JF eine Erweiterung des Angebotes für Milchviehbetriebe. 70 % der hergestellten Futtermischwagen werden exportiert.
Die Firma Stoll, Broistedt, übernimmt den kompletten JF-Vertrieb in Deutschland. Dafür schließt JF seine deutsche Niederlassung in Scheeßel und beteiligte sich im Gegenzug mit 20 % am Stammkapital von Stoll.
JF stellt auf der Agromek in Dänemark den schweren Dungstreuer *ST 12000/40 Unimaster* zur Verteilung von Klärschlamm, Kompost und Stalldung mit bis zu 20 m

JF gezogener Mähaufbereiter mit Schwadablage.

Streubreite vor. Das Fahrzeug hat bei einem Gesamtgewicht von 16 t eine Nutzlast von 12 t und ist mit einer Zweikreisdruckluftbremsanlage bis 40 km/h konzipiert.
Als Alternative zum selbstfahrenden Feldhäcksler bietet das Unternehmen den gezogenen Exakthäcksler *1350* an. 90 cm breite 30-Messer-Häckseltrommel, 3,10 m Pickupbreite für 225 PS Leistungsbedarf. Neu ist auch ein gezogenes Scheibenmähwerk mit 3,20 m Arbeitsbreite.

1999
übernimmt die Freudendahl Invest A/S, dänische Muttergesellschaft der JF, über ihre bereits bestehende Beteiligung hinaus sämtliche Geschäftsanteile der Wilhelm Stoll Maschinenfabrik GmbH, Lengede. Kurzfristig wird zusätzliches Eigenkapital in zweistelliger Millionenhöhe zugeführt. Durch die Übernahme entsteht ein Unternehmen mit einem Jahresumsatz von rund 200 Mio. DM.

2000
zeigt JF auf der Agromek leistungsstarke Mäher und Futtermischwagen. Während der 15-m^3-Wagen mit dem Twin-System ausgerüstet ist, verfügt der Größere mit 19 m^3 Fassungsvermögen über ein Paddelsystem, das eine schonende und effektive Mischung gewährleistet.
Bei den Mähwerken ist einmal der gezogene, 3,60 m breite Scheibenmäher mit dem Top-Dry-System, ein Aufbereiter mit Breitstreuablage zu nennen. Dazu zwei Frontmähwerke mit 3,20 m und acht Scheiben sowie 3,05 m und vier Trommeln.
Für den Heckanbau ist ein Scheibenmähwerk mit 2,80 m und ein Trommelmäher mit 1,70 m Arbeitsbreite lieferbar.
Heute besteht das Lieferprogramm aus Mähwerken unterschiedlicher Bauart, wahlweise mit Konditioniereinrichtung (zum Teil mit Seitenschwadablage), Universal-Heumaschinen, Kreiselzettwender und -schwader sowie Schlegel-, Mais- und Exakt-Feldhäcksler. Die Häckselladewagen runden das Futtererntemaschinenprogramm ab.
Hinzu kommen Stalldungstreuer und Vielzweckwagen. Die Produkte werden nach modernsten Verfahren im Stammwerk Sønderborg und im Zweigwerk Ulkebøhl hergestellt.
JF hat bis heute über 750 000 Maschinen in über 90 Länder ausgeliefert. Der Umsatz der dänischen Werke erreicht rund 110 Mio. DM bei 440 Mitarbeitern.
Der Gruppenumsatz des Unternehmens, einschließlich Stoll, beläuft sich auf 210 Mio. DM bei insgesamt 790 Mitarbeitern.

linkes Bild: Kombinierter Einsatz von Front- und Heckmähwerk.

rechtes Bild: Futtermischwagen mit Links- oder Rechts-Austrag.

Franz Kleine Maschinenfabrik GmbH & Co.
Salzkotten (D)

Kleine

Technik rund um die Zuckerrübe

Einst als Lanz-Händler groß geworden, nach der Wende BBG übernommen, danach Partner von Kverneland. Zuletzt Konkurs gegangen und wiedergeboren

1874
gründet Franz Kleine in Salzkotten (zwischen Paderborn und Soest gelegen) eine Schmiede und Werkstatt, die sich auch mit dem Handel und der Reparatur von Landmaschinen befasst.

1919
eröffnet Kleine in Warburg seine erste Filiale. Die Firma wird Lanz-Haupthändler und macht den Lanz-Bulldog in ganz Westfalen bekannt.

1947
wird mit der Produktion der ersten Zuckerrübenerntemaschine *Rübenmeister* die Grundlage für die Franz Kleine Maschinenfabrik gelegt. Der *Rübenmeister* ist eine traktorgezogene Maschine, deren Rübenheber die aus dem Boden gezogenen Rüben von gesteuerten Gabeln in einen auf dem Boden abrollenden Reinigungskorb befördert und anschließend in einem Querschwad ablegt.

1960
kommen Einzelkornsägeräte in das Fertigungsprogramm. Zuerst die *JR 2* für die Aussaat von Zucker- und Futterrüben-Monogermsaat, später auch für Mais. Verschiedene Anschlussstücke erlauben den Einsatz an Vielfachgeräten anderer Hersteller oder an der *Schmotzer-Kombi*.

1962
entwickelt Kleine dazu eine Bandspritzein-

Aus den 80er Jahren: Sechsreihiger Köpfroder, hinten angebaut, an Schlepper mit Rückfahreinrichtung.

Zweireihiger gezogener Bunker-Köpfroder mit Blattablage.

richtung zur gleichzeitigen Unkrautbekämpfung bei der Aussaat. Das Vereinzeln mit der Handhacke wird damit überflüssig.

1970
herrschen bei den Zuckerrüben-Vollerntern die gezogenen ein- und zweireihigen Maschinen mit Überladebunker für die Rüben vor. Kleine ist gerade auf diesem Gebiet besonders stark, weil seine Maschinen sehr zuverlässig arbeiten.

1980
entwickelt Kleine, angeregt durch die Entwicklung in Frankreich Anfang der 70er Jahre, Maschinen für mehrphasige Ernteverfahren. Das Ergebnis ist der sechsreihige Köpfroder, hinten angebaut, am Traktor mit Rückfahreinrichtung, sowie der gezogene Rodelader oder Rodebunker.

1989
erfolgt eine einschneidende Änderung in der Kleine-Gruppe.
Zur Firmengruppe gehören die Franz Kleine Maschinenfabrik, die Franz Kleine Landtechnik GmbH & Co, beide mit Sitz in Salzkotten, sowie das vor einiger Zeit übernommene Landtechnik-Handelshaus Heinrich Bielefeld mit Sitz in Selm-Bork/Westfalen. Der Bereich Handel bearbeitet ein Gebiet zwischen Münster, Bielefeld, Kassel und Iserlohn mit insgesamt 14 Filialen, die Landtechnik und Kommunalmaschinen verkaufen. Hinzu kommen vier Autohäuser. Die Maschinenfabrik, in der neben Landmaschinen auch Spezialmaschinen für Industriebetriebe gefertigt werden, verfügt über drei Tochtergesellschaften: Die Kleine Agroservice GmbH in Salzkotten, die Kleine Hungaria Ltd in Budapest und die Kleine UK Ldt. in London.
Der Gesamtumsatz der Gruppe liegt bei 140 Mio. DM. Davon entfallen auf den Landtechnikhandel 52 %, auf Automobile 34 % und 14 % auf die Maschinenfabrik.
Ein Familiengesellschafter scheidet aus und überträgt seine Anteile an den seit 1986 amtierenden Geschäftsführer und Gesellschafter Dr. Harald Neitemeier. Damit besitzt dieser mehr als 51 %.

1990
ist die Umstrukturierung der Kleine-Gruppe, die durch eine Bürgschaft des Landes Nordrhein-Westfalen sehr erleichtert wird, im Wesentlichen abgeschlossen.

1991
stellt Kleine den neuen selbstfahrenden sechsreihigen Köpfrodelader *SF 10* mit einem 8 t fassenden Zwischenbunker vor. Dieser Vollernter ermöglicht noch während des Erntevorganges ein Überladen der Rüben auf ein nebenher fahrendes Transportfahrzeug. Die in getrennten Baugrup-

pen geteilten Rodeaggregate arbeiten hydraulisch angetrieben im Schubsystem vor den Rädern an der Vorderachse. Angetrieben wird dieser Selbstfahrer von einem 230-PS-Motor über einen dreistufigen hydrostatischen Antrieb.

1993

erwerben die Franz Kleine Maschinenfabrik und zwei weitere Gesellschafter die Bodenbearbeitungsgeräte Leipzig GmbH (BBG) von der Treuhandanstalt in Berlin. Die BBG, Hersteller von Bodenbearbeitungsgeräten, Pflanzenschutzmaschinen und Rübenrodeeinrichtungen, gehörte zu DDR-Zeiten zum Landmaschinenkombinat Fortschritt und hat eine sehr lange Tradition. *Hervorgegangen ist die BBG nämlich aus einer der renommiertesten und ältesten Landmaschinenfabriken Deutschlands, der 1866 gegründeten Firma Rudolf Sack, Leipzig-Plagwitz. Rudolf Sack baute den ersten stählernen Universalpflug in Serie. Neben den angestammten Bodenbearbeitungsgeräten baute Sack auch Drillmaschinen und entwickelte 1948 die ersten Kartoffel- und Zuckerrübenerntemaschinen, den Bunkerroder „Schatzgräber 1001" mit auswechselbaren Rodewerkzeugen und kippbarem, 3 t fassenden Bunker.*
Mit 147 Mitarbeitern und hohen Investitionen von 5,4 Mio. DM in neue Anlagen soll das neue Unternehmen in eine gesicherte Zukunft starten. Ein zentraler Bestandteil des Unternehmenskonzeptes ist die Verlagerung des Betriebes bis zum Jahresende aus der Leipziger Innenstadt an einen neuen, ausbaufähigen Standort im Südwesten der Stadt.
Für das erste Geschäftsjahr heißt das Umsatzziel 20 Mio. DM, und im zweiten Jahr sollen bereits wieder schwarze Zahlen geschrieben werden.

1995

übernimmt Kleine das komplette Rübenerntetechnik-Programm der Firma Unsinn in Aichach. Mit den selbstfahrenden Rüben-Reinigungsladern aus diesem Programm schafft Kleine eine wichtige Abrundung seiner Produktpalette. Zusammen mit den Produkten der BBG bietet Kleine nunmehr eine vollständige Mechanisierungskette für den Zuckerrübenanbau.
Zur Jahresmitte entschießen sich die Franz Kleine Landtechnik-Handel, Salzkotten, und die Raiffeisen Central-Genossenschaft Nordwest eG (RCG), Münster, zu einer

BBG-Anbaupflug an Traktor Fortschritt 300.

BBG-Aufsattelpflug mit Packer.

BBG-Rübenrodeeinrichtung an einer russischen Erntemaschine.

Sechsreihiger Zuckerrübenernter SF 40 mit 480-PS-Motor und 40-m³-oder 25-t-Bunker.

Zusammenarbeit. Die elf Filialen werden in vier Vertriebsgesellschaften zusammengefasst, die von beiden Gesellschaften getragen werden. Der neue Verbund operiert in einem Gebiet mit rund 25 000 landwirtschaftlichen Betrieben. Ziel ist die Verbesserung der Kundenbetreuung vor Ort bei deutlicher Kostenreduzierung.
Die BBG-Leipzig erweitert ihr Angebot der Feldspritzen durch eine neue, im Baukastensystem konzipierte Reihe.
Kleine und BBG sind an dem größten internationalen Projekt „Interzucker" in der Ukraine beteiligt.

1996

bietet die BBG als Dienstleistung ein Feldmesssystem an. Das in einem Fahrzeug installierte System zeichnet über GPS-Satellitenempfänger und Bordcomputer die Darstellung landwirtschaftlicher Flächen schnell und präzise auf.
Kleine hat seine Schneidscheibentechnik am Einzelkornsägerät *Multicorn DP* weiterentwickelt. Mit hydraulischer Druckunterstützung wird jetzt auch Direktsaat möglich.

1997

ist der Kleine Zuckerrübenernter *SF 10* mit einem Autopilot für beide Achsen lieferbar. Ein Taster vor dem Köpfer überträgt dabei die Lenkimpulse auf die Hinterachse. Zum *SF 40* gibt es eine Wiegeeinrichtung zur Ertragserfassung schon während der Ernte. Bei dem 18-reihigen Rüben- und Sonnenblumen-Sägerät oder 12-reihig für Mais wird der 9 m breite Rahmen in drei Etagen hydraulisch übereinander geklappt.
Die BBG bietet eine 9 m breite Saatbettkombination *Europak 9000* an. Durch die optimierte Werkzeugbestückung bei geringem Strichabstand ist die Herrichtung des Bodens in einem Arbeitsgang möglich.

1998

teilt Kleine mit, dass die niederländische Agrimac-Holding eine 75%ige Beteiligung an der Kleine Maschinenfabrik erworben habe. *Die Agrimac-Holding ist mit den Firmen Agrifac und WKM in den Bereichen der Rübentechnik und des Pflanzenschutzes tätig und mit der Firma Amac im Kartoffelerntesektor. Für Agrimac ist die gute Marktposition von Kleine in Deutschland und Osteuropa interessant, während Kleine die Agrimac-Niederlassungen in den Beneluxstaaten und in England nutzen könnte.*
Die Agrimac-Holding BV schreckt jedoch in letzter Minute vor dem bereits öffentlich

Der bewährte Kleine SF 10 Bunkerroder.

verkündeten Engagement zurück.
Die seit Monaten andauernde Krise bei der Franz Kleine Maschinenfabrik GmbH & Co. wird ab dem 1. Mai durch neue Eigentümer, die gleichzeitig geschäftsführende Gesellschafter werden, überwunden. Die neue Firma heißt jetzt Franz Kleine Agrartechnik GmbH. Keiner der bisherigen Gesellschafter ist noch in der Firma vertreten.
Die Beteiligung an der BBG ist nicht Teil dieser Auffanglösung. Die BBG wird zu Jahresbeginn 1999 komplett von den Amazone-Werken übernommen.
Das neue Unternehmen wird die Entwicklung, die Produktion und den Verkauf von Einzelkornsämaschinen und Zuckerrüben-Erntemaschinen fortsetzen. Mit über 80 Mio. DM Jahresumsatz 1997 nimmt es eine führende Stellung in Europa ein.

2000

vervollständigt Kleine mit einem 1 050 l fassenden Frontdüngetank das Produktprogramm für die professionelle Maisaussaat. Für die Mulchsaat von Mais werden V-förmig angeordnete Schneidscheiben vor dem Einzelkornsäschar mit stufenlos einstellbarer Druckunterstützung angeboten.
Im August schließt die Franz Kleine Agrartechnik GmbH mit dem norwegischen Kverneland-Konzern einen Kooperationsvertrag über eine strategische Allianz, die Forschung, Produktion und Vertrieb umfasst. Eine Übernahme oder ein Tausch von Anteilen ist nicht geplant, jedoch zahlt Kverneland für die Nutzung der Kleine-Technologie.
Durch diese Allianz erhält Kleine Zugang zum weltweiten Vertriebsnetz von Kverneland und hofft, den Exportanteil, der bereits 46 % erreicht, weiter zu erhöhen.

2001

stellt Kleine das mechanische Einzelkornsägerät *Unicorn 3* mit 24 Säreihen vor. Der 12 m breite Rahmen besteht aus zwei 6-m-Elementen, die im Hauptrahmen pendelnd geführt werden. Im Einsatz tragen vier Stützräder die Maschine, und für den Straßentransport gibt es eine Langfahrvorrichtung. Danach wird die Produktion nach Soest zu Kverneland-Accord abgegeben.
Der neue Sechsreiher *SF 30* ist eine Weiterentwicklung und ergänzt die Produktpalette zwischen *SF 10* und *SF 40*. Kennzeichen sind vier gleichgroße Räder mit je 1,10 m Breite sowie ein neues Reinigungskonzept.

Kleine-Einzelkornsägerät.

2002

muss Kleine im Februar wegen eines Liquiditätsengpasses vorläufig Insolvenz beantragen, nachdem Verhandlungen mit Kongskilde an zu hohen Forderungen der Banken gescheitert sind – wie auch mit Kverneland. Bei guter Auftragslage sind derzeit 160 Mitarbeiter mit einem Jahresumsatz von 30,2 Mio. Euro in 2001 beschäftigt.
Durch Beteiligung einer internationalen Investorengruppe. ist die Zukunft nunmehr gesichert. Die neu gegründete Firma Franz Kleine Vertriebs- und Engineering GmbH hat die Patente, Firmennamen sowie andere Aktiva übernommen. Die Produktion von Kleine-Rübenernte-Selbstfahrern wird von der neu gegründeten Firma Saelzer Maschinenbau GmbH weitergeführt. Zunächst werden 80 Mitarbeiter beschäftigt. Kleine will seine führende Marktposition in den Großflächenstrukturen Osteuropas weiter ausbauen.

Umsätze und Zahl der Beschäftigten von Kleine von 1980 bis 1997

	1980	*1990*	*1994*	*1997*	*1999*	*2000*
Gesamtumsatz	29	44	54	80	53	60
Exportanteil	14	38	69		45	55
Beschäftigte	212	187	178	220	205	190

Werte in Mio. DM

Leistungsstarker flüssigkeitsgekühlter Deutz-Motor der Baureihe 1015.

nerwerke durch Ölspekulationen selbst in Schwierigkeiten geraten ist.

1990

wird die Luftfahrttechnik an BMW verkauft.

1995

wird ein Verlust von 358 Mio. DM aus dem Vorjahr übernommen, der nun auf 958 Mio. DM anwächst. Dieser ist durch Unregelmäßigkeiten bei der KHD Humboldt Wedag AG entstanden. Das Aktienkapital ist bei einem Gesamtfehlbetrag von 1,1 Mrd. DM aufgezehrt. Zum Rettungsplan gehört auch der Verkauf der Landtechniksparte an die italienische Same-Gruppe.

1997

heißt das Unternehmen wieder Deutz AG und konzentriert sich auf die Entwicklung und Fertigung von Dieselmotoren. Für den Bereich der Industrieanlagen wird noch ein Partner gesucht – einige Teile sind bereits veräußert.

2000

bleibt die Deutz AG in der Verlustzone, trotz umfangreicher Grundstücksverkäufe (35 Mio. DM). Der Umsatz beläuft sich auf 2,5 Mrd. DM, davon nur noch 244 Mio. DM Industrieanlagen. Nun ist für Deutz die Unabhängigkeit kein Selbstzweck mehr, alle Formen einer Zusammenarbeit sind denkbar. Neben Deutz ist nur noch der amerikanische Motorenhersteller Cummins ungebunden.

In der Entwicklung der Klöckner Humboldt Deutz AG lassen sich – je nach Vorstandstemperament – vier Phasen feststellen:
1. Die unternehmerisch expandierende ab 1938.
2. Die organisatorisch straffende ab 1965.
3. Die visionäre ab 1975.
4. Die restrukturierende ab 1988.
Der KHD-Konzern erzielte seinen höchsten Umsatz im Jahr 1984 mit 5,7 Mrd. DM bei einem Konzerngewinn von 51 Mio. DM und 25 000 Mitarbeitern.

Umsätze und Zahl der Beschäftigten bei Deutz von 1949 bis 2000

	Klöckner-Humboldt-Deutz AG			*KHD-Konzern*				*Deutz AG*
	1949/50	*1959/60*	*1969/70*	*1980*	*1985*	*1990*	*1995*	*2000*
Gesamtumsatz	189	1.019	3.018	4.621	5.461	4.060	3.285	2.513
Auslandsanteil %		-	42	66	71	61	67	75
Beschäftigte	13.176	27.260	47.173	29.673	29.743	15.022	9.425	6.614
Traktorenanteil %		19 – 20						

Umsatz-Werte in Mio. DM

Die Entwicklung des Deutz-Traktorenbaues zur Sparte Landtechnik

1894
baut die amerikanische Tochtergesellschaft der Gasmotorenfabrik Deutz, die Otto Gas Engine Works in Philadelphia, erstmals einen Traktor.
Es ist ein 15-PS-Traktor mit 5,4 t Gewicht und dem typischen Aussehen einer Lokomobile, deren Dampfkessel durch einen Otto-Motor ersetzt ist.

1907
experimentiert man auch in Köln mit zwei unterschiedlichen Konzepten. Eines davon besteht aus dem Deutzer Automobilpflug mit 40-PS-Motor, Allradantrieb der vier gleich kleinen Rädern sowie Vorder- und Hinterachslenkung. Er ist an Vorder- und Hinterachse mit einem Beetpflug ausgerüstet, damit sollte er wie ein Kippflug bei der „Dampfpflügerei" auf dem Feld hin und her fahren.
Der zweite Typ ist die Deutzer Pfluglokomotive mit 25-PS-Motor bei 3 t Eigengewicht, größeren Antriebsrädern hinten und kleineren Lenkrädern vorn. Dieser Traktor hat bereits einen bemerkenswerten technischen Stand. Die Kraftübertragung auf den Boden ist jedoch ungenügend (obwohl er sich an einem verankerten Seil weiterziehen konnte), sodass beide Entwürfe nicht weiterverfolgt werden.

Deutzer Pfluglokomotive.

1919
versucht Deutz mit einem aus der schweren Artillerie-Zugmaschine entwickelten „Trekker" in der Landwirtschaft wieder Fuß zu fassen. Er hat einen 40-PS-Benzolmotor, gefederte Vorder- und Hinterachse, ein einfaches Getriebe bis 6 km/h mit drei Vorwärts- und einem Rückwärtsgang sowie Riemenscheibe, Ladepritsche, Fahrerkabine und 3,6 t Eigengewicht.

1926
beginnt Deutz mit dem Traktor Typ *MTH 222* die serienmäßige Traktoren-Herstellung. Als Antrieb dient ein liegender Einzylinder-Dieselmotor mit Verdampfungskühlung. In seiner Bauart entspricht er dem bereits 1921 vorgestellten 12-PS-*Lanz Bulldog HL*, dem ersten Rohölschlepper

Deutzer Automobilpflug „System Brey" mit 40 PS und zwei Mehrscharpflügen.

oben links:
Deutz Trecker von 1919.

oben rechts:
MTZ 120 von 1927.

der Welt. Bei beiden Modellen handelt es sich um eine selbstfahrende Antriebsmaschine und weniger um eine Zugmaschine. Deutz baut 540 Stück davon.

1929
folgen wegen der Nachfrage nach stärkeren Zugmaschinen die *MTZ-Typen 220* und später *320* mit 30 und 36 PS. Bis 1936 werden 2 650 Traktoren gebaut, davon 1 427 *MTZ 320*.

1934
verlässt Deutz mit dem Stahlschlepper die bisherige Rahmenbauweise. Erstmals sind die Motoren mit einer Gussölwanne als tragendes Bauteil mit dem Getriebe verbunden, dessen Gehäuse aus Stahl geschweißt ist.
Von diesen *FM*-Typen mit 2-Zylinder-28-PS- und 3-Zylinder-50-PS-Motor werden etwa 12 000 Stück gebaut, sodass von Deutz in den ersten zehn Jahren Traktorbau (bis 1936) fast 19 000 Stück gebaut werden.

Der erste Serientraktor: MTH aus dem Jahr 1926 mit liegendem Einzylinder-dieselmotor.

1936
beginnt mit dem legendären 11-PS-*Bauernschlepper* die Motorisierung der landwirtschaftlichen Familienbetriebe.
Dieser Traktor hat ein in der Mitte geteiltes Schalengetriebe mit drei Vorwärtsgängen und einem Rückwärtsgang, integrierten Mähantrieb, Riemenscheibe, Zapfwelle, Luftbereifung und Anlenkpunkte für Anbaugeräte. Ein Aufsattelbolzen zum Ziehen von Einachsanhängern vervollständigt die Ausrüstung.
Dieser vielseitig einsetzbare Traktor ist so erfolgreich, dass bis 1942 10 000 Stück hergestellt werden. Nach dem Krieg können davon fast unverändert, jedoch mit einer 4-Gang-Version ausgestattet, noch einmal 9 000 Einheiten gefertigt werden. Damit ist der *11er-Deutz* unbestritten das erfolgreichste Traktormodell der Vor- und ersten Nachkriegsjahre.

1950
führt Deutz mit dem 15 PS starken *F1L 514*

die Luftkühlung in seinem Traktorenbau ein. Dieses Modell ist auf der Basis des *Bauernschleppers* entwickelt, jedoch mit einem 5/1-Gang-Getriebe ausgestattet. 37 000 dieser Traktoren werden bis 1957 produziert.

1951

und in den folgenden Jahren wird aus dem 1-Zylinder eine Baureihe mit 2-, 3- und 4-Zylinder-Motoren und Leistungen von 15, 30, 45, und 60 PS entwickelt.
Der *F2L 514* mit 30 PS ist der erste Traktor mit Doppelkupplung. Diese Deutz-Erfindung – also eine unabhängige Zapfwelle – ist die Voraussetzung für den störungsfreien Betrieb der immer stärker zum Einsatz kommenden gezogenen Mähdrescher.
Bis zur Produktionseinstellung 1962 werden davon 21 500 Stück, von dem 3-Zylinder bis 1964 15 800 Stück und von dem 4-Zylinder Modell bis 1965 7 800 Einheiten gefertigt. Von der *514er* Baureihe sind somit in knapp zehn Jahren über 82 000 Traktoren gebaut worden.

1952

kommen mit den *612er* 1- und 2-Zylinder-Motoren mit 11 PS Zylinderleistung weitere Traktortypen auf den Markt. Sie schließen die Lücken in den großen Leistungssprüngen der *514er*-Reihe im unteren Bereich. Der 22-PS-Traktor erhält das Getriebe des *F1L 514*, ergänzt um ein Vorschaltgetriebe, sodass 10/2 Gänge zur Verfügung stehen.
Der 1-Zylinder, 11 PS, ist ein etwas avantgardistischer Traktor. Serienmäßig für Zweirichtungseinsatz vorgesehen, hat er das Getriebe mit Gruppenschaltung hinter der Hinterachse.
Der Sitz kann in die gewünschte Arbeitsrichtung einfach umgesteckt werden. Die erforderlichen Pedale sind doppelt vorhanden. Zapfwelle und Aufsteck-Riemenscheibe sind lieferbar. Ein Geräteanbau vorn, mittig zwischen den Achsen und hinten ist vorgesehen, obwohl der *11er* Deutz kein richtiger Tragschlepper im klassischen Sinn mit hochgezogenem Mittelteil ist.

1955

rollt der 100 000ste Deutz-Traktor vom Band, und bereits vier Jahre später folgt der 175 000ste.

1956

erfolgt mit dem Raddruckverstärker Deutz-*Transferrer* eine Verbesserung der Hydraulikanlage. Damit wird durch Gewichtsverlagerung vom Gerät auf die Hinterachse die Zugleistung bei der Bodenbearbeitung erhöht.

unten links:
11-PS-Deutz Bauernschlepper F1M 414 von 1936.

unten rechts:
15-PS-Deutz F1L 514 mit Luftkühlung von 1950.

oben links:
Deutz D 40 in Exportversion in Dreiradausführung.

oben rechts:
Deutz D 50.

1957

beginnt der Serienanlauf des Modells *D 40*, von dem bis zur Einstellung 1964 insgesamt 33 500 Stück gebaut werden. Gleichzeitig wird die bei Deutz übliche Motor-Typen-Bezeichnung der Traktoren durch das *D* und eine Zahl ersetzt.

1958

arbeiten die Klöckner-Humboldt-Deutz AG und die Porsche Diesel-Motorenbau, Friedrichshafen, auf dem Getriebesektor zusammen. Beide gemeinsam haben einen Jahresausstoß von 30 000 Traktoren, davon 18 000 Deutz. Porsche baute bis dahin keine eigenen Getriebe.

1959

wird die Traktorenreihe um die Modelle *D 25* und *D 30* mit 2-Zylinder-Motoren ergänzt. Das neu entwickelte Schaltgetriebe hat 8/2 Gänge. Dieses Getriebe wird auch in die Porsche-Typen *Standard T* und *Standard Star* sowie *Standard Super* eingebaut. Später erweitert Deutz diese Reihe um den *D 15* und den *D 50*.
In Argentinien wird die Deca (Deutz Cantabrica Fabrica de Tractores y Motores), Buenos Aires, gegründet. Ein Jahr später werden dort bereits 4 100 Traktoren mit dem 50-PS-3-Zylinder-Motor gebaut.
In Brasilien gründet Deutz die Otto Deutz Motores e Tractores, Sao Paulo, und ein Jahr danach die Demisa (Deutz Minas SA Fabrica de Tractores) mit 2 000 Stück Jahreskapazität in Belo Horizonte.
Die Forderungen nach einem Geräteträger will man durch eine Zusammenarbeit mit der Karl Ritscher GmbH Traktorenwerk in Sprötze bei Hamburg lösen. Der modernste Typ *Multitrac GH 20* wird danach als *Deutz-Multitrac* angeboten.
Dieser Doppelholmgeräteträger mit Kastenprofil hat – durch Herausziehen der Holme – einen veränderbaren Radstand. Zwischen den Achsen und am Heck gibt es eine Dreipunktkupplung, Portalachsen für hohe Bodenfreiheit, ein Getriebe mit zehn Vorwärts- und zwei Rückwärtsgängen sowie den 22-PS-Deutz-Motor *F2L 712*. Diese Zusammenarbeit endet 1962 wegen der Aufgabe des Traktorenbaues durch Ritscher. Bis dahin hat Ritscher in zehn Jahren über 2 000 Geräteträger gebaut.
Zusätzlich beginnt eine Zusammenarbeit mit der Tatrac Traktorenbau GmbH KG, München (vormals BTC Bavarien-Truck-Company) hinsichtlich eines sehr interessanten Allradtraktors mit vier gleich großen Rädern, niedrigem Schwerpunkt, 3-Zylinder 52-PS-Deutz-Motor vor der Vorderachse, Portalachsen, 8-Gang-Wendege-

triebe, Rohrrahmenverbindung von Getriebe und Hinterachse gegeneinander pendelnd, sodass eine hervorragende Geländegängigkeit bei hoher Zugkraft erreicht wird. Fahrer und Beifahrer haben Platz auf einer Doppelsitzbank. Trotz der damals technisch sehr fortschrittlichen Ausführung lassen sich nur wenige Exemplare verkaufen, sodass diese Zusammenarbeit 1963 wieder beendet wird.

1960
erfolgt die Grundsteinlegung für die neue Traktorenfabrik mit einer Kapazität von 30 000 Einheiten in Köln-Kalk.

1961
vereinbaren KHD und die Maschinenfabrik Fahr AG, Gottmadingen, eine Kooperation, an der sich KHD mit 25 % beteiligt. Damit wächst KHD eine weitere Traktor-Kapazität von etwa 10 000 Einheiten/Jahr zu. Es ist beabsichtigt, die Vertriebsorganisationen soweit wie möglich zu koordinieren, wobei beide Gesellschaften ihre Selbstständigkeit behalten sollen.
Am 30. Oktober reisen 2 300 Händler aus dem In- und Ausland nach Köln, um eine Produktschau beider Firmen und gleichzeitig die größte und modernste Traktorenfabrik des Kontinents zu besichtigen, deren Kapazität ohne große Investitionen um 50 % erweitert werden kann.
Vorbild ist Großbritanniens Traktorenindustrie. Dort werden jährlich etwa 200 000 Traktoren hergestellt, davon zwei Drittel von zwei Firmen, während in der Bundesrepublik noch 23 Unternehmen nur etwa 125 000 Traktoren bauen.

1962
ist mit 32 000 Traktoren der höchste Ausstoß aus der neuen Fabrik erreicht. Gleichzeitig wird der 250 000ste Deutz-Traktor produziert.
Die Deca in Argentinien, die Traktoren von 32 bis 125 PS herstellt, hat bereits mehr als 8 000 Traktoren ausgeliefert.

Die neue Traktorenreihe D 6006 von 1960.

1964
beginnt Deutz die Entwicklung von Großtraktoren mit dem Modell *D 80* mit 75 PS. Das Modell wird später mit dem neuen Getriebe *TW 55* ausgerüstet und die bisherige ZF-Hydraulik durch eine Deutz-Konstruktion ersetzt.

1967
unternimmt KHD noch einmal einen Anlauf, um mit Geräteträgern Fuß zu fassen und nimmt den Eicher Geräteträger *Unisuper* in das Vertriebsprogramm auf. Nur 100 grüne Geräteträger werden letztendlich angefertigt, sie sind mit dem 40-PS-Deutz-Motor ausgerüstet. Weil jedoch die KHD-Vertriebsorganisation nicht alle verkaufen kann, müssen einige davon wieder in Eicher-Geräteträger zurückgebaut werden.

BTG-Traktor.

1968
stellt Deutz die komplett neu entwickelte Traktorenreihe *06* mit dem Slogan „Premiere einer neuen Kraft“ vor. Sie umfasst zunächst sechs Modelle von 22 bis 90 PS, die mit den neuen luftgekühlten Direkteinspritz-Motoren der Baureihe *FL 912* ausgerüstet sind. Während die beiden kleineren Typen nur mit Hinterradantrieb lieferbar sind, gibt es die vier übrigen auch mit All-

Deutz-Intrac-System 2000.

radantrieb. Sie sind mit den neuen Triebwerken *TW 50* und *TW 55* sowie einer Weiterentwicklung der Regelhydraulik, dem *Deutz-Tranfermatic-System,* ausgerüstet.

1969

kann der Traktorenbereich die in ihn gesetzten Erwartungen nicht erfüllen. Damit der Linde AG, Werksgruppe Güldner, Aschaffenburg, und der Rheinstahl-Hanomag AG, Hannover, das Ausscheiden aus dem Traktorenmarkt erleichtert wird, gibt es mit beiden Unternehmen eine zeitlich begrenzte Kooperation. Ziel ist die Angliederung deren Vertriebsorganisationen an das Deutz-Vertriebsnetz. Gleichzeitig übernimmt Deutz für beide Firmen den Ersatzteil- und Kundendienst.
Die Straffung des Vertriebs der beiden noch getrennt operierenden Firmen Deutz und Fahr mündet in der Gründung der Deutz-Fahr Vertriebs GmbH in Köln. In einer Marketingstudie wird aufgezeigt, wie man beide Produktlinien stufenweise für einen noch stärkeren Marktauftritt auch in der Farbgebung angleichen kann.
Man ist weiterhin der Meinung, dass die Ausrichtung auf ein Deutschlandkonzept keine Tragfähigkeit hat, ein Weltkonzept an den verfügbaren Finanzmitteln scheitert und nur ein auf Europa gerichtetes Konzept das erste Ziel aller Bemühungen sein kann, um die Marktposition bei Traktoren und Mähdreschern wesentlich zu verbessern. Für ein rasches Wachstum würden sich zudem genügend Kooperationspartner in Europa finden lassen. Doch daraus wird nichts.
Zum Jahresende wird die Landmaschinenfabrik Ködel & Böhm GmbH im bayerischen Lauingen übernommen.

1970

werden die Typen *D 7006, D 8006* und *D 10006* der *06er*-Baureihe vorgestellt. Damit kann nunmehr ein lückenloses Programm von 22 bis 100 PS mit zehn Hinterrad- und acht allradangetriebenen Traktoren angeboten werden. Auch ein 160-PS-Knicklenker, entwickelt aus einem Radlader, befindet sich im Programm.
Zwischen KHD und der staatlichen Societe Nationale de Constuctions Mecaniques (Sonacome) in Algier beginnt eine Zusammenarbeit, in deren Rahmen in der Nähe der Stadt Constantine ein Werk zur Herstellung von jährlich 9 500 Dieselmotoren und 5 000 Traktoren errichtet wird.

1971

ergänzt der *D 12006* mit 120 PS Motorleistung das Angebot.
Erstmalig werden Traktorenlieferungen nach Indien durchgeführt.

1972

läuft der 500 000ste Deutz Traktor vom Band.

Intrac 2000 mit sechsscharigem Rübenrodesystem.

DX-Traktoren mit 2-phasigem Rübenerntesystem.

Deutz stellt das *Intrac-System 2000* mit seinen vielseitigen Anwendungsmöglichkeiten vor. Bei diesem System steht die Kombination von Arbeitsgängen zur Leistungssteigerung im Vordergrund. Der Frontsitztraktor in Blockbauweise mit Hilfsrahmen ist ungefedert und serienmäßig mit Kabine ausgestattet sowie dahinter befindlichem Aufbauraum für Ladepritsche oder Behälter. Er verfügt über Zapfwellen mit Krafthebern vorn und hinten sowie Einphasenschnellkuppler über das Weiste-Dreieck.
Der kleine *2002* mit 51 PS hat große Hinterräder. Der größere *2005* mit 85 PS und 40 km/h in Rahmenbauweise ist mit hydrostatischem Fahrantrieb (stufenlos regelbar) sowie vier gleich großen Rädern ausgerüstet. Zahlreiche Firmen bieten spezielle Geräte dazu an.
Mit der Firma Tvornica Motora i Motornih Vozila in Rijeka, Jugoslawien, später besser unter dem Produktnamen *Torpedo* bekannt, wird ein Lizenzabkommen zur jährlichen Fertigung von 6 000 Traktoren und zusätzlich 4 000 Motoren der Typenreihe *912* abgeschlossen.
Der Wettbewerbsdruck in den letzten beiden Jahren ist so stark, dass die seit 1956 ununterbrochene, 16 Jahre währende Marktführerschaft in der Bundesrepublik für die folgenden zehn Jahre an IHC verloren geht.

1977

übernimmt KHD im Zuge der Neuordnung des gesamten Landtechnikbereiches den laufenden Geschäftsbetrieb der Maschinenfabrik Fahr AG und fasst damit die Traktoren- und Landmaschinenaktivitäten zusammen, was zur Auflösung der Deutz-Fahr Vertriebs GmbH, Köln führt
Der 5 000ste Fahr-Mähdrescher wird an die Vertretung Kesko Oy in Helsinki/Finnland übergeben. An die Sonacome in Algerien werden 1 300 Deutz-Großtraktoren geliefert. In den USA, wo rund 400 Händler in 21 Bundesstaaten Deutz-Traktoren verkaufen, kann der 19 000ste Traktor (seit 1963) über die Zentrale Deutz-Corporation mit Sitz in Atlanta/Georgia, ausgeliefert werden.

1978

startet Deutz mit der völlig neu konzipierten Traktorenreihe *DX*. Zunächst sind es fünf Grundmodelle mit 5- und 6-Zylinder-Motoren sowie Leistungen von 80, 88, 102, 125 und 150 PS. Die beiden größeren gibt es nur in Allradausführung mit dem Getriebe *TW 1200 Standard*, 12/4 Gängen mit *Power-Matic* 24/8 und mit Kriechgän-

Deutz DX.

Deutz-Fahr Mähdrescher im neuen „Outfit".

gen 36/12. Dazu zwei Zapfwellen mit 540 und 1000 U/Min. Alle *DX-Traktoren* haben serienmäßig die Komfort-Kabine *Master-Cab*. Kurz darauf folgt der *DX 230* mit einer Motorleistung von 200 PS aus der *413er* Motorenbaureihe, ZF-Getriebe *T6636*, mit 18/16 Gängen, lastschaltbar in vier Geschwindigkeiten mit synchronisierten Grundstufen sowie Lamellenfahrkupplung und elektro-hydraulischer Zapfwellenschaltung.
Die *06er*-Reihe, von der bisher mehr als 300 000 Einheiten gebaut sind, wird farblich den *DX-Modellen* angepasst und bleibt weiter im Angebot. Die überarbeiteten *Intrac*-Fahrzeuge *2003* mit 60 PS und *2004* mit 70 PS werden ebenfalls in den neuen Farben vorgestellt.
Das Landmaschinenprogramm wird um die Hochdruckpresse *HO 500*, die Rundballenpresse *GP 700* und selbstfahrende Feldhäcksler (Fahrwerk Mengele mit 10-Zylinder-267-PS-Motor) ergänzt. Das Werk Gottmadingen liefert den 100 000sten Kreiselschwader seit Baubeginn vor zehn Jahren sowie den 200 000sten Kreiselmäher aus.
Die Mähdrescher für Australien haben 7,20 m Arbeitsbreite und eine Kabine mit Klimaanlage.
Deutz-Fahr bietet zu dieser Zeit die breiteste Full-Line in Europa an. Anders als die multinationalen Landtechnikkonzerne plant KHD mit Lizenznehmern und Kooperationspartnern Wachstum mit Zulieferung von Komponenten oder kompletten Traktoren aus Kölner Fertigung.

Zu den bisherigen Lizenznehmern in Algerien, Indien und Jugoslawien kommt Ägypten neu hinzu: Zwischen KHD und der Arab Contractors Osman Ahmed Osman & Co und der Suez Canal Authority von ägyptischer Seite werden entsprechende Verträge unterzeichnet. In der ersten Ausbaustufe soll das Werk jährlich 5 000 Dieselmotoren, 2 000 Traktoren und 400 Pumpaggregate herstellen.

1979

wird der Bereich Landtechnik zu Deutz-Fahr. Die Fahr-Landmaschinen werden ab jetzt so gekennzeichnet.
Der 10 000ste *DX*-Traktor wird fertiggestellt.
Bei den neuen Mähdreschern *MD 2480, 2580, 2680* und zahlreichen neuen Landmaschinen sind die cremefarbigen Teile der Fahr-Landmaschinen jetzt violett lackiert, um so die Verbindung zu den Traktoren, die dieses Farbelement bereits besitzen, herzustellen.
Zur Erweiterung des Landmaschinenprogrammes beteiligt sich Deutz mit mehr als 50 % des Stammkapitals an der InfoAgrar-Fortschrittliche Landtechnik GmbH, Oberndorf. Diese Firma bietet eine neu entwickelte zapfwellenangetriebene Universal-Bodenbearbeitungsmaschine zur Kombination mehrerer Arbeitsgänge an.

1980

erfolgen Geschäftsausweitungen in Nordamerika, Australien und einigen europäischen Absatzgebieten bei Traktoren. Der Landtechnikbereich erreicht eine Exportquote von 49 %.
Durch die Trennung vom defizitären Nutzfahrzeugbereich verfügt Deutz zu Beginn der 80er Jahre über eine gut gefüllte „Kriegskasse" von fast 1 Mrd. DM. Um mehr Platz in der Kölner Produktion zu bekommen, wird die Fertigung des *Intrac* und des *DX 230* nach Lauingen verlegt.
Die 06er Reihe mit 350 000 gebauten Exemplaren wird durch die *07er* Reihe ersetzt.
Der Landmaschinenbereich glänzt auf der

DLG-Ausstellung in Hannover mit der Bekanntgabe der Produktionszahl von einer Million gebauten Kreiselmaschinen. Diese Zahl setzt sich zusammen aus 615 000 Kreiselheuern seit 1961, 235 000 Kreiselmähern seit 1966 und 150 000 Kreiselschwadern seit 1969. Das ergibt eine Jahresproduktion von durchschnittlich 67 000 Einheiten.
Die Exportquote von Traktoren liegt jetzt bei 61 % und von Landmaschinen bei 51 %. Besonders erfolgreich ist man in Frankreich, Spanien, Marokko, USA und Australien. In Argentinien muss wegen der schlechten Marktlage am gesamten südamerikanischen Markt die lokale Fertigung bei der Deutz Argentina SA zum Jahresende vorübergehend eingestellt werden.
KHD übernimmt nun 100 % der Anteile von InfoAgrar, die mehrheitlich von der Maschinenfabrik Fahr gehalten wurden und verlegt deren Sitz nach Gottmadingen.

1981
kommen zwei neue leistungsstärkere *DX*-Traktoren auf den Markt. Der *DX 120* mit 110 PS und der *DX 145* mit 132 PS. Jetzt steht auf allen Deutz-Traktoren der Namenszug Deutz-Fahr wie seit 1979 bei den Landmaschinen.
Die Mähdrescher sind mit der Deutz-Fahr-Agrotronic, einem Überwachungsgerät zahlreicher Maschinenfunktionen zur Fahrerentlastung, ausgerüstet.
Im Frühsommer verlässt der 250 000ste Kreiselmäher das Werk.
Weil in Argentinien durch Zollerhöhungen der Import kompletter Traktoren nicht mehr möglich ist, hat man die vor einem Jahr stillgelegte lokale Produktion auf „ckd-Montage" (ckd=completely knocked down) umgestellt.

1982
KHD erwirbt über die Tochtergesellschaft Deutz Corporation, Atlanta/USA, von der International Harvester Company, Chicago/USA, deren rund 30 %igen Anteil an der Steiger Tractor Inc. Fargo/North Dakota. Steiger baut knickgelenkte Großtraktoren ab 210 PS Motorleistung mit 760 Beschäftigten und einem Umsatz von etwa 100 Mio. $ (1981/82).
Die neue Reihe *DX 4* wird vorgestellt mit den ersten aufgeladenen 4-Zylinder-Deutz-Motoren, 40-km/h-Getriebe, Zentralantrieb, Allradachsen mit 50° Radeinschlag und Kabine von den Vorgänger-Modellen.

1983
Deutz erreicht dadurch bei den Traktorenzulassungen nach 10-jähriger Pause in der Bundesrepublik wieder die Spitzenposition. Der Marktanteil erreicht 19,1 %.

1984
sind in Argentinien ansteigende Traktorumsätze zu verzeichnen. Ebenso können dort erfolgreich die Deutz-Fahr-Mähdrescher in den Markt eingeführt werden.
Auch in Marokko gibt es für Deutz ansteigende Traktor-Absatzzahlen, und die dortige Marktführerschaft bei Mähdreschern kann weiter ausgebaut werden.
Während die *DX-3*-Kompakttraktorenreihe von 46 bis 75 PS ausgebaut wird, gibt Deutz das Feldhäcksler-Geschäft auf.

1985
werden alle Produkte von Deutz-Fahr in grüner und violetter Farbe ausgeliefert.
Aus der neuen *DX 3*-Reihe werden Schmalspurtraktoren für den Weinbau- und Plantageneinsatz angeboten. Ein Prototyp des großen Systemfahrzeugs *Intrac 6.60* wird zum Markttest vorgestellt. Nunmehr erhalten auch die Traktoren das elektronische Überwachungssystem Deutz-Fahr *Agrotronic*.
Mitte des Jahres erwirbt KHD wesentliche Anteile des Landtechnikbereichs an der Allis-Chalmers Corporation, Milwaukee, Wisconsin/USA.
Zu Anfang des Jahres hatte bereits Tenneco/Case die weltweiten Landtechnikaktivitäten der International Harvester übernommen, und Ford kauft im Spätherbst die Sperry New Holland Division.

SF-Feldhächsler SFH 4510 von 1982.

Für einen Kaufpreis in Höhe von 107 Mio. $ für Allis-Chalmers erhält KHD ein Reinvermögen von 260 Mio. $. Dazu gehören die Mähdrescherfabrik Allis-Gleaner, das Ersatzteilwesen, die gesamte Vertriebsorganisation von gut 1 100 Händlern sowie die der Absatzfinanzierung dienende Allis-Chalmers Credit Corporation.
22 Mio. $ des Kaufpreises dienen zur Abgeltung der Produktionsrechte für Traktoren und Motoren sowie Verpflichtungen von Allis. Nicht übernommen werden die Produktionsstätten für Motoren und Traktoren. Bei allen Übernahmen ist das Ziel die Stilllegung der viel zu hohen Produktionskapazitäten von Traktoren in Nordamerika. Der Abverkauf von Auslaufprodukten hat allerdings sehr schnell zu einer Verschärfung des Preiswettbewerbs geführt.
Sicher war dieser Neuerwerb für KHD nicht der große Wurf, hat man doch die Vision und vor Jahren angekündigt, in einem der drei Unternehmensbereiche Antriebe, Landtechnik oder Industrieanlagen in die Weltspitze vorzustoßen und die Nr. 1 werden zu wollen. Optimistisch rechnet KHD damit, dass die neue US-Tochter Traktoren, Motoren und Landmaschinen aus deutscher Fertigung abnehmen und das Traktorenwerk in Köln-Kalk bis an den Rand der Kapazität auslasten wird.

1986
organisiert KHD den Landtechnikbereich nach Produktgruppen Traktoren, Mähdrescher sowie Landmaschinen und überträgt die Betriebsführung der KHD Agrartechnik GmbH, Köln.
Mit der Daimler-Benz AG wird eine Zusammenarbeit zur Entwicklung und Vertrieb von Trac-Systemfahrzeugen vereinbart.

1987
Die beiden Gesellschaften Trac-Technik-Entwicklungsgesellschaft TTEG in Köln und die Trac-Technik-Vertriebsgesellschaft TTVG in Gaggenau nehmen ihre Arbeit auf. KHD ist an beiden Gesellschaften mit 60 % und die Daimler-Benz AG mit 40 % beteiligt.
Zunächst werden die bekannten *MB trac*-Fahrzeuge verkauft, von dem großen *Deutz-Intrac* kommen nur wenige in den Markt. Die TTEG soll ein neues Fahrzeug unter weitgehender Verwendung von Deutz-Fahr-Traktorserienteilen entwickeln.
Der Unternehmensbereich Landtechnik fertigt jetzt an fünf Standorten, drei davon im Inland und je einem Werk in den USA und Argentinien.
Im Mähdrescherwerk Independence/Missouri werden die beiden Typen *R 70* und *R 60* um einen *R 50* der mittleren Leistungsklasse ergänzt. Dabei handelte es sich generell um Rotormähdrescher.

Wieder eine neue Strategie

1988
werden die im Spätsommer des Vorjahres eingeleiteten Spar-Maßnahmen weiter energisch fortgesetzt, denen letztlich nicht nur 6 000 Arbeitsplätze zum Opfer fallen.
So verkauft KHD den gesamten Landmaschinenbereich in Gottmadingen an die zur Thyssen-Bornemisza-Gruppe gehörende Greenland NV, Amstelveen/Niederlande. Damit werden 192 Mio. DM Umsatz (1987) und etwa 1 700 Mitarbeiter abgegeben. Greenland übernimmt den Produktionsstandort Gottmadingen mit der Produktpalette Heuerntemaschinen, Pressen und Ladewagen.

Damit die Deutz-Fahr-Händler weiterhin Deutz-Fahr-Landmaschinen beziehen können, wurde die Deutz-Fahr Landmaschinenvertriebs GmbH in Gottmadingen gegründet, an der KHD 20 % der Anteile hat.
Für Nordamerika strebt KHD eine „Amerikanisierung" der Produkte an. Die Deutz-Allis-Großtraktoren mit 150, 170 und 190 PS werden in einer Kooperation gebaut und ausschließlich – wie die Mähdrescher – mit Deutz-Motoren ausgerüstet.
Generell setzt KHD für die Zukunft jetzt auf Kooperationen und strategische Allianzen. So gibt es auch bei der Deutz Argentina, die in diesem Jahr 1 100 Traktoren absetzen kann, einen Komponentenaustausch mit einem brasilianischen Partner (Iopche).

1989
beginnt der geordnete Rückzug von KHD aus dem Landtechnikgeschäft. Nicht mehr weltweite Expansion, sondern Konzentration auf Europa und Nordafrika ist das neue Ziel, wie auch die Konzentration auf motorgetriebene Landmaschinen.
Nach Gottmadingen erfolgt der Verkauf des Tochterunternehmens Deutz Argentina SA, Buenos Aires, zum Jahresende an eine heimische Investorengruppe. Die Deutz Argentina produziert Motoren und Traktoren und erzielt mit 500 Mitarbeitern einen Umsatz von umgerechnet 118 Mio. DM in 1989.
Obwohl erst Mitte 1990 realisiert, wird das Amerika-Geschäft Deutz-Allis rückwirkend zum 31. 12. 89 an das bisherige Management sowie an die New Yorker US-Finanzgruppe Hamilton + Robinson verkauft. Damit beendet KHD sein fünf Jahre währendes verlustreiches Amerika-Abenteuer.
Der Unternehmensbereich Landtechnik wird noch einmal geteilt in
– Deutz-Fahr Traktor mit Traktoren von 40 bis 143 PS, Spezialtraktoren von 46 bis 75 PS und *Trac*-Fahrzeuge von 68 bis 156 PS, mit Lizenzproduktionen in Algerien und VR China und
– Deutz-Fahr Mähdrescher mit Maschinen von 75 bis 225 PS sowie Vertriebsgesellschaften und Servicestützpunkten in Europa, Afrika und Australien.
Eingeführt werden die *AgroStar*-Traktoren im Leistungsbereich von 38 bis 143 PS mit fünf Modellen, die serienmäßig mit der *AgroStar*-Kabine, der leisesten Traktorkabine der Welt, ausgerüstet sind. Im Herbst kommt mit dem *AgroXtra* zusätzlich ein neues Produkt auf den Markt. Angeregt, und in einer Musterausführung vom schwedischen Importeur vorgestellt, handelt es sich um einen Schräghauben-Traktor mit tief heruntergezogener Motorhaube und optimaler Sicht für Arbeiten mit Frontgeräten.
Zusammen mit den Firmen Steyr und ZF sollen ab 1993 die Deutz-Traktoren mit einer gemeinsam entwickelten Hochtechnologie ausgerüstet werden.
Mit dem Joint-Venture-Partner Mercedes-Benz hat man entschieden, die Entwicklungsarbeiten an dem *MB trac*-Nachfolgemodell einzustellen. Das unter KHD-Regie entwickelte technische Konzept hat zwar eine hohe Marktakzeptanz gefunden, ist aber zu marktgerechten Preisen nicht realisierbar.

1991
stellt die Mähdreschersparte die neuen *TopLiner*-Modelle mit Motorleistungen von 170 bis 310 PS vor. Der MD-Marktanteil in Europa beträgt 10 %, in den von Deutz-Fahr

Deutz-Fahr TopLiner, der erste 8-Schüttler-Mähdrescher.

Ködel & Böhm

Ködel & Böhm GmbH
Lauingen (D)

Die Hundert knapp verfehlt

Bedeutender Mähdrescher- und Erntemaschinenhersteller ging 99 Jahre nach seiner Gründung an den KHD-Konzern – Standort lebt in der Same-Deutz-Fahr-Group weiter

3-Seiten-Dreschmaschine

1870
gründet Michael Ködel das Unternehmen. Zunächst werden Reparaturen von Landmaschinen ausgeführt, doch schon bald werden auch neue Maschinen gebaut.

1890
werden bereits Futterschneid- und Stiftendreschmaschinen gefertigt. Mit diesen nimmt man später eine führende Stellung in ganz Europa ein.
Zusätzlich werden Mühlenteile, kleinere Brauereimaschinen, Pumpen und andere Kleingeräte in das Lieferprogramm aufgenommen.

1907
errichtet Michael Ködel auf dem Firmengelände eine Gießerei für Grauguss.

1909
übergibt der Firmengründer das Unternehmen an seinen Sohn Wilhelm, der bereits seit 1904 im Unternehmen arbeitet, und an seinen Schwiegersohn Paul Böhm, der zwischenzeitlich als Teilhaber eingetreten ist. So kommt es zur Namensänderung in Ködel & Böhm.

Breitdrescher für kleinbäuerliche Betriebe.

In dieser Zeit wird das Fabrikationsprogramm durch Göpelantriebe für Dreschmaschinen, Transmissionsteile und Mähmaschinen erweitert.

1913
muss wegen des erreichten Produktionsumfanges aus Platzgründen ein neues Firmenareal außerhalb der Stadt in der Nähe der Eisenbahn gekauft werden. Nach zwei Jahren sind bereits 250 Mitarbeiter beschäftigt.

1923
gelingt es während der Inflationszeit Exportgeschäfte im größeren Rahmen mit Österreich und Italien abzuwickeln.

1925
wird der Ausbau des Produktionsprogrammes der Breitdreschmaschinen und der Häcksler vorangetrieben.

1928
führt Ködel & Böhm bedeutende konstruktive Verbesserungen bei den Häckselmaschinen ein. So beispielsweise die patentierte Federpressung mit Momenteinstellung, die es ermöglicht, durch einfache Hebelstellung den Pressdruck für Grün- oder Trockenfutter beliebig zu regulieren.

1936
wird die 100.000ste Dreschmaschine ausgeliefert. In nur zehn Jahren hatte sich die Produktion versiebenfacht. Mit einem Jahresausstoß von 10.000 bis 12.000 Einheiten ist Ködel & Böhm der größte Hersteller von Dreschmaschinen in Europa.
Infolge des hohen Holzverbrauchs ist in den Betrieb eine moderne Holzbearbeitung mit eigenem Sägewerk integriert, weswegen mit den Holz- und Spanabfällen der für die Fertigung benötigte Strom selbst erzeugt werden kann. Im gleichen Jahr wird die Fertigung von Strohpressen aufgenommen.

1941 und 1942
experimentiert Ködel & Böhm erstmals mit Mähdreschern und beginnt eine entsprechende Entwicklung.

Innenansicht einer Großdreschmaschine.

1946
geht es in dem durch Kriegseinwirkung kaum betroffenen Betrieb wieder richtig los. Ködel & Böhm entwickelt sich in den Folgejahren zu einer im In- und Ausland ren-ommierten Landmaschinenfirma. Nach und nach kommen neben den Mähdreschern Combi auch die Aufsammelpressen Rivale als Nieder- und Hochdruckpressen in das Programm.

Die ersten in Deutschland gebauten Hydromat-Mähdrescher.

1948
erreicht das Unternehmen wieder einen Umsatz von 8,5 Mio. DM. Davon entfallen auf stationäre Dreschmaschinen 50 %, auf Häckselmaschinen 25 %, auf Strohpressen 7 % und auf andere Produkte sowie Ersatzteile 18 %.

1951
beginnt der Aufbau der Mähdrescherreihe, *Combi* zu deren Fertigung vier neue Hallen errichtet werden.

1958
wird das Mähdrescherprogramm um den Großmähdrescher Favorit erweitert, zusätzlich werden nun auch Ackerwagen, Kipper und Stalldungstreuer produziert. Trotz der raschen Verbreitung der Mähdrescher baut Ködel & Böhm noch stationäre Dreschmaschinen, Verbund- und Häckseldrescher, Strohpressen, Stroh- und Körnergebläse. Auf dem Gebiet der Gebläsehäcksler nimmt Ködel & Böhm mit fast 500.000 gelieferten Maschinen eine führende Stellung in ganz Europa ein.

1954
wird die Entwicklung von Feldhäckslern mit dem Scheibenradprinzip aufgenommen, und ein Jahr später die Produktion von Niederdruckpressen. Mit dem kraftsparenden Köla-Scheibenradprinzip wird der Feldhäcksler *Star* richtungweisend für den Feldhäckslerbau.

1959
läuft die Fertigung der Hochdruckpressen *Rivale* an.

1960
zum 90-jährigen Firmenjubiläum verfügt das Werk über rund 300.000 m^2 Fläche, wovon etwa zwei Drittel mit Fertigungs- und Lagerhallen überbaut waren. Einschließlich der Gießerei, die nunmehr Grau- und Stahlguss liefert, sind mehr als 1 700 Mitarbeiter beschäftigt. Der Export geht in über 30 Länder in Europa und Übersee.

KÖLA Rubin, einer der letzten unter dem Namen Ködel & Böhm hergestellten Mähdrescher.

1963
laufen die ersten Ladewagen (nach Lizenz Weichel) vom Band, die

1964
bereits einen ansehnlichen Umsatzanteil von rund 16 Mio. DM erreichen.

1966
baut Ködel & Böhm den ersten Mähdrescher mit hydrostatischem Antrieb in Deutschland, das Modell *Hydromat*, in Serie. Ködel & Böhm stellt den ersten deutschen Selbstfahr-Feldhäcksler vor. Es handelt sich hierbei um einen Scheibenradhäcksler vor dem Fahrerstand. Die kleinen, nicht angetriebenen Lenkräder befinden sich vorn. Motor, Getriebe und die großen Antriebsräder sind hinten.

1969
Im Dezember verkaufen die Inhaber des Familienunternehmens die Mehrheit der Geschäftsanteile an die Klöckner-Humboldt-Deutz AG in Köln.

Weitere Entwicklung siehe KHD und Same-Deutz-Fahr.

Mähdrescher und Hochdruckpressen auf einer Ausstellung.

Der selbstfahrende Feldhäcksler „Rex“.

Gezogener Feldhäcksler Star.

KÖLA Ladewagen Lizenz Weichel.

Kongskilde

Kongskilde Industries A/S
Sorø (DK)

Zwei starke Standbeine

Häufige Eigentümerwechsel in gut 50 Jahren Unternehmergeschichte – Im Landtechnikbereich viele Hersteller übernommen

1949
gründen der 30-jährige Morgens Petersen und sein 26 Jahre alter Schwager Hans Tyndeskov mit 15 000 geliehenen Dänischen Kronen die Firma Kongskilde.

1950
starten sie mit einem Mitarbeiter mit der Fertigung eines Körnergebläses, ihrem einzigen Produkt.
Bis zum Jahresende haben sie 200 Einheiten verkauft und dabei mit 12 Beschäftigten einen Umsatz von 100.000 dkr erreicht.

1951
erfolgt die erste Erweiterung der Fabrik, was sich in den nächsten 17 Jahren der Kongskilde-Unternehmensgeschichte fortsetzte. Bei der Finanzierung halfen Mittel aus dem Marshall-Plan.

1952
wird eine Einrichtung konstruiert, die den Funkenflug am Auspuff der Traktoren verhindert. Dieses ist besonders Brand verhütend beim Einsatz in Scheunen oder Viehställen. Es ist gleichzeitig das erste Massenprodukt, das erheblich zur Unternehmensentwicklung beiträgt. Inzwischen ist die Mitarbeiterzahl auf 40 angewachsen.

1955
beginnt Kongskilde mit dem Export von Maschinen.

1956
produziert Kongskilde die selbst entwickelten Federzahneggen, nachdem man diese jahrelang als Handelsware gut verkauft hatte.

1957
wird die Kongskilde Maschinenfabrik in eine Kapitalgesellschaft (Ltd.) umgewandelt.
Gleichzeitig erfolgt die Aufnahme der Produktion von Eggenzinken.

Fronttank für Einzelkornsägerät.

Flachstoppelgrubber Vibro Concept 2000+ mit Arbeitsbreiten von 4 bis 9 m. Im Bild das 9-m-Gerät.

1959
eröffnet das Unternehmen die ersten Verkaufsfilialen in Deutschland und den Niederlanden. In den folgenden Jahren entstehen weitere in Kanada (1961), Großbritannien (1963) und Frankreich (1964).

1965
errichtet man eine weitere Verkaufsniederlassung in Österreich. Danach werden 51 Prozent der Kapitalanteile an die Kongskilde-Stiftung übertragen.

1966
exportiert Kongskilde bereits 85 Prozent seiner Produktion. 110 Mitarbeiter sind im Ausland tätig und 300 in Sorø beschäftigt, wo die Werksfläche inzwischen auf 20.000 m² angewachsen ist.

1968
gründet Kongskilde in Schweden eine Niederlassung. Zusätzlich wird eine neue Fabrik zur Herstellung von Eggenzinken mit einer Kapazität von 3000 Zinken pro Tag in Sorø eröffnet. Ein Jahr später erfolgt dann der Schritt nach Italien mit einem Verkaufshaus.

1974
baut das Unternehmen eine neue Fabrik in Pedersborg nahe von Sorø. Die Inbetriebnahme geht mit den 25-jährigen Jubiläumsfeiern einher. Zugleich kann ein weiteres Verkaufsbüro in Finnland eröffnet werden.

1975
gründet Kongskilde in Brasilien mit einem einheimischen Partner eine Firma zur Produktion von Getreidesilos. In Sorø hat man ein Ausstellungsgebäude mit Schulungs- und Konferenzräumen eingerichtet.

Der neue Demeter Aeromat, aus dem ehemaligen Becker Aeromat entwickelt.

Kongskilde Wing Jet Düngerstreuer mit mechanischer Nockenrad-Zwangsdosierung für jedes Streurohr.

1999

wird die Fabrik in Polen um 1 500 m^2 erweitert.

Ebenfalls in diesem Jahr bietet Kongskilde Becker einen mechanischen Steinsammler mit 4 m Arbeitsbreite an, der mit bis zu 6 km/h Geschwindigkeit in einem Arbeitsgang Steine bis zu 30 cm Durchmesser aus einer Tiefe von 15 cm aufsammelt und in einen Zentralbehälter befördert, der bis zu einer Höhe von 2,30 m entleert.

Auf der dänischen Fachmesse Agromek zeigt Kongskilde erstmals einen neuen Mineraldüngerstreuer mit 4 bzw. 6 Tonnen fassenden Behältern. Der Dünger wird dabei über ein Nockenrad mechanisch dosiert und pneumatisch über Streuplatten sowie ein Streugestänge mit 12, 18 und 20 m verteilt. 50 Jahre ist das Unternehmen jetzt alt, beschäftigt rund 1000 Mitarbeiter, erzielt einen Umsatz von über 800 Mio. dkr (ca. 200 Mio. DM) und bietet eine Produktpalette in vier Spezialgebieten.

– Ackerbau: Von Boden-Stoppelbearbeitung bis zur Aussaat.

– Getreide: Komplette Systeme vom Transport bis zur Lagerung.

– Heizungssysteme: Mobile und stationäre Geräte zum Beheizen von Ausstellungshallen, Warenhäusern oder zur Getreidetrocknung.

– Industrie: Pneumatische Fördersysteme für die industrielle Nutzung.

Kongskilde übernimmt 2000 Howard komplett.

2000

stellt das Unternehmen einen Flachstoppelgrubber mit bis zu 9 m Arbeitsbreite vor. Das verwendete Vibro-Conzept basiert auf dem bekannten S-Federzinkengerät in verstärkter Ausführung und hat sich in Nordamerika seit Jahren bewährt.

Zum 1. Oktober übernimmt Kongskilde die gesamte Howard-Gruppe von Thrige-Titan A/S. Howard seinerseits hatte im Oktober 1998 das Unternehmen Fritz Brockmöller, Walsrode, gekauft, in Howard Landmaschinen Innovation GmbH umfirmiert und damit seine Programmpalette um ein breites Angebot gezogener Geräte für die Bodenbearbeitung erweitert.

Nach eigenen Angaben ist das Unternehmen jetzt drittgrößter Anbieter von Bodenbearbeitungsgeräten in Europa. Mit der Übernahme der Howard-Nordsten Produktions- und Verkaufsgesellschaften in Dänemark, Deutschland, Frankreich, Spanien sowie Verkaufsbüros in England und den

USA hat Kongskilde in 17 Ländern eigene Gesellschaften.
Der Umsatz beträgt mit 900 Beschäftigten 620 Mio. dkr (ca. 155 Mio. DM).
Nach der Zusammenlegung werden in 2001 mehr als 900 Mio. dkr (rund 235 Mio. DM) mit 1100 Mitarbeitern prognostiziert.
Die Wachstumsstrategie erfordert Organisationsanpassungen und den Bau einer weiteren 10 000 m^2 großen Produktionsstätte, die im März 2002 ihren Betrieb aufnimmt. Dabei werden einige Produktionsbereiche aus anderen Werken dahin verlagert. Das Augenmerk wird auf die Vereinheitlichung des Produktprogrammes und die verstärkte Entwicklung völlig neuer Produkte gerichtet.

Överum Vari Flex DX-Drehpflüge mit 4 oder 5 Scharen und hydraulischer Scharbreitenverstellung von 30 bis 50 cm/Schar.

2001

hat das Unternehmen ehrgeizige Plänen für Wachstum durch schnelle Integration der Marken Nordsten und Howard. Konkskilde beteiligt sich an der TIM/Thyregod.
Wesentliches Ziel in diesem Jahr ist die Straffung der Produktion und Vermarktung. Die Gruppe ist in 17 Ländern mit eigenen Tochtergesellschaften präsent.
Anfang 2003 will Konkskilde nach Fertigstellung der neuen Fabrik die Produktion von Nordsten in Skive einstellen.
In Deutschland soll die Produktion der Präzisionsmaschinen beendet und verlagert werden. Bei Howard wird die Vergabe von Produktionsabläufen an andere Hersteller fortgesetzt.
In den USA werden die Aktivitäten in einem Konkskilde-Center westlich von Chicago konzentriert.
Nach diesen Übernahmen schließt Kongskilde den Becker-Standort in Oberweser und veräußert das ehemalige Becker-Werk an Danagri.
Danagri seinerseits stellt die Ersatzteilversorgung von ehemaligen Becker Produkten sicher. Außerdem wird der Vertrieb der Zuckerrübenerntetechnik von TIM und Thyregod über Danagri Deutschland organisiert.

Nordsten-Drillkombination Combi-Seeder.

Umsätze und Zahl der Beschäftigten von Kongskilde von 1994 bis 2001

	1994	1995	1996	1997	1998	1999	2000	2001
Gesamtumsatz	331,4	355,2	400,2	497,6	727,4	619,4	714,5	121,8
davon Landtechnik	295,4	271,2	305,2	377,6	607,4	503,4	569,5	
Nettogewinn	3,7	0,5	13,5	18,6	20,2	-19,2	-10,6	-3,6
Beschäftigte	463	506	539	829	1.052	929	1.193	1.101

Werte in Mio. dkr, ab 2001 in Mio. €

Krone

Maschinenfabriken Bernard Krone GmbH
Spelle (D)

Konsequent kompetent

Vom Großsortimenter zum Spezialisten für Grünlandtechnik – Mit Big M und Big X Einstieg bei Selbstfahrern

1906
gründet Bernard Krone mit einer Hufbeschlagschmiede im emsländischen Spelle den Stammbetrieb des heutigen Unternehmens.

1925
wird der Betrieb mit einem Anbau zu einer Kleinfabrik erweitert. Der älteste Sohn gliedert der Fabrik eine Handelsabteilung an. Neben Reparatur- und Schmiedearbeiten werden bereits Eggen und Kartoffelquetschen aus eigener Fertigung angeboten.

rechts: Landwirtschaftliche Krone-Anhänger vor Auslieferung.

unten: Krone-Anbauwechselpflug.

1929
erfolgt ein weiterer Ausbau der Fabrikanlagen. Mineraldüngerstreuer und Bodenbearbeitungsgeräte sowie Hack- und Häufelgeräte kommen in das Herstellungsprogramm, das später um Erdschaufeln und Scheibeneggen ergänzt wird.
In der Handelsabteilung erhält das Unternehmen die Alleinvertretung der Firma Heinrich Lanz, Mannheim, für das Emsland.

1945
kann unter schwierigen Bedingungen die Produktion, Reparatur und der Handel mit Landmaschinen wieder aufgenommen werden. Es zeigt sich sehr bald, dass die alten Hallen, die 1939 noch einmal erweitert worden waren, nicht mehr ausreichen.

1948
wird die Produktion in neuen Gebäuden aufgenommen. Landwirtschaftliche Anhänger erweitern das Programm erheblich. Zusätzlich baut Krone auch Anbauwechsel-

pflüge für die Ackerschiene – eine Weltneuheit – mit Handaushebung, von denen bis zum Jahr 1994 über 150 000 Stück verkauft werden.

1955
Die Serienproduktion von Stalldungstreuern beginnt.

1963
sind wieder einmal die Kapazitäten für das breit gefächerte Programm zu klein geworden, deshalb erwirbt man in Werlte ein passendes Grundstück. Ein Jahr später läuft in dem Zweigwerk bereits die Produktion an. Zunächst mit landwirtschaftlichen Anhängern, Plattformwagen und Kippern sowie verschiedenen Einzelteilen.
Auch Ladewagen in den unterschiedlichsten Ausführungen kommen jetzt in das Fertigungsprogramm.
Im Hauptwerk Spelle werden die ersten rotierenden Bodenbearbeitungsgeräte gefertigt: *Kronevator*-Bodenfräsen mit verschiedenen Arbeitsbreiten.

1967
folgt mit der Produktionsaufnahme der Anbaurotormäher mit vier Messertrommeln der erste Schritt in die Futtererntetechnik. Von Anfang an werden diese Rotormäher auch in großen Arbeitsbreiten gebaut und wahlweise mit Knickzettern ausgerüstet. Der 200 000ste Stalldungstreuer verlässt das Werk.

1970
wird die Ladewagenbaureihe um die Hochleistungs-Schneid- und Dosierwagen ergänzt. Hier findet auch das patentierte Krone-System des getrennten Schneidens und Förderns mit bis zu 41 Messern, die Micro-Schnitt-Einrichtung, welche Schnittgut von nur 35 mm Länge ermöglicht, Anwendung.

1971
beginnt im Werk Werlte die Produktion von Nutzfahrzeug-Anhängern und Wechselbrücken verschiedenster Bauart und Ausrüstung.

1973
gründet Krone gemeinsam mit den Firmen Mengele und Niemeyer die US-Vertriebsgesellschaft KMN.

links oben: Stalldungstreuer mit Schneckenwalze.

rechts oben: Einer der ersten Ladewagen.

Krone Anbau-Drehpflug „Haller", aus einer bewährten Reihe, die es nicht mehr gibt.

1975
beginnt Krone mit dem Aufbau eines neuen Nutzfahrzeugwerkes in Curitiba (Parana) im Süden Brasiliens.
Gleichzeitig wird im Werk Spelle der Mais-Chopper, ein einfacher robuster Anbau-Maisfeldhäcksler, in das Fertigungsprogramm aufgenommen.

1978
wird die Produktion von Rundballenpressen gestartet. Sie werden vom Markt wegen der Endlos-Rollenkette und dem geschlossenen Ballenraum gut aufgenommen.

1983
wird die Lizenzfertigung der mit mehreren Patenten abgesicherten Rundballenpressen nach Japan und in die USA an M+W Gear Company, Gilson City/Illinois vergeben.

1984
stellt Krone eine Neuentwicklung, den *Tillage-Trac TT*, vor. Es ist eine selbstfahrende Antriebsmaschine für zapfwellengetriebene Bodenbearbeitungsgeräte im Front- und Heckanbau. Für die Einsatzbereiche Stoppelbearbeitung sowie Saatbettbereitung sind verschiedene Gerätekombinationen möglich.
Der mit einem 178-PS-Motor ausgerüstete *Tillage-Trac* treibt alle vier Räder mit Terrareifen unabhängig voneinander über Ölmotoren an, wobei die Zwillings-Vorderräder über eine hydrostatische Drehschemellenkung mit einem Lenkwinkel von 150° gelenkt werden. Weil jedes Rad in einer eigenen Spur läuft, arbeitet diese Antriebsmaschine mit sehr geringem Bodendruck.

1988
ist die Gründung einer gemeinsamen Vertriebsgesellschaft unter der Bezeichnung „Krone-Niemeyer" vorgesehen, die die Landmaschinenprogramme beider Firmen verkaufen soll. Dieses Vorhaben scheitert aber letztlich an der Gesellschaftermehrheit bei Niemeyer.

1990
fällt die Entscheidung, nach langjähriger Erfahrung mit den Mähwerken in den Markt

Krone-Rundballenpresse mit Endlos-Rollenkette und geschlossenem Pressraum.

Krone-Kreiselzettwender besonders robust und stabil für Grünlandtechnik.

für Futtererntemaschinen einzusteigen. Krone präsentiert der überraschten Fachwelt eine breite Palette von robusten Kreiselzettwendern und Kreiselschwadrechen. Diese Maschinen sind von Anfang an auf größte Stabilität und Flächenleistung ausgelegt. Das wirkt sich auf dem Absatzmarkt besonders deutlich aus. So erreicht das Unternehmen bereits drei Jahre nach Einführung in der Klasse über 6 m Arbeitsbreite etwa 13 % Marktanteil bei den Zettern und bei den Großschwadern über 5,5 m sogar 17 %. Bei den darunter liegenden Arbeitsbreiten sind es 8 bzw. 6 % Marktanteil.

1994

folgt eine weitere wichtige Weichenstellung. Auf Grund der bei Futtererntemaschinen erreichten guten Marktposition gibt Krone das gesamte Bodenbearbeitungsgeräte-Programm, auch unter dem Eindruck der immer geringer werdenden Marktzahlen für Pflüge, Fräsen und Kreiseleggen, ersatzlos auf.
Gleichzeitig gelingt Krone mit der neuen Großpackenpresse *Big Pack* ein erfolgreicher Markteinstieg. Vorgestellt wird auch das neue *Intensiv-Conditionierer-System ICS*, das hinter dem Traktor mit Frontmähwerk zusammen eingesetzt werden kann.

1996

zeigt das Unternehmen erstmals den *Big M*, einen Hochleistungs-Selbstfahrer, der zunächst ausschließlich für den Einsatz mit drei Scheibenmähern, einer Arbeitsbreite von 9,0 m und Intensivaufbereitung konzipiert ist. Dieses Fahrzeug verfügt über eine Motorleistung von 260 PS sowie vier gleich großen, über Hydrostat angetriebene Räder. Dieser Schritt bedeutet auch gleichzeitig den Einstieg in die Selbstfahrer-Technologie, womit Krone schon seine ersten Erfahrungen mit dem *Tillage-Trac* gemacht hat. Krone geht eine strategische Allianz mit den Firmen Amazone, Grimme, Lemken im Projekt Samara (Osteuropa) ein.

1997

wird, wie bereits ein Jahr vorher in Frank-

Umsätze und Zahl der Beschäftigten von Krone 1950 bis 1990

	1950	*1960*	*1970*	*1980*	*1990*
Gesamtumsatz	2	21	66	188	412
Landmaschinen	1	16	57	106	202
Nutzfahrzeuge	–	–	–	48	155
Großhandel	1	5	9	34	55
Beschäftigte	45		570	1.250	1.420

Werte in Mio. DM

Mit dem Big M begann bei Krone die Selbstfahrer-Ära.

reich, für den britischen Markt eine Zusammenarbeit mit den Amazonen-Werken vereinbart. Kooperationspartner sind die Amazone Ltd., Großbritannien und die Maschinenfabriken Krone in Spelle.
An neuen Produkten werden Scheibenmäher mit einer Breitverteilhaube eingeführt, die auch in Kombination mit dem V-Stahl-Zinkenaufbereiter eingesetzt werden können.
Die gute Marktposition bei den Großpackenpressen führt Krone auf die Ausrüstung mit Tandemachse zurück. Die Pressen werden auch in den Farben Grün-Gelb an den John-Deere-Vertrieb geliefert.
Investitionen von 23 Mio. DM gehen in eine neue Farbgebungsanlage und ein Blockheizkraftwerk.

Krone-Front-Scheibenmäher.

1998

liefert Krone bis Ende April 20 *Big M* aus. Die Flächenleistung dieser Maschinen liegt bei etwa 10 ha/h.
Im September wird eine neue Reihe von Rundballenpressen vorgestellt. Die Festkammerpressen *Round Pack 1250* und *1550* wahlweise mit Multicut-Schneidwerk, normaler oder Tandemachse: Die *Vario Pack 1800* mit variabler Presskammer und die Round Pack mit integrierter Wickeleinrichtung.
Krone hat bei Großpackenpressen in Deutschland einen Marktanteil von 23 % erreicht, weil nunmehr 95 % aller *Big-Pack*-Pressen mit Tandemfahrwerk ausgerüstet sind.
Der Marktanteil bei Rundballenpressen erreicht 26 % und bei Scheibenmähwerken sogar 30 %.

1999

richtet das Unternehmen für den *Big M* ein spezielles Montageband ein. Anlass hierfür ist die gestiegene Nachfrage und die guten Erfahrungen mit der Maschine bei den Einsätzen in der letzten Saison in Europa und den USA. Zwei Weltrekorde erzielt der *Big M*, einmal mit 315 ha im 24-Stunden-Mähen und dazu 15,2 ha in einer Stunde. Dabei sind Mähgeschwindigkeiten von bis zu 17 km/h erreicht worden.
Bei Rundballenpressen hält Krone in Deutschland mit über 30 % Marktanteil wieder den Spitzenplatz.
Die Variokammer-Rundballenpresse *Combi-Pack 1500V* mit integrierter Wickelmaschi-

Der Big X – selbstfahrender Feldhäcksler – wird auf der Agritechnica '01 erstmals vorgestellt.

ne erhält ein neues Übergabe-System, das unter allen Bedingungen, auch Hanglagen, höchste Funktionssicherheit gewährleistet. Zum Jahresende gründet Krone, gemeinsam mit der National Westminster Bank AG, NatWest, Frankfurt/Main und deren Töchtern Lombard Vendors und Figelag, die Krone Finance für deutsche und ausländische Krone-Kunden.

2000

erteilt das Kraftfahrtbundesamt eine Allgemeine Betriebserlaubnis (ABE) für den *Big M*, von dem in der letzten Saison über 100 Einheiten verkauft worden sind.
Für die laufende Saison liefert Krone 30 *Big M* in die USA.
Im April überrascht Krone die Branche mit der Präsentation des *Big X*, einem selbstfahrenden Feldhäcksler. Die 40 km/h schnelle Maschine ist zunächst noch mit einem 540 PS starken Motor und hydrostatischem Antrieb ausgerüstet.
Neu ist auch der Prototyp einer selbstfahrenden Rundballenpresse mit variabler Kammer und integriertem Wickler. Dabei handelt es sich um einen der Presse mit Tandem-Fahrwerk vorgespannten Triebsatz mit zwei Antriebsrädern.
Bei den Rundballenpressen ist Krone nun schon zum achten Mal Marktführer in Deutschland. Der Grund dafür liegt nach Firmenmeinung in der hochwertigen Technologie mit Stabkettenförderer, *MulitCut*-Schneidwerk mit 17 Messern sowie Tandemachse. Der allgemeine Trend geht nun zur variablen Presskammer.
Zum ZLF in München präsentiert sich die Marke in neuem Design. Das neue Firmenlogo symbolisiert mit der stilisierten Erntekrone und moderner Wortmarke Tradition und Dynamik des Unternehmens.

2001

rüstet Krone seine neuen *Big Pack* mit einem variablen Füllsystem aus, was bei geringen Schwadmengen und niedriger Fahrgeschwindigkeit noch gut pressbare Großballen ermöglicht.
In Memphis/USA hat Krone North America ein neues Service-Center eingerichtet. Absatzerfolge hat das Unternehmen dort mit dem *Big M* und der Presswickelkombination aufzuweisen.
Einer der *Big M*-Großflächenmäher erreichte bei der Deminer Landbau AG in Mecklen-

4-kreiseliger Swadro-Großschwader bis 15 m Arbeitsbreite.

burg-Vorpommern in den ersten drei Jahren eine Flächenleistung von über 10 500 ha.

Der *Big X* selbstfahrender Feldhäcksler wird nach hartem Praxistest erstmals auf der Agritechnica '01 vorgestellt.

Im Hauptwerk Spelle mit 30 ha Fläche arbeiten 650 Mitarbeiter und im Nutzfahrzeugwerk Werlte mit 18 ha Fläche 400 Mitarbeiter.

Im Handels- und Dienstleistungsbetrieb mit acht Filialen im Emsland und im Landtechnikzentrum Werschen (mit drei Filialen) arbeiten insgesamt mehr als 120 Mitarbeiter. Die Hauptmarke ist hier John Deere neben anderen namhaften Firmen, wie Lemken, Grimme, Rauch, Värderstad, Westfalia. Die Ersatzteilversorgung erfolgt vom Lager Meppen aus.

Im Ausland ist Krone durch folgende eigene Tochtergesellschaften vertreten: Das Nutzfahrzeugwerk Krone do Brasil, Farmhand Ltd. in Irland, Krone Northamerica in den USA, Markor Inc., USA (Holdinggesellschaft) und Krone Italia.

Die Tochtergesellschaften in Frankreich und Großbritannien werden gemeinsam mit den Amazone-Werken geführt.

Der Exportanteil der Krone-Produktion beträgt laut Unternehmensangaben 51 %. Das Lieferprogramm umfasst:

– Scheibenmähwerke für Front- oder Heckanbau, gezogene Mähwerke, mit oder ohne Aufbereiter mit 16 Modellen in Arbeitsbreiten von 2 bis 4,8 m, dazu den selbstfahrenden Hochleistungsmähaufbereiter.

– Kreiselzettwender, angebaut oder gezogen, mit acht Modellen mit Arbeitsbreiten von 4,4 bis 10,5 m.

– Kreiselschwadrechen, angebaut oder aufgesattelt mit sieben Modellen in Arbeitsbreiten von 3,4 bis 15 m.

– Lade- und Dosierwagen mit neun Modellen mit Ladevolumen von 25 bis 58 cm^3.

– Rundballenpressen, davon drei Festkammer-Modelle, zwei mit variabler Presskammer sowie zwei Rundballen-Wickelkombinationen.

– Großpackenpressen mit acht Modellen.

– Dreiseitenkipper in Tandem- oder Zwei-Achs-Ausführung.

Die Marktanteile in Deutschland belaufen sich bei Scheibenmähwerken auf 30 %, bei Kreiselzettwendern auf 15 %, bei Zweikreiselschwadern auf 18 %, bei Lade- und Dosierwagen auf 17 %. Bei Rollpressen ist Krone Marktführer mit 30 %, und bei Großpackenpressen werden 23 % erreicht.

Im Herbst wird ein neues Schulungszentrum „Drive & Train" eröffnet.

Zur Agritechnica wird der *BIG M II* mit automotivem Antriebssystem, bei dem sich die Motordrehzahl automatisch an die vorgewählte Fahrgeschwindigkeit und entsprechenden Fahrantriebsbelastungen anpasst, vorgestellt. Neu ist auch ein 360 PS starker Motor.

Der *BIG X* mit 605-, 700- oder 780-PS-Motor verfügt über das gleiche Antriebssystem. Dazu gibt es ein neu konzipiertes, leichtgewichtiges, reihenunabhängiges Maisgebiss für 8, 10, oder 12 Reihen. Es arbeitet mit einem umlaufenden Collektor.
Neu sind auch Rund- und Großpackenpressen und der Schwader *Swadro 8.81* mit verstellbarer Arbeitsbreite von 7.80 bis 8.80 m.
Zugleich wird 2001 das erfolgreichste Geschäftsjahr in der Firmengeschichte mit einem Umsatzzuwachs in der Gruppe um 20 %. Für 2002 peilt man 500 Mio. Euro Umsatz an, was sicher erreicht werden dürfte.
Die Belieferung von John Deere mit Großpackenpressen wird eingestellt.
Im Jahr 2001 wurden 120 *BIG M* ausgeliefert.

2002

erhält Krone den „Wageningen Innovatie Award“ für das Maisgebiss *Easy Collect* auf der RAI in den Niederlanden sowie den „Gouden Aar 2002“ auf der Agribex in Brüssel.
Zur bevorstehenden Silageernte werden zwölf *BIG X* als Vorserie ausgeliefert.
Mit einem neuen Fahrwerk sind die Krone- Kreiselzettwender bei 40 km/h Transportgeschwindigkeit noch sicherer.

Marktanteile der Firma Krone in Deutschland 2001	
Scheibenmäher	30 %
Wender und Schwader	16 %
Lade-Dosierwagen	25 %
Rollpressen	31–32 %
Großpackenpressen	25 %

Umsatz nach Produkten und Regionen von Krone 2001

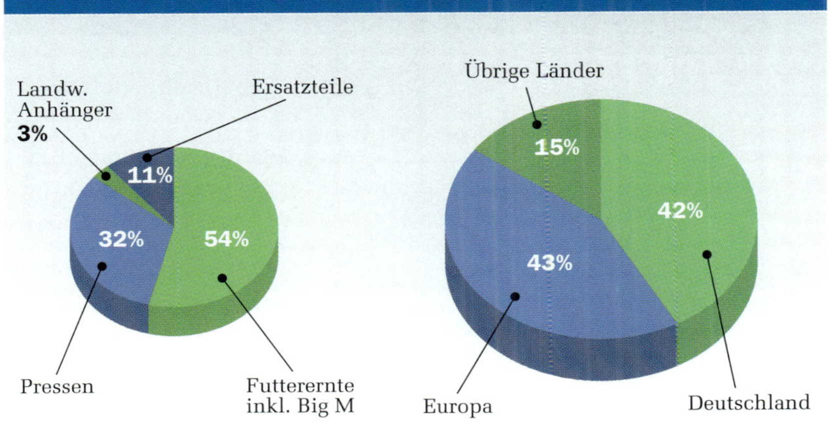

Umsätze und Zahl der Beschäftigten von Krone 1994 bis 2001

	1994	*1995*	*1996*	*1997*	*1998*	*1999*	*2000*	*2001*
Gesamtumsatz	435	464	508	570	720	651	783[1]	481,7
Davon								
Landmaschinen	195	192	201	203	223	230	259	136,4
Nutzfahrzeuge	170	210	232	281	418	344	443	304,0
Großhandel	70	62	75	82	79	77	81	41,3
Beschäftigte	1.100	–	1.167	1.162	1.193	1.162	1.193	1162

Werte in Mio. DM, ab 2001 in Mio. €
1) Export-Anteil Landmaschinenfabrikation in: 2000 52,8%

Kuhn

Kuhn S.A.
Saverne (F)

Flaggschiff der französischen Landmaschinenindustrie

Früh auf den Scheibenmäher gesetzt und heute Weltmarktführer

rechts:
Kuhn-Dreschmaschine mit Strohtisch.

unten:
Der erste Kuhn-Scheibenmäher, damals mit Kettenantrieb.

1828
beginnt Joseph Kuhn als kleiner Schmied in Eckartsviller, nahe Saverne, mit dem Bau von Dezimalwaagen.

1864
nimmt Kuhn, unterstützt von seinen Brüdern, zusätzlich die Fertigung von Landmaschinen auf, obwohl die Tagesproduktion verschiedener Waagentypen schon allein bei Dezimalwaagen auf 40 Stück angewachsen ist. Zu diesem Zweck hat Kuhn auf dem heutigen Areal in Saverne ein größeres Grundstück erworben und entsprechende Gebäude darauf errichtet.

1870
wird zur Maschinenfabrik eine Gießerei errichtet.

1900
befinden sich im breiten Fabrikationsprogramm Waagen aller Gattungen, Göpelwerke, Windmühlen, Strohschneider, Schrot- und Obstmühlen, Fruchtsaftpressen, Kreis- und Bandsägen, Pflüge, Eggen und sonstige Geräte.

Erster Kreiselschwader mit der patentierten geschlossenen Kurvenbahn.

Modernes Frontmähwerk mit Aufbereiter.

1921
werden neue Hallen gebaut und die Fabrikation von Dreschmaschinen aufgenommen, deren Qualität Kuhn zu großem Ansehen verhilft.

1928
Im 100sten Jubiläumsjahr sind mehr als 1 000 Dreschmaschinen gebaut und verkauft, auch die ersten Mähmaschinen, Heuwender und Rechen kommen auf den Markt.

1946
schließt sich Kuhn der damals bereits weltbekannten schweizerischen Firma Bucher-Guyer an, die ein Jahr später alle Anteile übernimmt, woraus schließlich die Firma Kuhn Freres & Cie entsteht.

1965
zerstört in der Nacht vom 14. zum 15. April ein Feuer den größten Teil der Fabrikanlagen sowie alle Einrichtungen. In einer einmaligen Solidaritätsleistung bauen die 500 Mitarbeiter den Betrieb wieder auf, und bereits nach drei Wochen kann die Produktion mit provisorischen Mitteln wieder anlaufen. Auf dem Sektor Futtererntemaschinen baut Kuhn jetzt Kreiselzettwender und beschäftigt sich mit der Entwicklung und Erprobung von Scheibenmähwerken. Zuerst versucht man es mit einem Kettenantrieb, später mit dem erfolgreichen und richtungweisenden Zahnradantrieb.

1968
übernimmt Kuhn die Produktion des bei Bucher-Guyer von Walter Hauser entwickelten Kreiselschwaders mit einer geschlossenen Kurvenbahn, der durch mehrere Patente gut geschützt ist.

1971
wird Kuhn in eine Aktiengesellschaft, die Kuhn S.A, umgewandelt.

Anhängemäher mit Aufbereiter in Schwadablage, dazu ein Kuhn-Kreiselzettwender.

1972
wird ein Hochregallager für Teile der Produktion errichtet, das im Wesentlichen auch als Zentralersatzteillager genutzt wird.

1975
umfasst das Werksgelände eine Fläche von etwa 15 ha, wovon rund 6 ha überbaut sind. Die Mitarbeiterzahl ist inzwischen auf 800 angestiegen, und der jährliche Ausstoß beträgt etwa 40 000 Maschinen. Kuhn ist zu diesem Zeitpunkt weltweit zweitgrößter Hersteller von Heuerntemaschinen.

1976
beliefert Kuhn rund 1 200 Vertriebsstellen in Frankreich. 40 % der Produktion gehen in 42 Länder auf allen Kontinenten. In der Bundesrepublik Deutschland, in Großbritannien und den USA verfügt Kuhn über eigene Vertriebsgesellschaften. Ein Jahr vorher erhielt Kuhn den Exportpreis des Syndicat Général des Constructeurs de Tracteurs et Machines Agricoles, für den ersten Platz des Exportumsatzes der französischen Landmaschinenindustrie (ausgenommen Traktoren).

1978
hat Kuhn anlässlich seines 100-jährigen Bestehens viele Kunden aus aller Welt zu Gast, denen das breite Produktions- und Vertriebsprogramm vorgeführt wird. Mit hohen Investitionen modernisiert Kuhn laufend das Unternehmen weiter.

1980
werden die Fertigungs- und Montageanlagen erweitert und eine 13 000 m^2 große Lager- und Versandhalle in Betrieb genommen.

1982
folgt der Neubau eines Entwicklungs- und Versuchszentrums.

1983
installiert Kuhn eine neue EDV-Anlage für technische und kommerzielle Anwendungen, dabei werden die Filialen direkt an das Stammhaus angeschlossen. Vier Jahre später wird die Entwicklungsabteilung mit einer CAD-Anlage ausgestattet.

1987
erwirbt Kuhn den führenden, aber in finanzielle Schwierigkeiten geratenen französischen Pflughersteller Huard S.A. in Chateaubriant zur Ergänzung der eigenen Produktpalette. Im Ausland werden jetzt die Huard-Pflüge unter dem Namen Kuhn verkauft.

Großschwader GA 7301 mit 7,30 m Arbeitsbreite.

1989
ist die gesamte Werksanlage mit einem Dateninformations-System ausgestattet.

1990
übernimmt Kuhn die Firma Matelest Diffusion, eine Spezialfirma für die Grünflächen- und Gartenpflege für private und professionelle Abnehmer, mit Geräten der Firmen Sabo, Dolmar, Roberine und Yanmar in Frankreich
Kuhn produziert in diesem Jahr 60 000 Maschinen, investiert 14 Mio. DM und erzielt mit 950 Mitarbeitern einen Umsatz von 310 Mio. DM. Wird der Huard-Umsatz hinzugerechnet, erreicht der Umsatz 405 Mio. DM. Der Exportanteil liegt in den letzten sieben Jahren sehr stabil bei 55 %. Der Umsatz in Deutschland beträgt 55 Mio. DM und in den USA rund 50 Mio. DM.

1991
kann ein neues, automatisiertes Rohmateriallager mit einer Kapazität von 6 000 t in Betrieb genommen werden.

1993
erfolgt die Übernahme der Firma Audureau S. A., einem Spezialhersteller von Stroh-/Silageentnahme und -verteilgeräten. Dazu noch Feldspritzen mit 400 bis 3 000 l Fassungsvermögen und 10 bis 24 m Spritzbreiten.

1995
bringt Kuhn eine neue Scheibenmäher-Generation, die *Baureihe 100*, auf den Markt, in den Arbeitsbreiten 2,0 m, 2,4 m, 2,8 und 3,2 m, basierend im Wesentlichen auf Elementen der weltweit über 400 000 mal verkauften *10er*-Baureihe.
Dazu kommt eine neue Aufbereitergeneration in Modulbauweise mit zwei einstellbaren Drehzahlen sowie regulierbarem Prallblech zur Einstellung der Aufbereitungsintensität
Auch die gezogenen Scheibenmäher der neuen *Baureihe 100* erhalten neue Intensivaufbereiter. Dabei handelt es sich um einen Rotor mit beweglich aufgehängten, schweren Fingern und einer statischen Kammleiste mit feststehenden Zinken.
„Nach unten" ist die *100er*-Reihe mit dem Scheibenmäher *400* mit 1,60 m Schnittbreite abgerundet. Für die Kreiseleggen-Drillkombination hat das Unternehmen die Reifenpackerwalze *Packerflex* entwickelt, die

Gezogene Feldspritze mit gefederter Achse und Zugdeichsel, 3200-l-Tank mit 28-m-Gestänge.

Vierschar-Volldrehpflug Vari Master.

für eine streifenweise Rückverfestigung des Bodens sorgt.

1996
übernimmt Kuhn die Aktiva des französischen Sämaschinenherstellers Nodet-Gougis mit Sitz in Montereau. Die Sämaschinen, Einzelkornsägeräte und Feldspritzen bringen Kuhn eine wertvolle Ergänzung des Programms.
Außerdem werden neue Frontmäher mit 2,4 m und 2,8 m vorgestellt. Zusammen mit dem *FC 280 F* stehen nunmehr drei Modelle zur Verfügung, denn immerhin sind in der vorangegangenen Saison 34 % aller in Deutschland verkauften Mähwerke Frontmäher.
Dazu kommt noch ein kompakter Großschwader mit zwei Kreiseln und einer Arbeitsbreite von 6,7 m bis 7,3 m bei Mittelschwad und jeweils 3,65 m bei zwei Einfachschwaden. Hier wird dem Trend zu Großschwadern gefolgt, denn jeder vierte Schwader in der Saison '96 hat eine Arbeitsbreite von über 5,5 m.

1997
werden die Scheibenmäher zur Verminderung des Bodendruckes mit einer hydropneumatischen Mähbalkenentlastung ausgestattet.
Der neue gezogene Mähknickzetter mit 3,5 m Arbeitsbreite hat als technische Besonderheit ebenfalls eine hydropneumatische Aufhängung der Mäh- und Aufbereitereinheit für optimale Bodenanpassung bei gleichmäßiger Schnitthöhe und sauberem Schnitt.
Zur Programmergänzung der Kreiselzettwender entwickelt Kuhn den Großflächen-*Giroheuer* mit 7,5 m Arbeitsbreite. Die sechs Kreisel werden anstelle von Kreuzgelenken, wie bei Kuhn üblich, mit der patentierten störungsfreien und verschleißarmen *Digidrive* ausgerüstet.
Nach der Eingliederung von Nodet-Gougis wird der Bereich Sätechnik um weitere Modelle ergänzt. Es sind verschiedene mechanische Drillmaschinen mit 3,0 und 4,0 m Arbeitsbreite sowie Einzelkornsägeräte mit 3 bis 18 Säelementen. Zusätzlich können diese mit einem Düngerstreuer und

Pneumatische Einzelkornsämaschine mit Fronttank.

einem Überwachungscomputer ausgerüstet werden. Außerdem bietet Kuhn nunmehr zwei Direktsaatmaschinen mit 3,0 und 4,0 m Arbeitsbreite an. Das Besondere daran ist ein Dreischeibensechsystem mit Drehgelenk, wodurch die Saatgutablage auch bei engen Kurven sicher erfolgt.
Neu ist auch der *Performer*, eine modular aufgebaute Maschine zur Saatbettaufbereitung. Diese Aufsattelgeräte mit Arbeitsbreiten von 4,5 und 6,0 m können je nach Bodenart entsprechend bestückt werden.

Minotor 3060 bei der Verteilung eines Rundballens.

1998

kann die neue deutsche Zweigniederlassung in Schopsdorf (Sachsen-Anhalt) offiziell ihrer Bestimmung übergeben werden – nachdem dort bereits im Mai '97 die Ersatzteilabteilung ihre Arbeit aufgenommen hat. Sie liegt verkehrsgünstig an der A2 zwischen Magdeburg und Brandenburg. Mit einem Umsatz von 66 Mio. DM erreicht die deutsche Niederlassung eine herausragende Position innerhalb der Kuhn-Gruppe.
Auf der Eurotier '98 präsentiert Kuhn den neuen Futtermischwagen *Euromix* mit 12 bzw. 14 m^3 Fassungsvermögen und gleichzeitigem Futteraustrag nach links und rechts. Ein Zweistufen-Schaltgetriebe, groß dimensionierte Mischschnecken sowie eine programmierbare Waage mit integriertem Diagnosesystem vervollständigen die Ausrüstung.

1999

bringt Kuhn mit der Modellreihe *Venta* Drillmaschinen für besonders hohe Ansprüche auf den Markt. Der große Behälter mit 900/1 550 l Fassungsvermögen mit integrierten Feinsaatzellen erlaubt Aussaatmengen ab 1 kg/ha bis 430 kg/ha.
Die Polyurethanbeschichtung der großen Scheibenschare gewährleistet eine Selbstreinigung auf schweren Böden und störungsfreien Einsatz auch bei einem hohen Anteil von Ernterückständen.
Im westfranzösischen Chateaubriant wird die neue Pflug-Fabrik auf einem 17,5 ha

Universal-Säkombination zur reduzierten Bodenbearbeitung und Aussaat.

Selbstfahrender Siloentnahme-, Misch- und Verteilwagen SP 14 mit 159-PS-Motor, bis 50 km/h und 14 m³ Fassungsvermögen und voll gefedertem Fahrwerk.

großen Betriebsgelände (30 000 m² davon überdacht) in Betrieb genommen. Insgesamt sind dort in zwei Jahren 22,4 Mio. DM investiert worden. Hohe Flexibilität in der Endmontage, Halbierung des Lagerbestandes bei hoher Fertigungstiefe und Qualität sind mit Hilfe des Kanban-Systems erreicht.

Neben dem Pflugprogramm bauen 320 Mitarbeiter hier Grubber, Saatbettkombinationen, Scheibeneggen und Direktsaatmaschinen. Erweitert wird zudem das Pflugprogramm um die Volldrehpflüge *Vari-Master* und *Multi-Master*, drei- bis sechsfurchig, für Großtraktoren über 200 PS. Die Arbeitsbreite je Schar kann einfach von 35 oder 40 auf 45 cm verstellt werden. Neu ist auch eine Scheibenegge mit Zentralrahmen mit Arbeitsbreiten von 4,0 und 4,5 m.

Gegen Ende des Jahres verkauft Kuhn seine Tochtergesellschaft Puissance Verte S.A., die in Frankreich das Geschäft mit Geräten für die Grünflächen- und Gartenpflege betreibt und mit rund 40 Mitarbeitern einen Jahresumsatz von 120 Mio. FF. erzielt.

2000

erhalten Mähwerke und Knickzetter mittige Aufhängung zur optimalen Bodenanpassung und *Lift-Control* zur Entlastung. Zwei neue *Giroheuer*, geeignet für drei Schwaden von 2,0-m-Mähern werden in den Markt gebracht. Die neuen *Giroschwader* mit einem Kreisel sind jetzt mit dem *Masterdrive*-Getriebe ausgerüstet. Mit den Baureihen *Minotor* und *Athenor* bietet Kuhn Universalgeräte für die Fütterung an. Mit einem Fassungsvermögen von 3 m³ ermöglichen sie die Verteilung der Rund- und Quaderballen von Silage, Heu und Stroh sowie die Entnahme und Verteilung von Silomais und langstengeliger Grassilage. Das starke Entnahmeschild hat eine Reißkraft von 1,5 t.

2001

präsentiert Kuhn zur Sima in Paris jede Menge Neuheiten:

1. Den *Fastliner*, eine Universalsäkombination für reduzierte Bodenbearbeitung mit 3, 4 und 6 m Arbeitsbreite.

2. Eine neue Scheibeneggengeneration *Discover XL* mit 48 bis 60 Scheiben und Arbeitsbreiten von 5,65 m bis 7,0 m kommt als Ergänzung zur Baureihe *XM* hinzu.

3. Rotorfräsen *EL 42* mit 1,0 m, 1,3 m, 1,55 m und 1,9 m serienmäßig mit mechanischem Seitenversatz für Traktoren bis 45 PS, sowie die *EL 142* mit Arbeitsbreiten von 2,5 m und 3,0 m für Traktoren bis 140 PS.

4. Kreiseleggen-*HR-Serie 103* mit 3,0 und 4,0 m Arbeitsbreite für Traktoren bis 170 PS mit *Fast-Fit*-Zinkenschnellbefestigung.

5. Die Einzelkornsämaschine *Maxima* mit pneumatischer Präzisionsdosierung.

6. Axera-Düngerstreuer mit 1 100 und 3 200 l Fassungsvermögen und Arbeitsbreiten von 12 bis 36 m mit elektronischer Streumengenregelung.

7. Neue Anbaufeldspritzen *Porter M* und gezogene *Combi* sowie *Toprider* für Großflächeneinsatz mit gefederter Achse und Zug-

deichsel, Aluminiumgestänge von 24-36 m.
8. Anbau-Scheibenmäher *GMD 802* mit *Lift-Control* und 3,11 m Arbeitsbreite.
9. Gezogene Mähknickzetter mit 3,0 und 3,5 m sowie seitlicher oder mittiger Zugdeichsel und neuem Girodyne Schwenkkopf.
10. Den Anbau-Giroheuer *GF 7601* mit 7,6 m Arbeitsbreite und acht Kreiseln mit kleinem Durchmesser.
11. Der Zwei-Kreisel-Giroschwader *GA 6002* ermöglicht einen großen Seitenschwad oder zwei getrennte Schwaden mit Arbeitsbreiten zwischen 3,5 m und 5,8 m verstellbar.
12. Die Futtermischwagen *Primor 3560*, *Euromix II 1860* und als absolute Neuheit den selbstfahrenden Siloentnahme-Misch- und Verteilwagen *SP 14*.

2002

erfolgt eine Programmerweiterung der Mähknickzetter durch die Modelle *FC 313* und *FC 312 F* mit 8 Scheiben und 3,11 m Arbeitsbreite und Pendelaufhängung für optimale Bodenanpassung und Mähbalkenentlastung durch *Lift Control*.

Das Unternehmen Kuhn S.A., zur Bucher Holding A.G. gehörend, hat sich durch mehrere Firmenübernahmen selbst zu einer Unternehmensgruppe entwickelt.
Kuhn exportiert nunmehr 58 % seiner Produktion in mehr als 60 Länder, davon: Nach Deutschland 20 %, in die USA 19 %, nach Großbritannien 10 %, nach Dänemark 8 % und nach Italien 6 %.
Kuhn arbeitet seit mehr als 25 Jahren mit der Firma Rauch, Sinzheim, zusammen und vertreibt deren Produkte in Frankreich und sehr vielen anderen Märkten.
Eine mehr als 20 Jahre währende Zusammenarbeit gibt es mit John Deere, New Holland, JF und auf dem französischen Markt mit Massey Ferguson. Diese Firmen beziehen die wesentlichen Teile für ihre Scheibenmäher oder zum Teil auch die komplette Maschinen, die sie in ihren „Hausfarben" geliefert bekommen. Ein ungarischer Hersteller baut Kuhn-Maschinen in Lizenz.
Kuhn ist weltweit der größte Hersteller von Scheibenmähern.

KUHN
Umsatz nach Produkten 2001

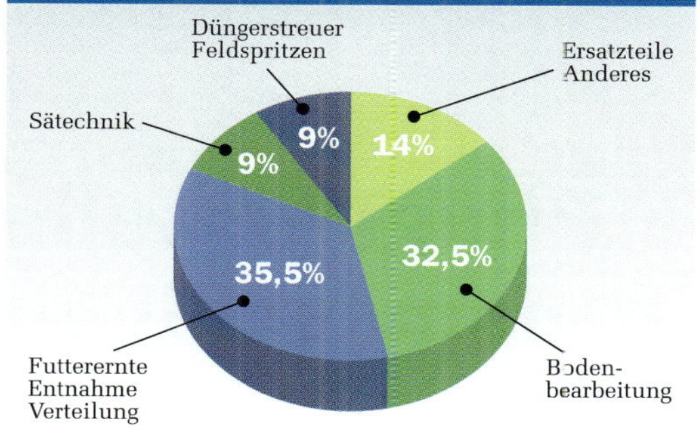

Umsatz nach Produkten und Regionen von Kuhn 2000

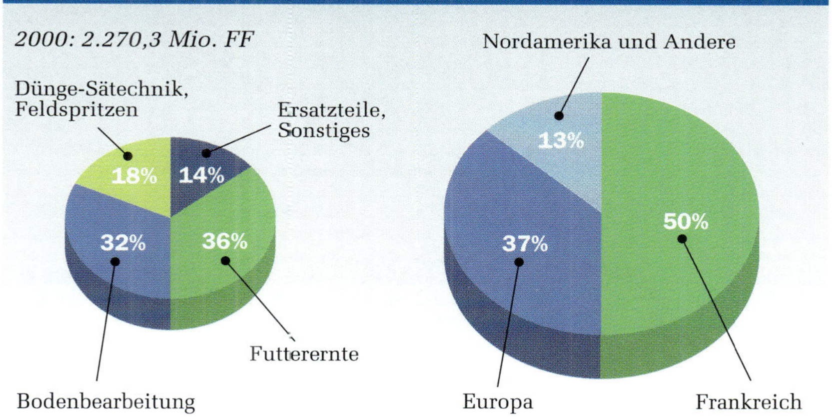

Umsätze und Zahl der Beschäftigten von Kuhn 1950 bis 1990

	1950	*1960*	*1970*	*1980*	*1990*
Gesamtumsatz	25,6	132,0	326,5	666,6	1.172,0
Beschäftigte	315	404	653	943	1.051

Werte in Mio. FF

Umsätze und Zahl der Beschäftigten von Kuhn 1994 bis 2001

	1994	*1995*	*1996*	*1997*	*1998*	*1999*	*2000*	*2001*
Gesamtumsatz	1.554,0	1.751,4	1.949,5	2.000,7	2.087,3	2.174,5	2.270,3	349,7
Beschäftigte	1.529	1.576	1 790	1.852	1.998	2.012	2.041	2119

Werte in Mio. FF, ab 2001 in Mio. €

Kverneland

Kverneland AS
N-4344 Kverneland

Der größte Pflughersteller der Welt – heute ein Landmaschinen-Multi

Durch Firmenübernahmen permanent gewachsen.
Die einzelnen Konzernmarken treten wieder mehr in den Vordergrund

oben. Erster Kverneland-Traktorpflug um 1930.

unten: Einer der ersten Dreipunkt-Anbaupflüge für Traktoren mit Hydrauliksystem.

1879

errichtet Ole Gabriel Kverneland seine Schmiede in dem Dorf Kverneland, 25 km von Stavanger entfernt, mit der Bezeichnung O.G. Kvernelands Fabrik. Mit seinem Federhammer fertigt er jährlich 7 000 bis 8 000 Sensen und zusätzlich diverse Schmiedeprodukte.

1894

wird die Firma in eine AS (GmbH) umgewandelt. Danach werden Gespannpflüge und Eggen in das Programm aufgenommen.

1930

stellt Kverneland den ersten Traktorpflug vor. Es ist ein gezogener 2-Schar-Pflug. In den späten 40er Jahren kommen Pflüge für den Dreipunkt-Anbau hinzu, nachdem immer mehr Traktoren mit diesem Hydrauliksystem ausgerüstet werden.
Zwei Jahre später fertigt man die *Trollhakke,* ein Vielfach-Bodenbearbeitungsgerät.

1946

wird das Pflugprogramm um verschiedene Eggenmodelle, die Zentrifugal-Drillmaschine erweitert, und die Stein- und Heugabeln,

Der Packomat-Seeder pflügt, krümelt, rückverfestigt und sät in einem Arbeitsgang. Erstmals 1994 vorgestellt.

besser bekannt als *Heuschwanz*, für die Heckhydraulik werden gefertigt.

1950
und später wird eine neue Fabrik mit Gleisanschluss in Oksnevad gebaut und immer mehr erweitert, bis 1986 Kverneland die weltweit modernste Pflugfabrik besitzt und schon lange davor der größte Pflughersteller der Welt ist.

1955
wird die Gerätefabrik Globus A/S in Brumunddal übernommen. Der reguläre Export beginnt mit den ersten Lieferungen nach Finnland.

1965
findet der Rohrrahmenpflug Eingang in die Fabrikation und setzt sich sehr schnell international durch.

1969
erhalten diese Pflüge eine automatische Steinsicherung mit einem sehr einfachen Blattfedersystem *Stenomat*.

1972
übernimmt Kverneland den dänischen Pflughersteller Plovfabrikken Fraude A/S in Odense.

1973
wird die Produktion von Drehpflügen mit verschiedenen Modellreihen aufgenommen.

1984
kann die Aktienmehrheit des Wettbewerbers Plogfabbrik Kyllingstad in Kleppe (Norwegen) erworben werden. Danach erfolgt eine Ausweitung des Produktangebotes und der Produktion durch strategische Übernahmen von Wettbewerbern – zuerst auf dem Gebiet der Bodenbearbeitung und später in anderen landtechnischen Marktsegmenten.

1986
bringt Kverneland mit einem Weltpatent das *Variomat-System* auf den Markt. Damit wird die stufenlose Einstellung der Arbeitsbreite jetzt auch hydraulisch ermöglicht.
Mit der Übernahme der 1907 gegründeten Underhaug Fabrikk AS in Naerbø betritt Kverneland ein völlig neues Marktsegment. Ihr Herstellungsprogramm liegt auf dem

Großflächen-Säkombination für minimale Bodenbearbeitung.

Gebiet der Kartoffelpflanz- und -erntetechnik sowie Steinsammler, Stein- und Wurzelbrecher und kleine Fütterungswagen. 150 Mitarbeiter erzielen einen Umsatz von 43 Mio. nkr, wovon 50 % aus dem Export stammen.

1992

präsentiert das Unternehmen den *Packomat*. Es handelt sich um einen integrierten Packer, der direkt an den Pflug gekoppelt und mit diesem zusammen geschleppt und gedreht wird. Der Packomat arbeitet mit einem Druck von 1 t und hinterlässt ein perfektes Saatbett während des Pflügens. Zuvor ist das Vibromat-System für die starren Volldrehpflüge vorgestellt worden. Ein kräftiger Gummistoßdämpfer schluckt die Schwingungen wirksam und bewahrt somit Pflug und Traktor vor übermäßigem Verschleiß.

1993

betritt Kverneland in der ersten Hälfte des Jahres mit der Übernahme von Taarup in Kerteminde, Dänemark und Kidd in Großbritannien das weite Feld der Futtererntemaschinen mit einem vollständigen Programm (ausgenommen Aufsammelpressen und Selbstfahrer).

1994

geht Kverneland eine strategische Allianz mit dem renommierten deutschen Hersteller Accord ein. Accord produziert Pneumatic-Drillmaschinen, -Düngerstreuer und -Einzelkornsämaschinen. Im Herstellungsprogramm finden sich neben den Pflanzmaschinen noch weitere bemerkenswerte Produkte. Kverneland übernimmt 26 % der Gesellschaftsanteile mit der Möglichkeit der weiteren Aufstockung. Im gleichen Jahr wird als erstes Produkt dieser Zusammenarbeit der *Packomat-Seeder*, eine Pflug-Saat-Maschine mit Fronttank-Saatgutbehälter am Traktor vorgestellt.
Daneben gewinnt Kverneland gegen namhafte Konkurrenz eine Ausschreibung von Case IH über die Zulieferung von Komponenten für Landmaschinen von Case in den USA.

1995

erhöht Kverneland seinen Anteil an dem italienischen Hersteller von Bodenfräsen Macchine Agricole Maletti, Modena, um 1 % auf 50 %. Diese Firmenumsätze werden erstmalig 1995 in die Bilanz mit einbezogen. Für 1997 ist die vollständige Übernahme geplant.
Kverneland kann auf eine 10-jährige erfolg-

2,6 m bis 5,5 m sowie Futtermischwagen mit 16 bzw. 18 m^3.
Zwischenzeitlich sind 500 Stellen abgebaut, weitere werden kurzfristig einschließlich der natürlichen Fluktuation gestrichen. Dazu sind Verlagerungen geplant, und kleine Betriebe werden geschlossen. Die gesamte Rau-Produktion wird in verschiedene Werke verteilt. In Weilheim verbleibt lediglich das Kompetenzzentrum für Spritztechnik mit Produktmanagement, Forschung und Entwicklung sowie Ersatzteilwesen mit lediglich 20 Arbeitsplätzen. Bis Mitte 2001 sollen die 100 Entlassungen abgeschlossen sein.
Dennoch gelingt es Kverneland trotz schwacher Konjunktur, Gewinn- und Ertragslage in 2000 zu steigern. Der Gesamtumsatz erreicht 3,8 Mrd. nkr, der Betriebsgewinn vor Umstrukturierung auf 112 Mio. nkr. Mit den ersten Reorganisationen sind bereits in 2000 235 Mio. nkr eingespart worden, weitere Kostenreduzierungen von 260 Mio. nkr sind geplant.

2001

präsentiert Kverneland-Vicon den selbstfahrenden Mäher *Red Bull* mit einer Arbeitsbreite von 9,4 m und damit die erste motorangetriebene Landmaschine des Konzerns. Der *Red Bull* kann entweder mit drei Scheiben- oder Trommelmähwerken mit Aufbereitern ausgestattet werden. Als Trägerfahrzeug dient ein JCB mit 340-PS-Cummins-Motor, die Kabine liegt hoch über dem Heck, bietet gute Übersicht, und zum Straßentransport mit 40 km/h wird der Fahrersitz um 180° gedreht. Die Vierradlenkung mit Knickgelenk sorgt für hohe Wendigkeit.
Unter dem Kverneland-Schirm befinden sich nun die Marken: Kverneland, Accord, Taarup, Underhaug, Rau, Vicon, Kleine, Gregoire, Paris und Bobard.
Sie arbeiten in den Produktgruppen: Futterernte, Bodenbearbeitung, Weinbaumaschinen, Spritz- und Sprühgeräte, Kartoffelbau-Maschinen und Ersatzteile.
Nach erfolgreicher Restrukturierung sei Kverneland wieder bereit, weitere Marken zu übernehmen, heißt es.
Tatsächlich meldet Kverneland die Übernahme des australischen Herstellers von Traubenerntemaschinen U.R.Machinery Ltd. (URM) in Mildura, Victoria State. Die Kvernelandgruppe wird dafür 3,6 Mio. austr. $ bezahlen (ca. 3,75 Mio. DM) Zusätzlich wird die konzerninterne Bilanz von 4 Mio austr. $ auf die Gruppe als Teil der Transaktion übertragen, 4,8 Mio. austr. $ werden durch Ausgabe neuer Aktien von

Neue Rau-Drillkombination, Agritechnica 2001.

Selbstfahrmäher Red Bull von Vicon. Die Arbeitsbreite beträgt 9,20 m.

Kverneland ASA an den Verkäufer gezahlt, während die verbleibenden 2.8 Mio. austr. $ in bar bezahlt werden.
Der Umsatz von URM betrug 48 Mio. nkr bei 7 Mio. nkr Gewinn. URM-Maschinen haben eine bedeutende Marktposition. Jährlich werden zwischen 120 bis 130 Traubenerntemaschinen in den USA und Australien verkauft. Mittlerweile werden mehr als 90 % des australischen Weines mechanisch geerntet. Die Programme von URM und Gregoire ergänzen sich.
Bei der neuen Taarup-Bio-Presswickelkombination wird der fertig geformte Ballen bereits in der Presskammer mit Folie umwickelt, was eine extrem kurze Bauweise ermöglicht.
Dafür gibt es auf der Agritechnica eine Silbermedaillie sowie einen norwegischen Design-Preis.
Vicon bietet ein 5,80-m-Großflächenmähwerk an, bei dem eine gezogene 3-m-Einheit mit Dreipunktanbau ein Anbaumähwerk aufnimmt, das zum Transport einfach hochgeklappt wird. Beide Einheiten mit Fingerrotor-Aufbereiter können auch getrennt eingesetzt werden.
Im Dezember gründet das Unternehmen mit der niederländischen Agrimac ein gemeinsames Tochterunternehmen Dumor Potatoe Group B.V. in s-Heerenhoek. Ein Drittel der Anteile hält Kverneland. Beide Firmen produzieren die komplette Produktpalette für die Kartoffeltechnik unter den Markennamen Underhaug, Climax und Amac Erntemaschinen und Lagerausrüstung.

2002

Zu Jahresbeginn stärkt die Firma ihre Position im Baltikum durch die Gründung der Kverneland Group Baltic AS in Jogeva, Estland in einer Kooperation zwischen den drei bestehenden Importeuren mit einem geplanten Umsatz von 30 Mio. nkr.
In Australien steht die Gründung einer eigenen Vertriebsgesellschaft bevor. Partner ist der bisherige Importeur Gendore Enterprises mit Sitz nahe Melbourne, der 51 % der Anteile hält. Für 2002 wird ein Umsatz von 6,3 Mio. Euro erwartet.
Die *Taarup 5090 Butterfly* besteht aus einem Frontmähwerk sowie zwei Heckmähwerken mit insgesamt 9,0 m Arbeitsbreite. Zur Agromek in Dänemark wird sie in die Drei-Sterne-Liste aufgenommen.
Lauenförde wird als Standort für den Hallenbau weiter gestärkt. Im letzten Jahr hat man 300 Hallen gebaut, insgesamt sind es seit Beginn der Produktion über 7 500 System-Hallen.
Anfang April hat das Werk Soest die 45 000ste *Accord* Drillmaschine übergeben.
Durch Ausgabe neuer Aktien wird das Eigenkapital der Kverneland Group erhöht. Damit wird das mittelfristige Ziel unterstützt, den Umsatz durch weitere Akquisitionen auf 1 Mrd. Euro zu erhöhen.

Umsatz nach Produkten und Regionen von Kverneland 2001

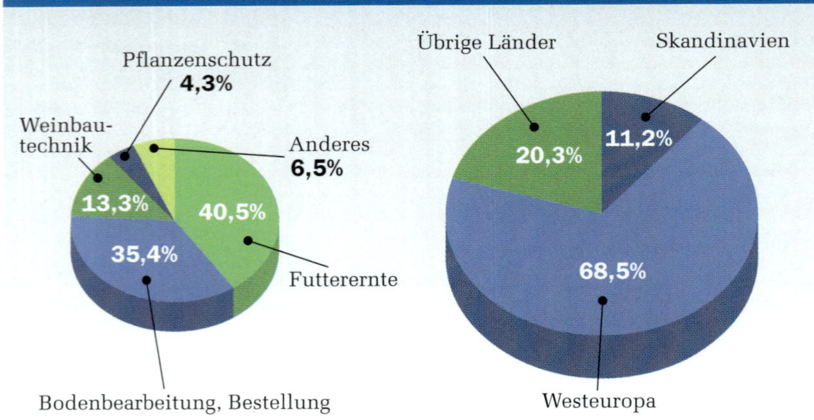

Umsätze, Ergebnisse und Zahl der Beschäftigten von Kverneland 1994 bis 2000

	1994	*1995*	*1996*	*1997*	*1998*	*1999*	*2000*	*2001*
Gesamtumsatz	1.445	1.618	1.952	1.981	3.119	3.809	3.867	498
Nettogewinn	73	99	122	65	161	21	(-293)	43
Beschäftigte	1.469	1.621	2.032	2.147	3.273	3.508	3.361	3.314

Werte in Mio. nkr, ab 2001 in Mio. €

Landini

Unerkannte Größe

Mit der Übernahme von McCormick und Laverda schmiedete der Mutterkonzern Argo einen Longliner

1884
eröffnet Giovanni Landini aus Scandiano, Provinz Reggio Emilia, in Fabbrico seine eigene Schmiedewerkstatt. Er befasst sich zunächst mit der Herstellung einfacherer Geräte, interessiert sich aber für eine weitergehende Mechanisierung der Landwirtschaft. Besonders die großen Dampfmaschinen *Mogul* haben es ihm angetan.

1911
stellt er seine eigene Dampfmaschinen-Konstruktion vor, die er speziell für den Einsatz in der Landwirtschaft entwickelt hat. Zu dieser Zeit kommen in den USA und Deutschland die ersten Traktoren mit Verbrennungsmotoren auf den Markt. Wie Lanz arbeitet auch Landini an einem Glühkopfmotor.

1924
ein Jahr nach Landinis Tod stellt sein Sohn der Öffentlichkeit den Glühkopfmotor mit 30 PS vor.

1930
kommt ein 40 PS starker Traktor in Blockbauweise dazu. Landini wird mit seinen laufend verbesserten Modellen zum größten italienischen Traktorenhersteller mit Glühkopfmotoren. Diese Traktoren werden nunmehr in nennenswerten Stückzahlen gebaut.

1956
beginnt auch Landini – zu spät – mit dem Einbau von Dieselmotoren in seine Traktoren. Denn bereits in den Jahren vorher hat Landini laufend Marktanteile in Italien verloren, bekommt finanzielle Probleme und wird immer schwächer.

1957
zieht sich die Familie ganz zurück, und ein fremdes Management soll den Betrieb reorganisieren. Neue Traktoren werden vorgestellt, dazu ist allerdings ein guter Dieselmotor erforderlich. Man bekommt diesen durch ein Abkommen mit Perkins. Später können sogar diese Dieselmotoren in Lizenz für den lokalen Bereich produziert werden. Nach den guten Erfolgen auf dem italienischen Markt beginnt Landini wieder mit dem Export der Traktoren nach Frankreich, Belgien und Holland sowie nach Südafrika. Außerdem werden Teile für die MF-Lizenzproduktion nach Jugoslawien geliefert.

Landini-Traktor mit Glühkopfmotor.

Landini-Blizzard DT.

1960
werden schließlich die Anteile der Familie von der Massey-Ferguson Ltd. übernommen. Bis dahin sind seit 1945 rund 18 800 Glühkopftraktoren gebaut worden. Deren Produktion wird eingestellt. An Dieseltraktoren wurden im selben Zeitraum 6 171 Stück gebaut.

1961
werden schon unter MF-Regie kleine bis mittlere Raupenschlepper für den Einsatz in der Landwirtschaft in das Fertigungsprogramm aufgenommen. Die Jahresproduktion dieser Modelle beläuft sich auf 2 000 bis 3 000 Einheiten. Im gleichen Jahr geht aus der Landini S.p.A. die Massey-Ferguson Italiana S.p.A. hervor.

Traktorenproduktion von Landini 1945 bis 1966 (in Stück)

	1945	*1950*	*1955*	*1960*	*1965*	*1966*
Traktoren						
Glühkopf	170	750	2.500	200	–	–
Diesel				2.800	4.000	3.200
Raupen					2.200	2.800
Summe	170	750	2.500	3.000	6.200	6.000
Produktion für MF	–	–	2.500	3.000	6.000	6.000

Traktor Ghibli.

1973
bringt Landini die erfolgreiche Serie *500 R* und *DT* heraus, deren revolutionäres Konzept vom Markt gut aufgenommen wird. Später entwickelt Landini aus diesen bewährten Vierzylinder-Traktoren mit Vierradantrieb auch größere mit Sechszylinder-Motoren. Damit steht nun eine lückenlose Baureihe von 45 bis 145 PS zur Verfügung.

1982
beginnt Landini mit der Produktion von Plantagen- und Weinbautraktoren, Letztere in Schmalspurausführung der Serien *V-F-L.* Schon vier Jahre später erreicht Landini 25 % Marktanteil weltweit in diesem Bereich.

1990
verkauft MF auf Grund der eigenen angespannten Situation die Mehrheit von Landini an die Luxemburger Finanzgruppe Euro-Belge S.A., die wiederum diese Anteile ihrerseits an den italienischen Unione-Manifatture-Konzern weiterreicht.

1994
erwirbt die italienische Familie Morra über ihre Argo S.p.A. die Mehrheit am Aktienpaket der Landini S.p.A., an der auch die japanische Iseki & Co. Ltd. beteiligt ist.

Landini-Traktoren, vorne das Modell Legend.

1995
kauft Landini komplett den Kleintraktorenhersteller Valpadana S.p.A. in San Martino, unweit von Fabbrico.

1996
erzielt das Unternehmen einen Umsatz von 540 Mio. DM, was eine Steigerung gegenüber 1994 um 41 % bedeutet. Die 1 100 Mitarbeiter bauen nahezu 16 000 Traktoren, wovon 34 % im Inland bleiben. 12 % liefert man nach Frankreich, 11 % nach Spanien, und 12 % in das übrige Europa. Afrika erhält 12 %. Nach Nordamerika exportiert Landini 6 % der Produktion. Agco hatte sich dort ein Jahr zuvor die exklusiven Vertriebsrechte für die USA gesichert. Die restlichen 11 % gehen in andere Länder. In der „Vor-Agco-Zeit“ hat Landini neben den hellblauen eigenen Traktoren rund 25 000 Stück in Rot für Massey Ferguson gebaut.

1997
eröffnet Landini eine eigene Niederlassung für Deutschland auf einem 10 000 m^2 großen Gelände in Mörfelden Walldorf, mit Ersatzteillager und Ausstellungshalle. Zur Agritechnica ‘97 wird die Baureihe *Globus*, die in enger Zusammenarbeit mit Iseki entwickelt wurde, vorgestellt Diese Traktoren haben einen Lenkeinschlagwinkel von 60° und verfügen darüber hinaus über den *fastrun*, eine elektrohydraulisch vorwählbare zusätzliche Kupplung, die bei einem Lenkeinschlag von mehr als 35 % automatisch die Voreilung des jeweils äußeren Vorderrades erhöht und damit den Wenderadius erheblich verringert.
Der Umsatz steigt auf 660 Mio. DM und der Traktorenabsatz auf über 17 000 bei einer Jahresproduktion von 18 500 Traktoren. Auch der Gewinn erhöht sich um 24 % auf gut 10 Mio. DM nach Steuern.

1998
können in Deutschland bereits 310 Traktoren verkauft werden (mit einem Umsatz von 16 Mio. DM).
Für die Zukunft hat Landini vorgesorgt: Durch die strategische Allianz mit der Iseki & Co. Ltd., die auf eine Zusammenarbeit in Technologie und Entwicklung aufbaut, wird auch der Absatz der *Globus*-Baureihe in Fernost und anderen Märkten ermöglicht. Daneben besteht nach wie vor die langjährige Partnerschaft mit der Agco Corporation, für die Landini Weinberg- und Plantagentraktoren unter der Marke Massey Ferguson

Der Mähdrescher 2050 aus der neuen Reihe 1950, 2350, 2760.

herstellt. In dem Segment Weinberg- und Plantagentraktoren hält Landini nach eigenen Angaben unangefochten die Weltmarktführerschaft. Im Werk San Martino, das unweit von Fabbrico liegt, ist in einer neuen Halle die Getriebefabrikation konzentriert. Landini fertigt nun rund 80 Traktoren am Tag.

Baureihe Atlas mit 90 oder 100 PS und Fort-Rundballenpresse.

Neu hinzu gekommen ist die Kompakttraktorenreihe *Mistral* mit Leistungen zwischen 35 und 47 PS. Die 3- und 4-Zylinder-Motoren werden von Yanmar geliefert. Mit der Kriechganggruppe steht ein 16/16-Wendegetriebe zur Verfügung.

Die *Globus*-Reihe wird jetzt nach oben mit einem 73-PS-Modell abgerundet. Dazu erhält dieser Traktor ein Hi-Lo-Getriebe, elektrohydraulisch geschaltet, ebenso wie die Twin-Lok-Differenzialsperren-Schaltung.

Laverda-Hangmähdrescher.

1999

wird die *Mythos*-Reihe, bestehend aus vier Modellen von 76 bis 105 PS Leistung, vorgestellt. Die modular aufgebauten Getriebe ermöglichen 60/15 Gänge, die ohne zu kuppeln geschaltet werden können. Eine elektrohydraulische Lastwendeschaltung am Lenkrad vervollständigt die Ausrüstung.

Landini stellt auf der Agritechnica '99 gleich acht neue Modelle vor und erweitert damit seine Baureihen. Neu sind die *Ghibli*-Typen, die die bewährte *80er*-Baureihe ablösen.

Die neuen *Deltasix*-Getriebe erlauben sogar 108/36 Gänge bis 40 km/h. Eine gefederte Vorderachse mit unabhängiger Radaufhängung sowie integrierten Scheibenbremsen im Ölbad ist im Angebot. Mit dem Spitzenmodell *Legend 180* erreicht diese Baureihe jetzt eine Leistung von 175 PS.

Neu sind auch die Spezialtraktoren *Discovery* mit vier gleich großen Rädern, Zentralgelenk mit großem Einschlag und Rückfahreinrichtung. Sie sind völlig neu überarbeitet, haben ihren Ursprung aus dem früheren *Valpadana*-Angebot und stehen in Leistungen von 65 und 80 PS zur Verfügung.

620 Mio. Umsatz werden mit dem Absatz von rund 17 000 Traktoren erreicht, wobei Spanien mit etwa 3 000 Taktoren und Frankreich mit 1 000 Traktoren die wichtigsten Exportmärkte sind.

Agco besitzt zwar noch weiterhin ein bedeutendes Aktienpaket, hat jedoch wie Iseki keinen entscheidenden Einfluss mehr. Mit der neuen Gesellschafterstruktur ist es immerhin gelungen, aus eigener Kraft in den sechs Jahren von 7 000 auf 17 000 Einheiten anzuwachsen.

2000

übernimmt im Spätherbst der Argo-Konzern das Mähdrescherwerk Laverda in Breganze sowie die Case-Großpackenpressen aus der Produktion in Neustadt/Sachsen und wird zusammen mit Landini eine neue Größe im internationalen Landtechnikgeschäft.

oben links:
Ein Valpadana der Serie 4500 mit 67 bis 88 PS.

oben rechts:
McCormick-Traktor der MC-Reihe mit 84 bis 102 PS aus Doncaster-Produktion.

Nach der Aufkündigung der Verbindung mit Agco sollen die bisher vertraglich für Landini gesperrten Regionen USA, Kanada und Australien mit eigenen Niederlassungen bearbeitet werden.
Im Werk Breganze wird wie bisher ein komplettes Mähdrescher-Programm mit 4-, 5- und 6-Schüttler-Maschinen sowie Rundballenpressen mit fester und variabler Presskammer hergestellt. Es ist geplant, die Großpackenpressen dorthin zu verlagern und unter der Marke Laverda in Rot zu fertigen.
Ende Dezember übernimmt Landini das Traktorenwerk Doncaster von Case bzw. CNH. Die Übernahme umfasst neben dem Erwerb der Marke McCormick die Konstruktions- und Produktionsrechte der Baureihen *C, CX* und *MX-C* sowie entsprechende Vertriebsrechte für den europäischen Wirtschaftsraum (EWR). Landini wird diese Traktoren unter der Marke McCormick verkaufen und für den Vertrieb durch CNH außerhalb des EWR produzieren. McCormick erhält auch Zugang zur *MX-Maxxum*-Technologie, obwohl die Rechte bei CNH bleiben.
Zwischenzeitlich ist auch das Case-Werk St. Dizier, Frankreich, das wesentliche Komponenten für das McCormick-Traktorenwerk Doncaster fertigt, übernommen worden.
Der Umsatz Landinis erreicht 657 Mrd. Lire, bei 16 600 hergestellten Traktoren.
Bis Ende des Jahres sind in der Geschichte des Unternehmens insgesamt 415 000 Traktoren gebaut worden. Davon wurden in den 20 Jahren seit 1980 256 000 Traktoren ausgeliefert.
Landinis Exportanteil liegt bei 70 %, der Verkauf erfolgt über eigene Gesellschaften in Frankreich, Deutschland, Südafrika, Australien, Kanada und den USA.

2001

Die offizielle Premiere der McCormick-Traktoren ist die Ausstellung Sima in Paris. Dort zeigt die neu gegründete Firma McCormick Tractors International Ltd. mit Sitz in Doncaster ihre Modelle *CX* (53 bis

Den Raupenschlepper „Trekker“ von Landini gibt es in vier Motorisierungen von 67 bis 93 PS (Perkins-Motoren).

Laverda-Großpackenpresse (ehemals Fortschritt/Case IH, Neustadt).

102 PS) und *MC* von (90 bis 102 PS), mit deren Produktion Anfang Februar begonnen worden ist.

Die Landini-Gruppe präsentiert ihr gesamtes Traktorenprogramm, darunter auch den neuen Kleintraktor *Scout* mit 17,7 und 20,9 PS, Vierradantrieb der gleich großen Räder, hydrostatisch-mechanischem Getriebe für optimale Anpassung an die jeweiligen Arbeitsverhältnisse, Zapfradwellen vorn und hinten sowie reichhaltigem Geräteangebot. Des Weiteren wird der Raupentraktor *Trekker* im Leistungsbereich 67 bis 93 PS vorgestellt.

Zur Agritechnica stellt das Unternehmen fünf neue *Legend*-Traktoren mit neuen Sechszylinder-Motoren in einem Leistungsbereich von 118 bis 176 PS vor. Die Traktoren sind in Rahmenbauweise erstellt und verfügen über ein Viergang-Powershift-Getriebe und Powershuttle.

Laverda hat jetzt auch einen Mähdrescher im oberen Segment mit patentierten Abscheidesystem, 9 000-l-Korntank und 300-PS-Motor. Außerdem fertigt Laverda die überarbeiteten Mähdrescher-Modelle *1959, 2050, 2350* und *2750* sowie die neuen Großpackenpressen *LB 8.70, LB 12.70* und *LB 12.85* sowie die von der Firma Fort stammenden Rundballenpressen.

Nach all diesen Übernahmen gehören zur Argo-Gruppe: Landini, Valpadana, Laverda und McCormick

– Fort Pegoraro S.p.A., ein Hersteller von Geräten zur Bodenbearbeitung und Futterernte,

– Emmigi S.p.A., ein Produzent von Traktor-Kabinen und

– SEP S.p.A., ein Hersteller von Gartenbaumaschinen und Kleintraktoren.

2001 kann die Argo-Gruppe ihren Gesamtumsatz gegenüber dem Vorjahr auf 828 Mio. Euro verdoppeln. – bei einem Bruttoertrag von 36,4 Mio. Euro und rund 3250 Mitarbeitern.

Die Produktion erfolgt in neun Werken. Die größten sind Landini mit rund 1270, McCormick mit 1150 sowie Laverda mit 450 Beschäftigten. Die übrigen 380 Mitarbeiter arbeiten in den Firmen, die Bodenbearbeitungsgeräte, Futtermaschinen, Kabinen und Frontlader unter eigener Marke herstellen.

2002

Laverda setzt 600 Mähdrescher ab, davon 195 in Italien bei einem Marktanteil von etwa 30 %. Bei Pressen beträgt dieser 20 %. Mit 450 Mitarbeitern erzielt Laverda einen Umsatz von 72 Mio. Euro. Der Exportanteil liegt bei 68 %, wobei die Exporte in 36 Länder gehen.

Der zur Agritechnica vorgestellte neue 6-Schüttler Mähdrescher *31.60 LXE* ist ab jetzt mit einem 305 PS Caterpillar-Motor ausgerüstet.

McCormick ist innerhalb der Argo-Gruppe Landini zugeordnet, um die Traktoren-Aktivitäten zu bündeln. Bis Ende 2002 darf McCormick die *CX-, MX-* und *MX-C*-Traktoren außerhalb Europas in Case IH-Farben verkaufen sowie die *MX Maxxum* zum Verkauf durch CNH-Global über die Case-IH-Händler für diese herstellen. Insgesamt sollen in 2002 etwa 10 000 Traktoren produziert werden darunter die Hälfte in Case-IH-Farben. Ab 2003 werden, dann nur noch McCormick-Traktoren gebaut.

Traktor Globus.

Lanz

Heinrich Lanz AG
Mannheim (D)

Bulldog – heute noch ein Synonym

Die einstmals größte Traktoren- und Landmaschinenschmiede Europas wurde 1956 von John Deere übernommen

1859
tritt Heinrich Lanz in das 1842 gegründete väterliche Speditionsgeschäft „Johann Peter Lanz in Friedrichshafen und Mannheim“ ein. Er beginnt seine Tätigkeit mit dem Verkauf hauptsächlich aus England importierter Landmaschinen. Wegen aufkommender Probleme mit der Betreuung und Reparatur der verkauften Maschinen errichtet er

1860
in Mannheim eine Reparaturwerkstatt mit zwei Monteuren. Noch in diesem Jahr kann er seine erste Dampfdreschmaschine verkaufen.

1863
kommen die Getreidemäher der Firma McCormick in das Lieferprogramm.

1867
beginnt Lanz bereits mit der Herstellung von Landmaschinen. Zunächst sind es Futterschneid- und Dreschmaschinen für Hand- oder Göpelbetrieb.

1870
löst er den Maschinenbetrieb aus dem

Patent-Dampf-Dreschmaschine aus der Zeit vor dem 1. Weltkrieg.

Lanz baute bis 1918 insgesamt 22 Luftschiffe.

oben links:
Der erste Bulldog verließ 1921 das Traktorwerk in Mannheim.

oben rechts:
1923 wurde das HP-Allrad-Modell mit zwei Differenzialen und Knicklenkung eingeführt.

Unternehmen seines Vaters und firmiert nunmehr unter „H. Lanz & Co“.

1875
erstreckt sich das Absatzgebiet über den Zollverein hinaus nach ganz Österreich-Ungarn, die Donau-Fürstentümer, Holland, Belgien, Schweiz, Russland, Italien, Frankreich. Bis dahin hat er bereits 43 314 Maschinen verkauft. Mehr als 10 000 davon im Vorjahr.

1879
startet Lanz mit dem Bau von Dreschmaschinen und den dazu gehörenden Dampflokomobilen. Zu diesem Programm werden auch Langstroh- und Selbstbindepressen angeboten.

1900
ist Lanz zur größten Mannheimer Maschinenfabrik mit 2 335 Beschäftigten aufgestiegen.

1909
schließt die Firma Lanz mit dem Konstrukteur Schütte einen Vertrag zur Gründung des Luftschiffbaues „Lanz und Schütte".

1911
fliegt das erste Luftschiff, von dem bis 1918 22 Stück gebaut werden.

1912
geht der Landbaumotor System Köszegi in Produktion, eine 70 PS starke selbstfahrende Bodenfräse.

1914
kann das Unternehmen eine stolze Bilanz der bisherigen Tätigkeit vorweisen: 261 000 Häckselmaschinen, 140 000 kleine Maschinen verschiedener Art, 100 000 Göpel, 188 000 Hand-, Göpel- und Motordreschmaschinen, 22 000 Dampfdreschmaschinen, 9 500 Strohpressen, Strohbinder und Strohelevatoren. In der Summe haben 720 500 landwirtschaftliche Maschinen sowie 35 000 Dampfmaschinen und Lokomobile bis dahin das Werk verlassen.
Zu diesem Erfolg tragen auch die Filialen und Vertretungen bei: Berlin, Breslau, Königsberg i. Pr., Köln a. Rh., Leipzig, München, Hamburg, Regensburg, Danzig,

Ein 35-PS-Eil-Bulldog (bis 35km/h) von 1937.

Brüssel, Amsterdam, Bukarest, Belgrad, Sofia, Konstantinopel, Rostow a. Don., Moskau, Warschau, Odessa, Budapest, Wien, Paris, Madrid, Mailand, Rom, Porto, Lissabon, Athen, Kairo, Alexandrien, Tunis, Oran sowie an allen bedeutenden Überseeplätzen der Welt.

1921
stellt der Konstrukteur Fritz Huber den er-sten Rohöl-Traktor der Welt vor. Er war mit einem 12-PS-Glühkopfmotor ausgerüstet. Wegen des gedrungenen Aussehens mit dem Glühkopf vorn nannten ihn Hubers Mitarbeiter *„Bulldogg“* (von Bulldogge).

1923
wird der zweite *Bulldog* vorgestellt, ausgerüstet mit Allradantrieb und Knicklenkung bei nur 1,10 m Gesamtbreite. Danach beginnt die Entwicklung der erfolgreichen Bulldogs in den verschiedensten Leistungsklassen, dem jeweiligen Einsatzzweck entsprechend ausgerüstet.

1929
zeigt Lanz die erste ganz aus Stahl gebaute Dreschmaschine, die *Stahl-Lanz*. Ein Jahr vorher stellte Lanz als erste deutsche Firma eine Ballenpresse mit selbsttätiger automatischer Drahtbindung vor.

1931
erwirbt die Heinrich Lanz AG alle Anteile der Lanz-Werke in Zweibrücken, die seit 1916 durch eine Beteiligung an der Wery-Erntemaschinenfabrik besteht.

1933
kommen Kartoffelroder in das Programm. Sie werden in Lizenz von der Firma Georg Harder in Lübeck gebaut.

1938
übernimmt Lanz die Aktien der altrenommierten und besonders in Südosteuropa seit langem eingeführten Firma „Hofherr-Schrantz-Clayton Shuttleworth“, Landwirt-

Stahl-Großdreschmaschine von Lanz.

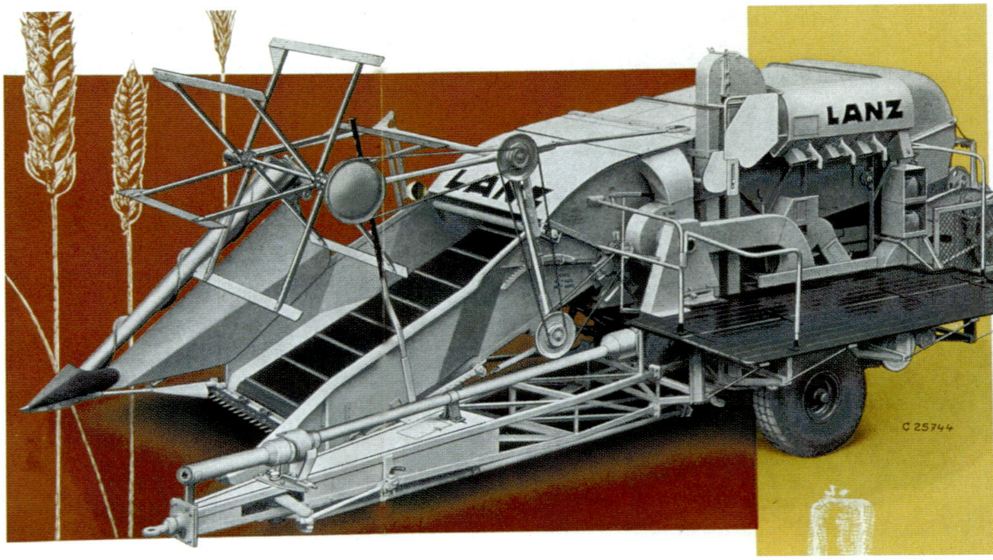

Gezogener Mähdrescher.

schaftliche Maschinenfabrik AG in Wien. Der größte Teil der Dreschmaschinen- und Kartoffelroderproduktion wird dorthin verlegt.

1939
umfasst das Lanz-Bulldog-Programm Maschinen mit 15, 20, 25, 35, 45 und 55 PS. Während des Krieges werden sie mit Holzgas-Generatoren ausgestattet.

1942
werden in Wien 2 133 Dreschmaschinen und 45 234 Kartoffelroder gefertigt.

Siebkettenroder VR 1 zur Kartoffel- und Rübenernte.

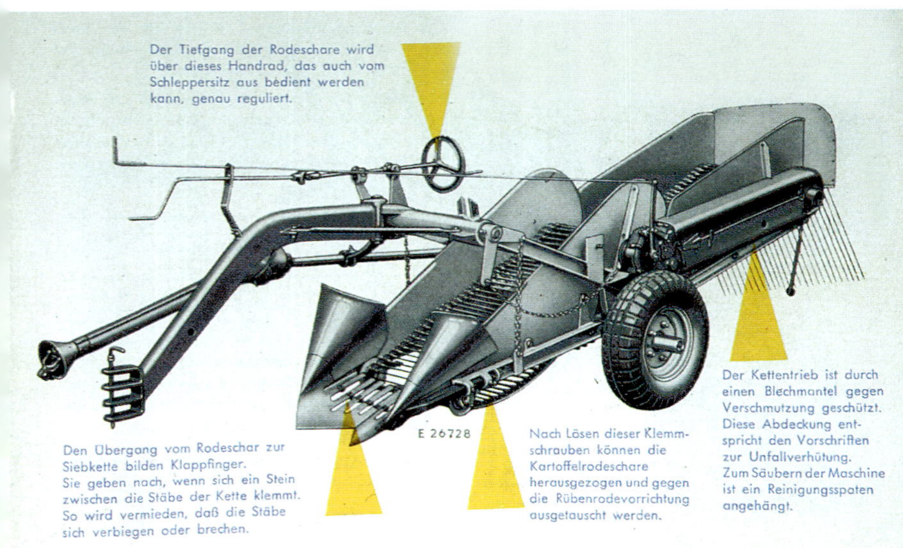

1950
beginnt nach dem Krieg in dem zu 85 % zerstörten Werk mit 5 000 Beschäftigten wieder die Produktion mit einem 16-PS-Allzweck-Bauern-Bulldog.

1951
kommt mit dem Geräteträger Alldog eine völlig neue Mechanisierungsidee in das Fertigungsprogramm, wobei alle wesentlichen Geräte, auch Erntemaschinen, im Blickfeld des Fahrers liegen. Hierbei konnte ein großer landtechnischer Fortschritt, jedoch nur ein bescheidener geschäftlicher Erfolg verzeichnet werden.
Das Konzept scheitert im Wesentlichen an der Untermotorisierung des Geräteträgers.

1953
besteht die neue Bulldog-Reihe aus drei Typen mit 17, 22 und 28 PS, die mit einem verbesserten Glühkopfmotor, dem so genannten Mitteldruckmotor, der nach dem Zweitaktverfahren arbeitet, ausge-rüstet sind.
Gleichzeitig läuft der 150 000ste Bulldog vom Band, von dem 30 000 Stück exportiert worden sind. In dieses Jahr fällt auch die Gründung der „Lanz Iberica SV“ in Getafe bei Madrid, einer Fabrik zur Monta-

ge und späteren Eigenproduktion der Bulldogs.

1954
folgt der erste selbstfahrende Mähdrescher MD 240 S mit 2,40 m Schnittbreite, 55-PS-Benzinmotor, zweifacher Reinigung und Absackstand.

1955
bringt Lanz wieder eine neue Bulldog-Reihe auf den Markt. Diese ist mit neu entwickelten Einzylinder-Zweitakt-Dieselmotoren, zwei Modellen mit MWM-Motoren sowie einem 1-Zylinder-Dieselmotor der Firma Triumph aus Nürnberg ausgerüstet.
Diese Konstruktionen können sich gegen die am Markt üblichen Dieselmotoren aber nicht durchsetzen. Durch das zu lange Festhalten an den traditionellen Motorenkonzepten nehmen die wirtschaftlichen Schwierigkeiten zu, und das einst marktbeherrschende Unternehmen gerät in einen Abwärtsstrudel.

1956
verlässt der 200 000ste Bulldog die Endmontage.
Im gleichen Jahr erwirbt die Deere & Company, USA, die Aktienmehrheit an der Heinrich Lanz AG. Dies wird möglich, weil Lanz sich neben den technischen Problemen auch nicht mehr von den großen Kriegsschäden und den damit verbundenen Verlusten erholen konnte. Der Hauptaktionär war damals die Deutsche Bank.

1958
erhalten alle Produkte die typisch gelbgrüne John-Deere-Lackierung.

1960
firmiert das Unternehmen unter „John Deere Lanz AG“. Die Bulldog-Produktion wird nach 219 253 gebauten Exemplaren vollständig eingestellt. Im Angebot gibt es neben dem Kombi-Mähbinder noch gezogene und selbstfahrende Mähdrescher sowie Nieder- und Hochdruckpressen.
Die Erntemaschinen für Kartoffeln und Zuckerrüben werden von anderen John-Deere-Werken übernommen. Zwei nach dem Baukastensysten gefertigte Traktoren, die Typen 300 mit 28 PS und 500 mit 36 PS, 10-Gang-Gruppenschaltgetriebe, automatischer Kombinationsregelhydraulik und drei Getriebe bzw. Motorzapfwellen sowie verbessertem Fahrkomfort werden vorgestellt.

1967
endet mit der Änderung des Firmennamens in „John Deere-Werke Mannheim Zweigniederlassung der Deere & Company“ die Ära Lanz endgültig.

Weitere Entwicklung siehe John Deere.

Selbstfahrender Mähdrescher.

Auch das gab es von Lanz: Einen Heu-Lader.

Lely

Lely Industries
Maasland (NL)

Patent-Meister

Von Lizenzvergaben immer gut gelebt – Bodenbearbeitung und Heumaschinen bestimmeten lange das Programm – „Astronaut“ revolutioniert den Melkstand

Mit der Sternradmaschine gelang 1948 der Durchbruch.

Die Kreiselegge wurde das erfolgreichste zapfwellengetriebene Bodenbearbeitungsgerät.

1940
Gründet Cornelis van der Lely ein Konstruktionsbüro für Landmaschinen.

1948
gelingt der erste große Durchbruch mit der Erfindung der bodenangetriebenen Sternrad-Heumaschine. Die Nachfrage nach dieser Maschine und das Interesse auf Grund der erfolgten Vorführungen ist so groß, dass sich bald Lizenznehmer melden. In Deutschland nehmen als Erster 1951 Niemeyer in Hörstel Lizenz, später folgen die „Bayerische Pflugfabrik“ in Landsberg (heute Pöttinger) und 1956 Bautz in Saulgau (heute Claas). In Frankreich ist der Lizenznehmer die Firma Remy & Fils in Senoches (heute John Deere).

1952
wird mit der Entwicklung eines Schleuderdüngerstreuers begonnen, mit dem man die Breitverteilung bei größtmöglicher Genauigkeit erreichen will. Dieses gelingt mit einer Dosiervorrichtung und Streuscheibe. Erstmals trifft Lely die Entscheidung, diesen Düngerstreuer selbst zu bauen, und so errichtet man

Polymat 300-24 R.

1955

in Maasland/Niederlande eine Fabrik. Noch im gleichen Jahr entwickelt Cornelis van der Lely einen Vakuumtank. Diese Tankfahrzeuge werden von einer großen Anzahl von Herstellern in Holland, wie auch im Ausland in Lizenz gebaut.

1960

und auch schon davor will Lely eine zapfwellengetriebene Heuerntemaschine zur effektvolleren und schnelleren Trocknung entwickeln. Aber die Lizenznehmer der Sternradmaschine sind daran weniger interessiert. So werden ein Trommelzettwender und eine Kreiselheumaschine als kombinierte Heumaschine zum Zetten, Wenden und Schwaden entwickelt.
Lely entschließt sich daher, diese Maschinen selber herzustellen, was zu einer Werkserweiterung in Maasland führt.

1968

stellt Lely seine Kreiselegge, die *Roterra,* vor. Sie soll die mechanischen Nachteile der Rüttelegge wie auch die Nachteile der Bodenfräsen, die feuchte Bodenteile an die Oberfläche bringen, vermeiden. Diese Kreiselegge wird das erfolgreichste zapfwellengetriebene Bodenbearbeitungsgerät überhaupt.

1970

und später folgen aus der „Ideen-Schmiede" ein Hackstriegel mit 4,50 m Arbeitsbreite zur mechanischen Unkrautbekämpfung und Düngerstreuer *Centerliner* mit zwei Wurfscheiben für ein ausgezeichnetes Streubild bei variabler Arbeitsbreite. Auch sehr große Arbeitsbreiten sind damit möglich sowie die Anwendung des Fahrgassensystems.
Hinzu kommt noch ein Scheibenmähwerk, das sehr leicht zu reparieren ist, da es in links und rechts drehende Mähelemente aufgeteilt ist.

1990

wird das *Lely-Condor-System* vorgestellt. Dabei handelte es sich um einen Traktor mit Mehrscharpflug und im Frontanbau mittig ein Säkasten für pneumatische Aussaat sowie eine der Pflugbreite angepasste Kreiselegge links und rechts vom Säkasten, sodass in einer Überfahrt das Feld komplett bestellt werden kann.
Dieses *Condor*-System kann in sechs verschiedenen Kombinationen von Pflug, Kreiselegge, Packer und pneumatischer Sämaschine angewendet werden. Offenbar ist es wegen seiner Komplexität heute nicht mehr im Lieferprogramm.

1994
übernimmt Lely sämtliche Anteile des angeschlagenen Pressenherstellers Welger in Wolfenbüttel. Dadurch erweitert Lely sein Lieferprogramm um wesentliche Produkte und stärkt darüber hinaus seine Position auf wichtigen Märkten, insbesondere in Deutschland. Lely bringt Eigenkapital ein, um ein betriebliches Investitionsprogramm in Entwicklung und Fertigung zu realisieren.
In der Vergangenheit hat Lely mit der Erfindung der Kreiselegge die Bodenbearbeitung optimiert. Lely Industries erwirtschaftete mit 310 Mitarbeitern einen Umsatz von 81 Mio. hfl (73 Mio. DM) eine Steigerung von 30 % gegenüber dem Vorjahr. Inklusive der Auslandstöchter beträgt der bereinigte Umsatz 120 Mio. hfl (108 Mio. DM). Welger dagegen erzielte in 93/94 mit 570 Mitarbeitern einen Umsatz von 110 Mio. DM, 10 % mehr gegenüber dem Vorjahr. Dazu tragen noch 1 000 produzierte konventionelle Pressen bei.
Die neue Unternehmensgruppe rechnet mit einer Umsatzaddition, da es keinerlei Programmüberschneidungen gibt.
Zusätzliche Absatzchancen erwartet man von den Lely eigenen Auslandstöchtern in Großbritannien, Frankreich, Österreich, Italien, Südafrika, Australien, USA und Kanada. In Australien vertreibt Lely derzeit noch amerikanische Vermeer-Pressen. Welger dagen übernimmt den Vertrieb von Lely-Produkten in Deutschland und konzentriert sich dabei auf Nord-, Mittel- und Ostdeutschland, weil in Süddeutschland der Importeur Emonds sehr erfolgreich arbeitet.
Lely wird bei Welger, deren Schwierigkeiten schon vor zehn Jahren begannen, in den kommenden zwei Jahren 15 Mio. DM investieren, mit den Schwerpunkten Lackierung, Produktion und Zentralersatzteillager. Die Produktion wird in vier Hallen konzentriert, deren Eigentümer die Welger GmbH bleibt.
Der Umsatzanteil der Entsorgungstechnik soll von heute 10 % auf 25 % im Jahre 2000 gesteigert werden.

Schleuderstreuer Centerliner 3000 SL.

1995
wartet Lely abermals mit einer revolutionären Erfindung auf, dem ersten Melkroboter *Lely-Astronaut*. Aus den Erfahrungen von insgesamt 20 in Versuchsbetrieben eingesetzten Melkrobotern tritt in den Milchviehbetrieben ein totaler Wandel bei gesteigerter Milchleistung, Qualität und Tiergesundheit sowie in der Arbeitsorganisation ein.

1996
erwirbt Lely eine Minderheitsbeteiligung an der neu gegründeten Emonds-Lely Agrartechnik GmbH. Diese wird künftig Lely- und Welger Produkte neben übrigen Fabrikaten in ganz Bayern vertreiben. Für das laufende Jahr ist dort ein Umsatz von 12 bis 15 Mio. DM mit derzeit 25 Mitarbeitern geplant. Da im laufenden Jahr noch Umsätze vom Privatunternehmen Emonds abgewickelt werden, wird eine Verdoppelung des Umsatzes auf 45 bis 50 Mio. DM angestrebt.

1997
bringt Welger ein neues Folien-Wickel-

Melkroboter Astronaut.

gerät *FG 15 V* für große Rund- und Quaderballen mit elektronisch gesteuertem automatisiertem Wickelvorgang auf den Markt. Diese neuen Folienwickelgeräte nehmen die Rundballen selbsttätig in Fahrtrichtung auf.

1998

wird in Deutschland die Vertriebsfirma Lely-Melksysteme GmbH in Lüdinghausen gegründet. Zur Lely-Gruppe gehören jetzt neben dem Hauptwerk in Maasland mit nunmehr 50 000 m^2 überbauter Fläche noch ein Zulieferbetrieb in Emmeloord, Niederlande und Welger in Wolfenbüttel sowie Fertigungsbetriebe in den USA (Tankwagen und Hochdruckreiniger), Brasilien, Frankreich (Untergrundlockerer, Einzelkornsämaschinen, Großbritannien (Feldspritzen, Heuerntemaschinen) und Australien.

Das Produktionsprogamm der Lely Industries NV Maasland umfasst jetzt Lelyterra-Kreiseleggen in verschiedenen Ausführungen mit Arbeitsbreiten von 1,25 bis 6,0 m, *Polymat* pneumatische Drillmaschinen mit 3,0 und 4,0 m Arbeitsbreite, Hackstriegel mit 4,50 bis 9,50 m, Ein- und Zweischeiben-Düngerstreuer, *Optima*-Anbau-Scheibenmähwerke von 1,65 bis 3,20 m, zum Teil mit Aufbereitern und Frontmähwerke, Lotus-Kreiselzettwender, 4,40 bis 7,70 m und Lotus-Kombinationsmaschinen mit 3,0 und 6,0 m, *Hibiscus*-Kreiselschwadrechen, 3,80 bis 4,80 m sowie Großschwader mit zwei Kreiseln mit 6,20 bis 7,30 m. Dazu als Neuheit Lelyterra dual plus. Dieses Gerät erledigt in einem Arbeitsgang Boden bearbeiten, Dämme aufbauen, Kartoffel legen. Das Produktionsprogramm von Welger bietet jetzt Hochdruck-Roll- und Quaderballenaufsammelpressen für die Futterernte und Strohbergung, Folienwickelgeräte, Stalldungstreuer und Transportfahrzeuge. Darüber hinaus werden seit 1971 für die Umwelttechnik stationäre Pressen für Papier-, Kunststoff- und Metallabfälle hergestellt.

1999

werden bei Lüttich, Belgien, mit einer Großpackenpresse Welger *D 6000* in 11 Stunden und 53 Minuten 100,4 ha Weizenstroh (eine Masse von 348,5 t) in 1.386 hochfeste Ballen gepresst.

2000

organisiert Lely seine Vertriebsaktivitäten in Deutschland. Neben Lely Melksysteme GmbH, Lüdinghausen o. T. W. ist die Lely

Neu in 2002 ist die Press-Wickel-Kombination „Double Action RP 220 Profi", die werkzeuglos getrennt und auch einzeln eingesetzt werden kann.

Deutschland GmbH, Wolfenbüttel, zuständig für das Lely-Welger-Landmaschinenprogramm, weil die befristete Zusammenarbeit mit der Emonds-Lely Agrartechnik in Bayern endet.

Neu im Programm ist die Welger *RP 520* mit variabler, 3,9 m^3 fassender Presskammer die größte Rundballenpresse der Welt. Im November liefert Lely den 1 000sten Melkrobotor aus und unterstreicht damit als Erfinder seine weltweit führende Marktposition. Der Prototyp ist erstmals 1992 eingesetzt worden, und nach den entsprechenden Verbesserungen werden zur Zeit in 17 Ländern bereits mehr als 50 000 Tiere damit gemolken.

Neu ist auf der Agritechnica die Welger-Großpackenpresse *D 6060* mit 23-Messer-Schneidwerk und Tandemachse. Von der vorgestellten Press-Wickel-Kombination *RP 220*, die werkzeuglos trennbar ist, gibt es in 2002 eine begrenzte Stückzahl.

2001

gibt Lely aus Konzentrationsgründen die gesamte Bodenbearbeitung auf und wendet sich ausschließlich der Futter- und Milchwirtschaft zu.

Zur Agritechnica sind neu: Die Welger Großpackenpressen *6060* und der Lely-Zettwender *Lotus 900* mit acht Kreiseln und 9 m Arbeitsbreite.

Lely Technologies steht am Anfang jedes Produktes, und das Lely-Patentbüro schützt das geistige Eigentum. Beide Unternehmen befinden sich in Maasland. Während Lely in Spitzenjahren selbst 10 000 Kreiseleggen verkaufte, wurden mehrfach Lizenzen (z. B. an Kuhn) vergeben. Mit 17 eigenen Lely-Gesellschaften in 20 Ländern, unterstützt durch ein Netzwerk von Importeuren in 31 weiteren Ländern, ist Lely weltweit tätig. Zum Jahresende 2001 gibt es weltweit mehr als 1 000 Beschäftigte mit einem Jahresumsatz von 17 Mio. Euro.

links: Scheibenmäher Optima 280 C (C steht für Conditionierer).

rechts: Die RP 502 ist die kleine Schwester der größten Rundballenpresse der Welt, RP 520, die 2002 den „if Design Award" erhält.

Lemken

Lemken GmbH & Co. KG
Alpen (D)

Die Edelsteine vom Niederrhein

Von der Pflugfabrik zum Komplettanbieter für Bodenbearbeitungstechnik

Lemken-Pferdepflug LPW 4, und moderner Opal-Drehpflug.

1844
wird die Pflugfabrik Lemken gegründet, obwohl der Bau des ersten Lemken-Pfluges durch Wilhelmus Lemken bereits im Jahre 1804 nachgewiesen werden kann.

1925
erhält Lemken sein erstes Patent für einen Wendepflug mit feststehender Vorderkarre dadurch hat der Pflug eine automatische Steuerung und muss nicht ständig genau geführt werden. Gleichzeitig beginnt damit die Serienherstellung von Pflügen.

1936
erfolgen die Verlagerung des Betriebes nach Alpen und der Ausbau auf 60 Beschäftigte.

1941
wird ein weiteres Patent für einen Anbaupflug mit abwechselnd arbeitenden Pflugkörpern (Wechselpflug) erteilt.

1945
wird der Betrieb durch Artilleriebeschuss völlig zerstört. Danach beginnt man zunächst mit der Fertigung von Ersatzteilen und dem Wiederaufbau des Werkes.

1950
rüstet Lemken den weiterentwickelten Wechselpflug (anstatt mit Kettenhebewerk) mit einem Federkraft-Handhebewerk aus. Damit wird das Ausheben der Pflugseiten für die Landwirte wesentlich erleichtert.

1964
ist die Entwicklung des ersten Vierschar-Volldrehpfluges mit hydraulischer Drehung abgeschlossen und das Produkt auf den Markt gebracht.

Aufsattel-Drehpflug Vari-Titan, 12-furchig.

1966

stellt Lemken den Aufsattelvolldrehpflug Diamant vor.

1972

Das Programm wird erweitert durch die Saatbettkombination Koralle und den Grubber *Achat*.

1974

erfolgt die Entwicklung eines neuartigen hydraulischen Drehwerks und die Vorstellung der Volldrehpflüge mit automatischer „Tandem-Überlastsicherung“.

1978

kommt die wesentliche Weiterentwicklung mit der Präsentation des *Optiquick*-Einstellzenters, das eine voneinander völlig unabhängige Einstellung von Vorderfurchenbreite und Zugpunkt ermöglicht.

1980

führt Lemken die neue Pfluggeneration *Opal* mit dem bereits patentierten Einstellzenter *Optiquick* ein.

1982

konstruiert das Unternehmen den ersten erweiterbaren Untergrundpacker *Vario-Pack* mit Zentralrahmen. In der Folgezeit zeigt sich die Innovationskraft des Unternehmens mit der Präsentation von Neuheiten.

1986

Vorstellung des Scheibengrubbers *Smaragd*.

1987

Erster Drehpflug *Vari-Opal* mit stufenlos verstellbarer Arbeitsbreite und voneinander unabhängig einstellbarer Vorderfurchen- und Zugpunkteinstellung. Außerdem Einführung der richtungweisenden Saatbettkombination *Kompaktor*.

1989

Entwicklung einer neuen Konzeption der rotierenden Bodenbearbeitung mit der Kreiselegge *Zirkon 6* und

1991

Vorstellung des ersten Lemken-Aufsatteldrehpfluges mit hydraulisch stufenlos verstellbarer Arbeitsbreite *Vari-Diamant*. Erweiterung des Pflugprogrammes um die Schwenkpflug-Baureihe *Rodonit* sowie die Präsentation des Frontreifenpackers *Karneol* mit geschlossenem Hydrauliksystem und aktiver Lenkung.

1993

erfolgt die Abrundung des Großgeräteprogramms durch den Systemträger *Gigant* zum wahlweisen Einsatz mit *Kompaktor*- oder *Smaragd*-Komponenten für Großschlepper. Gleichzeitig findet die Präsentation des vollständigen Kreiseleggenprogrammes mit den Baureihen *Zirkon 7* und *9* statt.

1994

sind bereits über 50 000 *Opal*-Pflüge im Einsatz. Außerdem beginnt die Markteinführung der neuen Pfluggeneration *Europal* mit mehrstufig verstellbarer Arbeitsbreite.

Auch die Exportbemühungen gestalten sich besonders erfreulich, nicht zuletzt durch eingegangene Vertriebsallianzen. In England ist es die „Lemken-Tri AG", die zusammen mit Howard und Nordsten gegründete Vertriebstochter. In Frankreich ist es die mit JF und Stoll gegründete „JF-Lemken-Stoll". Auf dem österreichischen Markt erfolgt die Gründung der Lemken Austria. In den neuen Ostmärkten werden ganze Systeme benötigt, also Saatgut, Pflanzenschutz, Bestell- und Erntetechnik bis hin zu Schulung und Einweisung. Deshalb beteiligt sich Lemken an dem Konversionsprojekt SAMARA mit den Firmen Amazone, Krone sowie Grimme und Gruse.

1995

erfährt die bisherige Produktpalette eine kräftige Erweiterung durch leichte Aufsattelpflüge für Traktoren bis 180 PS. Des Weiteren kommt eine neue Scheibeneggen-Grubber-Generation mit einem zweibalkigen Rahmen und Arbeitsbreiten von 4 m, 5 m und 6 m auf den Markt; dazu können Aufsatteldrillmaschinen in Kombination verwendet werden. Mit dem Aufsattelträger *Gigant* sind Arbeitsbreiten bis 8 m möglich.

Hinzu kommt noch eine neue Saatbettkombination für leichte Böden mit Arbeitsbreiten von 3 m, 4,5 m und 6 m sowie die verbesserten Frontreifenpacker mit aktiver Lenkung und einem geschlossenen Hydrauliksystem. Zum Jahresende wird mit den JF. Fabriken Freudendal AS als Generalimporteur für Lemken-Produkte in Dänemark eine weitere strategische Allianz geschlossen.

1996

gelingt es, den in Schwierigkeiten befindlichen Butzbacher Drillmaschinenhersteller Hassia zu übernehmen und damit die Lemken-Hassia Drilltechnik GmbH zu gründen. Der Sitz der 100-prozentigen Lemken-Tochter bleibt Butzbach. Hassia war bisher eine Tochter der dänischen Cormall-Holding und ist Ende Januar in Konkurs gegangen. Der Vertrieb erfolgt nun teilweise über die bisherigen Partner

Lemken-Kreiselegge Zirkon mit Nachläufer und Anbau-Drillmaschine.

Anbaudrehpflug EurOpal 6 mit Streifenpflugkörper.

Kreiselegge Zirkon 9/600 K mit 6 m Arbeitsbreite.

und über das Lemken-Vertriebsnetz. Für Lemken bedeutet dieser Einstieg in die Drilltechnik, den Kunden künftig ein komplettes Programm für die Bodenbearbeitung und Drilltechnik anbieten zu können. Bei den Anbaupflügen kommt es nun zu einem Generationswechsel mit der Vario-Technik und dem bewährten *Optiquick*-Einstellzenter. Im laufenden Geschäftsjahr gelingt Lemken erstmals der Durchbruch der 100-Mio.-DM-Umsatz-Grenze. Neben den 50 ehemaligen Hassia-Mitarbeitern werden auch im Stammwerk Alpen 40 neue Mitarbeiter eingestellt.

1997
kann der Exportanteil um 40 % gesteigert werden. Neben dem angestammten Programm kann Lemken deutlich bei der neuen Drilltechnik zulegen und erwartet dort weitere Expansionsmöglichkeiten.

1998
errichtet Lemken ein neues Montagewerk für Drillmaschinen in Alpen. Entscheidend hierfür ist die positive Entwicklung des Drillmaschinengeschäftes seit der Übernahme von Hassia vor zwei Jahren. Dadurch entsteht ein umfangreicher Ausbaubedarf sowie höhere Ansprüche an Lackier- und Montage-Technologie, die im Werk Butzbach nicht zu realisieren sind. Das Werk Butzbach hat man rechtlich verselbstständigt, damit es von Mitarbeitern als Zulieferbetrieb weitergeführt werden kann.
Lemken gelingt eine weitere Steigerung des Gesamtumsatzes um etwa 10 % auf 153 Mio. DM. Damit hat sich der Umsatz seit 1993 mehr als verdoppelt. Zwei Drittel des Umsatzes erwirtschaftet Lemken im Inland, Frankreich ist mit Abstand der wichtigste Exportmarkt.

1999
kommt Lemken mit einer klappbaren Bestellkombination der Baureihe *Variopack* auf den Markt. Der bis 6 m breite Gussringfrontpacker besitzt eine Pendeleinrichtung für optimale Bodenanpassung und wird hydraulisch auf unter 3 m Transportbreite geklappt. Dank einer in Stützrollen gelagerten Schienenwelle ist der Packer gut lenkbar.
Mit dem *Vari-Titan* präsentiert Lemken zum ersten Mal einen Aufsatteldrehpflug mit Fahrgestell für den Einsatz in der Furche oder On-land-Pflügen. Der 12-furchige Pflug mit bis zu 6,36 m Arbeitsbreite zeichnet sich durch hohe Flächenleistung aus.

Gezogene Saatbettkombination mit Drillmaschine, mit der Lemken einen Weltrekord aufstellte.

Mit einem neuartigen Rahmenkreuzgelenk passt sich der Hinterpflug der Arbeitstiefe, Bodenunebenheiten und Furchenverlauf an und sichert zudem präzisen Furchenanschluss.
Zur Agritechnica erhält dieser Pflug eine elektronische Steuerung. Auch die Anbaudrehpflüge *Vari-EurOpal* und die pneumatischen Drillmaschinen *Solitair* rüstet Lemken mit LBS-fähigen Job-Rechnern aus.

2000
stellt das Unternehmen die mechanische Drillmaschine *Saphir* für konventionelle und konservierende Aussaat sowie eine neue Kurzkombination *Quarz* als kostengünstige Alternative zur Kreiselegge vor. Im betrieblichen Ablauf hat Lemken den „kontinuierlichen Verbesserungsprozess" (KVP) besser unter dem japanischen Begriff Kaizen zur Prozessoptimierung eingeführt. Der 1992 eingeleitete Turnraround ist damit gelungen. Die Situation Marktschrumpfung, hoher Kostendruck, anspruchsvolle, ungeduldige Kunden, wachsende Anforderungen an Variantenvielfalt und Termintreue sowie kleine Losgrößen sind zu beherrschen.

2001
lagert Lemken im Januar die Ersatzteile in das Logistikzentrum Panopa in Dortmund aus. Mit fast 30 % am Gesamtumsatz hat der Geschäftsbereich Ersatz- und Verschleißteile hohen Stellenwert, dessen Disposition und Auftragsbearbeitung auch nach der Umstellung im Werk Alpen bleiben. Panopa beschäftigt rund 100 Mitarbeiter an 365 Tagen rund um die Uhr auf 30 000 m^2 Lagerfläche.

Lemken ist heute bereits in der sechsten Generation im Besitz der Familie. Das Firmengelände umfasst nunmehr eine Fläche von 130.000 m^2 davon sind etwa 30 000 m^2 als Produktions-, Lager- und Bürofläche bebaut. Das Produktprogramm umfasst landwirtschaftliche Geräte in folgenden Hauptgruppen:
– Pflüge und Untergrundpacker
– Grubber für die Stoppelbearbeitung und Bodenlockerung
– Saatbettkombinationen und Kreiseleggen für die Saatbettbereitung und Bestelltechnik
– mechanische und pneumatische Drillmaschinen.
Hauptumsatzträger ist der Pflug mit über 50 %, dazu kommen pro Jahr über 800 Kreiseleggen. Die Marktanteile in Deutschland liegen bei Drehpflügen bei 35 %, Grubbern bei 38 % und Kreiseleggen bei 9 %.
Lemken hat jetzt 32 Vertretungen in 24 Ländern, davon allein 15 in Osteuropa. 100-prozentige Töchter sind: Die Lemken Ukraina, Lemken Polska, die Lemken Aus-

Scheibengrubber Smaragd 9/600, hydraulisch klappbar.

tria GmbH und die Lemken Schweiz. Mit 50 % ist Lemken an der Lemken Tri AG, England, beteiligt. Partner ist hier die englische Thrige-Agro A/S. In Frankreich hält Lemken 48,6 % an der JF-Lemken-Stoll, Partner ist die dänische J. Freudendahl mit 48,6 % und die Stoll GmbH mit 2,8 %. Mit 150-jähriger Erfahrung, intensiver Forschungs- und Entwicklungsarbeit, unterstützt durch leistungsfähige CAD-Technik hat Lemken viele international richtungweisende Innovationen zur Verbesserung von Gerätefunktion und Arbeitsqualität auf den Markt gebracht. Moderne Produktionstechniken mit CNC-gesteuerten Bearbeitungszentren und Roboterschweißanlagen gewährleisten eine wirtschaftliche Fertigung auf hohem Qualitätsniveau.

Lemken erhält auf der Agritechnica eine Silbermedaillie für das neue Selbstlenksystem für Aufsattelpflüge, bei welchem Ultraschallsensoren den Abstand zwischen Pflugrahmen und Furche laufend messen. Ein Jobrechner verarbeitet diese Daten und regelt hydraulisch die richtige Position des Pfluges. Damit wird Onland-Pflügen ganz sicher. Dazu erhalten alle Pflüge und Bestellkombinationen ein automatisches Vorgewendemanagement.

Das Programm der pneumatischen Drillmaschinen *Solitair* wird bis auf 12 m Arbeitsbreite erweitert. Mit dieser 12 m-Maschine wurden in einem 24-Stunden-Dauertest 377 ha Mulchsaat bestellt – Weltrekord. Die *Solitair* kann mit Monosem-Einzelkorngeräten bis 8-reihig zur Maisbestellung eingesetzt werden.

Die Kreiselegge *Zirkon* wird jetzt mit einem zweischneidigen Multifunktionszinken ausgerüstet und kann je nach Einsatzverhältnissen schleppend oder „auf Griff" stehend gestellt werden.

Mittlerweile sind über 50 000 Smaragd-Grubber im Einsatz. 2001 schließt mit einem Zuwachs von 13%. Besonders der neue Bereich Drillmaschinen steigert sich um 45 %.

Umsatz nach Produkten und Regionen von Lemken 2001

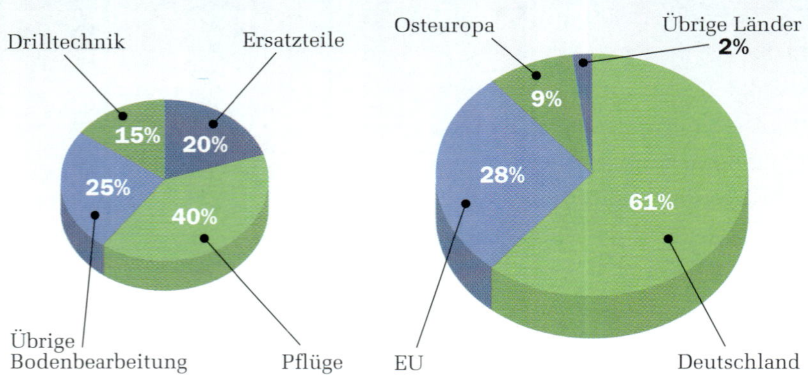

Umsätze, Ergebnisse und Zahl der Beschäftigten von Lemken 1994 bis 2001

	1994	*1995*	*1996*	*1997*	*1998*	*1999*	*2000*	*2001*
Gesamtumsatz	81,8	93,9	113,7	136,7	149,5	138,7	131,2	68,3
Gewinn vor Steuern	2,2	2,9	4,6	7,1	7,4	3,8	6,5	0,82
Export-Anteil %	31,7	35,1	37,8	36,9	37,3	37,7	37,1	38,9
Beschäftigte	410	466	512	615	633	601	606	595

Werte in Mio. DM, ab 2001 in Mio. €

2002

Lemken hat sein Eigenkapital um 17 % erhöht, die Quote liegt jetzt bei über 43 %. Für das laufen de Jahr wird ein Umsatzplus von 3 % erwartet, hierfür werden 3 Mio. Euro investiert.

Lindner

Traktorenwerk Lindner GesmbH
Kundl/Tirol (A)

Der Bauernfreund aus den Alpen

Die kleinen Case-IH-Traktoren ins Programm aufgenommen – In Deutschland jetzt Vertriebsgemeinschaft mit Daimler-Chrysler *(Unimog)*

1946
wird das Unternehmen von dem Ingenieur Hermann Lindner gegründet. Die ersten Maschinen des Tiroler Familienunternehmens sind sogenannte Gebirgs-Gattersägen.

1948
baut man die ersten Traktoren zunächst einzeln und von Hand: ein Traktor niedriger Rahmenbauweise, mit 14-PS-Warchalowski-Dieselmotor und Verdampfungskühlung, dessen Kraft über mehrere Keilriemen auf das Getriebe übertragen wird. Zur Ausrüstung gehört eine Seilwinde.

1950
folgt ein Grünlandtraktor mit einem wassergekühlten 20-PS-Jenbacher-Dieselmotor.

1953
entwickelt Lindner den ersten Traktor mit Vierradantrieb in Österreich. Der *HL 1953* hat einen 2-Zylinder-2-Takt-Dieselmotor mit 35/40 PS sowie einen hydrostatischen Vorderradantrieb, der sich jedoch nicht bewährt und bald durch einen konventionellen mechanischen Antrieb ersetzt wird.

1954
kommt der erste *Bauernfreund BF* mit luftgekühltem Warchalowski-V2-Dieselmotor in Blockbauweise auf den Markt. Alle Traktoren sind auf Wunsch mit Allradantrieb ausgerüstet.

1963
werden die großen Traktormodelle mit Perkins- anstatt Warchalowski-Motoren ausgerüstet.

1965
wird der *BF 25 N/A* mit Lindner-Motor und einem 8/4-Gang-Getriebe von ZF angeboten. Damit beginnt eine lange und erfolgreiche Zusammenarbeit mit ZF und später auch mit der Steyr-Daimler-Puch AG.

Einer der ersten Lindner-Traktor aus den 40er Jahren.

1957 stellt Lindner seinen Kleintraktor Junior mit 9 PS leistendem wassergekühlten 2-Takt-Dieselmotor eigener Konstruktion und mit integrierter Zapfwelle vor.

Traktor aus den 70er Jahren.

1967
kommt die neue *50er-Serie* auf den Markt, das kleinste Modell *BF 25* mit einem 25-PS-Lindner-Motor und das größte Modell *BF 450* mit einem 45-PS-Perkins-Motor.

1970
beginnend, werden für vier Jahre die ZF-Getriebe *A 205* und *A 210* bei Lindner in Lizenz gebaut.

1971
erfolgt eine Typenbereinigung mit der neuen *S-Serie,* die alle mit Perkins-Direkteinspritz-Motoren ausgerüstet sind.

1976
wird die *20er*-Reihe produziert, die

Geotrac 85 (85 PS) mit Rundballen-Wickelmaschine.

1985
von der erfolgreichen *1000er-Serie* abgelöst wird. Diese Baureihe ist mit Perkins-Motoren und Steyr-Getrieben ausgestattet.

1990
macht sich Lindner nach mehr als 50 Jahren Traktorenbau an die Konzeption eines Transporters, der den besonderen Anforderungen in Landwirtschaft und Kommunen gerecht wird.

1994
rollt der erste Lindner *Unitrac* vom Band. Es gibt zwei Modelle: Mit 60-PS-Perkins-Motor für die Landschaftspflege und mit 75-PS-Mercedes-Benz-Motor für die Landwirtschaft. Der Erfolg ist so groß, dass noch im gleichen Jahr die ersten 50 Einheiten verkauft werden.

Unitrac mit Aufbaukehrmaschine.

1996
stellt Lindner seine neue Baureihe *Geotrac* vor, die alles hat, was moderne Traktoren auszeichnet. Im Baukastensystem aufgebaut, fällt sie besonders durch das ansprechende Styling auf. Es werden vier Typen in einer Leistungsbreite von 50 bis 78 PS angeboten.
Lindner liefert den 50 000. Traktor aus.

1999
erweitert man das Angebot um den *Geotrac 100* mit 98 PS. Gleichzeitig wird die Baureihe *Alpin* eingestellt

2000
übernimmt Lindner die bei Steyr gebauten Case-IH-Grünlandtraktoren *948* und *959* in seinen Vertrieb, die Case IH abgeben musste.

2001
Lindner kann dadurch sein österreichisches Händlernetz von 250 auf 300 Verkaufsstellen steigern und erreicht mit 969 verkauften Traktoren in Österreich 14,9 % Marktanteil.
In Deutschland stößt das Unternehmen mit 120 abgesetzten Traktoren in die Gruppe der 20 größten Hersteller vor.
Lindner baut derzeit jährlich etwa 1 000 Traktoren und rund 120 Transporter. Damit wird mit 185 Mitarbeitern ein Umsatz von 44 Mio. Euro erzielt.
Das Lieferprogramm enthält die:
– *Power*-Traktoren *948* und *958* mit 52 und 63 PS sowie 16/8-Gänge-Vollsynchron-Wendegetriebe und 40 km/h.
– *Geotrac*-Traktoren mit 54, 65, 75 und 85 PS mit dem Getriebe der *Power Plus*-Traktoren sowie den *Geotrac 100* mit 98 PS und 16/16-Gang-Power-2-Lastschaltgetriebe.
– *Unitrac*-Tansporter mit 56-, 64-, 73- und 91-PS-Motor sowie 16/8-Gang-Getriebe, hydrostatische Federung mit Niveau-Regulierung sowie sperrbarer Hinterachse und Komfortkabine.

2002
schließen Lindner und Daimler-Chrysler einen Vertrag, bei dem die *Unimog*-Generalvertretungen den Verkauf des *Unitrac* in Deutschland übernehmen.

Massey Harris Massey Ferguson

Massey-Harris Company Limited
Massey Ferguson Ltd
Varity Corp, Toronto (Kanada)

Eine englisch-amerikanische Story

In den 70er Jahren weltweit größter Traktoren-Hersteller, heute größte Einzelmarke im Agco-Konzern

1847
eröffnet Daniel Massey in Newcastle, Ontario eine kleine Firma mit der Produktion von Landmaschinen.

1891
verbindet sich Massey mit Alanson Harris, der mit den gleichen Produkten zehn Jahre später als Massey eine Fertigung aufgebaut hat, zur Firma Massey-Harris. Das Produktionsprogramm besteht im Wesentlichen aus Gras- und Getreidemähern sowie Heuerntemaschinen.

1917
tritt Massey-Harris mit dem Vertrieb des Dreiradtraktors *Big Bull*, der aus Minneapolis/USA importiert wird, in das Traktorgeschäft ein.

1918
wird der erste Traktor von Dent Parret entworfen und in der Weston-Fabrik, Ontario, von Massey-Harris gebaut.

1925
wird in Frankreich eine Landmaschinenfabrik in Marquette bei Lille übernommen.

1926
erhält Massey-Harris von der J. I. Case Plow Works Company die Rechte, den gut bekannten *Wallis*-Traktor aus Cleveland, Ohio, zu verkaufen, um die eigene Programmlücke zu schließen.

MF 1 Reaper Thresher 1910, gezogener Mähdrescher mit Bodenantrieb.

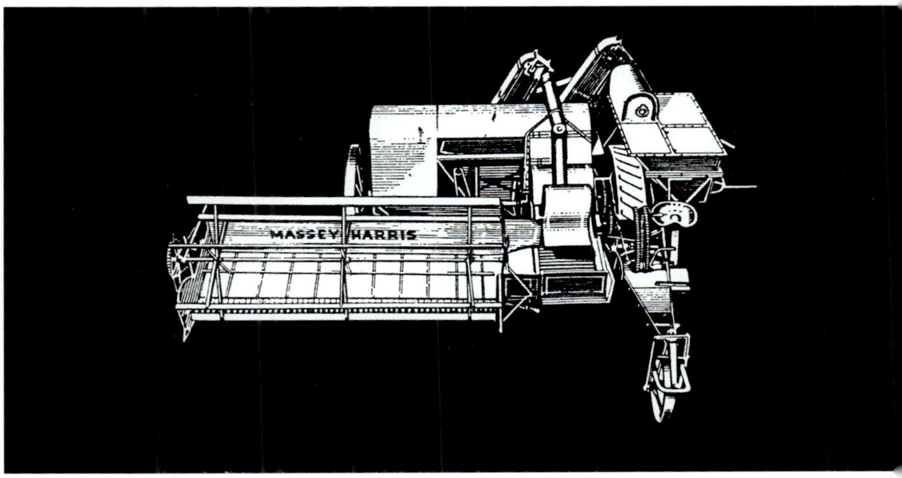

oben:
Der Massey-Harris „general purpose tractor“, gebaut von 1930 bis 1936.

rechts
Der „Pacemaker“, etwa 1938.

1927

eröffnet Massey-Harris in Westhoven bei Köln die zweite Landmaschinenfabrik in Europa. Dort werden von rund 600 Mitarbeitern insgesamt etwa 12 000 Landmaschinen gebaut, wie z. B. Gras-Getreidemäher, Düngerstreuer, Sämaschinen, Pflüge und Eggen. Vorherige Bemühungen um einen Standort in Berlin-Moabit waren weniger erfolgreich verlaufen.

1928

übernimmt Massey-Harris vollständig die Wallis Tractor Comp. von Case.

1930

stellt Massey-Harris den ersten vierradgetriebenen Traktor mit vier gleich großen Rädern, 24-PS-Vierzylindermotor und zwei Geschwindigkeiten vor, der nun in größeren Stückzahlen gebaut wird.

1938

wird nach Abschluss einer mehrjährigen Entwicklung der erste gebrauchsfähige selbstfahrende Mähdrescher in Produktion genommen und damit der Grundstein für eine langjährige, bis in die 70er Jahre hinein währende Welt-Marktführerschaft bei Mähdreschern gelegt.
Zusätzlich wird das Traktormodell *Pacemaker* mit neuem Styling (abgerundete Formen statt Kanten) vorgestellt. Auch die Bodengruppe besteht aus einer halbrunden Gusswanne.

1947

kommt der später sehr beliebte Kleintraktor *Pony* in das Lieferprogramm, der auch in Europa, in Großbritannien und Frankreich in größeren Stückzahlen gebaut wird.

1950

gibt es Gespräche mit der Maschinenfabrik Fahr A. G. über eine 50:50-Beteiligung an einer Fabrik zum Bau von Mähdreschern. Weitere Überlegungen sind, einen 30-PS-Traktor von Fahr zu kaufen sowie die Mähbinder. Die Unterredungen verlaufen jedoch im Sande.
Mit Hanomag ist im Gespräch, den *R 28* als Massey-Harris-Traktor zu bauen, um damit die Programmlücke zwischen dem *MH-Pony* aus Marquette/Frankreich und dem größeren *MH-744 D* aus Kilmarnock/Schottland zu schließen. Auch daraus wird nichts.
Mit Raußendorf, der seine Fabrik im Osten verloren hat, verhandelt man über den Bau von Pressen und die Entwicklung eines kleinen Mähdreschers bei der Firma Grebenstein in Eschwege. Später wird diese Fabrik von Massey-Harris übernommen und zum Mähdrescherwerk für die *MH 630* und nachfolgend die *MF-30-* und *31*-Kleinmähdrescher ausgebaut.
Massey-Harris ist bereits der bedeutendste Mähdrescherbauer – nur mit den Traktoren geht es nicht so richtig vorwärts. Bei Trak-

toren ist Massey-Harris eine Firma, die mit den mittleren US-Herstellern wie Case, Oliver oder Cockshutt in Kanada zu vergleichen ist, weit hinter den Giganten John Deere und International Harvester.

1953
verbinden sich die Firmen Massey-Harris und Harry Ferguson zu der neuen Gesellschaft Massey Ferguson. Durch die Übernahme der Harry Ferguson Ltd. katapultiert sich das neue Unternehmen an die Spitze der Branche. Damit ist der Weg zum weltgrößten Hersteller von Traktoren und Mähdreschern bereitet.

1957
erfolgt mit dem Kauf von Mid. Western Industries/USA, Hersteller von Traktor-Anbau-Hydraulik-Baggerladern, der Einstieg in das Baumaschinengeschäft.

1958
folgt mit dem *MF 65* eine Programmerweiterung, mit der man auf dem wichtigen britischen Markt mit Ford gleichziehen kann: Der britische Motorenbauer Perkins wird übernommen. Perkins, der zwischen 1955 und 1958 eine durchschnittliche Jahresproduktion von knapp 70 000 Motoren aufzuweisen hat, wird Zug um Zug zum Konzern-Motorenlieferanten ausgebaut. Zur Eröffnung der neuen Traktorenfabrik in Detroit/USA wird der 1,2-millionste MF-Traktor ausgeliefert.

1964
wird bei MF erstmals die aus einem Guss entwickelte Baukastenreihe *100* mit einheitlichem Styling auf der Smithfield Show vorgestellt. Sie besteht aus sechs Typen mit 30, 45, 58, 66, 80 und über 100 PS sowie mehreren Modifikationsmöglichkeiten, um sich den Weltmarktbedürfnissen bestmöglich anpassen zu können.

1966
zählt MF unbestritten zu den großen Traktoren- und Landmaschinenherstellern. Während der letzten zwölf Jahre erreichte der Konzern eine durchschnittliche Jahresproduktion von mehr als 127 000 Traktoren und über 21 000 Mähdreschern.
Im Rahmen der europäischen Expansion wird die Firma Motor Iberica S.A. in Spanien übernommen. Zunächst wird dort an ein vorhandenes Ford-Getriebe ein Perkinsmotor angebaut.

Der MF 65 mit 65 PS, das erste Produkt aus der Fusion 1958.

1970
ist Massey Ferguson der weltgrößte Hersteller von Traktoren, Mähdreschern und Dieselmotoren. Mit 41 Fabriken in zwölf Ländern und 47 000 Beschäftigten liefert MF seine Produkte in 166 Länder.

1973
erreicht Perkins weltweit einschließlich aller Tochtergesellschaften und Lizenznehmer eine Produktion von 396 000 Motoren. Davon werden im Stammwerk Peterborough 229 000 Stück gebaut.

1974
erschließt MF mit der Übernahme des Baumaschinenherstellers Hanomag A.G. von der Rheinstahl A.G. ein neues Betätigungsfeld, nachdem man bereits 1957

Mähdrescher MF 30, gebaut in Eschwege mit 1,75 m Schnittbreite und 29-PS-VW-Industriemotor.

erste Gehversuche mit dem Baggerlader *3 in 1* unternommen hatte.

1976

beginnt Perkins in den USA, zusammen mit der White Motor Corporation Motoren zu bauen. Dabei wird ein Jahresausstoß von 60 000 Dieselmotoren angestrebt.
Das Baumaschinenprogramm erfährt laufend Ergänzungen. In Aprilia/Italien, eröffnete MF ein weiteres Baumaschinenwerk. Im vollständigen Programmangebot sind nun Baggerlader, Gabelstapler, Radlader, Raupenlader, Planierraupen Rad- und Ketten-Mobilbagger, Kompaktoren in Baureihen mit jeweils unterschiedlichen Leistungsbereichen und andere Maschinen.

1977

treten ernste Probleme auf, weil man erstens das Baumaschinenengagement erheblich unterschätzt hat und zweitens eine völlig überflüssige Zusammenarbeit mit dem Traktorenproduzenten Eicher aufgenommen hatte. In der Folge verschärfen sich die Probleme immer mehr, obwohl man sich von dem Baumaschinenbereich wieder trennt und die entsprechenden Werke verkauft.
Die Eigenkapitalstruktur ist derart desolat, dass für einen Dollar Eigenkapital zwei Dollar von Banken geborgt werden müssen. MF muss seine Mitarbeiterzahl von 67 000 um 14 % reduzieren.
Das Unternehmen baut in 19 verschiedenen, weltweit verteilten Werken rote und graue Traktoren. In sieben davon besitzt MF nur eine Minorität (Lizenznehmer), sodass Rationalisierungsmaßnahmen nur sehr schwer oder gar nicht durchgesetzt werden können. Dazu zählen die Fabriken in Indien, Iran, Libyen, Mexiko, Marokko, Peru und Spanien bei Traktoren sowie Argentinien und Spanien bei Mähdreschern.

1980

kommt der mittlerweile nur noch drittgrößte Hersteller landwirtschaftlicher Maschinen in eine noch schwerere Krise.
Die Schulden des Konzerns betragen 1,8 Mrd. $ CDN. In dieser Situation springt der Staat, insgesamt 250 Banken sowie private Anleger ein. Insgesamt kommen 700 Mio. $ CDN zur Aufstockung des vorhandenen Eigenkapitals zusammen. Die Beschäftigtenzahl wird um weitere 20 000 abgebaut. Das Unternehmen kommt unter kanadische Regierungskontrolle.

1983

erzielt MF mit 33 750 Traktoren in Europa einen Marktanteil von 12,5 %.
In einer Kooperation mit dem finnischen Mähdrescherhersteller Sampo-Rosenlew, der sich auf den Bau kleiner Maschinen spezialisiert hat, bezieht MF nach eigenen Spezifikationen die Typen *330* und *430* und liefert im Gegenzug Komponenten.
Das Werk Toronto wird geschlossen, die Produktion nach Brantfort, Ontario, verlegt.

1984

erwirtschaftet der Konzern wieder einen Gewinn, nachdem seit 1978 nur noch Verluste eingefahren worden waren.
Die europäische Mähdrescherproduktion, in der zuletzt nur noch 503 Einheiten gebaut werden, wird ganz eingestellt. Nach Eschwege in Deutschland wird nun auch Marquette in Frankreich geschlossen, das Werk steht zum Verkauf. Dafür sollen künftig die Mähdrescher der dänischen Firma Dronningborg vertrieben werden. Außerdem schließt man das Mähdrescherwerk in Brantfort/Kanada auf unbestimmte Zeit.
Die brasilianische Massey-Ferguson-Perkins S.A., der größte Hersteller von Traktoren und Landmaschinen im Lande, kommt jetzt in nationale Kapitalmehrheit. Sie wird praktisch von der privaten Finanzholding Iopche übernommen, die bereits die Landmaschinenfabrik Industria de Maquinas Agricolas Ideal kontrolliert.

1985

leidet der MF-Konzern wie seine US-Konkurrenten unter der Rezession im nordamerikanischen Agrarbereich. Der Konzern erwirtschaftet einen Umsatz von 1,29 Mrd. $ zu dem die Landtechnik 804 Mio. $ beisteuert. Der Gewinn bleibt unbefriedigend. In den übrigen Bereichen werden Zuwachsraten und bessere Ergebnisse erzielt. In Eschwege steigt der Umsatz wieder auf 214 Mio. DM an. Im Rahmen der Reorganisation wird die verlustgeplagte Mähdrescherproduktion verselbstständigt. An der neuen Massey-Combines Corp. hält die Muttergesellschaft nur noch 40 %.

1986
wird die Massey-Ferguson Ltd. in Varity Corporation mit Sitz in Toronto umgewandelt, weil der Name zu sehr mit dem Landmaschinengeschäft verbunden ist, was dem Arbeitsgebiet des Konzerns nur noch teilweise entspricht. In Eschwege gibt es jetzt zwei getrennte Gesellschaften: die Pacoma Hydraulik GmbH und die Massey-Ferguson GmbH für den Landtechnikvertrieb.

1987
liegt der Weltmarktanteil bei Traktoren bei 18,5 %. Das Geschäft mit der Landtechnik steigt um 25 % gegenüber dem Vorjahr. In Deutschland liegt der Landmaschinenumsatz – nach erfolgter Trennung – bei 142 Mio. DM. Hier sind zu diesem Zeitpunkt insgesamt 145 000 MF-Maschinen im Einsatz.

1988
steht die MCC – Massey-Combines-Corporation – zum Verkauf, nachdem sich in zwei Jahren Verluste von über 200 Mio. $ angehäuft haben.
Die Peat Marwick Ltd. Toronto, die MCC übernommen hat, bietet jetzt Anteile dieser Firma an. Die Mähdrescher-Rotortechnik geht an Greenland NV, Niederlande, ebenso die Hochdruckpresse. Einen zweiten Teil, die Knicklenker-Großtraktoren, kauft schon wegen der Ersatzteilversorgung die McConnel Manufactoring Corp. Prattsburg NY.
Auch die verbleibenden Reste, z. B. die konventionellen Mähdrescher, sollen verkauft werden.
Von all diesen Vorgängen ist die Varity-Tochtergesellschaft MF nicht betroffen.
Der Varity-Konzern erzielt einem Gesamtumsatz von 2,8 Mrd. $ CDN.

1989
wird von Massey Ferguson, Großbritannien, gemeinsam mit der Greenland NV Niederlande die britische MF Implements Ltd. gegründet.
Auch in Frankreich entsteht ein solches Unternehmen. Es soll die Zusammenarbeit von MF und Greenland verbessern, außerdem soll das nordamerikanische MF-Vertriebsnetz Heumaschinen von Greenland verkaufen.
Varity verkauft die Mehrheitsbeteiligung an dem italienischen Traktorenhersteller Landini an die Finanzgesellschaft Euro-Belge SA in Luxemburg. Landini wird wieder Traktoren unter eigenem Namen und in Blau verkaufen, aber gleichzeitig Lieferant von MF bleiben.
Die finnische Valmet-Gruppe schließt mit der MF SA France einen Kooperationsvertrag über die Lieferung von Hinterachsen für schwere Valmet-Traktoren. Im Rahmen eines ersten Kooperationsvertrages versorgt MF Valmet mit 180-PS-Dieselmotoren.

MF 185.

Mähdrescher MF 510 mit dem Schneidwerk auf dem Transporthänger.

1990

ist die Massey-Ferguson-Gruppe innerhalb der Konzernmutter Varity Corporation, Buffalo, New York/USA, wie folgt organisiert: Als Produktionsfirmen die MF-Industriemaschinen in Manchester, die französische Traktor Co in Beauvais und die britische Traktor Co in Coventry sowie eine Ersatzteil-Company in Stoneleigh. Das Werk Beauvais fertigt Traktoren der Baureihen *3000/3100/3600* in einem Leistungsbereich von 70 bis 190 PS. Das Werk Coventry baut Traktoren von 40 bis 105 PS. Die MF-Industriemaschinen produziert als Rest der einstigen Baumaschinenaktivitäten Baggerlader auf Traktorbasis und Kompaktlader mit vier gleich kleinen Rädern.

1991

ergänzt MF seine Traktorenreihe aus Frankreich mit dem *3670* mit 170 PS und dem *3690* mit 190 PS. Zusätzlich wird das *ATC (Activ Tranport-Control)*-System, welches Traktor und Gerät vor Stoßbelastungen schützt und dabei dem Fahrer Komfort und Sicherheit bietet, eingeführt. Hinzu kommt die *Dual Control*, ein fortschrittliches Elektronik-System, das die Arbeit und Steuerung mit Aufsattelgeräten vereinfacht.

1992

im Frühjahr wird das *Dynashift*-Getriebe für die *3600er*-Reihe vorgestellt. Es ist die völlige Neuentwicklung eines Power-Shift-Getriebes mit vier Kupplungen und acht synchronisierten Gängen sowie einem Wendegetriebe.
MF hat nun 63 Traktormodelle von 16 bis 190 PS im Angebot.
Für die Mähdrescher, die für MF von der dänischen Dronningborg Industries A/S und die kleinen Modelle von Sampo-Rosenlew in Finnland hergestellt werden, stellt Dronningborg drei neue Maisvorsätze mit 4, 6, und 8 Reihen vor.
Zur Ernte werden die Mähdrescher-Modelle MF *36 RS* und *40 RS* eingeführt. Der Unterschied zu den herkömmlichen Maschinen besteht darin, dass man dem normalen Dreschwerk eine zusätzliche Trommel mit Korb als Rotationsabscheider nachgeordnet hat.
Massey Ferguson pflegt eine sehr breit angelegte Zusammenarbeit mit Partnern in Indien, Italien (Landini), Marokko, Libyen und Saudi-Arabien sowie mit Lizenznehmern in Argentinien, Brasilien, Indonesien, Iran, Kenia, Mexiko, Pakistan, Peru, Polen und der Türkei. Diese produzieren zusammen jährlich rund 70 000 Traktoren vorzugsweise für ihre Heimatmärkte. Die Zusammenarbeit reicht von komplett eigener Herstellung bis zur Montage von CKD (completely knocked down)-Lieferungen.

1993

überträgt Massey Ferguson den Vertrieb für Nordamerika exklusiv an die neue Agco Corporation, Duluth/USA, und zusätzlich 50 % der Anteile der MF Agricredit Akzeptance Corp. Die Industriemaschinen-Sparte wird einer MBO (Management Buy Out)-Gruppe übertragen. Das Zentralersatzteillager in Großbritannien wird geschlossen und die Aktivitäten an die Caterpillar Ersatzteil-Organisation übergeben.
Bereits 1992 ist die australische Vertriebsorganisation von dem japanischen Traktorenhersteller Iseki übernommen worden, um daraus die MF-Iseki Australia zu for-

MF 575.

men, die danach auch den Vertrieb für Neuseeland übernommen hat.
Vom Varity-Konzernumsatz von 3,3 Mrd. $. Entfallen 1,1 Mrd. $ auf MF, 0,7 Mrd. $ auf Perkins-Motoren, 1,5 Mrd. $ auf Autoteile. Der Gesamtumsatz liegt, nach Regionen entschlüsselt, bei 45 % für Nordamerika, 40 % für Europa und 15 % für die übrigen Länder.

1994
endet zum zweiten Mal die Unternehmensgeschichte mit der kompletten Übernahme der Massey Ferguson durch die Agco Corp., die nunmehr auch die zweite Hälfte der MF-Finanz-Gesellschaft übernimmt.
MF wird innerhalb des Agco-Konzerns zur wichtigsten Marke. Noch im gleichen Jahr übernimmt man vom Agco-Mutterkonzern einen Großtraktor mit der Bezeichnung *MF 9240* zur Ergänzung der eigenen Großtraktorenreihe. Die Motorleistung beträgt 240 PS, als Antrieb steht ein Voll-Powershift-Getriebe mit 18/4 Gängen zur Verfügung.

Nun Teil des Agco-Konzerns

1995
präsentiert MF zwei neue Traktoren-Baureihen. Die Serie *6100* mit sieben Modellen (zwischen 80 und 120 PS) löst die seit acht Jahren im Programm befindlichen Traktoren der Reihe *3000/3100* ab.
Die Serie *8100* mit fünf Modellen mit 135 PS bis 200 PS löst die Reihe *3600* ab.
Die *6100er* sind mit Perkins-Quadram-Motoren, vierstufiger Lastschaltung *Dynashift* und elektrohydraulisch geschaltetem Wendegetriebe ausgerüstet.
Die *8100er* haben Valmet Motoren, neue Vorderachsen sowie Load-Sensing Hydrauliksystem und MF Datatronik II.
Auf dem Mähdrescher-Sektor führt MF das AutoLevel-System ein. Der AutoLevel-Mähdrescher bleibt waaggerecht am Seitenhang bis zu 12 %, was 7 ° Steigung entspricht und erntet unter diesen Bedingungen wie auf ebenem Feld.
Das *Datavision*-Ertragskartierungssystem zur Erstellung von Feldkarten und den darauf erzielten Ertragsverteilungen wird vorgestellt.

1996
erhält der MF-Großtraktor *9240* die elektronische Hubwerksregelung EHR.
Über 70 Mio. DM investiert Agco in ein neues Ersatzteilzentrum in Ennery bei Metz, nahe der deutsch-französischen Grenze. Mit 25 000 m^2 ist es das größte Ersatzteillager der Welt.

1997

MF stellt die neue Baureihe *4200* vor. Acht Grundtypen mit drei Kabinen- und Motorhaubenversionen decken einen Leistungsbereich von 52 bis 110 PS ab. Zusätzlich stehen mehrere Getriebeversionen zur Verfügung.

MF übernimmt den Vertrieb von selbstfahrenden Feldhäckslern der Firma Mengele im MF-Design.

Zum Jahresende erfolgt die Verlegung der deutschen MF-Zentrale von Eschwege nach Marktoberdorf, nachdem Agco Fendt übernommen hatte. Im Gegenzug erfolgt zum Sommer 1999 die Schließung der Fendt France und der Umzug nach Beauvias.

Traktoren- und Mähdrescherproduktion von Massey-Harris und Massey Ferguson von 1946 bis 1966

	Massey-Harris				*Massey Ferguson*			
	1946	*1947*	*1950*	*1954*	*1955*	*1960*	*1965*	*1966*
Traktoren in Stück		15.500	37.000	25.500	130.000	114.000	131.000	156.500
davon								
Nordamerika		15.500	34.000	13.500	37.000	24.000	35.000	39.000
Großbritannien		–	3.000	3.000	67.000	68.000	60.000	78.500
Frankreich		–	–	9.000	23.500	19.000	27.000	29.000
Italien		–	–	–	2.500	3.000	6.000	6.000
Brasilien		–	–	–	–	–	3.000	4.000
Mähdrescher in Stück	10.000	10.000	31.500	21.000	21.000	19.000	20.500	20.000
davon								
Nordamerika	5.000	6.000	13.500	10.500	8.000	9.000	9.500	9.500
Großbritannien	–	–	4.000	4.000	4.000	2.000	3.500	3.000
Frankreich	–	–	–	1.000	1.000	2.000	1.000	1.000
Deutschland	–	–	–	–	1.000	3.500	5.500	5.500
Zusammen	–	–	17.500	15.500	14.000	16.500	19.500	19.000
Gezogene	5.000	4.000	14.000	5.500	7.000	2.500	1.000	1.000
Gesamtumsatz (Mio. CDN$)					363	490		920
Beschäftigte					–	–		45.907

Umsatzvolumen und -anteile von Massey Ferguson und Perkins im Varity-Konzern von 1970 bis 1992

	1970	*1975*	*1980*	*1981*	*1982*	*1985**	*1990*	*1991*	*1992*
Gesamtumsatz	937,9	2.554,4	3.132,1	2.646,3	2.058,1	1.288	3.565,1	3.169,1	3.374,5
Nettogewinn		100	-225	-195	-413	4	94	-178	27
MF Landtechnik	518,7	2.063,1	2.533,3	2.109,7	1.659,5	946,8	1.209,2	998,8	1.039,3
MF Baumaschinen	128,1	196,5	–	–	–	–	123,9	84,4	57,3
Perkins-Motoren	121,1	294,8	598,8	536,6	398,6	326,8	736,3	647,0	667,6
Beschäftigte (gesamt)	47.386	64.572	41.690	39.789	30.095	17.251	18.731	17.523	14.026
Geschäftsjahr					31.10.	31.01.			

Werte in Mio. US-Dollar; *Umsätze 1986
Produktion mit Beteiligungen in Indien, Libyen, Marokko, Saudi-Arabien. Produktion mit Lizenzen in Argentinien, Brasilien, Indonesien, Iran, Kenia, Mexiko, Pakistan, Peru, Polen, Türkei.

MDW Mähdrescher Werke
Singwitz (D)

MDW (Fortschritt)

Mähdrescher der DDR

Für den traditionsreichen Landmaschinenstandort war nach der Wende das Schicksal besiegelt – Produktion nach Neustadt/Sachsen verlagert

1888
gründet der Tischler August Raussendorf seine kleine Fabrikation mit der Anfertigung von Holzgestellen für Dresch- und Häckselmaschinen.

1906
gelingt die Herstellung der ersten Schwingkolbenpresse.

1920
übernimmt der Sohn Hermann Raussendorf das Unternehmen und führt gleichzeitig die Stahlbauweise in die Fertigung ein.

1927
beginnt man mit der Produktion von Dreschmaschinen unterschiedlicher Größe am heutigen Standort in Singwitz.

1933
wird mit der Produktion des ersten Pressdreschers *Kombinus* in Komplett-Stahlbauweise begonnen. Von dieser Maschine können insgesamt 2 500 Einheiten hergestellt werden.

Selbstfahrender Mähdrescher E 177. Mähbreite 3 m.

VEB-Fortschritt-Mähdrescher E 512 mit 1278x600-mm-Dreschtrommel, 4-Horden-Schüttler und 105-PS-Motor von 1973.

MDW Arcus.

1950
kann die Produktion von Strohpressen und Dreschmaschinen wieder aufgenommen werden.

1951
muss die Selbstständigkeit mit der Eingliederung in das Kombinat Fortschritt Landmaschinen Neustadt/Sachsen aufgegeben werden.

1960
erst erfolgt die Entwicklung und Produktion des selbstfahrenden Mähdreschers vom Typ *E 175*.

1967
und in den darauf folgenden Jahren kommen mehrere Modelle hinzu. Es sind dies die Typen *E 512, E 514, E 515, E 516 und E 524*, von denen bis zur Wende 1989 insgesamt 95 000 Mähdrescher hergestellt werden. Sie sind in 45 Länder, vorwiegend in den RGW-Staaten, abgesetzt worden. Lediglich Frankreich war damals ein gutes Abnehmerland im Westen.

1990
erfolgt im Zuge der Neuorientierung eine Umwandlung der Firma in die Mähdrescherwerke AG.

1991
und ein Jahr später scheitern Privatisierungsversuche mit den Firmen Claas einerseits und KHD andererseits, weshalb es zur Liquidation der Mähdrescherwerke AG kommt.

1993
gelingt dann eine Ausgründung der MDW Vertriebsgesellschaft mbH mit dem Ziel, die vorhandenen Lagerbestände zu verkaufen. Dennoch beginnt man wieder Mähdrescher zu bauen. Die ersten Maschinen sind die *Erntemeister 525* und *525 H.*

1993 wurde der Mähdrescherbau mit dem Erntemeister wieder aufgenommen.

1994
wird im Januar der notarielle Kaufvertrag zur Übernahme von Produktion und Vertrieb von der Treuhand Gesellschaft und Dr. h. c. Ulrich Hege, der als Hersteller von Parzellenmähdreschern bekannt ist, unterzeichnet. Dabei werden 200 Dauerarbeitsplätze sowie Investitionen von 15 Mio. DM verabredet und zugesichert.
Des Weiteren sollen in den nächsten Jahren, je nach Absatzlage, weitere 80 Arbeitsplätze entstehen. Inzwischen ist das Produktangebot auf acht unterschiedliche Mähdrescher und den Großmähdrescher *E 527* angewachsen.

1995
Am 6. April, auf den Tag genau zwei Jahre nach dem Beschluß zur Liquidation der aus dem ehemaligen DDR-Kombinat Fortschritt hervorgegangenen Mähdrescherwerke AG, hat der neue Eigentümer der MDW Mähdrescherwerke GmbH, Dr. h. c. Ulrich Hege das traditionsreiche Werk übernommen. Das neue Modell *527* hatte neben dem herkömmlichen Dreschwerk sechs Schüttler, und als Antrieb dient ein 270-PS-Motor.
Diese Maschine wird erstmals auf der SIMA in Paris vorgestellt.

1996
präsentiert das Unternehmen einen Mähdrescher nach einem völlig neuen Konzept. Kernstück dieser Maschine vom Typ *Arcus* ist das Schachtrotorsystem, in dem zwei 2 500 mm lange Rotoren mit jeweils 450 mm Durchmesser für schonenden und vollständigen Ausdrusch sorgen. Mit einer Reinigungsfläche von 8,45 m^2, möglich durch das DCS (Double-Cleaning-System) werden neue Maßstäbe gesetzt. Bemerkenswert ist auch ein 12 000 Liter fassender Korntank, ein 375-PS-Motor, Allradantrieb mit den kleinen Lenkrädern vorne sowie einer Transportgeschwindigkeit von 40 km/h bei einer Transportbreite von nur 3,00 m. Für Lohnunternehmen mit vielen Straßenfahrten eine ausgezeichnete Lösung.

1997
übernimmt am 7. Oktober die Case Corporation das geistige Eigentum sowie die Produktions- und Vertriebsrechte sämtlicher Mähdreschermodelle der Mähdrescherwerke GmbH, Singwitz.
Das geschieht im Zuge der Übernahme der Fortschritt Erntemaschinen GmbH, Neustadt/Sachsen.

Weitere Entwicklung siehe Case IH und CNH.

Mengele

Karl Mengele & Söhne Maschinenfabrik und Eisengießerei
Günzburg (D)

Hellblauer „Doppel-Trumpf"

Mit Dreschmaschinen, Dungstreuern, Häckslern und Ladewagen über Jahrzehnte einer der größten deutschen Hersteller

1872
erfolgt die Firmengründung mit einer kleinen Reparaturwerkstätte, die im Jahr

1907
der Ingenieur Karl Mengele übernimmt und zu einem beachtlichen Unternehmen weiterentwickelt. Bereits in den 30er Jahren gehört Mengele zu den drei größten Dreschmaschinen-Herstellern in Deutschland. Es ist daher ganz selbstverständlich, dass auch Mengele sich nach dem 2. Weltkrieg mit der Entwicklung von Mähdreschern befasst.

Der erste Mengele-Ladewagen.

1954
bietet Mengele erstmals den gezogenen Mähdrescher *KM 120* an, der nach dem Längsflussprinzip arbeitet und über 1,20 m Schnittbreite mit 1 250 mm Dreschtrommelbreite, 460 mm Durchmesser sowie Schwingschüttler und Absackstand verfügt. Der Erfolg ist nicht sehr groß, sodass man nach wenigen Jahren die Entwicklung einstellt und sich dem lukrativeren Fahrzeuggeschäft zuwendet.

1958
verlässt der erste Stalldungstreuer *Doppel-Trumpf* das Werk.

1963
folgt der erste serienmäßige Ladewagen, der zuerst als Zweiachser mit hinten angebautem Ladegerät, später dann wie üblich als Einachswagen konzipiert ist.

1972
bringt Mengele als landtechnische Neuheit erstmals einen einreihigen Maisfeldhäcksler *Maisblitz* auf den Markt. 1975 erscheint der erste selbstfahrende Feldhäcksler, ein Scheibenradhäcksler mit moderner Hydraulik-

Der erste Ladewagen des Erfinders Ernst Weichel. Er taufte ihn auf den Namen Hamster. Mengele gehörte zu den ersten Lizenznehmern (siehe Kasten).

technik. Während der 230 PS starke Motor über der Hinterachse mit den großen Antriebsrädern aufgebaut war, befanden sich die kleineren Lenkräder vorne.
Der Familienbetrieb Mengele mit damals 1 800 Mitarbeitern hat bis zu diesem Zeitpunkt 200 000 Fahrzeuge (landwirtschaftliche Anhänger, Kipper, Stalldungstreuer und Ladewagen) ausgeliefert. Mengele ist der größte Ladewagenhersteller der Welt.

1976
kommt zum umfangreichen Ladewagenprogramm noch der Lade-Automatik-Wagen hinzu. Mit dem patentierten Super-Silierschneidwerk bietet Mengele einen effektvollen Kurzschnitt, der für beste Silagequalität erforderlich ist.

1978
erzielt Mengele einen Gesamtumsatz von 207 Mio. DM, wobei Landmaschinen mit 146 Mio. DM Hauptumsatzträger sind.
Die Exporte gehen neben Europa auch nach Nord- und Südamerika sowie Afrika und Japan. Mengele beschäftigt zu dieser Zeit 155 Personen in den ausländischen Vertriebs-Tochtergesellschaften in Österreich, Italien, Frankreich und einer Beteiligungsgesellschaft KMN in den USA, die gemeinsam mit den Partnern Krone und Niemeyer betrieben wird.
Im gleichen Jahr trennt sich Mengele von seiner Baggerfertigung, die an Faun/Frisch, Nürnberg/Augsburg, verkauft wird.

Erfinder des Ladewagens ist der Landwirt und Autodidakt Ernst Weichel. Weil alle damals auf dem Markt befindlichen Ladegeräte, wie Fuderlader, Aufsammelpressen oder Feldhäcksler auf den kleinen Flächen zu unhandlich waren und zusätzlich Personal erforderten, dachte Weichel über einen Wagen mit Kratzboden und Aufnahmevorrichtung, direkt am Traktor angehängt, nach. Mit einem Funktionsmodell auf der Suche nach einem Produzenten wurde er von Fahr, den er gerne als leistungsfähigen Partner gehabt hätte, zweimal abgewiesen. Deshalb zeigte er das Futterlade- und Transportgerät Hamster erstmals auf der DLG-Ausstellung 1960. Die Steyr-Daimler-Puch AG zeigte als erster Lizenznehmer Interesse und bestellte ein Modell. Danach erwarben Hagedorn, Mengele, Welger und Bautz Lizenzen. Sie alle verwendeten eine Fördertrommel mit gesteuerten Zinken. Fahr, der dann doch später hinzu kam, wählte als Erster eine Förderkette mit Schneidmessern, was das Abladen wesentlich erleichterte.

1982
schätzt sich Mengele bei Feldhäckslern mit 18,5 % Marktanteil als die Nummer 1 ein. In Europa werden nicht weniger als 20 000 Einheiten (Anbau-, gezogene und Selbstfahrer-Häcksler) verkauft.

Ladewagen mit Rechenkettenförderer und ausschwenkbarer Zugdeichsel für gleichzeitiges Mähen und Laden.

1983

kann Mengele seinen Selbstfahrer-Häcksler sowohl für Ganzpflanzen-Silage als auch in der Ernte von Lieschkolbenschrot einsetzen.

1985

steht das Unternehmen vor erheblichen Schwierigkeiten, die einerseits in dem zurückhaltenden Investitionsverhalten der Landwirte liegen, aber auch in dem sehr großzügigen Werksneubau mit automatischem Hochregallager auf der „grünen Wiese“ bei Günzburg-Deffingen begründet sind. Dadurch offenbaren sich die Absatz- und Liquiditätsprobleme der Firma.
Diese Situation erfordert ein neues Unternehmenskonzept sowie ein finanzielles Neuengagement der Eigentümer, der Banken und den Einsatz öffentlicher Gelder.
Die Bayerische Landesanstalt für Aufbaufinanzierung gewährt ein langfristiges Darlehen von 10 Mio. DM, die Banken erklären sich als Vertrauensbeweis zu einem Forderungsverzicht bereit.
Das neue Unternehmen wird umstrukturiert in das Hauptunternehmen Karl Mengele & Söhne Maschinenfabrik und Eisengießerei GmbH & Co sowie die Tochtergesellschaften GünzGuß GmbH, GWF Günzburger Werkzeugmaschinen GmbH und Mengele-France S.A. Duppigheim/Straßburg.
Wegen dieser Umstrukturierung sind bei der unten abgebildeten Tabelle die Werte ab 1985 mit den Vorjahren nicht mehr voll vergleichbar.
Mengele ist nach eigenen Angaben nach wie vor der größte Ladewagenhersteller der Welt und ein führender Häckslerhersteller in Europa. Die Hauptausfuhrländer sind neben der EG Ungarn, Japan und Ozeanien.

1986

stehen die verlustträchtigen Tochtergesellschaften GünzGuß und GWF zum Verkauf an.

1987

kann die GWF an die Gebrüder Bidell, Waldstetten, verkauft werden. Der Gesamtumsatz beträgt jetzt nur noch 137 Mio. DM bei einem auf 38 % gesteigerten Exportanteil.
Im gleichen Jahr kann der 15 000ste Lade-Automatik-Wagen an den künftigen Besitzer übergeben werden. Insgesamt hat Mengele bis zu diesem Zeitpunkt 150 000 Ladewagen produziert.

1991

kann nach langen Verhandlungen mit Stadt, Kommunen und Regierung das in der Stadtmitte Günzburgs gelegene 60 000 m^2 große alte Firmengelände an einen Investor verkauft werden. Der Erlös soll zur Aufstockung des Eigenkapitals dienen und für Neuinvestitionen in das 1979 begonnene Werk Deffingen fließen. Im Herbst gedeihen dann die Absprachen so weit, dass die Bidell-Gruppe, Waldstetten, die Firma Mengele mit den noch 650 Beschäftigten übernimmt. Der geschätzte Jahresumsatz liegt bei rund 140 Mio. DM. Mit diesem Verkauf geht eine lange Firmentradition zu Ende. Mengele war einstmals der größte Arbeitgeber der Stadt mit zeitweise fast 2 000 Beschäftigten.

Umsätze und Zahl der Beschäftigten von Mengele 1983 bis 1987

	1983	*1984*	*1985*	*1986*	*1987*
Gesamtumsatz in Mio. DM	244,0	245,9	174,3	167,7	137,0
Landmaschinen	217,0	170,3	155,9	146,0	134,0
GWF-Werkzeugm.	14,0	15,2	17,0	15,0	–
Gießerei, extern		3,3	4,7	3,4	3,0
Lagertechnik	13,0	15,0	–	–	–
Beschäftigte		1.420	1.149	1.133	

Mercedes Benz AG
Werk Gaggenau
Gaggenau (D)

Mercedes-Benz

Traktorenbau mit Unterbrechungen

1928 aus diesem Sektor verabschiedet – 1951 die Tradition mit dem Unimog wieder belebt – MBtrac hat Technikgeschichte geschrieben

1910
übernimmt die Firma „Benz & Cie", Mannheim, die Mehrheit der Geschäftsanteile der „Süddeutschen Automobilfabrik GmbH" in Gaggenau/Baden und ändert die Firma in „Benzwerke Gaggenau GmbH, vormals Süddeutsche Automobilfabrik". Das Produktionsprogramm besteht aus Nutzfahrzeugen.

1921
wird der erste Landtraktor und eine Straßenzugmaschine in Gaggenau mit Komponenten aus einer neu entwickelten Lastwagenkonstruktion gebaut. Diese Traktoren unterscheiden sich von anderen durch ein seitlich verkleidetes Fahrerhaus und eine Polster-Sitzbank für zwei Personen. Beide Fahrzeuge werden bis 1925 gefertigt.

1926
erfolgt dann die Fusion zwischen der „Daimler-Motorengesellschaft" und der „Benz & Cie" unter dem neuen Namen „Daimler-Benz AG, Berlin Stuttgart", nach einem bereits 1924 geschlossenen Vertrag.

1928
entsteht im Daimler-Benz-Werk Mannheim der Mercedes-Benz-OE-Dieselschlepper. Er hat einen 24 PS starken Vorkammer-Dieselmotor mit Verdampfungskühlung. Ein Jahr später wird dieser Traktor mit dem großvolumigeren 4,2-Liter-Motor und 26 PS Leistung ausgerüstet. Er hat eine Elastikbereifung, eine mittels Blattfeder gefederte Vorderachse und eine schnellere Getriebeübersetzung als gewöhnliche Straßentraktoren. Für den Einsatz in der Landwirtschaft bleibt die starre Vorderachse und Eisenbereifung. Nach wenigen Jahren wird aber die Produktion zu Gunsten des aufstrebenden Nutzfahrzeugbaus eingestellt.

Benz OE 1928 mit 26 PS.

Der Unimog – wirklich universell einsetzbar.

Unimog bei der Saatbettbereitung.

1945
treffen sich die Daimler-Benz-Konstrukteure Albert Friedrich und Heinrich Rößler, wobei Friedrich vorschlägt, einen Allzwecktraktor zu entwickeln. Um diese Idee zu verwirklichen, werden die beiden Konstrukteure wegen der großen Zerstörungen in den Daimler-Benz-Werken mit zwei weiteren Ingenieuren und einem Diplom-Landwirt kurzerhand in die Firma Erhard & Söhne „ausgelagert", einer Gold- und Silberwarenfabrik, die nunmehr um eine Abteilung L (Landwirtschaft) erweitert wird.

1946
legen sie im Januar den ersten Entwurf zu einem „motorgetriebenen Universalgerät für die Landwirtschaft" vor, das die Form eines rundlichen Kübelwagens mit einem Frontmähwerk hat und stellen den Antrag für eine „Production Order" bei den amerikanischen Militär-Behörden, die von diesen genehmigt wird.
Die nachfolgenden Entwürfe sind dem bekannten Endprodukt schon sehr nahe, und im Gegensatz zu den bekannten Traktoren ist alles „neuartig":
1. Die Höchstgeschwindigkeit mit 50 km/h
2. Gefederte und gedämpfte Achsen wegen der Höchstgeschwindigkeit
3. Allradantrieb und Differenzialsperren vorn und hinten
4. Bremsen an Vorder- und Hinterachse
5. Rahmenbauart wie bei Lkw's
6. Zweisitziges Fahrerhaus mit geschlossenem Verdeck und gepolsterten Sitzen
7. Hilfsladefläche mit 1 t Tragfähigkeit über der Hinterachse
8. Gewichtsverteilung statisch: 2/3 auf der Vorderachse, 1/3 auf der Hinterachse
9. Geräteanbau-Möglichkeit vorn, mittig, seitlich und hinten
10. Zapfwellenantrieb vorn, mittig und hinten

Auf dieser Basis werden im September die ersten drei Prototypen des neuen Universal-Motorgerätes kurz *Unimog,* vorgestellt. Nun stellt sich die Frage: Wer soll dieses Fahrzeug bauen? Dazu führt man Verhandlungen mit BMW in München, Heinkel in Stuttgart und Fahr in Gottmadingen. Es sind jedoch nicht mehr als Informationsgespräche.

1947
entschließt sich die Werkzeugmaschinenfabrik Gebrüder Böhringer in Göppingen, die Serienproduktion aufzunehmen.
Es erfolgt die Teilebeschaffung für eine geplante Vorserie von 100 Fahrzeugen.

1948

steht der *Unimog* auf der DLG-Schau in Frankfurt erstmals vor einer breiten Öffentlichkeit, und es gibt bereits die ersten 150 Bestellungen.

1949

im Frühjahr beginnt die Auslieferung der ersten Böhringer-*Unimog*. Gleichzeitig ist man in der Vorbereitung für eine weitere Serie von 500 Fahrzeugen.
Bis zum Herbst 1950 werden von Böhringer 600 *Unimog* gebaut. Zu diesem Zeitpunkt verhandelt Böhringer, der nun auch wieder Werkzeugmaschinen bauen darf, mit Daimler-Benz um eine Übernahme.
Dabei werden alle Unterlagen übergeben, einschließlich der bis dahin erteilten sechs Patente. Das Wichtigste ist dabei das Deutsche Patent Nr. 937 508, das die neuartige Bauart des Fahrgestells des 25-PS-*Unimog* schützt und gegen zahlreiche Einsprüche erkämpft werden muss.

1951

verlässt der erste in Gaggenau hergestellte *Unimog* das Werk. Für dieses Fahrzeug wird von der DLG deren damals höchste Auszeichnung, die silberne Preismünze, verliehen.

1953

kommt der erste *Unimog* mit geschlossenem Ganzstahl-Führerhaus auf den Markt. Zwei Jahre später der *Unimog* mit langem Radstand und 82-PS-Benzinmotor.

1959

ist der *Unimog* der erste Traktor mit serienmäßigem Voll-Synchron-Getriebe.

1961

feiert man im Mai das erste Produktions-Jubiläum mit der Fertigstellung des 50 000sten *Unimog*.

1966

erfolgt die Vorstellung des neuen Typenprogramms *U 34, U 40, U 70, U 80* und *Unimog S*. Die Typen entsprechen den PS-Angaben. Zugleich kann der 100 000ste *Unimog* ausgeliefert werden.

Der 100ste Unimog lief am 10. Juli 1951 vom Band.

1971

läuft bereits der 150 000ste *Unimog* im Werk Gaggenau vom Band.

1972

präsentiert Daimler-Benz den *MBtrac* 65/70 mit 65 PS der Öffentlichkeit.
Diese Premiere ist ein voller Erfolg, können doch 300 Bestellungen noch vor Serienbeginn mitgenommen werden. Bereits seit 1967 dachte man in Gaggenau über eine langsam fahrende Arbeitsmaschine nach. Die Entwicklung in der Landwirtschaft und die daraus veränderten Marktbedingungen erforderten einen solchen Traktor.

Prototyp des MBtrac von 1969.

MBtrac turbo 900.

Bei der Konzeption des neuen Fahrzeugs wird bewusst auf Unimog-Aggregate zurückgegriffen, damit eine hohe Teilegleichheit eine kostengünstige Produktion und Ersatzteilversorgung ermöglicht. Nachdem dann 1969 das erste Versuchsfahrzeug fertiggestellt war, folgen danach umfangreiche Praxistests und laufende Überarbeitungen des Konzeptes. Zahlreiche Mitarbeiter arbeiten an diesem Projekt, wobei Daimler-Benz selbst Gustav Krettenauer als den Vater der *MBtrac*-Idee besonders hervorhebt.
Was war anders als beim *Unimog*?
1. Allradantrieb über vier gleich große Räder, die erheblich größer waren als beim *Unimog*
2. Bewährte Gewichtsverteilung von 60 % vorn und 40 % hinten
3. Höchstgeschwindigkeit 40 km/h
4. Starre Hinterachse für höhere Hubkräfte und exakte Geräteführung.
5. Geräteanbau und -antrieb hinten, mittig und vorne
6. Regelhydraulik
7. Geräumiges, geschlossenes Fahrerhaus in Fahrzeugmitte zwischen den Achsen aufgebaut und dreipunktgelagert
8. Zentrale Sitzanordnung und vollwertiger Beifahrersitz.
Überlegungen zu noch stärkeren *MBtrac*-Ausführungen hatte man schon zu diesem Zeitpunkt im Auge.

1974
wird ein stärkerer *MBtrac* mit 105 PS vorgestellt, der aber erst zwei Jahre später als *Typ 1100* in Serie geht.

1975
kommen die überarbeiteten Modelle *MBtrac 700* mit 65 PS und *800* mit zunächst 72 PS, später 75 PS auf den Markt, um der wachsenden Nachfrage nach höherer Leistung gerecht zu werden.

1976
wird der *MBtrac 1100* um die Modelle *1300* mit 110 und *1500* mit 150 PS ergänzt.

1977
rollt der 200 000ste *Unimog* vom Produktionsband in Gaggenau.

1981
werden in der *MBtrac* Baureihe die letzten Lücken geschlossen mit dem Typ 900 mit 63 kW/85 PS. Die Reihe dieser Systemtraktoren besteht nunmehr aus 6 Modellen: *MBtrac 700* (65 PS), *800* (75 PS), *900* (85 PS), *1100* (110 PS), *1300* (125 PS) und *1500* (150 PS).

1982
schließt der *MBtrac 1000* die Lücke zwischen dem *900* und *1100er* Fahrzeug. Der *MBtrac 1000* hat den 6-Zylinder-Motor aus der schweren Baureihe, den leichte Fahrzeugaufbau aus der unteren Reihe sowie eine Getriebe-Neukonstruktion.

1986

nehmen, vor dem Hintergrund rückläufiger Marktentwicklungen für Traktoren, Preisdruck, Verdrängungswettbewerb und Unternehmensübernahmen, die Daimler-Benz AG und KHD (Klöckner-Humboldt-Deutz AG; Köln) Gespräche auf, um das Trac-Geschäft neu zu ordnen, denn KHD hat mit der Vorstellung des neuen, größeren Intrac auf der Agritechnica 85 deutlich gemacht, sich in diesem Segment wieder zu engagieren. Zum Jahresende wird der Kooperationsvertrag geschlossen, den das Kartellamt im Frühjahr 1987 genehmigt. Am 8. April nehmen die Trac-Technik Entwicklungsgesellschaft (TTEG) in Köln und die Trac-Technik Vertriebsgesellschaft (TTVG) in Gaggenau ihre Arbeit auf. Dazu erfolgt ein Auftritt der neuen *MBtrac*-Baureihe mit einer großen Tourné durch die ganze Bundesrepublik.

Die wesentlichen Merkmale sind: neue, stärkere Motoren, neues Styling, drei neue Typen und viele Detailverbesserungen, so dass insgesamt acht Grundmodelle in drei Baureihen zur Verfügung stehen. Eine leichte Baureihe mit den Typen 700 (68 PS), 800 (78 PS), 900 (90 PS), eine mittlere Baureihe mit den Typen 1000 (100 PS), 1100 (110 PS), und eine schwere Baureihe mit den Typen 1300 (125 PS), 1400 (136 PS), 1600 (156 PS). Darüber hinaus stehen die gleichen Modelle in entsprechend angepasster Technik für den Einsatz in Forst und Kommunen sowie Industrie und Sondereinsätze zur Verfügung. Später wird ein Intercooler mit 180 PS vorgestellt, um dem Bedarf nach noch höherer Leistung nachzukommen.

Er verfügt zusätzlich über die neue elektronische Hubwerksregelung Terracontrol und ist als Zwei-Richtungs-Traktor ausgelegt. In nur gut einjähriger Bauzeit können davon etwa 190 Fahrzeuge verkauft werden. Ein Erfolg, der auch noch nach 20 Jahren für die Richtigkeit des *MBtrac*-Konzeptes spricht.

Im November kommt jedoch die Nachricht, dass KHD sich gezwungen sieht, die Entwicklungsarbeiten an dem Nachfolgemodell, das mit allen Trac-typischen, zukunftsorientierten Merkmalen versehen sein sollte, aus wirtschaftlichen Gründen einzustellen.

Der große MBtrac, hier mit Zwillingsbereifung.

1991

erfolgt die Produktionseinstellung der *MBtrac*-Fahrzeuge in Gaggenau.

1992

können die letzten *MB-trac* an weiterhin interessierte Kunden verkauft werden. Damit endet eine 20-jährige erfolgreiche Tätigkeit der Daimler-Benz AG auf dem Traktoren-Sektor. Die Technik der Trac-Fahrzeuge beeinflusste nachhaltig die Entwicklung des Traktorenbaues, besonders was den Frontanbau und Gerätekombinationen anging.

1992

stellt Mercedes-Benz auf der IAA-Nutzfahrzeuge in Hannover die neue *Unimog*-Linie in drei Produktfamilien vor. Die „leichte“ Baureihe, ein Grundtyp mit 87 PS, die „mittlere“ Baureihe von 75 bis 102 und 133 PS und die „schwere Baureihe“ mit sechs Grundtypen von 125 bis 240 PS. Zur besseren Anpassung für den landwirtschaftlichen Einsatz können die *Unimog*-Modelle jetzt mit der elektronischen Hubwerksregelung ausgerüstet werden. Insgesamt hat Mercedes-Benz seit Bau-

Prototyp des Trac-Nachfolgers zum Zeitpunkt der Einstellung der Entwicklungsarbeiten 1990.

beginn mehr als 300 000 *Unimog* und zusätzlich etwa 40 000 *MBtrac*-Fahrzeuge geliefert.

1995
kann der *Unimog*-Bereich mit 3 050 verkauften Fahrzeugen einen Umsatz von 570 Mio. DM verbuchen.

1996
wird der neue *Kompakt-Geräteträger UX 1* ausgeliefert. Das 1,60 m breite Fahrzeug mit einem zulässigen Gesamtgewicht von 3,5 bis 4,8 t ist eine wendige Arbeitsmaschine mit der Besonderheit einer Wechsellenkung einschließlich der Pedalerie und Armaturen, sodass der Fahrer je nach Arbeitseinsatz seinen Platz links oder rechts im Fahrzeug einnehmen kann. Zur Auswahl stehen ein 73- oder ein 110-PS-Motor. Der zweistufige hydrostatische Antrieb hat die Bereiche von 0 bis 30 bzw. 0 bis 65 km/h . Mit einer Zweikreis-Hydraulikanlage oder Load-Sensing-Hydraulik mit integrierter Hubeinrichtung und Schnellwechsel-Koppelsystem werden neue Maßstäbe gesetzt. Zusammen mit dem neuen *UX 1*-Fahrzeug sollen bis 1998 wieder 3 500 Einheiten aus Gaggenau abgesetzt werden, 1 000 davon von dem Modell *UX 1*, wobei geplant ist, den Umsatz wieder auf 650 Mio. DM mit 500 Beschäftigten zu steigern.

Unimog U 300/400.

1999
erwirbt die Hako Holding die Vertriebsrechte der Produktfamilie *UX 100* von der Daimler-Chrysler, nachdem am 1. September 1998 von der Firma Kramer-Werke GmbH Überlingen/Bodensee die Schmalspurgeräteträger *Tremo 501 L* und *601 L* übernommen worden waren. Zu diesem Zweck ist von Hako die Vertriebsgesellschaft Kommobil mit Sitz in Gaggenau gegründet worden.
Zu gegebener Zeit soll dieser Firmensitz und die Produktion des *UX 100* sowie der *Kramer Tremo* in das *Multicar*-Werk nach Waltershausen in Thüringen verlegt werden. Die Hako-Holding hatte bereits im August 1998 von der DBG-Beteiligungsgesellschaft 75,3 % der Anteile am *Multicar*-Werk erworben.

2000
stellt MB eine völlig neue *Unimog*-Reihe *U 300/U 400* mit Motorleistungen von 150 und 177 PS vor. Modernes Styling mit tief heruntergezogener Frontscheibe zur noch besseren Sicht auf Geräte sowie Vario-Pilot-Wechsellenkung für Links- oder Rechtssitzposition.

New Holland/ Sperry

New Holland Machine Company
New Holland, Pennsylvania (USA)

Legendärer Clayson-Mähdrescher

Mit Übernahme des belgischen Herstellers Claeys beginnt 1964 der Aufbau in Europa

1895
wird die New Holland Machine Company in New Holland, Pennsylvania, gegründet. Das erste Produkt ist eine Maismühle.

1910
hat das damals schon sehr erfolgreiche Unternehmen 225 Beschäftigte.

1940
gelingt New Holland die erste vollautomatische Hochdruck-Aufsammelpresse.

1947
wird das Unternehmen in die Sperry-Rand-Gruppe eingegliedert und somit auf eine breitere finanzielle Basis gestellt. Mit dem Slogan „First in Grassland Farming" weist New Holland gezielt auf seine Produktpalette hin. Futtererntemaschinen, Feldhäckler mit dazugehörenden Transportwagen, Abladegebläsen und vor allen Dingen Aufsammelpressen für Garn-, Draht- und spät Kunststoffbindung. Zu erwähnen ist der patentierte Zubringer mit zwei gesteuerten Zinken, der für eine gleichmäßige Gutzuführung sorgt. Im Programm sind noch Lade- und Transportgeräte für Ballen, Futtermahl- und -mischanlagen.

1954
errichtet New Holland einen ersten Fertigungsbetrieb in Europa in Aylesbury, Großbritannien.

1964
übernimmt New Holland den belgischen Mähdrescherproduzenten „Werkhuizen Leon Claeys". Diese Firma wurde 1906 gegründet, befasste sich hauptsächlich mit dem Bau von Dreschmaschinen und brachte 1952 den ersten europäischen Selbstfahr-Mähdrescher auf den Markt.
Später gelingt „Clayson", wie die neuen Produkte nun genannt werden, der erste erfolgreiche Axialdrescher der Welt.

Claeys MZ 1952, der erste europäische Selbstfahrmähdrescher.

Fahr-Clayson M 103 „Großmähdrescher" mit bis zu 3,60 m Schnittbreite. DLG-anerkannt 1963.

oben links:
Zweireihiger Maishäcksler, Modell 1880, mit 210 PS, Mitte der 70er Jahre.

oben rechts:
New Holland TF-Mähdrescher mit Twin-Flow-Rotor-Zentrifugalabscheider besonders für europäische Verhältnisse.

unten:
Ballenpresse mit Schleuder, Modell 273, ebenfalls aus den 70er Jahren.

1968

erst beginnt New Holland Clayson in Deutschland eine eigene Vertriebsorganisation aufzubauen, da bislang die Maschinenfabrik Fahr AG als Generalvertreter für Deutschland die Geschäfte wahrgenommen hat.

1975

erhält der Clayson-Mähdrescher *S 1540* neben dem *S 1550* einen Zentrifugalabscheider. New Holland bringt die Rundballenpresse auf den Markt. Im Lieferprogramm befinden sich die *Haybine*, ein gezogener Mähquetschzetter, Selbstfahrende Schwadmäher und ein Doppelschnitt-Schlegelhäcksler als Ergänzung zum übrigen breiten Feldhäcksler-Programm.

1979

erreicht New Holland eine bedeutende Stellung innerhalb des Sperry-Konzerns mit über einem Fünftel des Konzern-Gesamtumsatzes. Von den 10 000 Konzernmitarbeitern sind 1 200 bei New Holland beschäftigt.

1983

Die Umsätze von New Holland verteilen sich auf: Mähdrescher 40 %, Aufsammelpressen 14 %, Futtererntemaschinen 14 % und das übrige Programm 32 %.

1986

wird New Holland von der Ford Motor Company komplett mit allen Werken und Aktivitäten übernommen. Kurze Zeit später erfolgt die Auflösung des Konzerns Sperry. Sperry war in folgenden Geschäftsfeldern tätig: Sperry-Univac (Computersysteme), Sperry-Vickers (Hydrauliksysteme, Navigationssysteme für Luft- und Seefahrt), Sperry-Remington (Bürosysteme, Elektrogeräte), Sperry-New Holland (Land- und Baumaschinen).

Entwicklung der Umsätze von New Holland, Pensylvania (USA) im Sperry-Konzern von 1979 bis 1983

	1979	*1981*	*1983*
Sperry-Konzern	4.179,3	5.427,2	5.076,0
davon			
New Holland	876,1	1.086,5	705,6
Anteil in %	21,0	20,0	13,9
Beschäftigte, Konzern	–	88.720	77.493
Nettogewinn	440,1	537,9	164,1
davon			
New Holland	127,1	116,5	-30,0

Werte in Mio. US-$

New Holland (NH)

New Holland Limited
Brentford (GB)

Jetzt gibt Fiat richtig Gas

Der Fiat-Konzern übernimmt New Holland 1993 von der Ford Company und kauft 1999 den Wettbewerber Case hinzu

1993
wird durch Namensänderung aus der N. H. Geotech die NH Ltd. mit Sitz in Großbritannien. Damit endet die Übergangsperiode mit der Neuordnung des Konzerns. Das Firmenemblem wird das blaue Blatt, schon bekannt von Fiatagri.
Gleichzeitig werden die beiden Firmen N. H. Construction Equipment und Fiat Hitachi zusammengeführt, sodass damit NH die gesamte Produktpalette bei Baumaschinen abdecken kann.
Mit der Berrera Group wird ein neues Abkommen über die Kooperation auf dem Traktor- und Landmaschinensektor geschlossen und die Beteiligung von NH auf 50 % erhöht. Dieses Joint Venture firmiert heute unter NH de Mexico.
Die NH Ltd. ist nunmehr einer der führenden Land- und Baumaschinenhersteller und weltweit der größte Traktorenproduzent mit mehr als 20 % Weltmarktanteil.
NH ist auch der größte Futtererntemaschinenhersteller und erreicht einen wachsenden Anteil auf dem Mähdrescher-Weltmarkt – mit konventionellen als auch Axialflussmähdreschern. Neue Produkte auf den Gebieten Erdbewegung und leichte Baumaschinen stärken die Position auf diesem Sektor. NH hält größere Marktanteile als die beiden Einzelfirmen vor der Vereinigung.

1994
schließen Fiat-Hitachi Excavators S.p.A. und der japanische Hersteller TCM (Toyo Umpanki Corporation Ltd.) ein Abkommen über die Entwicklung einer neuen Radlader-Reihe.
Auf der Händlerkonferenz in London, zu der Vertriebspartner aus der ganzen Welt kommen, präsentiert NH sein neues Corporate Identity mit der Zielsetzung, das weltweit am besten positionierte Unternehmen im Bereich Land- und Baumaschinen zu werden. Auf diesem Händlerkongress werden erstmals die neuen Traktoren der Baureihe *G/70* in den Farben Terracotta (Fiatagri) und Blau (Ford) vorgestellt.

1995
folgen die Vereinheitlichung der Aufsammelpressen aller Bauarten, der selbstfahrenden Feldhäcksler und des übrigen Häcksler-Programmes.
Mit den 1995 realisierten Produkteinführungen ist NH dem Ziel, der Modernisierung seiner kompletten Produktpalette (über 280 verschiedene Modelle), ein gutes Stück

Traktor der Serie 70.

näher gekommen. Mit einem Aufwand von 100 Mio. $ soll bis 1998 die gesamte Produktpalette aus allen 16 Werken erneuert sein.
NH erhält den „Queen's Award“ für seine hervorragende Exportbilanz. Das Traktorenwerk Basildon in Großbritannien führt 27 000 Traktoren, das sind 75 % der Gesamtproduktion, in rund 120 Länder aus. 43 % davon gehen nach Nordamerika, 23 % nach Europa und 13 % nach Asien. Der Rest verteilt sich auf Südamerika, Afrika, den Nahen Osten, Osteuropa und Australien.
Weltweit beschäftigt der Konzern etwa 20 000 Mitarbeiter und stützt sich auf ein Vertriebsnetz von rund 6 000 Händlern in 100 Ländern.
NH verkauft weltweit 124 000 Traktoren und ist damit Marktführer. Von den Traktoren stammen 42 500 aus Joint Ventures, 81 500 aus eigener Fertigung. 34 000 Stück werden in Europa verkauft (Marktanteil 21 %) und 28 500 in Nordamerika (Marktanteil 23,5 %). Die restlichen Traktoren gehen vorwiegend nach Südamerika.
Bei Mähdreschern ist NH in Europa die Nr. 2, aber Marktführer in Frankreich, Großbritannien, Italien und Spanien.
NH strebt eine noch größere Expansion durch Joint Ventures an. Bereits bestehende Joint Ventures in Japan, Mexiko, Pakistan und der Türkei werden ausgebaut.
In Indien, dem größten nationalen Traktorenmarkt der Welt, endet allerdings die Zusammenarbeit mit der Nanda-Gruppe (Escort Tractor Ltd). Aber mit der Gründung der neuen NH Private Ltd., Indien, ist der erste Schritt für den Wiedereintritt getan. Hier investiert der Fiat-Konzern über 1 Mrd. $ für die Produktion von Autos, Lastwagen, Traktoren und Komponenten. Die NH-Traktoren sollen bereits Ende 1997 vom Band laufen.
Neue Mengenmärkte will man nach Möglichkeit direkt bearbeiten, z. B. mit einem neuen Verkaufsbüro in der Ukraine. Mit der rumänischen Regierung wird ein Joint Venture mit NH-Mehrheitsbeteiligung geschlossen.
Darüber hinaus erfolgt eine Erweiterung der Produktpalette. Die Erneuerung des Traktorenprogramms soll bis 1999 abgeschlossen sein. Eine neue Mähdrescherreihe ist in Entwicklung, wie auch die Ausweitung der kürzlich eingeführten Produktlinien der leichten Baumaschinen.

oben links:
Die Modelle 70, 60 und 35 werden in Blau (Ford) geliefert.

oben rechts:
Die Modelle G, M und L werden in Terrakotta (Fiatagri) lackiert.

1996

fünf Jahre nach der Fusion kommen die ersten gemeinsamen technischen Ergebnisse. Vor 7 000 Händlern präsentiert NH in Orlando/Florida zwei neue Traktorenbaureihen:
Zum einen die *Serie M/60*, die auf der großen Serie basiert, in einem Leistungsbereich von 100 bis 160 PS mit vier Typen. Hier stehen drei Getriebevarianten zur Verfügung.
Zum anderen die *Serie L/35* mit fünf Leistungsklassen zwischen 60 und 95 PS.
Die Modelle mit den Bezeichnungen *G, M und L* werden in Terrakotta und die Modelle *70, 60 und 35* in Blau geliefert.
Noch im gleichen Jahr gründet NH in Rumänien ein Joint Venture, die NH Romania SA für die Herstellung und den Vertrieb einer kompletten Baureihe von Mähdreschern und anderen Landmaschinen. An diesem Unternehmen ist NH mit 60 % und die SC Semănătoarea, die das Anlagevermögen von Werks- und Fertigungsanlagen einbringt, mit 40 % beteiligt.
In Dublin, Georgia/USA wird ein neues Traktorenwerk in Betrieb genommen. Dort werden Kompakttraktoren für die USA und ab 1997 auch für Europa gefertigt.
Der Leistungsbereich dieser Traktoren liegt zwischen 38 bis 42 PS.
Aus dem Werk Winnipeg wird zweieinhalb Jahre nach Produktionsbeginn der 10 000ste *G/70*-Traktor ausgeliefert. Außerdem rollt dort der 75 000ste Traktor der *Serie 40* vom Band.
Die Reorganisation der gesamten NH-Gruppe ist zum Abschluss gekommen. Die Muttergesellschaft Fiat plant, 31 % der Anteile der Tochtergesellschaft NH, NV an der New Yorker Börse zu verkaufen und erwartet daraus einen Erlös von 1,2 Mrd. $.
New Holland hat in diesem Jahr 85 400 Traktoren aus eigener und zusätzlich 46 000 Traktoren aus Gemeinschafts- oder Lizenzunternehmen verkauft.
Dazu kommen noch 4 700 Mähdrescher, 16 800 Feldhäcksler, Pressen sowie Bagger- und Kompaktlader. In Westeuropa bleiben davon 37 000 Traktoren und 2 300 Mähdrescher.

1997

wird bereits die Traktorenproduktion in Indien aufgenommen werden. 50 Mio. $ sind zwischenzeitlich in Werksanlagen investiert, in denen Traktoren zwischen 35 und 75 PS hergestellt werden. Bei voller Auslastung sind für 1998 bereits 35 000 Einheiten vorgesehen.
Generell will NH die Präsenz auch in Europa weiter ausbauen, wobei man besonders an Osteuropa denkt.
NH und der französische Teleskopladerhersteller Manitou BF S.A. unterzeichnen einen langfristigen Kooperationsvertrag

Teleskoplader LM von Manitou in den Farben von NH.

über die Konstruktion und Fertigung einer neuen Modellreihe. Manitou ist ein weltweit führender Teleskoplader-Produzent mit 20 Einzelunternehmen und erzielte 1996 einen Gesamtumsatz von rund 750 Mio. DM.
Die unter dem Markennamen NH vertriebenen Modelle werden firmentypische Produktmerkmale bei Motor, Kabine, Bedienelementen und Styling aufweisen, aber bei Manitou gefertigt werden.

Der Baumaschinenbereich gewinnt durch die Übernahme von O & K noch größere Bedeutung.

1998

NH übernimmt 35 % der Firma Flexi-Coil, ein international führender Hersteller pneumatischer Drillmaschinen mit Sitz in Saskatorn/Kanada. Ziel ist eine Mehrheitsbeteiligung. Die 1952 gegründete Flexi-Coi produziert eine breite Palette von Anbaugeräten zur Aussaat und Bodenbearbeitung sowie Spritztechnik.
NH stellt drei neue Kompakttraktoren mit 65, 76 und 88 PS unter der Bezeichnung *TN-Baureihe* aus italienischer Fertigung vor. Daneben werden drei neue *TS-Modelle* in einem Leistungsbereich von 80, 90 und 100 PS mit neuen Vierzylindermotoren und zwei Getriebevarianten auf den Markt gebracht.
NH North America gewinnt einen Auftrag über 12 Mio. $ aus der Ukraine und liefert dorthin 96 Mähdrescher mit Ersatzteilen, Strohhäckslern und Mais- sowie Sonnenblumenschneidwerken.
Das Mähdrescherwerk im belgischen Zedelgem kann 200 Mähdrescher in die Republik Baschkartostan (Russische Föderation) liefern.
NH übernimmt den traditionsreichen polnischen Mähdrescherhersteller Bizon. *90 % der Bizon-Geschäftsanteile wurden bis dahin von der Gesellschaft Bank Handlowy S.A., Warschau verwaltet. 1992 hat man Bizon reorganisiert und erreichte 1995 wieder die Gewinnzone. 1997 konnte ein Umsatz von knapp 40 Mio. $ und ein Nettogewinn von 4 Mio. $ erzielt werden. Die Mitarbeiterzahl betrug 1 300.*
Bislang baut Bizon Mähdrescher auf der Basis der Fahr-Modelle *1000* und *1200*. Nach eigenen Angaben hat Bizon am polnischen Mähdreschermarkt einen Anteil von 60 %.
Eingeführt in den Markt werden vier Modelle der Feldhäcksler-Baureihe *FX*. Die Motorleistungen liegen zwischen 345 bis 525 PS.
Mit der neuen Serie *LM 400* wird NH künftig mit vier Modellen auch auf dem Teleskoplader-Markt tätig. Die Motorleistung liegt bei 106 PS. Sie verfügen über ein voll synchronisiertes Powershuttle-Wendegetriebe mit Drehmomentwandler oder Powershift-Getriebe; Allrad- und Hundegang-Lenkung sorgen für Wendigkeit.
NH übernimmt 75,1 % der Aktien des deutschen Baumaschinenherstellers Orenstein & Koppel (O & K) von der Friedrich Krupp AG, Hösch-Krupp in Essen. Die restlichen Aktien befinden sich in Streubesitz. *Die 1876 gegründete O & K kämpft seit einigen Jahren mit erheblichen Verlusten. Die seit zehn Jahren währende Schrumpfkur hat den Umsatz von einst 2,1 Mrd. DM auf 800 Mio. DM zurückgehen lassen. Die 2 000 verbliebenen Mitarbeiter, davon 800 in Ber-*

Mähdrescher MCS im Mais.

lin, fertigen ausschließlich Baumaschinen. Für 1998 hofft O & K, den Verlust auf unter 50 Mio. DM drücken zu können.
NH setzte mit seinen Baumaschinen bereits vor der Übernahme rund 2 Mrd. DM um, was etwa 20 % des Gesamtumsatzes entspricht. In Europa soll der Vertrieb weiter unter *O & K*, in Nordamerika unter NH und in Südamerika unter Fiat-Allis erfolgen. Insgesamt werden in diesem Jahr 93 200 Traktoren und 5 900 Mähdrescher aus eigener Fertigung abgesetzt.

1999
bringt NH die neuen Mittelklasse-Traktoren der Serie TL in den Farben Blau und Terrakotta an, die die *Serien 35* und *L* ersetzen. Es handelt sich dabei um die *TL-Serie* mit vier Modellen mit Leistungen von 65 bis 90 PS und drei verschiedenen Getriebevarianten. Bizon schließt über die Lizenzfertigung des Mähdreschers BS-Z 110 durch das Malyschow-Werk in Charkiw einen Vertrag.

Für Case gibt Fiat viel Geld aus

Am 18. Mai reiben sich Kenner der Landtechnik-Branche die Augen, als sie von der größten Übernahme in der Branchengeschichte lesen. Die überwiegend zur Industriegruppe Fiat S.p.A., Turin, gehörende Tochtergesellschaft NH, NV Amsterdam/London hat für 4,3 Mrd. $ die Case Corporation mit Sitz in Racine/Wisconsin gekauft. Dadurch entsteht der zweitgrößte Agrarmaschinenhersteller der Welt – nach John Deere. Gleichzeitig wird die neue Gruppe der weltgrößte Traktorenproduzent und bei Erdbewegungsmaschinen (Baumaschinen) nach Caterpillar/USA und Komatsu/Japan die Nr. 3. Die Umsätze der beiden Giganten von 1998 (6,5 Mrd. $ Case und 5,7 Mrd. $ NH) addieren sich zu 11,9 Mrd $ gegenüber John Deere mit 13,8 Mrd. $. Der Nächstfolgende, die Agco Corporation, erreicht 2,94 Mrd. $. NH bietet pro Aktie 55 $ und damit den Aktionären eine Prämie von 23 % gegenüber der letzten Börsennotierung. Finanziert wird die Übernahme mit einer von Fiat zugesagten Kapitalerhöhung bei NH und über Kredite.
Das Gemeinschaftsunternehmen wird über 39 000 Beschäftigte haben und über ein Vertriebsnetz von 11 000 Händlern verfügen. Durch Synergieeffekte sollen jährliche Einsparungen von 400 bis 500 Mio. $ möglich sein.
Nach Angaben von Fiat, das 71 % an dem neuen Unternehmen halten wird, ergänzen sich die beiden Firmen sehr gut: Case erwirtschaftet 56 % seiner Umsätze in Nordamerika mit erheblichen Marktanteilen bei großen Maschinen für die Weizenfarmer auf großen Flächen. NH erzielt dort ein Drittel seines Geschäftsvolumens, und zwar in der eher traditionellen Land- und Viehwirtschaft. Daneben ist NH Marktführer in Europa und sieht sich in einer starken Position in Brasilien, Afrika und im mittleren Osten. Case ist dagegen in Lateinamerika und Osteuropa gut vertreten. Die EU-Kom-

Selbstfahrender „Windrower".

Selbstfahrender Feldhäcksler FX 45.

Umsatz nach Produkten und Regionen von New Holland 1998

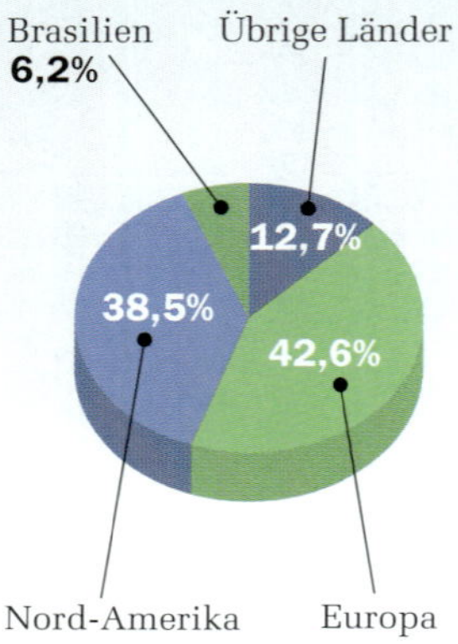

Region	Traktoren (Einheiten)	Mähdrescher (Einheiten)
Europa	36.360	2.794
Nord-Amerika	30.420	846
Brasilien	4.082	979
Übrige Länder	9.975	1.426

Region	Heu-/Futtererntemasch. (Anteil)
Europa	24,4 %
Nord-Amerika	69,4 %
Brasilien	–
Übrige Länder	6,2 %

Umsatzvolumen und -anteile des New-Holland-Konzerns von 1994 bis 1998

	1994	*1995*	*1996*	*1997*	*1998*
Gesamtumsatz	4.735,1	5.045,1	5.546,6	6.006,9	5.717,2
davon					
Landtechnik	4.161,7	4.416,2	4.872,3	5.151,1	4.779,3
Baumaschinen	553,1	587,0	602,1	647,1	694,4
Finanzdienstleistungen	203,0	41,9	72,2	208,7	243,5
Nettogewinn	355,2	258,5	323,9	477,1	559,2
Beschäftigte		18.820	18.619	19.077	
Absatz in Stück					
Traktoren*	85.658	81.482	85.397	93.208	80.837
Mähdrescher*	4.674	3.984	4693	5.935	6.043

Werte in Mio. US-$; *ohne Gemeinschaftsunternehmen und Lizenznehmer
Kompakt-Traktoren und Maschinen für Grundstückspflege im Landtechnik-Umsatz enthalten.

mission prüft die Übernahme.
NH verhandelt über den Erwerb des rumänischen Traktorenwerkes Tractorul UTB.
Ein Joint Venture in China wird von der zuständigen Provinzregierung genehmigt. An dem Gemeinschaftsunternehmen ist Harbin New Holland Beidahuang Tractor Ltd. in Harbin, Hauptstadt der Provinz Heilongijang mit 70 % und die dort ansässige State-Farm-Gruppe mit 30 % beteiligt. Die Produktion von Traktoren mit 100 bis 180 PS startet im Frühjahr 2000.
Zur Agritechnica '99 setzt NH mit der *TM*-Traktoren-Reihe Maßstäbe. Fünf Modelle mit Leistungen von 106 bis 162 PS lösen die Vorgängerserie *M/60* ab. Aus dem Range-Command-Teillastschaltgetriebe hat NH ein Volllastschaltgetriebe entwickelt. Dieses Power-Comand-Getriebe ist mit einem patentierten Drehmoment-Sensor am Schwungrad ausgestattet, das eine angepasste und lastabhängige Schaltung ermöglicht. Neben dem neuen Vorderachs-Federungssystem sorgt die Kabinenfederung für Komfort. Zum Jahresende sind die Verträge über die Fusion von New Holland N.V. und Case Corporation unterschrieben. Die amerikanischen und europäischen Wettbewerbsländer genehmigen diese Fusion jedoch nur mit Auflagen.

Weitere Entwicklung siehe CNH.

H. Niemeyer Söhne GmbH & Co. KG
Hörstel (D)

Niemeyer

Die Heuma-Zeiten kamen nicht wieder

Bei Grünlandtechnik und Bodenbearbeitung seit den 50er Jahren immer wieder Zeichen gesetzt – Heute Teil des Vogel & Noot-Konzerns

1888
gründet der Dorfschmied Heinrich Niemeyer zu Riesenbeck/Westfalen mit seinen Söhnen eine Fabrik für Pflüge aller Art, Heurechen, Heuwender, Mühlen und sonstige landwirtschaftliche Geräte.

1895
beginnt er mit dem Bau einer Eisengießerei und Temperei auf einem neu erworbenen Gelände außerhalb von Riesenbeck. Drei Jahre später wird die daneben errichtete Pflugfabrik fertiggestellt.

1905
umfasst das Lieferprogramm bereits Tiefkultur- und Universalpflüge sowie Schäl-, Balance- und Schwingpflüge, Walzen, Rübenschneidemaschinen, Heuwender und Rechen. Ein Jahr später wird bereits der Export in die Niederlande aufgenommen.

1913
Das Unternehmen hat 250 Mitarbeiter.

1926
erfolgt der Kauf der Friedrich-Wilhelm-Eisenhütte in Gravenhorst.

1937
erreicht der Export, zu dem sogar Märkte in Afrika und Südamerika gehören, einen neuen Rekord.

1938
hat das 50 Jahre alte Unternehmen einen Mitarbeiterstamm von 388 Personen. Davon sind 303 in Riesenbeck und 85 in Gravenhorst eingesetzt.

1948
entsprachen die Produkte in etwa der Vorkriegsproduktion.

1952
wird der Lizenzvertrag mit Lely über die

Niemeyer-Fabrikhalle: High-Tech zu Beginn des vorigen Jahrhunderts.

Die Heuma war für Niemeyer eine echte Erfolgsstory.

Produktionsaufnahme von Sternradrechen geschlossen. Noch im selben Jahr kann die erste *Heuma* vorgestellt werden.
Für Niemeyer beginnt danach eine nicht erwartete Aufwärtsentwicklung.

1956
verlässt der erste Einscheiben-Schleuderdüngerstreuer *Rotast* das Werk.

1960
gibt es mit der 100 000sten *Heuma* den ersten Produktionsrekord zu verzeichnen.

1965
kommt von Niemeyer der erste, nach Fahr-Lizenz gebaute, Kreiselzettwender *Heurebell* auf den Markt.

1968
werden zur Komplettierung des Futtererntemaschinen-Programmes die Rotormäher (Zweegers-Lizenz), in Produktion genommen.

1971
kommen Rotorschwader (Bucher-Lizenz), zum Fertigungsprogramm hinzu, weil Sternradmaschinen nicht mehr so stark nachgefragt werden.

1972
bringt Niemeyer sein erstes angetriebenes Bodenbearbeitungsgerät, eine Taumelegge mit gegenläufig drehenden Doppelzinkenträgern, ebenfalls eine Lely-Teillizenz, auf den Markt.

1973
wird, um den Export nach den USA wirkungsvoller zu gestalten, eine amerikanischen Tochtergesellschaft, die KMN, gegründet. Partner sind dabei die Firmen Krone und Mengele.

1976
wird die Entwicklung von Knickzettern für die Rotormäher gemeinsam mit dem britischen NIAE in Silsoe (National

Der erste Niemeyer „Heurebell" – noch mit Keilriemenantrieb.

Institut of Agricultural Engineering) aufgenommen.

1980
scheidet Mengele aus der amerikanischen Tochtergesellschaft aus. Der Sitz wird nach West-Memphis/Arkansas verlegt.

1987
Die Werksanlagen werden um eine Ausstellungshalle mit angeschlossenen Schulungsräumen ergänzt.

1988
zählt das Unternehmen zum 100-jährigen Bestehen knapp 700 Mitarbeiter. Es soll eine Vertriebsgesellschaft „Krone-Niemeyer" gegründet werden, die beide Programme verkauft. Die Idee scheiterte jedoch letztlich an den Niemeyer-Familiengesellschaftern.

1991
erfolgt die Aufnahme von Scheibenmähern in die Fertigung. Ein Jahr später folgen Schwenkschwader.

1994
wird eine Kreiselegge mit 6 m Arbeitsbreite auf den Markt gebracht.

1995
führt Niemeyer eine neue Generation von gezogenen Mähwerken ein. Die Trommelmäherausführung mit 2,70 m und 3,05 m und in der Scheibenmäherausführung mit 2,60 m und 3,05 m Schnittbreite. Alle Mäher können zusätzlich mit Knickzettern ausgerüstet werden. Das Besondere dabei ist, dass die Mäheinheiten an einem Trägersystem gelenkig aufgehängt sind.
Daneben gibt es Erweiterungen bei den Schwenkschwadern mit 4,60 m Arbeitsbreite. Die Rotorzettwender werden ab 5,50 m Arbeitsbreite mit einem hydraulischen Transportfahrwerk ausgestattet.

1996
fertigt Nieymeyer im Auftrag der Lely Industries N.V. Maasland/NL Großschwader mit Mittelablage für den weltweiten Vertrieb. Zusätzlich liefert Niemeyer Komponenten und Baugruppen für die Lely-*Hibiskus*-Großschwader.

Niemeyer RO 165.

1997
Die Großschwader der *Twin*-Reihe werden vorgestellt. Es handelt sich um Einkreiselschwader mit 3,90 m Arbeitsbreite und zehn Zinkenarmen.

1998
wird der Landmaschinenbereich der H. Niemeyer Söhne GmbH & Co. KG ausgegliedert und in eine neue Gesellschaft mit der Bezeichnung Niemeyer Landmaschinen GmbH übertragen. Diese neue Gesellschaft nimmt Verhandlungen mit dem österreichischen Landmaschinenhersteller Vogel & Noot AG, Wartberg auf.
Zu diesem Zeitpunkt entfallen 60 % des Umsatzes auf Landmaschinen, 35 % auf den Gießereibetrieb (von dem nur etwa 8 % der Produktion hausintern verwendet werden) und 15 % auf den Bereich Betonfertigungsmaschinen. Der Gesamtumsatz liegt schätzungsweise bei etwa 120 Mio DM. Das in der vierten Generation geführte Familienunternehmen macht hierzu keine Angaben. Vogel & Noot übernimmt von der H. Niemeyer Söhne GmbH & Co. KG 69 % der Stammanteile und 76 % der Stimmrechte an der Tochtergesellschaft Niemeyer Landmaschinen GmbH.

Kreiselegge mit 6 m Arbeitsbreite.

Weitere Entwicklung siehe Vogel & Noot.

Netagco

Netagco Holding B.V.
Lelystad (NL)

Kartoffeltechnik-Full-Liner mit Anhang

Holländische Holding enstand durch Fusionen und Übernahmen –
Wurzeln in 72 Firmen – Jetzt auch stark in der Grünlandtechnik

1993
gründet der ehemalige Greenland-Manager und bisherige Rumptstad-Chef Paul Kruit die Netagco-Holding.
Beteiligt sind, neben der Firma Rumptstad (Hersteller von Geräten zur Bodenbarbeitung) mit jeweils 20 % folgende niederländische Investmentgesellschaften:
– Nederlandse Participatie Maatschappij (NPH),
– NeSBIC Agritech 2000 (Eigentümer u. a. von Avebe, Grontmij und Stork),
– Investenings- en Ontwikklingsmaatschappij voor Noord Nederland N.V. (NON) und
– Vado Beheer.

Trioliet und Miedema gehörten zu den ersten Übernahmen.

Hinzugekauft werden folgende Firmen aus der holländischen Greenland-Gruppe (Thyssen Bornemisza):
– Boeke Heesters (Importeur von Case-Traktoren und anderer Landmaschinen),
– Miedema (Hersteller von Maschinen zur Kartoffellagerung) und
– Trioliet (Hersteller von Düngerstreuern und Siloentnahmegeräten).
Diese Firmen werden mit Rumptstad in der neu geschaffenen Holding zusammengefasst. Insgesamt sind 350 Mitarbeiter in der Netagco beschäftigt, von denen 285 aus übernommenen ehemaligen Greenland-Firmen stammen.
Die Verhandlungen für diese Fusion sollen sich über zwei Jahre hingezogen haben.
Bei Verhandlungsbeginn habe allein Trioliet mit Gewinn gearbeitet. Mittlerweile schreiben aber auch die anderen beiden wieder schwarze Zahlen.

1996
erwirbt Netagco (Netherlands Agricultural Machinery Companies) die komplette Produktpalette der Hassia Kartoffellegetechnik, nachdem Lemken die Maschinenfabrik Hassia, Butzbach, mit der Drilltechnik übernommen hat.

Auch die Kartoffeltechnik von Hassia fand unter dem Dach von Netagco ein neues Zuhause. Im Bild die Becherpflanzmaschine SL 4 B.

Die neu gegründete Hassia Pflanztechnik übernimmt Vertrieb, Ersatzteilversorgung und Kundendienst für die Legeautomaten. An der Weiterentwicklung der Maschinen wird gearbeitet.
Ebenfalls übernommen wird die Schrijver Agro-Industrie, Broekland. Dieses Unternehmen stellt Siloblockschneider, Wiesenwalzen, Planierschilder und Beregnungsanlagen her. Während Netagco alle Aktivitäten übernimmt, wird der Verkauf jetzt von dem selbstständigen Tochterunternehmen Schrijver Aggro in Losser betrieben.
Trioliet verlegt seinen Unternehmenssitz nach Odenzaal, wo man ein neues Werk errichtet hat.
Im November integriert Netagco die schottische Reekie Manufacturing Ltd., die zu den führenden Herstellern für Stein- und Klutentrennmaschinen und Kartoffelerntetechnik gehört.
Reekie beschäftigt etwa 90 Mitarbeiter und erzielt mit diesen einen Jahresumsatz von rund 45 Mio. DM. Die bisherigen Reekie-Inhaber übertragen sämtliche Geschäftsanteile an die niederländische Holding und beteiligen sich an dieser.
Damit ist die Palette der Kartoffeltechnik weiter vervollständigt, die nun Rumptstad (Reihenfräsen, Krautschläger), Hassia (Pflanztechnik, Kartoffellegemaschinen), Structural (Riemenlegetechnik für Kartoffeln und andere Knollenfrüchte) und Miedema (Einlagerungstechnik) umfasst.

Zum Jahresende übernimmt Netagco sämtliche Rechte und Technologien der Kartoffelerntetechnik („Wühlmaus"-Roder) von Niewöhner in Gütersloh.
Niewöhner fertigte 1950 im Werk in Gütersloh erstmals seine Entwicklung des Maulwurf-Roders mit weitmaschigem Krautband in Serie. 1965 wird dort ein Kleinvollernter entwickelt und die Kapazität auf 1 200 Geräte ausgebaut. Zwei Jahre später folgt der zweireihige Vollernter. 1973 vergibt Niewöhner Lizenzen für den Bau von 5 000 Maschinen jährlich in osteuropäische Länder. 1982 wird die richtungweisende Seitenrodetechnik eingeführt und 1990 die vierreihige Schubroder-Entwicklung vorgestellt. 1993 erwirbt Niewöhner den ehemals größten Kartoffelerntemaschinenhersteller in Ostdeutschland, die Weimar Werke. 1997

Absiebmaschine REL 5154 S des Netagco-Reekie-Entsteinungssystems.

Beet-Tiller RT 170.

Fella, seit 1999 Teil des Netagco-Konzerns. Im Bild der Scheibenmäher SM 900 Trans-KC megacut.

muss Niewöhner die Geschäftsanteile der WeimarWerk Maschinenbau GmbH wieder an die Bundesanstalt für vereinigungsbedingte Sonderaufgaben (BvS) zurückgeben, was die Gesamtvollstreckung der Weimar-Werke auslöst.
Durch die 100 %ige Übernahme der Anteile von Tolsma baut Netagco seine Kartoffelsparte weiter aus. Die bisherigen Tolsma-Eigner werden Holdinggesellschafter der Netagco und bleiben verantwortliche Geschäftsführer. Tolsma arbeitet im Bereich Lager- und Belüftungstechnik für Kartoffeln, hat eigene Niederlassungen in Deutschland (Fallingbostel) Frankreich und Moskau. Mit 90 Beschäftigten wird ein Umsatz von rund 30 Mio. hfl erzielt.
Die Netagco ist neben der Kartoffelsparte auch in der Rauhfuttermechanisierung und -aufbereitung engagiert und im Großhandel von Landtechnik.
Mit Boeke Heesters, Niederlande, Cobeltrac, Belgien und Agrohändler in Thorun (Polen) ist Netagco jetzt einer der größten unabhängigen Case-Händler, wobei in Polen noch Bamford-JCB Bau- und Landmaschinen vertreten werden.
Netagco erzielt 90 % seines Umsatzes in Europa. Diese Abhängigkeit will Netagco in den nächsten Jahren verändern.

1999

beginnt die Markteinführung der neuen *Wühlmaus 1833*. Es ist ein Seitenroder mit hoher Leistungsfähigkeit bei schonender Behandlung des Erntegutes. Er verfügt über drei hydraulische Trennaggregate, 3,2 m^2 Siebfläche, vier Tonnen Bunkerkapazität mit vier Meter Überladehöhe. Neu ist auch die *Hakenfräse RSF 2000*, die in zwei-, vier-, sechs- und achtreihiger Ausführung für Traktoren von 37/50 bis 176/240 kW/PS Leistung angeboten wird. Variable Rotordrehzahl über 3-Stufen-Schaltgetriebe, hohe Fahrgeschwindigkeit und Arbeitstiefe erzeugen die gewünschte Bodenkrümelung, und mit einem stufenlos verstellbaren Dammformblech lassen sich bis zu acht Dammformen herstellen.
Am 22. Dezember übernimmt die Netagco Holding BV, Lelystad, alle Anteile der Fella-Werke GmbH, Feucht sowie der Fella-Vertriebsgesellschaft mbH Salzburg mit jeweils allen Aktiva und Passiva. Über den Kaufpreis werden keine Angaben gemacht.
Fella erwirtschaftet mit rund 140 Mitarbeitern etwa 72 Mio. DM, und in Kombination mit Trioliet wird jetzt ein komplettes Programm in Futterwerbung und Fütterung mit zusammen 110 Mio. DM Umsatz erreicht.

Wühlmaus: Ein alter Bekannter blüht neu auf.

Selbstfahrender zweireihiger Kartoffelroder Quadra.

2000

Mitte des Jahres wird ein neues Netagco-Logo eingeführt. Durch geschickte Übernahmen von spezialisierten mittelständischen Unternehmen und einem professionellen Finanzmanagement wird die Netagco von einer niederländischen Gruppe zu einem bedeutenden europäischen Anbieter.
Die Netagco Holding setzt sich aus folgenden Sparten und Firmen zusammen:

2001

Rechtzeitig zur Agritechnica wird die gründlich überarbeitete Seitenrodergeneration unter dem Namen *Racer* vorgestellt und um einen einreihigen Roder ergänzt. Mit diesen im Werk Weimar gebauten Rodern sollen Marktanteile zurückerobert werden.
Fella bietet jetzt eine interessante Lösung für einen Großflächenmäher mit 8,34 bzw. 10,34 m für die Traktorenleistungsklasse ab 190 PS an. Zur besseren Gewichtsverteilung sind neben dem Frontmähwerk am Heck zwei radabgestützte Mäheinheiten, die zum Transport einfach nach hinten geschwenkt und dann wie ein Einachsanhänger gezogen werden.

2002

erfolgt bei Fella der Neubau einer Montagehalle, des Verladebereiches und des Verwaltungsgebäudes.
Der *TS 4000 Hydro Megaswad* mit vier Kreiseln und 10,6 bis 12,5 m Arbeitsbreite ist für harten Dauereinsatz bestimmt. Das patentierte Doppelschwingen-Antriebssystem erlaubt schnelles Einklappen in Transportstellung. 6 m Arbeitsbreite bietet die Kombination des Frontmähers mit dem Heckmähwerk *Trans*, das zum Transport nach hinten geschwenkt werden kann.

Kartoffeltechnik: (größte Sparte)

Rumptstad:
1936 von den Brüdern P. und A.J. van Rumpt in Stad aan't Haringsvliet als Landmaschinenhandelsbetrieb gegründet, beginnt man 1950 mit der Fabrikation von Bodenbearbeitungsgeräten. Mitte der 60er Jahre kommt die Hakenfräse in das Programm, und Mitte der 70er Jahre fängt man mit Krautschlägern an.
Miedema:
1938 in Winsum von Lyckle Siebren gegründet. Jetzt Transportgerätespezialist mit Kippanhängern, Sturzbunkern, Transportbändern, Boxenfüllern, Kombi- und Kistenfüllern sowie Sortiermaschinen. Miedema gehört seit 1993 zu Netagco.
Hassia:
1880 von Andreas Tröster gegründet, stellt die Firma zunächst Schrot- und Sämaschinen her und seit 1954 Kartoffel-Pflanzmaschinen.
1958 werden Kartoffelroder in das Programm aufgenommen. 1996 erwirbt Netagco die Rechte an den Pflanzmaschinen.
Structural:
1975 entsteht aus der Zusammenarbeit von Landwirten, dem Institut in Wageningen

Mobiler Hallenfüller LBV von Netagco-Miedema.

und der IMA-DLO (Riemenpflanzmaschinen für vorgekeimte Kartoffeln). Structural ist seit 1996 bei Netagco.

Wühlmaus:

1950 von Bruno Niewöhner in Avenwedde bei Gütersloh gegründet, baut Kartoffelvollernter. Die Vorteile des Rodens neben der Traktorspur führen 1981 zum Vollernter mit Seitenaufnahme. Wühlmaus gehört seit 1997 zu Netagco.

Umsatz nach Produkten und Regionen von Netagco 2001

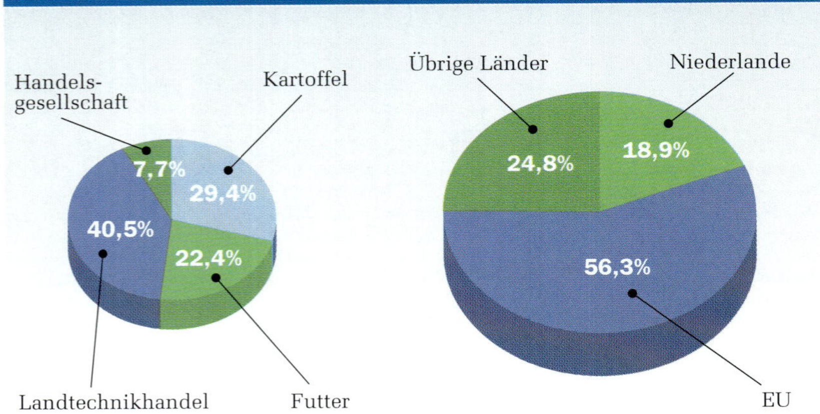

Reekie:

1945 beginnt John Reekie mit der Produktion von landwirtschaftlichen Geräten in enger Zusammenarbeit mit Ferguson. Mitte der 70er Jahre spezialisiert sich das Unternehmen auf Maschinen für den Kartoffelbau mit einem Programm für Bodenbearbeitung, Steine und Kluten abscheiden sowie Anbau, Pflanzen und Roden von Kartoffeln. Reekie ist der Erfinder des „clean-flow"-Systems, ein Axialrollensystem mit einem darüber angebrachten Igelband zum Abscheiden von Steinen und Kluten aus dem Kartoffelstrom. Reekie ist seit 1997 bei Netagco.

AVR:

1850 im belgischen Roselare als Schmiede gegründet, beginnt 1951 mit der Herstellung von einreihigen Kartoffelrodern, dem bald zwei- und dreireihige Maschinen folgen. Heute werden selbstfahrende Kartoffelroder hergestellt, der zweireihige Quadra mit 240-PS-Dieselmotor, hydraulischem Vierradantrieb mit Vierradsteuerung für hohe Mobilität. AVR ist seit 1998 bei Netagco.

Tolsma:

1952 von Auke Tolsma gegründet und mit der Herstellung von Trennwänden und Ventilationskanälen aus Holz befasst. 1966 entsteht daraus Tolsma Techniek in Emmeloord. Hier entsteht ein großes Programm der Ventilatortechnik, Kompaktkühler und Klimacomputer. Tolsma ist seit 1998 bei Netagco.

Raufutter: (zweitgrößte Sparte)
mit den Firmen Trioliet-Mullos (1993), Schrijver Agro (1996) und Fella (1999).

Handelsunternehmen:

(drittgrößte Sparte)
Diese repräsentieren die Handelshäuser Boeke-Heesters, van Driel & van Dorsten, Jean Heybroek, Agrohandler, Cobeltrag und Farmershop mit den Fabrikaten Case, JCB, Kverneland und anderen.

Umsätze und Zahl der Beschäftigten der Netagco-Gruppe 1994-2001

	1994	*1995*	*1996*	*1997*	*1998*	*1999*	*2000*	*2001*
Gesamtumsatz	164,5	165,7	163,7	150,6	273,9	449,1	513,9	283,1
Nettogewinn	4,0	5,1	4,3	1,6	9,4	10,5	-16,4	0,1
Beschäftigte	335	347	392	406	691	803	894	1.078

Werte in Mio. hfl, ab 2001 in Mio. €.

Alois Pöttinger Maschinenfabrik
Ges.m.b.H.
Grieskirchen (A)

Pöttinger

Heute größter Ladewagenhersteller der Welt

Grünlandtechnik dominiert das Programm

1871
wird das Unternehmen von Franz Pöttinger gegründet. Die ersten Produkte sind Futterschneidmaschinen, die den Bauern die schwere Handarbeit sehr erleichtern und daher ein großes Echo finden.

1909
kommt mit Alois Pöttinger der Unternehmer in die Firma, der den handwerklichen Betrieb durch alle Schwernisse führt und zum größten österreichischen Landmaschinen-Hersteller ausbaut.

1935
finden sich im Erzeugungsprogramm Obst- und Traubenmühlen, Mehl- und Schrotmühlen, Obst- und hydraulische Pressen, Kreissägen, Schleifapparate, Silohäcksler, Futterhäcksler. Zusätzlich werden Kraft-, Wasser- und Gasinstallationen ausgeführt.

1940
erfolgt mit dem Erwerb der Grieskirchener Graugießerei eine erhebliche Erweiterung der Produktion.

1950
werden die ersten Futtererntemaschinen, wie Heurechen und Heuauflader, gebaut. Diese Maschinen waren der Ausgangspunkt für die spätere Spezialisierung und Ausrichtung des Programmes auf die Grünland-Mechanisierung.

1960
wird die zu klein gewordene Fertigungs-

Futterschneidemaschine von 1946.

Trommelrechwender von 1954.

Feldhäcksler MEX V und Silierwagen Europrofi I.

Der erste Pöttinger-Hauptumsatzträger, die „Heuraupe“ von 1962.

stätte durch einen großzügigen Neubau der Fabrikanlage, deren Fertigstellung 1969 vollendet worden war, ersetzt.
Im gleichen Jahr wird die *Heuraupe* in das Programm aufgenommen, die vorzugsweise in der Berglandwirtschaft eingesetzt wird.

1963
erfolgt die Einführung der Ladewagen und

1967
die Produktion von Anbau-Maisfeldhäckslern. In diese Zeit fällt auch die Umstellung der Produkte für eine traktortaugliche Landtechnik.

1971
bietet Pöttinger mit Mähwerken, Heuraupen, Schwadkreiseln, Ladewagen, Stalldungstreuern, Dosiergeräten, Maishäckslern, Förderbändern, Pumptankwagen, Schneckenpumpen, Buschholzhackern und Kartoffelrodern ein sehr breit gefächertes Lieferprogramm.

1972
erfindet Pöttinger den Erntewagen, ein Fahrzeug, bei dem neben dem Aufladevorgang auch das Abladen dosiert über ein Förderband nach links oder rechts erfolgen kann und somit auch in weiterfördernde Geräte. In der Folge wird Pöttinger nach eigenen Angaben zum größten Ladewagenhersteller der Welt.

1975
erwirbt Pöttinger die Bayerische Pflugfabrik in Landsberg am Lech, die 1890 gegründet worden war. Im Lieferprogramm befinden sich Pflüge (von denen bis heute 350 000 ausgeliefert worden sind), Grubber, Bodenfräsen, Kreiseleggen und Düngerstreuer.
In die Ladewagenproduktion der Bayerischen Pflugfabrik werden nach und nach Pöttinger-Komponenten eingeführt. Damit erhält Landsberg ein zweites Standbein.

Pöttinger-Landsberg, Anbaudrehpflug Servo 35 Plus/Nova Plus.

In den folgenden Jahren wird im Futtererntemaschinenprogramm die Kreiseltechnik eigeführt. Es werden die Trommelmähwerke um Scheibenmäher sowie Zett- und Schwad-Kreisel ergänzt. Die Anbauhäcksler werden auch um gezogene Ausführungen erweitert. Besondere Aufmerksamkeit erfahren die Holzhackmaschinen im Rahmen der Nutzung alternativer Energie. Dafür fallen im Rahmen einer Produktbereinigung andere Geräte aus dem Programm.

1987

wird mit der Entsorgungstechnik ein neuer Unternehmenszweig gegründet. Dabei handelt es sich im Wesentlichen um Akten-, Papier- und Kartonentsorgung.
Die hierfür gebauten Maschinen sind: *Multibrik*- und *Multicut*-Brikettierpressen, die Papier und Kartonagen zerkleinern und hochverdichten, der *Multichop*, ein Abfallzerkleinerer, die *Multipress*, ein Presscontainer für große Mengen sowie die *Multipack*-Ballenpresse, die sperriges Gut in handliche Ballen verwandelt. Im gleichen Jahr kommt das neue Programm für Futtererntemaschinen mit *Cat*-Mäher, *Hit*-Zetter und *Top*-Schwader auf den Markt.

1991

wird Pöttinger 120 alt und die Firma an die vierte Familiengeneration übergeben. Pöttinger ist, wie der gesamte Wettbewerb, von den Marktrückgängen nicht verschont geblieben. Daher wird kräftig in eine wirtschaftlichere Fertigung investiert und gleichzeitig die Weiterentwicklung der Futtererntemaschinen für den Großflächeneinsatz und

unten links: Trommelmähwerk Euro Cat mit ausbaubarem Aufbereiter.

unten rechts: Eurotop-1251 Schwadkreisel mit verstellbarer Arbeitsbreite von 9 m bis 12,5 m.

Rundballenwickler Rollprofi G 800.

der Ausbau des Bodenbearbeitungsprogramms forciert.

1994
übernimmt Pöttinger für seine Tochtergesellschaft Landsberg den Vertrieb von Drillmaschinen des französischen Herstellers Nodet. Ein Jahr später folgen die Einzelkornsämaschinen und ein pneumatischer Präzisionsdüngerstreuer.
Inzwischen ist die Pflugherstellung von Landsberg nach Grieskirchen verlegt worden.

1995
steigt der Umsatz um 12,5 % wieder an. Der Exportanteil klettert auf 71 %. Die wichtigsten Exportmärkte sind Deutschland, Schweiz und Frankreich. Dort hat seit längerem die Case-IH-Gruppe den Vertrieb von Pöttinger-Geräten übernommen.

1996
erfolgt die Inbetriebnahme einer neuen Produktionshalle mit einem neuen Lackierzentrum zur Oberflächenveredelung der Maschinen unter Verwendung neuester Verfahren mit Pulverbeschichtung. Zur Komplettierung des Futtererntemaschinenprogrammes vertreibt Pöttinger in Österreich exklusiv das gesamte Welger-Pressenprogramm.

1997
startet Pöttinger mit dem Vertrieb von Rundballenpressen und Wickelmaschinen der italienischen Firma A. Gallignani SpA in Russi/Ravenna.
Dies war nötig, weil die Firma Welger wegen der Übernahme durch Lely als Lieferant ausgefallen ist.

1998
beträgt der Gruppenumsatz 1 275 Mrd. öS. Daran war das Stammhaus mit 1 135 Mrd. öS und Landsberg mit 140 Mrd. öS beteiligt. Im Stammhaus werden 770 und in Deutschland 70 Mitarbeiter beschäftigt.
Der Exportanteil beläuft sich auf 68 %.

1999
stellt das Unternehmen einen gezogenen Scheibenmäher *Cat Nova* mit 3,0 m Arbeitsbreite und hydraulisch angetriebenen Querförderband vor. Damit lassen sich zwei Mähschwaden zusammenlegen.
Vom Umsatz entfallen 47 % auf Futtererntemaschinen, 22 % auf Ladewagen und 9 % auf die Bodenbearbeitung. Insgesamt werden 840 Mitarbeiter beschäftigt.
Der Exportanteil beträgt gut 62 %.
Auf der Agritechnica werden der Trommelmäher *Euro Cat* mit „extra dry“ Aufbereiter, weiterentwickelte Scheibenmäher sowie der *Jumbo*-Silierwagen mit 70 m^3 Fassungsvermögen und 45-Messer-Schneidwerk für 34-mm-Silierschnitt vorgestellt.
Weiterentwicklungen gibt es auch bei den Bodenbearbeitungsgeräten. So z. B. der *Servo/Nova*-Pflug, die *6000-Lion*-Kreiselegge und den Grubber *Syncro* mit 5,50 m Arbeitsbreite mit pendelnd gelagerter Stabwalze.
Zur Agritechnica beschließen Pöttinger und Rabe eine Zusammenarbeit auf dem Gebiet der Drilltechnik. Deshalb beteiligt sich Pöttinger mit etwas mehr als 25 % an der Rabewerk Bernburg GmbH, Bernburg/Saale. Die Unternehmen verfolgen dabei eine Zwei-Marken Strategie bei den mechanischen und pneumatischen Drillmaschinen sowie den Mulch- und Direktsaatmaschinen. Der Verkauf erfolgt unter den Markennamen Rabe, Pöttinger und

Landsberg. Für Österreich übernimmt Pöttinger den Alleinvertrieb der Drilltechnik. Die Entwicklung des Unternehmens lässt sich an folgenden Zahlen ablesen:
1960 erzielte Pöttinger mit 350 Mitarbeitern einen Umsatz von rund 65 Mio. öS, der 1970 bereits 300 Mio. öS mit 800 Mitarbeitern erreicht. Bis 1982 steigt der Pöttinger-Umsatz auf 918 Mio. öS. Die neuere Entwicklung ist in der unten aufgeführten Tabelle zusammengefasst.
31 % des Umsatzes werden in Österreich erzielt, 36 % in Deutschland und 33 % in den übrigen Ländern.

Umsatz nach Produkten und Regionen von Pöttinger 2000

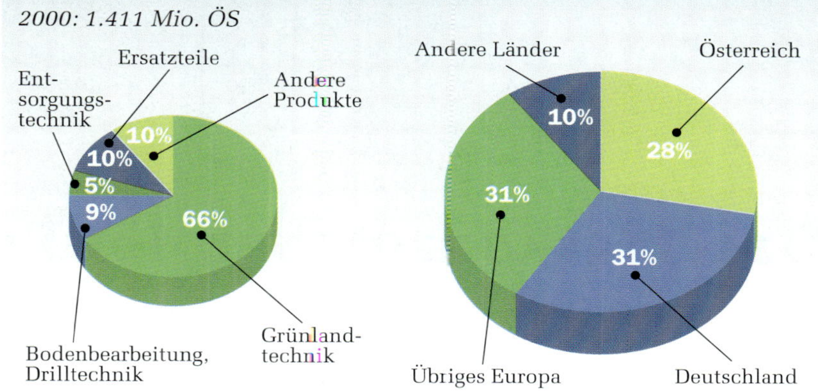

2000

Auf dem Pöttinger-Tag im August und den Ausstellungen in Wels und München zeigt die Firma Neuheiten aus dem Grünlandprogramm:
Die *Nova*-Scheibenmäher gibt es nun auch als Frontmäher mit 2,62 m und 3,04 m Arbeitsbreite. Dazu stehen auch die bewährten *extra dry* Aufbereiter mit Breitstreueinrichtung oder Schwadformer zur Verfügung.
Auf den Markt eingeführt wird daneben die *Profiline*-Erntetechnik mit dem Großflächenmäher mit 7,80 m und 8,60 m Schnittbreite, bestehend aus einem Tragrahmen für drei Einzelmähwerke. Hinzu kommen der Großflächenzettkreisel *Hit 91* mit acht Kreiseln, je sechs Zinkenarmen und 9,0 m Arbeitsbreite sowie der Schwader *Eurotop 1251* mit vier Kreiseln und verstellbarer Arbeitsbreite von 9,0 bis 12,5 m für Mittenschwadablage und ausgestattet mit *Multitast*-Kreiselaufhängung.
Stark ausgebaut wird auch der Bereich Bodenbearbeitung mit *Servo*-Pflügen für Traktoren bis zu 270 PS sowie drei Baureihen in der Sätechnik, nämlich *Vitasem, Aerosem* und *Terrasem.*
In der Zwischenzeit ist der Betrieb Landsberg zum modernen Teilewerk ausgebaut worden, die Montage aller Maschinen findet jetzt in Grieskirchen statt.

2001

erwirbt Pöttinger vom Rabe-Werk das Werk Bernburg, das jetzt als Pöttinger Sätechnik GmbH firmiert. Pöttinger wird das Rabe-Werk mit Sätechnik weiter beliefern.
Pöttinger erzielt einen Umsatzsprung von 8,4 % und kann im Herbst 100 *Servo*-Pflüge nach Turkmenistan liefern.
Der Pöttinger *Servo-Intelligent* verfügt über eine Elektronik, die sich per Knopfdruck an wechselnde Einsatzverhältnisse, wie Vorfurche, Schnittbreite, Zugpunkt und Sturz sowie Arbeitstiefe anpasst. Ergänzt wird das Ganze durch eine lückenlose Dokumentation über ISO-Norm.

2002

Erhält der dreiteilige Frontmäher *Novocat* eine Gewichtsentlastung über einen Gasdruckspeicher. Der Aufbereiter *Extradry* mit zwei Geschwindigkeiten zur Aufbereitungsintensität kann minutenschnell durch einen Schwadformer ersetzt werden.

Umsätze und Zahl der Beschäftigten von Pöttinger 1994 bis 2000

	1994	*1995*	*1996*	*1997*	*1998*	*1999*	*2000*
Gesamtumsatz	1.160	1.280	1.275	1.209	1.224	1.360	1.411
Davon							
Landmaschinen	1.006	1.150	1.170	1.155	1.135	1.170	1.199
Sonstiges	154	130	105	54	89	19	212
Beschäftigte	628	800	851	834	840	840	870

Werte in Mio. öS

Rabe

Rabe-Werk GmbH + Co.
Bad Essen (D)

Das Markenzeichen für Pflüge

Über einen langen Zeitraum Marktführer in der Bodenbearbeitung – Traditionell gutes Image durch hohe Qualität und viele Patente

1889
gründet Johann Friedrich Clausing einen Schmiedebetrieb in Rabber. Er befasst sich hauptsächlich mit dem Bau von Pflügen und anderen Ackergeräten.

1938
verlagert sein Sohn Heinrich Clausing das Unternehmen nach Bad Essen-Linne und eröffnet dort die Firma Rabewerke in einer neuen Fabrik. Gleichzeitig entsteht das Markenzeichen, der schwarze Rabe mit rotem Schnabel.

Anbaudrehpflug mit Streifenkörper „Supertaube Variant" mit stufenloser Schnittbreitenverstellung.

In den folgenden Jahren wird die Entwicklung von Pflügen und anderen Bodenbearbeitungsgeräten vorangetrieben, die durch zahlreiche Patente geschützt sind. Darunter fällt auch die Entwicklung des zweischarig arbeitenden Krümel-Pflugkörpers.

1940
zählt das Rabewerk bereits 182 Mitarbeiter. Es arbeitet sich nach und nach zu einem der renommiertesten Bodenbearbeitungsgeräte-Hersteller in Deutschland empor.

1976
wird das Tochterunternehmen Rabewerk-France in Soultz im Elsaß gegründet, um den bedeutenden französischen Markt besser und effektiver bedienen zu können.

1978
wird die richtungweisende mechanische Feder-Steinsicherung *Avant* für Pflüge eingeführt und ein Jahr später die stufenlose Schnittbreitenverstellung *Variant*.

1979
erfolgt die Aufnahme der Produktion von Kreiseleggen, die sich durch hohe Stabilität,

kleines Bild oben: Aufsattelgrubber „Powerbird“ für Traktoren bis 240 PS mit Kirovets K 700 (225 PS).

großes Bild oben: Rabe Marabu.

Robustheit und Gebrauchssicherheit auszeichnen.

1989
Nach vierjähriger Entwicklungszeit wird mit der pneumatischen Drillmaschine *Turbodrill* der Einstieg in die Drilltechnik vollzogen und die Marktdurchdringung auf eine breitere Basis gestellt.

1990
wird das Einzelunternehmen zur Rabewerk GmbH & Co. KG umgewandelt, die jedoch im Familienbesitz bleibt.
Im Hauptwerk Bad Essen-Linne und im seit 1980 angegliederten Zweigwerk Bad Essen-Rabber arbeiten rund 800 Beschäftigte.

1992
übernimmt Rabe aus dem Landmaschinen-Kombinat Fortschritt die ehemalige Firma Saxonia in Bernburg/Sachsen-Anhalt. Dieses Werk soll nach und nach zum Entwicklungs- und Fertigungszentrum für Drilltechnik ausgebaut werden.
Als ebenfalls 1992 der Markt für Bodenbearbeitungsgeräte in Europa nach vorangegangenen Rückgängen fast völlig zusammenbricht, müssen auch die Rabewerke 30 % weniger Umsatz hinnehmen.
Aber nach Straffung der Produkte bei hoher Fertigungstiefe und Investitionen in Höhe von rund 30 Mio. DM in den folgenden Jahren sind wieder steigende Umsätze zu verzeichnen. Rabe investiert in computergesteuerte Werkzeugmaschinen, Schweißroboter, Tauchlackieranlage und ein computergestütztes Hochregallager für Fertigteile, Blechbearbeitungstechnik und CAD- und EDV-Systeme für Entwicklung und Produktion.

1993
wird vom Rabewerk Bernburg als Neuentwicklung die mechanische Drillmaschine *Multidrill* auf den Markt gebracht.

1996
hat die Rabewerk-Gruppe 750 Beschäftigte, davon 550 in Bad Essen und je 100 in Bernburg und Soultz. Das Firmengelände beträgt 17,3 ha, wovon fast 8 ha Werkshallen sind.
Das Rabewerk bietet ein komplettes Programm an Bodenbearbeitungsgeräten mit

Rabe Drillkombination mit Kreiselegge, Packerwalze und mechanischer Anbau-Drillmaschine.

Anbau- und Aufsattelpflügen, Untergrundpackern, Ackerwalzen, Kreiseleggen, Saatbettbereitungsgeräten, Scheibeneggen, Grubbern, Hackstriegeln, Tiefenlockerern, Planiergeräten und Drillmaschinen.
140 aktive Patente und andere Schutzrechte zeugen von dem Entwicklungs- und Innovationspotenzial der Rabewerk-Gruppe.

1997
stellt das Unternehmen eine völlig neu entwickelte Pfluggeneration im modernen Design vor. Es sind dies die *Albatros* und *Superalbatros.* Hinzu kommt eine Kurzgrubber-Serie *Blue Bird* für den Heck- und Frontanbau mit Arbeitsbreiten von 2,60 m und 3,0 m.

1999
kann das Rabewerk Ende April die 40 000ste Kreiselegge, seit Produktionsbeginn 1979 an den Kunden übergeben.
Im Sommer werden Gerätekombinationen für alle Bestellverfahren, wie Normal-, Mulch- oder Direktsaat eingeführt, z. B. die *Turbodrill Combi-Speed* mit 6 m Arbeitsbreite und 3000-Liter-Saatkasten für Traktoren von 180 PS. Damit sind Flächenleistungen bis zu 80 ha am Tag zu erzielen bei einer Fahrgeschwindigkeit von 15 km/h.
Auf dem Bereich Drilltechnik geht Rabe eine Kooperation mit Pöttinger ein. Pöttinger beteiligt sich mit etwas mehr als 25 % an der Rabewerk-Tochter Rabewerk Bernburg GmbH in Bernburg, Saale, wo die gesamte Drilltechnik konzentriert ist. Der Verkauf erfolgt unter den Markennamen Rabe, Landsberg und Pöttinger. Pöttinger übernimmt den Alleinvertrieb in Österreich.

2000
kann im April der 100 000ste Drehpflug verkauft werden.
Am 9. Oktober jedoch beantragt das Rabewerk ein Insolvenzverfahren, nachdem Verhandlungen mit potenziellen Investoren gescheitert sind. Wegen der guten Auftragslage wird die Produktion in Bad Essen in vollem Umfang mit den jetzt noch 390 Beschäftigten weitergeführt. Diese sollen auf 180 abgebaut werden. Nicht direkt betroffen von der Insolvenz

Kreiselegge mit großer Arbeitsbreite zum Transport hochklappbar.

Pneumatische Drillmaschine Turbodrill mit Fronttank.

sind die Rabwerk-Standorte Soultz, Frankreich und Bernburg, Saale.

2001

übernimmt das österreichische Familienunternehmen Pöttinger, Grieskirchen, die restlichen Anteile des Rabe Sätechnikwerkes in Bernburg (Saale) und firmiert jetzt unter Pöttinger Sätechnik GmbH.
Pöttinger ist nun auf Expansionskurs im Bereich Bodenbearbeitung und wird – so ist es vorgesehen – den Rabe-Vertrieb mit Sätechnik beliefern.
Die italienische Maschio-Gruppe aus Campdarsego/Padova will das Rabewerk nun doch nicht übernehmen, obwohl die Verträge dazu bereits unterschriftsreif vorliegen. Dafür übernimmt ein Konsortium aus der Landtechnikbranche das Unternehmen, das jetzt unter Rabe Agrarsysteme GmbH & Co. KG firmiert.
180 Mitarbeiter einschließlich der Auszubildenden werden übernommen und das bisherige Produktionsprogramm weitergeführt. Auch die Sparte Drilltechnik, deren Patente bei Rabe liegen, wird über Pöttinger/Bernburg gesichert.
Künftig werden in Bad Essen Pflüge, Kreiseleggen und Kombinationen gebaut. Scheibeneggen, Grubber, Packer und Saatbettkombinationen werden im französischen Soultz produziert.

Die Mulchsaatmaschine *Turbodrill Combi-Speed* gibt es auch als Kompaktversion mit 3 m Arbeitsbreite.
Der Kreiselmulcher *Corvex* hat jetzt auch auf Griff stehende Zinken für gute Zerkleinerung zur Mulchsaat. Es gibt ihn mit 2,5 m bis 8,0 m mit Zahn- oder Mulch-Packerwalze.

Umsatz nach Produkten und Regionen der Rabewerke 2001

2001: 23 Mio. €

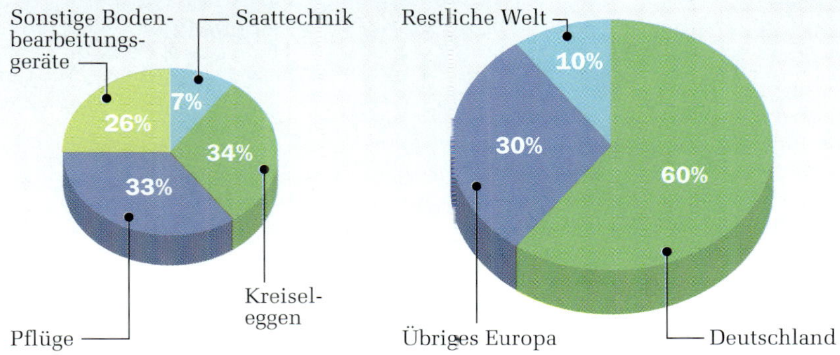

* In den ersten zehn Monaten der neuen Geschäftsführung

Umsätze und Zahl der Beschäftigten von Rabe 1994 bis 2001

	1994	*1995*	*1996*	*1997*	*1998*	*1999*	*2000*	*2001*
Gesamtumsatz in Mio. DM	116	118	120	122	124	113	90	23 €*
Beschäftigte	–	–	700	750	–	–	–	
davon in								
Bad Essen	–	–	550	550	–	–	390	
Bernburg	–	–	75	100	–	–	–	
Soulitz (F)	–	–	75	100	–	–	–	

*in den ersten zehn Monaten. Für 2002 werden 32 Mio. € erwartet.

Rau

Maschinenfabrik Rau GmbH
Weilheim/Teck (D)

Kombi-System brachte den Durchbruch

Unkonventionell in der Bodenbearbeitung und fortschrittlich in der Spritzentechnik – Heute ein Teil des Kverneland-Konzerns

1953/54 entsteht das Rau-Kombi-System.
Im Bild: Grundgerät und halbautomatische Legemaschine.

Saatbettkombination von 1960.

1920
erfolgt die Unternehmensgründung durch Johannes Rau mit einer Schmiede in Hattenhofen, Krs. Göppingen, in der bereits kleinere Geräte hergestellt und ein Handel mit Landmaschinen betrieben wird.

1938
Auf Grund des guten Geschäftsverlaufs wird die Firma nach Kirchheim unter Teck verlegt und dort wesentlich vergrößert.

1946
wird mit dem Eintritt der Söhne Hans und Willy die Landmaschinen Rau oHG gegründet.

1952
bringt Rau einen fahrbaren Handrechen auf den Markt. In knapp einem Jahrzehnt werden davon 100 000 Stück verkauft.

1953
ist Serienbeginn des legendären *Rau Kombi-Systems*. An einem Dreipunktrundrahmen können Bodenbearbeitungsgeräte, halbautomatische Kartoffellegemaschinen, Kartoffelhack- und -häufelgarnituren und Hackmaschinen im Schnellverfahren gewechselt werden.
In anderthalb Jahrzehnten werden 100 000 Grundgeräte mit 500 000 Arbeitsgeräten abgesetzt.

1960
kommt Rau als erster europäischer Herstel-

Kombisem mit 4,5 m Arbeitsbreite von 1993.

ler mit einer Saatbettkombination auf den Markt. Der Tiefgang der Egge wird zwischen vorderem Zugbalken und den nachfolgenden belastenden Krümlern in eingestellter Tiefe genau getragen. Diese neue Technologie begünstigt die Auflaufergebnisse des einkeimigen Rübensamens.

1962
werden durch Rau erstmalig in Deutschland in einer Feldspritze Niederdruckpumpen verwendet. Sie sind geeignet zur Anwendung von Flachstrahldüsen.
Erstmalig wird die Band- und Reihenspritzung in Kombination mit Einzelkorndrillen und Hackmaschinen aus der Hand eines Herstellers realisiert. Die Kombination von Frontspritzbalken mit Saatbettkombinationen ermöglicht das verlustfreie Einarbeiten von Herbiziden.

1965
erhält Rau für die schwingungsfreie Pendeleinrichtung seiner Feldspritzleitungen einen Gebrauchsmusterschutz.
Mit der Vorstellung der 2-phasigen Kuppelhilfe Rau-Dreipunktautomatik ist das Unternehmen der technischen Entwicklung um mehr als zehn Jahre voraus.

1966
kann mit der BBA-Anerkennung einer neuartigen membrangeschützten Kolbenpumpe mit Niederdruck für Feldbau, der *Rau-Kolbranpumpe*, die Akzeptanz als kompetenter europäischer Spritzenhersteller erlangt werden. Die Niederdrucktechnik für Feldspritzen setzt sich in den folgenden Jahren allgemein durch.

1967
Das *Rotex-System* erschließt den Besitzern kleinerer und mittlerer Traktoren die Vorteile der kombinierten Arbeitsverfahren bei der Saatbettbereitung. Die damalige *Rotex-Saat* mit Saat in den Erdstrom zwischen Fräse und Tragwalze war der Vorgänger zur heutigen *Kombisem*-Bestellsaatmaschine.

1972
bedient sich das *Intrac-System 2009* von KHD und der Daimler-Benz *MB trac* einer Vielzahl von Rau-Anbaugeräten und Spe-

Luftunterstütztes Spritzen mit dem Rau-AirPlus von 1994.

zialentwicklungen für den vorderen, mittleren und hinteren Anbauraum.

1975
kann Rau die erste europäische Saatbettkombination mit 14 m Arbeitsbreite in Richtung UdSSR verladen.

1976
erfolgt die Weiterentwicklung der Pflanzenschutz-Technik nach der neuen hausinternen Produkt-Philosophie „Pflanzenschutz verantwortungsbewusst", nach der sich auch die Rau-Beratung ausrichtet.
Die Bodenbearbeitungsmaschine Rau-*Multitiller* für Großbetriebe mit tonhaltigen Böden ist serienreif.

1977
werden nach der erfolgten Expansion die erworbenen Unternehmen, deren Programme der Abrundung der Leistungspalette dienen, in der Johannes Rau GmbH & Co. KG zusammengeschlossen. Ebenso wird das Stammhaus, die Maschinenfabrik Rau, in eine GmbH umgewandelt.

Cyclotiller-Kreiselegge, 3 m, mit Packerwalze.

Daneben beschäftigt sich die Tochtergesellschaft Imex GmbH mit dem Import und Export von Traktoren, Landmaschinen und landwirtschaftlichen Produktionsmitteln. Sie plant und realisiert in Afrika und anderen Kontinenten Landkultivierungen, mechanisierte Farmen und agro-industrielle Projekte.
Insgesamt gehörten zur Rau-Gruppe elf Unternehmen, darunter drei Produktionsbetriebe im Ausland, wie Sicam in Frankreich, MRM in Maribor/Jugoslawien und Alloway in den USA, das Rechenzentrum RZK in Weilheim und mehrere Vertriebsgesellschaften im Ausland. An einigen ist die Firma Hassia beteiligt.

1981
gelingt mit der Einführung der *Rototiller* mit Zinkenrotor die Öffnung eines weiteren Marktsegementes.
Der Exportanteil der Maschinenfabrik erreicht 50 %.
Der in der Rau GmbH angesiedelte Bereich Fahrzeugaufbauten wird in die Maschinenfabrik eingegliedert, die jetzt einen Gesamtumsatz von 71 Mio. DM erzielt.

1985
kommt Rau mit elektronischen Mess-, Anzeige- und Regeleinrichtungen für seine Spritztechnik auf den Markt.
Die Rau-Gruppe erzielt mit mehr als 1 000 Mitarbeitern einen Gesamtumsatz von 226 Mio. DM, wovon 60 % auf den Landmaschinenumsatz entfallen. Der Anteil der Maschinenfabrik beträgt 98 Mio. DM.

1989
gründet Rau ein Joint Venture mit dem Agrocombinat Goraj in Polen, namens

Raupol, das Bodenbearbeitungs- und Pflanzenschutzgeräte herstellen soll. 60 % des Kapitals hält Rau.

1992
setzt Rau auf den Ausbau der Sparte Industrietechnik. Zu Beginn des Jahres wird mit dem französischen Spezialisten für Hydraulikzylinder die Rau-Serta Hydraulik GmbH in Weilheim gegründet. Mit mechanischen Antrieben der italienischen Rau-Cobra, Bologna, kommt man gut ins Geschäft.
Im November steckt die Maschinenfabrik Rau GmbH in finanziellen Schwierigkeiten. Als Gründe angegeben werden die europaweite Kaufzurückhaltung der Landwirte und der Wegfall der Ostmärkte, die von den zusätzlichen Umsätzen in den neuen Bundesländern nicht ausgeglichen werden.
Der Exportanteil sinkt auf 35 % gegenüber 60 % in den früheren Jahren.

1993
ist die Bestellsaatmaschine *Kombisem* und ein Jahr später die luftunterstützte Spritztechnik *AirPlus* serienreif.

1995
ist nach zweijähriger Restrukturierung die Konsolidierung geschafft, was nicht ohne schmerzliche Eingriffe in die Unternehmenssubstanz abgeht. So musste ein Jahr zuvor die amerikanische Tochter Alloway Manufacturing Inc. in North Dakota an den US-Landmaschinenhersteller Woods Equipment verkauft werden.
Die Neuausrichtung des Unternehmens zielt auf eine gestraffte Produktpalette, Aktivierung aller Produktionsressourcen und Synergiepotenziale bei einheitlichem Qualitätsmanagement sowie die Konzentration auf die europäischen- und angrenzenden Oststaaten. Jetzt sind in der Rau-Gruppe elf Firmen zusammengefasst.
Man plant in Fortsetzung der Neustrukturierung des Familienunternehmens, die Umwandlung in eine „kleine AG".

Umsätze und Zahl der Beschäftigten bei Rau von 1950 bis 1990

	1950	*1960*	*1970*	*1980*	*1990*
Gesamtumsatz in Mio. DM	–	–	175,0	270,0	–
davon					
Maschinenfabrik	1,5	22,0	39,0	55,0	110,0
Beschäftigte	1.100	1.330			

Umsätze und Zahl der Beschäftigten der Rau-Gruppe von 1994 bis 1998

	1994	*1995*	*1996*	*1997*	*1998*
Gesamtumsatz in Mio. DM	106,0	123,5	134,3	–	–
davon					
Agrartechnik	69,0	82,3	94,6	107,0	110,0
Industrie/Handel	37,0	41,2	44,8	–	–
Beschäftigte			475		544

1997
ergänzt Rau sein breit gefächertes Feldspritzen-Programm durch eine selbstfahrende Feldspritze. Die Motorleistung liegt bei 201 PS, der Antrieb erfolgt über einen hydrostatischen Vierradantrieb. Ebenso hat das Fahrzeug eine Vierradlenkung, mit der auch der so genannte Hundegang möglich ist, was für wenig Abdrift bei Hangarbeit sorgt. Ausgerüstet ist diese Spritze mit einem 4 000-l-Behälter und einem 28 m breiten Spritzgestänge.

Selbstfahrende Feldspritze AirPlus, vorgestellt 1997.

1998
wird am 2. November mitgeteilt, dass die Rau Agrotechnik mit sämtlichen Unternehmen von der Kverneland-Gruppe übernommen wird. Kverneland bezahlt für den Erwerb von Rau rund 90 Mio. DM.
Die Rau-Gruppe umfasst die Firmen Rau Maschinenfabrik mit Altek und LTH als Zulieferer in Deutschland, Rau Sicam und Rau Jean de Bru als Fabrikationsbetriebe sowie den französischen Vertriebsgesellschaften Rau AGT, Rau S.A.R.L. und Rau Sider. Hinzu kommen noch Rau Italien und Rau Polen.

Sterntiller.

Weitere Entwicklung siehe Kverneland.

Rauch

Rauch Landmaschinenfabrik GmbH
Sinzheim/Baden (D)

Spezialist im Dosieren und Verteilen

Ein selbstständiger, innovativer Hersteller

Rauch-Patentegge, doppelseitig einsetzbar.

Erster Rauch-Kastendüngerstreuer.

1880
gründet Franz Rauch (der „Schmidrauch") eine Schmiede und stellt auch Eggen und eiserne Pfluggestelle her.

1921
wird die „Fabrik für landwirtschaftliche Maschinen Gebrüder Rauch", die heutige Rauch Landmaschinenfabrik GmbH, im badischen Sinzheim durch Hermann Rauch gegründet.
Hauptprodukte sind die Patent-Ackeregge, von der bis 1972 viele tausend Stück verkauft sind sowie Rüben-und Traubenmühlen, Strohschneider, Getreidereiniger, Jauchepumpen und vieles andere.

1936
beginnt die Entwicklung des ersten Kasten-Düngerstreuers für Klein- und Mittelbetriebe.

1950
schafft das Unternehmen auf der ersten DLG-Ausstellung den Durchbruch mit dem Kastendüngerstreuer mit Taumelscheiben, Obstpressen und -mühlen.
Die Düngerstreuer werden auch an die Firmen Fendt, Rau, John Deere und Eicher

Rauch-Zweischeibendüngerstreuer Komet mit 24-m-Spätdüngeeinrichtung.

geliefert. Damals kostete die 2-m-Ausführung 80.- DM. Sie bleiben bis Ende der 80er Jahre im Programm und werden 61 000 mal verkauft.

1962
wird die Serienfertigung des Einscheiben-Düngerstreuers *Komet I* und *II* aufgenommen.

1964
bietet Rauch den *Komet S*-Schleuder- und Sandstreuer als Nachläufer an und legt damit gleichzeitig den Grundstein für das Kommunaltechnik-Programm im Winterdienst.

1966
kommen die ersten Zweischeibendüngerstreuer *Komet ZS* ins Angebot.

1967
beginnt die Zusammenarbeit mit Kuhn SA in Saverne, Frankreich, die den Vertrieb der Düngerstreuer in Frankreich, England, Italien und den USA übernehmen, was zu einer erheblichen Steigerung der Stückzahlen beiträgt.

1972
wird mit dem ersten Zwei-Scheiben-Düngerstreuer in Niedrigbauweise *Komet ZSN* erstmals die lose Düngerkette ermöglicht, weil die Einfüllhöhe so niedrig ist, dass der Dünger vom Anhänger direkt in den Streuer gefüllt werden kann. Ein Meilenstein in der Landtechnik, mit enormer Kostensenkung. Damit findet die umständliche Sackware ein Ende

1973
gelingt mit der Breitstreueinrichtung *SSZ* in Verbindung mit dem Zweischeibenstreuer erstmals eine Streubreite von 24 m.

1978
wird es eng in der Fabrikation. So muss die Fertigungskapazität durch den Aufbau des Werkes II in Bühl erweitert werden.

1983
liefert Rauch den ersten Pneumatik-Dünger-

Winterdienst-Anbaustreuer für Splitt und Sand und . . .

. . . auf Fahrgestell montiert für Kleintraktoren oder andere Transportfahrzeuge.

Aero-Pneumatik-Präzisions-Düngerstreuer mit 12 bis 24 m Arbeitsbreite.

streuer *Aero*. Durch Verwendung eines faltbaren Gestänges wird Exaktstreuen mit äußerster Präzision zum ersten Mal möglich.
Als erster Düngerstreuer-Hersteller bietet das Unternehmen mit der Dosierelektronik *Quantron* eine elektronische Düngerdosierung an.

1985
beginnt mit der Errichtung der Düngerstreuer-Testhalle eine neue Ära in Forschung und Entwicklung bei Rauch.

1986
kann Rauch die Fachwelt mit dem gezogenen Exaktstreuer *Aero GT* mit bis zu 24 m Ausleger begeistern. Im gleichen Jahr kommen noch 80 dieser Maschinen in den Einsatz.

Pneumatische Sämaschine Venta mit 3 bis 6 m Arbeitsbreite.

1987
werden erstmals 36 m Arbeitsbreite mit dem hydraulischen Zweischeiben-Düngerstreuer *Delta* erreicht. Dieser Streuer wird in einem internationalen Vergleichstest mit 20-mal Sehr gut und 8-mal Gut ausgezeichnet.

1989
übernimmt die vierte Generation der Familie Rauch das Unternehmen. Bereits ein Jahr später übersteigt der Umsatz erstmals die 30-Mio.-DM-Grenze, was eine Umsatzsteigerung gegenüber 1980 um 170 % bedeutet.

1993
beginnt der Einstieg in die Sätechnik mit der Entwicklung einer neuartigen pneumatischen Drillmaschine der *Venta AL*, zu der Rauch und Kuhn ihre jeweiligen Know-how-Felder zusammengelegt haben.
Sie erhält auf der SIMA in Paris eine Silbermedaille.
Gleichzeitig kommt mit *MDS* eine neue Generation von Zweischeiben-Düngerstreuern für Arbeitsbreiten bis 18 m.

1995
kann der 3 500ste gezogene Exaktstreuer *Aero* ausgeliefert werden.

1997
wird auf der Agritechnica die neue Düngerstreuergeneration mit hydraulischem Antriebskonzept *Axera-H* mit der Silbermedaille ausgezeichnet.

Alpha-Zweischeiben-Düngerstreuer mit 12 bis 18 m Arbeitsbreite.

1998
ist mit 35 000 verkauften Stück *MDS* in der Klasse bis 18 m der wohl meistverkaufte Düngerstreuer in Europa. Und diese Erfolgsstory geht weiter.

1999
stellt Rauch die neue elektronische Durchflussregelung *EMC* für *Axera.H EMC* vor und wird dafür auf der Agritechnica mit der Goldmedaille prämiert.
Die schlagkräftige und kompakte Sämaschine *Venta LC* ergänzt die *Venta*-Familie in der 2,5-bis-4-m-Klasse.

2000
gibt es für die Düngerstreuer *Axera-H EMC* einen waren „Goldregen". Zuerst in Belgien auf der Agribex die „Goldene Palme", dann in Paris auf der SIMA erneut mit Gold ausgezeichnet und schließlich in Bologna auf der EIMA eine Goldmedaille.

2001
bietet Rauch seine Düngerstreuer mit serienmäßiger offener Jobcomputerversion an. Der Weg zur LBS/ISOBUS-Technologie *(Standardisierte EDV-Kommunikation zwischen Maschine und Schlepper)* steht offen. Zur Agritechnica werden ein Wiegestreuer für optimale Ausbringtechnik und ein Überladewagen vorgestellt.

Rauch ist ein mittelständisches Familienunternehmen mit 270 Mitarbeitern und einem Jahresumsatz von 33 Mio. Euro. Der Exportanteil liegt bei 65 %. Die Exporte gehen in alle Länder West- und Ost-Europas sowie nach Fernost und Nord- und Südamerika. Sie sichern damit auf lange Sicht starke Absatzmärkte.
Die Konzentration auf die Kernkompetenzen „Dosieren und Verteilen" bilden die Basis für innovative Produkte der Dünge-, Sä- und Kommunaltechnik.

Elektronische Düngerdosierung Quantron mit der intelligenten Jobcomputertechnologie, offen für LBS/ISO.

Reform

Reformwerke Bauer & Co. Ges.m.b.H.
Wels (A)

Spezialist für die Berge

Bergtraktoren, Zweiachsmäher und Transporter spielen ihre Qualitäten besonders auf hängigem Grünland aus – Traditionell noch Drillmaschinen im Programm

1910
erfolgt die Gründung des Unternehmens durch Johann Bauer. Das Produktionsprogramm umfasst Futterdämpfer, Jauchepumpen, Putzmühlen, Eggen und Sämaschinen.

1936
zählt der Betrieb bereits über 100 Beschäftigte.

1945
nach Kriegsende und in den folgenden zehn Jahren beginnt der Aufbau des Werkes, wobei der Schwerpunkt in der Errichtung und dem Ausbau der Gießerei liegt.

1948
erfolgt die Produktionsaufnahme der Reform-Motormäher.

Reform-Motormäher Baujahr 1948.

1955
wird der Ausbau der Landmaschinenfertigung zum Hauptanliegen mit dem Ziel der Mechanisierung der Berglandwirtschaft durch die Entwicklung hierfür besonders geeigneter Geräte. Daneben beginnen die Exportbemühungen für die Reform-Maschinen.

1960
erscheint das erste selbstfahrende Heuwerbegerät auf dem Markt, ein Gabelheuwender, dem weitere Geräte folgen, so 1962 die Motorheuer. Damit verfügt nun das Unternehmen als einzige Landmaschinenfabrik über eine vollständige Arbeitskette mit handgeführten und selbstfahrenden Maschinen.
Inzwischen ist die Mitarbeiterzahl auf etwa 700 angewachsen, von denen fast die Hälfte in der Gießerei tätig ist.

1965
wird die Vollmechanisierung der Berglandwirtschaft zum Firmenziel, um diesen Landwirten die schwere körperliche Arbeit zu erleichtern und deren Produktion wirtschaftlicher zu gestalten.

1968: Der erste Universal-transporter Reform Muli 25 (25 PS) mit aufgesatteltem Ladewagen.

1968
wird der erste Universal-Transporter *Muli* mit einem integrierten Gerätesystem vorgestellt. In dieser Zeit kommt auch die neue Sämaschine *Semo 77* auf den Markt.

1970
erfolgt der Ausbau der Universal-Transporter zu einer Baureihe mit Fahrzeugen unterschiedlicher Leistung.
Außerdem folgen Erweiterungen in der Produktion mit einer neuen Montagehalle und die Installation von zwei Elektroöfen in der Gießerei.

1977
Der große Zweiachsmäher *Metrac* mit Front- und Heckanbau der Arbeitsgeräte wird am Markt eingeführt.

1980
Mit der *Semo 99* wird eine völlig neue Sämaschinen-Generation für herkömmliche Bestellung als auch zur Kombination mit anderen Geräten vorgestellt.
Hinzu kommt eine speziell für die Berglandwirtschaft entwickelte Kombinationsmaschine, die als Motorheuer und gleichermaßen als Portalmäher eingesetzt werden kann.
Ein neues Ersatzteil- und Zentrallager wird seiner Bestimmung übergeben.

1982
rollt bereits der 10 000ste *Muli* vom Band. Für eine derart spezialisierte Maschine ein Produktionsrekord.

1983
wird eine automatische Form- und Gießanlage in Betrieb genommen.

1984
folgen als Ergänzung der Universal-Transporter die großen *Muli 500/600* mit 48 und 56,5 PS sowie das neue *Metrac*-Konzept mit Allradantrieb, Mehrfachlenkung-Heckhydraulik und Kreiselmähwerk. Beide Maschinen sind auch für den Einsatz in Kommunen und Straßenmeistereien geeignet.

1987
kann die Fertigstellung des 100 000sten Motormähers gefeiert werden.

oben:
Muli 565
mit Vielschnittladewagen.

unten:
Metrac 2004
mit Kreiselheuer und
Doppelmessermähwerk

1991
wird die *Muli*-Baureihe mit höherer Leistung bis 71,5 PS erweitert und

1992
kommt der gefederte Kommunaltransporter aus derselben Baureihe sowie der leistungsgesteigerte Zweiachsmäher *Metrac* mit hydrostatischem Fahrantrieb auf den Markt.

1995
wird im Mai der 10 000ste *Metrac* des Typs *404* an die schweizerische Niedelassung der Reformwerke, Agromont, übergeben. Reform stellt die beiden neuen Allradgeräteträger *970* und *860* mit einer Motorleistung von 71,5 PS und 57,5 PS vor. Ihre Besonderheit ist das Fahrwerkskonzept. Vorder- und Hinterachse sind über ein Zentralgelenk verbunden, sodass selbst in unwegsamem und welligem Gelände alle vier Räder kraftschlüssig am Boden bleiben.

1996
werden die Zusatzgeräte für die Motormäher um eine Kreiselegge, einen Wildkrautbesen sowie ein Wegepflegegerät erweitert. Damit werden diese handgeführten Modelle noch vielseitiger.
Die neuen *Metrac*-Typen *2004 K* und *3004 K* lösen die bisherigen erfolgreichen Modelle ab.

1997
kommt ein völlig neuer *Metrac,* der Typ *H5,* auf den Markt. Ein 46 PS starker Motor, hydrostatischer Fahrantrieb mit zwei Geschwindigkeiten, starke Hubwerke – alles über einen Multifunktionshebel steuerbar – vereinfachen für den Fahrer die Arbeit. Zusätzlich ist diese Universalmaschine mit einem besonderen Lenksystem ausgestattet. Die Allradlenkung ist umschaltbar auf die Front-, die Heck- oder die so genannte Hundeganglenkung. Auf Knopfdruck kann der Fahrer mit sensorgesteuerter Registrierung und synchronisierter Radstellung die gewünschte Lenkungsart wählen, auch während der Fahrt. Eine moderne Rundumsicht-Komfortkabine vervollständigt diese Neuentwicklung.
Neu sind bei den Reform-Transportern und Geräteträgern die Einzelradfederung an den robusten Portalachsen.

1998
werden die Sämaschinen weiterentwickelt. Ein neues Särad sorgt für exakte Ausbringung und eine hydraulisch verstellbare Schardruckautomatik (in Verbindung mit Scheibenscharen) gewährleistet eine verstopfungsfreie Aussaat bei der Minimalbodenbearbeitung und in schwierigen Bodenverhältnissen.
Eine Fahrgassenschaltung mit elektronischer Steuerung, mechanisch oder hydraulisch betätigte Spuranzeiger vervollständigen die Überarbeitung.

1999
präsentieren die Reformwerke als Ergän-

Zweiachsmäher Metrac H 7.

zung zum Erfolgsmodell *Muli 565* den *Power-Muli 555* mit einem 57-PS-Motor, 8/8- oder 12/8-Gang-Getriebe mit zusätzlichen Kriechgängen, synchronisierter Splittung (Halbgang-Gruppe) sowie robusten Portalachsen für die saubere Aufnahme großer Ladeschwaden.

2000

Auf der Demo Park in Fulda hat der *Reform 880* seine Premiere. Angetrieben wird er von einem 80-PS-Motor. Zur technischen Ausstattung gehören ein 24/8-Gang-Getriebe sowie Federung aller vier Räder mit Einzelaufhängung und Längslenkern.
Der neue Bergtraktor *Mounty 65* wird vorgestellt. Sein tiefer Schwerpunkt bietet hervorragende Hangtauglichkeit. Der Vierzylinder-Perkinsmotor leistet 65 PS. Ausgestattet mit einem 12-Gang-Synchro-Wendegetriebe, Hubkraft vorne 1300 kg, hinten 2000 kg, Allradantrieb mit vier gleichgroßen Rädern sowie Front, Heck-, Hundegang- und Allradlenkung gewährleisten eine extrem gute Wendigkeit in schwierigem Gelände.
Die Rahmenbauweise mit getrennter Gummilagerung von Motor, Getriebe und Kabine sowie Zweikreis-Komfortbremse, Multifunktionshebel, Freisicht-Motorhaube und die Rundverglasung der Kabine erlauben dem Fahrer sicheres und komfortables Arbeiten in allen Situationen.

2001

wird der *Mounty 65* auf der Schweizer Fachmesse für Garten-, Obst- und Gemüsebau für technischen Fortschritt prämiert. Ausschlaggebend hierfür ist die Synthese der Charaktereigenschaften eines Zweiachsmähers, wie extreme Hangtauglichkeit bei hoher Bodenschonung, mit denen eines Traktors, nämlich starke Hubwerke und hohe Achslasten.
Im gleichen Jahr kommt die neue Topserie *Muli 757 G/SL* mit 74 PS und einem neuen 24/8-Gang-Getriebe auf den Markt.
Rund 560 Mitarbeiter im Stammwerk Wels und der Schweizer Niederlassung erwirtschaften über 120 Mio. DM Umsatz.

2002

Im Sommer wird der große Bruder des Bergtraktors *Mounty 80* mit 80-PS-Vierzylindermotor sowie starken Hubwerken mit 1 300 kg vorn und 2000 kg hinten vorgestellt. Durch seine Hangtauglichkeit können Neigungen bis zu 60 % in Fall- und Sichtlinie bewirtschaftet werden.
Die neue Scheibenschar-Sämaschine *Semo S3* ist auch mulchsaattauglich.

REFORM
Exportanteile von 2001

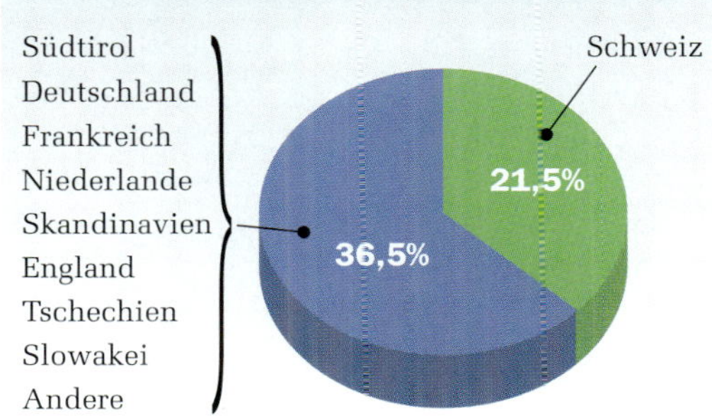

Berg- und Hoftraktor Mounty 65 mit Frontlader.

Mounty 80.

Umsätze und Zahl der Beschäftigten der Reform-Werke 1980 bis 2001

	1980	*1990*	*1995*	*1998*	*1999*	*2000*	*2001*
Gesamtumsatz	816	711	616	686*	702	799	61,9
Beschäftigte	692	771	569	531	518	509	474

Werte in Mio. öS, ab 2001 in Mio. € ; *ab 1997: konsolidierter Umsatz

Renault

Renault Agriculture
Velizy (F)

Vive la France

Der erste Traktor entstand 1919 auf Basis eines Panzerwagens –
Die Tochter des französischen Staatskonzerns macht ihren Weg immer noch ziemlich alleine, und das mit zunehmendem Erfolg

Modell HO, 50 PS, 1920.

Modell PE, 20 PS, 1926.

1919
erfolgt der Bau des ersten Renault-Traktors auf der Basis eines Panzerwagens. Der daraus entstandene *Typ HI* hat einen 20-PS-Motor, konische Kupplung und ein Getriebe mit drei Vorwärtsgängen und einen Rückwärtsgang.

1923
kommt der verbesserte *Typ HO*, der erste Traktor mit Kotflügeln.

1933
bringt Renault mit dem *Typ VY* den ersten serienmäßigen Dieseltraktor in Frankreich auf den Markt.

1948
wird mit dem Modell *3040* ein Traktor entwickelt, der mit einer hydraulischen Hubwerksregelung, zwei Zapfwellen und verstellbarer Spurweite ausgerüstet ist.

1956
führt Renault die D-Baureihe ein, die aus den Modellen *D 16, D 25, D 30* und *D 35* besteht. Analog zur Typenbezeichnung liegt hier die Motorleistung.

1960
versucht Renault bereits erste Schritte auf dem deutschen Markt, die allerdings wenig erfolgreich sind.

1963
bietet sich mit der Aufgabe der Schlepperproduktion der Mannesmann-Tochter Porsche-Diesel eine bessere Möglichkeit, auf dem deutschen Markt Fuß zu fassen, Dazu wird die „Porsche-Diesel-Renault-Schlepper-Vertriebsgesellschaft" in Friedrichshafen gegründet. Die Geschäftstätigkeit besteht neben dem Traktorenverkauf in der Ersatzteilversorgung der vom Markt verschwundenen Marken Porsche-Diesel, MAN und Normag.
Renault hofft, über diese Schiene Händler für einen stärkeren Marktauftritt in Deutschland zu gewinnen. Das Ergebnis ist abermals enttäuschend. Nur zweimal, nämlich 1965 mit 2,96 % und 1978 mit 3,34 %, werden nennenswerte Anteile an den Traktorzulassungen erreicht.

1967
Gründet man deshalb die Renault-Traktoren und Maschinen GmbH, aber erst 1971 kann Renault den Verkauf des 10 000sten Traktors in Deutschland melden.
Mit der *Tracto-Control* wird ein Unterlenker-Hydraulik-Regelsystem eingeführt, das den bekannten Oberlenker-Regelungen überlegen ist.

1974
kommt Renault mit der *Blocmatic* auf den Markt, einem automatischen Selbstsperrdifferenzial der angetriebenen Vorderachse.

1976
beginnt eine Zusammenarbeit mit der angeschlagenen Firma Rivierre Casalis, die zwei Jahre später in einer Übernahme endet. 1987 verkauft Renault dieses wenig erfolgreiche Engagement im Landmaschinenbereich komplett an Vicon, damals schon zu Greenland gehörend.

Modell GP, 40 PS, 1918.

Modell 3042, 30 PS, 1949.

Modell D 22, 22 PS 1956.

1983
kann mit der Einführung von Ecocontrol der jeweils dem Einsatz entsprechende wirtschaftlichste Kraftstoffverbrauch ermittelt werden. Diese Messeinrichtung ist die Vorstufe zu dem zwei Jahre später eingeführten Bordcomputer *A.C.E.T.*

1984
verhandelt die staatliche Renault auf Wunsch der französischen Regierung mit der damals in großen Schwierigkeiten befindlichen IHC um eine Übernahme der französischen IH-Werke. Die Übernahme kommt jedoch nicht zustande. Statt dessen sollen auf einer kleineren Basis Zulieferteile gemeinsam eingekauft werden.

Renault-Traktor mit Feldhäcksler und in der Zuckerrübenernte mit mehrphasigem System.

1984

Auf dem Sektor Rasentraktoren wird eine Zusammenarbeit mit dem japanischen Hersteller Mitsubishi beschlossen. Diese endet jedoch schon wieder im Oktober 1986, nachdem man nur 632 Einheiten unter Renault-Emblem verkaufen konnte.

1985

wird mit der Gründung der Renault Agriculture S.A. der Landtechnikzweig des Renault-Konzerns verselbstständigt und mit einem Aktienkapital von 450 Mio. FF ausgestattet. Geschäftsgrundlage sind Entwicklung, Produktion und Vertrieb von Landwirtschafts- und Industrietraktoren im Werk Le Mans. Die Produktpalette wird in Frankreich über 121 unabhängige Händler und 29 eigene Niederlassungen mit 2 500 Renault-Vertretern verkauft. Der Exportanteil beträgt 35 %. Es ist aber kein Geheimnis, dass nach einem Kooperationspartner gesucht wird. Die italienische Firma Agritalia Spa (zur Group Carraro gehörend) ergänzt das Renault-Traktorangebot durch zwei Kleintraktoren.

1986

Der deutsche Motorenhersteller MWM hat seit 1954 weit über 350 000 Motoren an Renault geliefert.

1987

wird die *TZ*-Kabine, die auf hydraulischen Federn gelagert ist, eingeführt. Sie bietet für den Fahrer durch ihre Vollfederung in Verbindung mit der Geräuschdämmung einen sehr hohen Komfort.

1988

erreicht Renault Agriculture einen Umsatz von gut 700 Mio. DM. Der Gewinn beläuft sich auf rund 30 Mio. DM.
In den drei vorangegangenen Jahren war ein Verlust von insgesamt 90 Mio. DM aufgelaufen. Daher hatte man die Belegschaft von 3 800 auf 2 000 Mitarbeiter abgebaut.
Mit 6 300 in Frankreich verkauften Traktoren bleibt Renault dank seiner Vertriebsaktivitäten für internationale Landmaschinenhersteller „begehrenswert".
Im Export erweist sich Renault mit 2 270 verkauften Traktoren als wenig wettbewerbsfähig.

1990

schafft Renault Agriculture den Durchbruch. Der Gewinn erhöht sich auf 41 Mio. DM bei einem Umsatz von 660 Mio. DM. Auch der erste Platz in der nationalen Zulassung wird wieder erreicht. Durch die Verluste in den Anlaufjahren nach der Verselbstständigung ist das Aktienkapital bis auf 300 Mio. FF geschmolzen.
Das Unternehmen steht jedoch besser da als jemals zuvor, weshalb man bei Renault auch nicht mehr an eine Fusion, sondern eher an strategische Allianzen mit attraktiven Partnern denkt.
Die Mitarbeiterzahl beträgt nur noch 1 800 Personen. Die Zahl der verkauften Traktoren beläuft sich auf 9 200, wovon etwa

1 000 Einheiten aus der Fertigung der italienischen Carraro Spa. bei Padua stammen. Renault baut vorübergehend auch Steyr-Powershift-Getriebe ein. Von diesen Traktoren werden wegen der Konkurrenzsituation jedoch nur 169 verkauft. Später werden diese durch Same-SLH-Multishift-Getriebe ersetzt, bis schließlich die Getriebe der Gima zum Einbau kommen.

1992

steigert Renault seinen Marktanteil in Frankreich auf 17,2 % (Vorjahr: 16,4 %). Der Umsatz beträgt 2,3 Mrd. FF bei einem Gewinn von 22 Mio. FF bei gleichzeitigen Investitionen in Höhe von 160 Mio. FF.

1993

wird – trotz des sich auf dem Tiefpunkt befindlichen weltweiten Markt – ein Umsatz von 2,2 Mrd. FF mit einem Gewinn von 18 Mio. FF erreicht. Ein gutes Ergebnis, wenn man bedenkt, dass Renault 66 % seiner Produktion auf dem französischen Markt verkauft, der in den vergangenen drei Jahren um 38 % geschrumpft ist.

1994

bringt Renault das *Tractronic*-Getriebe auf den Markt. Es handelt sich um ein Dreifach-Lastschaltgetriebe mit automatischer Wendeschaltung.

Renault schließt zwei wichtige Verträge ab: Den ersten Vertrag mit Massey Ferguson. Ein Industrieabkommen über die Gründung der Gima (Groupment International de Mecanisation Agricole), einem internationalen Verbund, dessen Aufgabe es ist, Entwicklung und Erprobung von Getrieben sowie gemeinsamen Einkauf durchzuführen. Der zweite Vertrag betrifft ein Handelsabkommen mit John Deere, wonach John Deere die komplette *Ceres*-Baureihe mit einer Leistung von 54 bis 83 PS als John-Deere-*Reihe 3000* über die eigene Organisation vermarktet. Sie ergänzt die John-Deere-*6000er-Reihe* nach unten. Im Gegenzug rüstet Renault alle *Ceres*-Modelle mit John-Deere-Motoren aus anstatt der bisherigen MWM-Motoren aus Deutschland.

Der Entwicklungsplan von Renault sieht vor, dass bis zum Jahr 2001 die Erneuerung der gesamten Produktlinie mit Traktoren von 50 bis 250 PS durchgeführt wird. Außerdem soll der Ersatzteilbereich weiterentwickelt und modernisiert sowie das Händler-Servicenetz durch Schaffung neuer und Verbesserung der bestehenden Niederlassungen ausgebaut werden. Dieses Programm zielt vor allem auf die großstrukturierten Regionen in Frankreich, Deutschland, Benelux und Großbritannien.

Hierfür werden Investitionen von insgesamt 97 Mio. DM bereitgestellt. Davon gehen 43 Mio. DM an die Gima (MF zahlt dorthin ebenso viel), der Rest von 54 Mio. DM steht zur Erneuerung der Produkte und Modernisierung der eigenen Produktion zur Verfügung.

links:
Kleintraktor mit Zwischenachs-Sichelmäher.

rechts:
Renault 160-94 mit Multishift-Getriebe.

Renault-Baggerlader.

Für die Entwicklung und den Ausbau des Händler- und Sevicenetzes ist eine Investitionssumme von 60 Mio. DM geplant.
Renault Agriculture verfügt über Produktionsstätten in Le Mans, Velizy, Beauvais und Rovigo in Italien. Das Produktionsvolumen liegt bei 5 300 Traktoren, der Personalstand beträgt 1 600, davon 715 in den Verkaufsniederlassungen. Der Exportanteil liegt bei 35 %, die Lieferungen erfolgen in 18 Länder. In Europa verfügt Renault über 14 Importeure sowie Filialen in Deutschland, Großbritannien und den Niederlanden. In Frankreich verfügt Renault über 100 Händler, 21 Renault-Agriculture-Zentren und drei Zentren für Gebrauchttraktoren. In Deutschland gibt es 85 Händler, davon 50 Exklusiv-Händler.
Der Gesamtumsatz erreicht 2,5 Mrd. FF.

1995

stellt Renault eine verbesserte *Ceres*-Reihe vor. Sie sind alle mit John-Deere-Motoren und einer vergrößerten Kabine ausgestattet. Die größeren Modelle haben das neue *Tractronic*-Getriebe mit automatischer Wendeschaltung.

Nach zwei Jahren Abstinenz – nachdem der österreichische Importeur Sturm KG Vergleich anmelden musste – gelingt der Wiedereinstieg in den österreichischen Markt. Die 16 noch verbliebenen Händler werden ab jetzt von der deutschen Niederlassung betreut.
Renault Agriculture schließt mit der britischen JCB Bamford (nach eigenen Angaben weltweit Marktführer bei Teleskopladern) einen Handelsvertrag ab. Er erlaubt der Renault, alle Produkte der JCB-Landpower exklusiv in 74 französischen Departements zu verkaufen. Dazu gehören auch die JCB-Fastrac, Knick- und Radlader.
Renault hat bis zum Jahresende 8 000 Traktoren hergestellt.

1996

geht Renault auch in Deutschland in die Offensive. Dem Beispiel in Frankreich folgend, plant Renault nach der Übernahme der Firma Pius Degenhart GmbH & Co. KG, Memmingen, Aufkäufe weiterer Landmaschinen-Fachbetriebe.
Diese sollen zu Renault-Stützpunkten ausgebaut werden, aber zusätzlich den Vertrieb ihrer anderen Landmaschinenfabrikate behalten.
Renault kann seinen Umsatz um 22,1 % steigern. Diese Ausweitung ergibt sich in erster Linie aus den Umsätzen mit John Deere, deren *3000er*-Reihe ja von der *Ceres*-Baureihe stammt. Die Gewinne ziehen stark (um 52 % gegenüber 1994) an.
Renault hat von 1916 bis 1996 über 700 000 Traktoren hergestellt.

Aufsattelkipper im Baueinsatz.

Die Trakoren Cergos und Ares.

1997

stellt Renault die sechs neuen Modelle der *Ares*-Reihe vor. Diese Traktoren der Oberklasse haben Motoren von 100 bis 165 PS, neue Getriebe mit zwei- oder vierfachen Lastschaltstufen, elektronischer Hubwerksregelung und Bordelektronik.

Der Renault-Konzern kann in diesem Jahr erstmalig die 200-Mrd. FF-Umsatz-Schwelle überschreiten. Davon entfallen auf die Traktorensparte Renault Agriculture 3,3 Mrd. FF.

Renault Agriculture verkauft jetzt in Frankreich über 22 eigene Verkaufszentren. Ein Beispiel: Das CRA (Centre Renault Agriculture) Noyal-sur-Vilaine tätigt einen Umsatz von 54 Mio. DM, hat 75 Mitarbeiter und bedient 12 000 landwirtschaftliche Betriebe mit zusammen 540 000 ha. Dieses CRA verkauft exklusiv Renault, Claas, Kuhn, JCB und Ransomes. Noyal hat noch zwei Filialen im Norden und eine im Süden des Departements sowie private Händler in der Region Bretagne. Andere CRA führen dazu noch die Marken Lely, Lemken, Rabe, Kverneland und weitere französische Fabrikate.

1998

begeht das Unternehmen sein 80-jähriges Jubiläum. In den vorangegangenen fünf Jahren ist die gesamte Modellpalette vollständig erneuert worden und umfasst jetzt Traktoren bis 185 PS. Nun plant man den Vorstoß in noch höhere Leistungsbereiche bis 250 PS.

Neues gibt es auch in dem Bereich der Traktoren für den Wein- und Obstbau. Die Modelle *Dionis*, *Fructus* und *Pales* gibt es jeweils in vier Typen zwischen 52 und 76 PS.

Renault liefert die ersten von 600 Traktoren der *Ceres*-Reihe nach Simbabwe. Neben diesen Traktoren werden auch 300 Kuhn-Nodet pneumatische Sämaschinen sowie weitere Landmaschinen aus französischer Produktion geliefert.

Renault stellt nun die seit 1987 eingeführte gefederte Kabine in der zweiten Generation der *Ares*-Baureihe vor. Die patentierte hydrostable RZ-Federung mit vier einzeln aufgehängten Öldruckstoßdämpfern sowie Längs- und Querlenkern nutzt Erfahrungen aus dem LKW-Bau und verringert die Schwingungsbelastung laut DLG-Test um bis zu 35 % gegenüber konventionellen Kabinen.

Schnitt durch den Ares.

Das Jubiläumsjahr schließt mit einem Rekordgewinn von 65,7 Mio. FF, bei einer um 15 % erhöhten Jahresproduktion von 9 600 Traktoren. 6 400 Traktoren gehen in den französischen Markt.
Renault setzt das für einen Zeitraum von fünf Jahren vorgesehene Investitionsprogramm von umgerechnet 417 Mio. DM fort.

1999
erfolgt die Vorpremiere der neuen Großtraktoren der Baureihe *Atles*. Die Motorleistung mit 240 PS Nennleistung und 260 PS Maximalleistung ist bemerkenswert. Ebenso ein Full-Powershift-Getriebe mit 18/8 Gängen. Der Serienbeginn ist ein Jahr später.
Renault Agriculture und die indische Firma International Tractors Ltd. (ITL) mit Sitz in Hoshiapur schließen einen Kooperationsvertrag. Danach erhält Renault eine 20 %ige Beteiligung an ITL, in Verbindung mit einer Fertigungslizenz für die *Ceres*-Traktoren. Zusätzlich wird die Gründung einer Vertriebsfirma vereinbart, an der Renault mit 60 % und ITL mit 40 % beteiligt ist.
ITL wurde vom Familienkonzern Mital gegründet. ITL baut Traktoren von 40 bis 55 PS unter der Marke Sonalika. Der indische Markt erreicht zu dieser Zeit 260 200 Traktoren. ITL produziert mit 1 000 Mitarbeitern 12 000 Traktoren bei einem Umsatz von umgerechnet 90 Mio. DM.
Gleiches gilt für eine zweite in Planung befindliche Firma, die den Vertrieb der Traktoren und anderer Maschinen der Marken Renault und Sonalika außerhalb Europas übernehmen soll.
Die *Ares-500er*-Reihe wird erweitert durch die Modelle 540 (85 PS) und 550 (95 PS). Starke, abgasarme 4-Zylinder Motoren mit Turbolader, 16/16-Wendegetriebe mit vollhydraulischer Wendeschaltung, zweistufige oder vierstufige Lastschaltung *Quadrishift* sind lieferbar.

2000
stellt Renault ein automatisches Steuersystem für Traktoren vor, das gemeinsam mit zwei Instituten und einer Universität entwickelt wurde, über GPS funktioniert und ab 2003 eingeführt werden soll. Daneben folgt der Serienanlauf der Spitzenmodelle der *Atles*-Baureihe mit zunächst drei Typen mit Maximal-Leistungen von 205 PS beim *915*, mit 240 PS beim *925* und mit 260 PS beim *935* der 6-Zylinder-Turbomotoren.
Hinzu kommt die *Temis*-Baureihe, eine Weiterentwicklung der über 35 000-mal verkauften und bekannten *T-Reihe* im neuen Design. Die vier Modelle mit einem Leistungsbereich von 102 bis 154 PS verfügen über 4- und 6-Zylinder-Motoren.
Die *Ares*-Modelle 725/735 und 815/825 können mit der Vorderachsfederung Proactiv mit Einzelradaufhängung ausgestattet werden. Das *Load-Sensing*-Hydrauliksystem gibt es jetzt in der gesamten *Ares*-Baureihe.
Bei mehrmals gesteigertem Umsatz erzielt das Unternehmen einen operativen Gewinn von 110 Mio. FF und eine Produktion von 10 500 Traktoren.
Die Investitionen im laufenden Jahr und in 2001 belaufen sich auf 570 Mio. FF.
Der Aufbau weiterer Renault-Centren (CRA) ist in England und Deutschland geplant.
Renault ist nicht nur die Nr. 1 in der Herstellung und im Vertrieb von Traktoren in

Der derzeit stärkste Renault: Atles mit 250 PS.

Frankreich, dem größten europäischen Markt, sondern auch die Nr. 1 im Vertrieb landwirtschaftlicher Maschinen weltweit. Damit verfügt Renault über wertvolle Erfahrung aus 80 Jahren breit angelegten Studien über die Bedürfnisse in der Landwirtschaft sowie über die Möglichkeiten, neue Konzepte im Hinblick auf Komfort und Kundenzufriedenheit zu entwickeln. Renault produziert seine Traktoren an drei Standorten:

– *Le Mans, Frankreich* (Industrie- und Ackertraktoren). 20 ha, davon 7,5 ha unter Dach.
– *Beauvais, Frankreich* (eine gemeinsame Getriebe-Entwicklungs- und Produktionsstätte, GIMA, mit einer 50:50-Beteiligung mit Massey Ferguson).
– *Rovigo, Italien* (eine 16,66%ige Beteiligung an Agritalia (Hersteller der Obst- und Weinbautraktoren (Group Carraro).

2001

ist Halbzeit der seit 1998 laufenden Investitionsoffensive. Im Zeitraum von 1998 bis 2003 investiert Renault jährlich 20 Mio. FF in die Modernisierung des Werkes in Le Mans. Damit gelingt eine Senkung der Produktionskosten um 11 %. Bis 2004 sollen sie um weitere 10 % sinken.
Das Traktorenangebot reicht von 56 bis 260 PS mit insgesamt 52 Modellen und 270 Ausrüstungsvarianten. Dazu vier Getriebe, wie Synchron, Twin-Shift, Revershift und Full-Powershift für die oberste Klasse *Ares* und *Atles*.
Für drei Innovationen erhält Renault auf der SIMA Auszeichnungen: Eine Goldmedaille für den *Electropilot* (eine Universalsteuerung mit Joystick und Terminalüberwachung), eine Silbermedaille für den *Tractostat* (eine automatische Führung des Traktors über GPS) sowie eine weitere Auszeichnung für das Leistungs- und Komfort-Konzept mit acht unabhängigen Federungssystemen, davon vier an der Kabine, eine am Fahrersitz, zwei an der gefederten Proaktiv-Vorderachse und eine am Kraftheber.
In Deutschland und Österreich hat Renault jetzt 80 Vertriebspartner, die jährlich etwa 500 Traktoren absetzen.

2002

Die seit 1996 bestehende Werksniederlassung in Memmingen – ein RCA – wird geschlossen. Die betreuten Händler werden nunmehr direkt beliefert.
Im Juni stellt Renault die neue Generation der *Ares*-Modellreihe vor: Die *Serie 500* mit 92, 104 und 111 PS; die *Serie 600* mit 114, 126, 136 und 147 PS; die *Serie 800* mit 156, 179 und 205 PS. Alle Modelle können auf Wunsch mit verschiedenen Getriebe-Varianten ausgerüstet werden: *Twinshift* (ein hydraulischer Verdoppler der Gangzahl), *Quadrishift II* (Vierfachlastschaltstufe), *Quadractiv* (automatische Vierfachlastschaltstufe) und die großen *800er* zusätzlich mit *Full-Powershift*-Getriebe.

Umsätze und Zahl der Beschäftigten von Renault Agriculture 1994 bis 2001

	1994	*1995*	*1996*	*1997*	*1998*	*1999*	*2000*	*2001*
Gesamtumsatz	2.547	3.116	3.211	3.318	3.318	3.698	3.981	544,4
Nettogewinn		21,9	8,7	6,2	35,0	41,4	16,4	
Beschäftigte				1.796	1.830	1.946	1.984	2.088
Traktoren-Produktion (Stück)			7.570	8.353	9.644	10.545	10.210	7.700

Werte in Mio. FF, ab 2001 in Mio. €.

Rivierre Casalis

Rivierre Casalis
Orléans (F)

Die Pressen von Orléans

Spezialist für Hochdruckpressen, Feldhäcksler und Körnermaisernter – Heute nur noch Produktionsstandort von Kverneland

Bei der Körnermaisernte: oben der CM 8, unten der CMA

1886
wird dieses Unternehmen von Rixi Desiree Rivierre gegründet.

1949
beginnt Rivierre Casalis mit der Entwicklung von Hochdruckpressen nach dem Schwingkolbensystem. Diese Pressen sind sehr robust, sodass die Firma bald zum größten Pressenhersteller in Frankreich wird.
Als zweites Standbein hat man Maschinen für die Körnermaisernte in das Programm aufgenommen, die zu Beginn denen aus den USA sehr ähnlich waren.

1962
kommen die ersten Rivierre-Casalis-Maschinen auch nach Deutschland, denn die Maschinenfabrik Fahr AG hat den Generalvertrieb übernommen.

1965
wird die Produktion der Schwingkolbenpressen aufgegeben und dafür Hochdruckkolbenpressen eingeführt. Zusätzlich werden auch Niederdruckpressen entwickelt und hergestellt.

Hochdruckpresse für Traktoren ab 35 PS.

Für die Körnermaisernte sind Maispflücker, Pflückrebler sowie Maisvorsätze für Mähdrescher im Angebot.
Das zur Rivierre Casalis gehörende Unternehmen Omnium bietet darüber hinaus eine breite Palette von Einrichtungen zur Körnertrocknung und -förderung an.

1970
sind auch gezogene und Anbau-Feldhäcksler im Lieferprogramm sowie ein selbstfahrender Körnermaisernter.

1976
kommt es zu einer Zusammenarbeit mit dem Traktorenhersteller Renault. Rivierre Casalis beschäftigt zu diesem Zeitpunkt 900 Personen, verkauft in Frankreich über 300 Stützpunkte und verfügt über drei Niederlassungen in Toulouse (Frankreich), Kehl (Deutschland) sowie Verona (Italien). Der Export erfolgt in 40 Länder.

1978
wird das Unternehmen vollständig von Renault Agriculture übernommen und in die Vertriebsorganisation eingegliedert.

1987
erfolgt die Übernahme der Rivierre-Casalis-Aktivitäten durch Vicon und damit eine Eingliederung in die Greenland-Gruppe. Zum Zeitpunkt der Übernahme liegt die Jahresproduktion bei etwa 7 000 Maschineneinheiten.

1988
erfolgt die Greenland-Übernahme durch Kverneland. Die Rivierre-Casalis-Fabrik bleibt Standort der Kverneland-Pressenproduktion.

Weitere Entwicklung siehe Kverneland.

Ladewagen in Ganzmetall mit Dosierwalze.

Same Deutz-Fahr

Same Deutz-Fahr Group S.p.A.
Treviglio (I)

Italienischer David schluckt deutschen Goliath

Technologisch immer Visionär: Vom Dieselmotor über Allradantrieb zum elektronischen Getriebemanagement und der Galileo-Kabine

Der erster Cassani-Traktor.

1924
kann der junge Ingenieur Francesco Cassani den ersten mit einem Dieselmotor angetriebenen Traktor der Welt vorstellen. Auch der Dieselmotor dieses Traktors *Cassani 45*, mit 2 Zylindern stammt von Cassani. Er hat jedoch große Schwierigkeiten, eine Firma für die Serienfertigung zu finden.
Aber angesichts der positiven Marktentwicklung in Italien, wo ab 1924 der Traktorenbestand steil ansteigt (von 5 840 im Jahr 1924 auf 18 184 vier Jahre später), macht Francesco Cassani weiter.

Der Cassani-Traktor, 1953

1928
Cassani bringt einen ersten Allradtraktor heraus und entschließt sich, das Produktionsabenteuer erneut aufzunehmen.

1942
gründen die Gebrüder Francesco und Eugenio Cassani die Verbrennungsmotorenfabrik Same, Societa Accomandita Motori Endotermici in Treviglio.
Aber trotz der großen Pläne ist der Traktorenbau zunächst aus mehreren Gründen – auch finanziellen – wenig erfolgreich.

1948
kommt der erste Traktor als dreirädrige Motor-Mähmaschine mit einem luftgekühlten, 10-PS leistenden, 1-Zylinder-Petrolmotor auf den Markt. Der Motor kann rasch abgebaut und als Kraftquelle für andere Geräte genutzt werden. Kurz danach wird der Traktor *4 R/20* präsentiert. Ein sehr erfolgreiches Modell mit vier Rädern und einem 20-PS-Motor.
Dieses Jahr kann als der eigentliche Beginn der Traktorenfertigung bei Same angesehen werden.

1952
werden bereits 1 750 Traktoren gebaut, nach-

oben links:
Same Rubin 150 mit 6-Zylinder-6-l-150-PS-Motor.

oben rechts:
Ein Lamborghini aus der Champion-Baureihe mit 200 PS.

dem in zwei Jahren zuvor nur 180 Maschinen gefertigt worden waren.

1955
laufen mehr als 3 500 Traktoren vom Band.

1956
liefert Same aus seinem neu errichteten Werk in Treviglio Traktoren für die Landwirtschaft, die in ihrer Konzeption sehr modern sind. Der erste Same-Allradtraktor mit Mittelantrieb läuft vom Band, damals eine Pionierleistung.

1961
werden die von Same 1958 entwickelten und bis dato auswärts gebauten Hydraulikanlagen in das Werk Treviglio übernommen. Same nennt sie „Automatische Controllstation", ein Dreipunkt-Kraftheber mit moderner Unterlenker-Regelung.
Das *Samecar* wird vorgestellt. Es ist ein gefedertes Motorgerät, 40 km/h schnell, mit Dreipunktkupplung und 1,5-t-Ladepritsche hinter dem Fahrer – wie beim *Unimog*. Das *Samecar* wird vom Markt aber nur zögernd genommen.

1965
wird – nach vier Jahren der Stagnation – die Schwelle von 6 000 verkauften Traktoren überschritten. Denn zwischenzeitlich ist die Expansion über den Export nach den Niederlanden, Belgien, Schweiz, Großbritannien, Spanien, Griechenland und Portugal weit fortgeschritten.

1969
erfolgt die Umwandlung der Firma in eine Aktiengesellschaft, um die laufend ansteigende Produktion besser finanzieren zu können.

1970
erreicht die Produktion erstmals 13 000 Traktoren.

1972
kauft Same von der Gepi (eine italienische Staatsholding) die Traktorenfirma Lamborghini und gliedert sie in den Konzern ein.
Lamborghini war 1948 von dem Ingenieur Ferruccio Lamborghini, einem italienischen Sportwagenkonstrukteur, gegründet worden. Auch er beschäftigte sich mit der Technisierung der Landwirtschaft und baute für damalige Verhältnisse sehr moderne Traktoren, wahlweise mit 2- oder 4-Rad-Antrieb. Beachtenswert ist auch, dass die wesentlichen Komponenten wie Motoren, Getriebe sowie die Allradachsen aus eigener Fertigung in Cento stammen.
Lamborghini bietet daneben ein Spezialfahrzeug mit einer vor dem Fahrer befindlichen Ladefläche an. In den späten 60er Jahren trennt sich der Firmengründer Ferruccio Lamborghini von der Firma „Automobili F. Lamborghini S.p.A." und konzentriert sich auf die Traktorenfertigung, die jedoch 1970 von der Gepi übernommen wurde.
Unter Führung von Same und durch entsprechende Fertigungsorganisation kann die Pro-

Same 240
im Einsatz im Reisfeld

Same-Traktoren-Absatz	
1948	*33*
bis 1952	*1.013*
bis 1957	*10.000*
bis 1960	*20.648*
bis 1965	*53.156*
bis 1970	*107.093*
bis 1976	*197.465*
bis 1977	*213.258*
bis 1979	*252.640*

duktion im Lamborghini-Werk Pieve di Cento (bei Bologna) auf über 2 000 Traktoren gesteigert werden und erreicht in den nachfolgenden Jahren mehr als 8 000 Einheiten bis in die 80er Jahre.

1973
rüstet Same seine größeren Traktoren erstmals mit einer Rückfahreinrichtung aus. Die Idee hierzu hatte Francesco Cassani schon 1948.

1977
übernimmt Same den Schweizer Traktorenbauer Hürlimann und gliedert ihn nach und nach in die Same-Gruppe ein.

1981
produziert die Same-Gruppe erstmals 27 000 Traktoren.

1984/85
macht die Same-Gruppe (S-L-H) mit den Marken Same, Lamborghini und Hürlimann erhebliche Verluste. Das Unternehmen hat 1984 Verbindlichkeiten von 23 Mrd. Lire, die 1985 auf 238 Mrd. Lire anwachsen. Immer noch beschäftigt das Unternehmen über 4 000 Mitarbeiter.
Eine Reorganisation der Gruppe, in deren Mittelpunkt die gründliche Rationalisierung und Modernisierung der Fertigung steht, verbunden mit der konsequenten Entwicklung neuer, technisch fortschrittlicher Produkte auf hohem Qualitätsniveau, wirken so nachhaltig, dass

1987
der Umsatz wieder auf 947 Mrd. Lire gesteigert werden kann. Die Beschäftigtenzahl geht auf 1 900 zurück, und die Gesamtverschuldung der Gruppe liegt jetzt nur noch bei 21 Mrd. Lire. Der Nettogewinn beläuft sich auf 20 Mrd. Lire.
Bei einem Exportanteil von 55 % wird ein Marktanteil von 8 % in Europa erreicht. Gleichzeitig ist die Gründung einer Vertriebsgesellschaft in Portugal sowie die Einführung der Marke Lamborghini in Spanien in Planung.

1988
erreicht der Traktorenabsatz 19 100 Stück. Der Gewinn nach Steuern beträgt jetzt umgerechnet 51 Mio. DM, sodass neben dem vollständigen Schuldenabbau eine Barreserve von 32 Mio. DM gebildet werden kann.
Die *Explorer-II-* bzw. *Grand-Prix*-Modelle werden mit einem technischen Innovationspaket ausgestattet, so beispielsweise mit dem Synchro-Power-Wendegetriebe mit 40 Vor- und Rückwärtsgängen, alle per Knopfdruck unter Last schaltbar, eine Economy-Zapfwelle, die ihre Nenndrehzahl bei 25 % geringerer Motordrehzahl erreicht, einem integrierten Fronthydraulik-Zapfwellensystem (um nur einige Punkte daraus anzusprechen) sowie die elektrohydraulische Zuschaltung des Allradantriebes mit Knopfdruck-Bedienung.

1989
liegt die Same-Gruppe weiter auf Erfolgskurs mit Zuwächsen in allen Sparten.
In Italien werden 43 % der Umsätze getätigt, 52 % im europäischen Ausland. Der außereuropäische Umsatz liegt noch bei bescheidenen 5 %. Technische Innovationen sind die Ausstattung bestimmter Traktormodelle mit elektronischer Antriebssteuerung, Motorregelung und einem elektronischen Gaspedal sowie ein Jahr später die Einführung der elektronischen Lageregelung der Fronthydraulik.

1991
beteiligt sich die Same-Gruppe an der italienisch-polnischen Tochtergesellschaft Sipma SA. Die Same-Gruppe kontrolliert hier zusammen mit anderen italienischen Partnern

(Ruggerini S.p.A., Regio Emilia; Barbieri S.p.A., Vicenca; Omas S.p.A., Pontevico) 55 % des Gesamtkapitals. Die übrigen 46 % liegen bei den beiden polnischen Unternehmen Agromet SA (Kardanwellen) und F.S.SA (Kraftfahrzeuge und Fahrzeugteile) sowie einer Reihe landwirtschaftlicher Genossenschaften. Die Sipma beschäftigt rund 1 200 Mitarbeiter.

1992
engagiert sich die Same-Gruppe an der Klöckner-Humboldt-Deutz AG (KHD) mit einer Beteiligung von 8,3 % am Kapital der KHD Agrartechnik GmbH. Same liefert wesentliche Komponenten, wie das elektronische Power-Shift-Getriebe und die Allradachsen für die beiden größten Deutz-Fahr-Traktoren mit 165 PS und 190 PS. Die Traktoren waren erstmals auf der Agritechnica '91 vorgestellt worden.
Die Same-Gruppe (1 700 Mitarbeiter) verkauft über 16 000 Traktoren und KHD (2 000 Mitarbeiter) 12 900 Traktoren.
Daneben engagiert sich Same bereits seit 1991 über die polnische Tochtergesellschaft „Four Wheel Drive Tractors" sowie durch Produktionsabkommen in der damaligen CSFR verstärkt auf den osteuropäischen Märkten.

1993
will die S-L-H-Gruppe zu einem „Global Player" im internationalen Traktorenmarkt aufsteigen. Man liegt im Wettbewerb mit dem US-Landmaschinenkonzern Agco um die Übernahme von Massey Ferguson aus dem Varity-Konzern. Der Preis, der dafür gefordert (und von Agco auch gezahlt) wird, ist nach Ansicht von Same zu hoch.
Die Same-Gruppe kann durch eine weitere kostenaufwendige Umstrukturierungsphase einen Gesamtumsatz von umgerechnet 518 Mio. DM erzielen und mit einem Gewinn von 13,0 Mio. DM die im vorangegangenen Jahr entstandenen Verluste ausgleichen. Dabei sinkt abermals die Beschäftigtenzahl – auf 1 150 Mitarbeiter.
An dem geschäftlichen Erfolg wesentlich beteiligt sind technische Innovationen, wie das elektronische Power-Shift-Getriebe, das neben KHD auch an Renault geliefert wird sowie die Belieferung anderer Hersteller mit kompletten Traktoren in deren Hausfarben, z. B. Agco-Allis und Agco-White, und die Entwicklung der Kompakttraktoren von 25 bis 40 PS.

Hürlimann 1200/1350/1500 mit 120 bis 150 PS.

1995
übernimmt die Same-Gruppe das gesamte Landtechnikgeschäft der Klöckner-Humboldt-Deutz AG in Köln. Dazu gehören die KHD-Agrartechnik GmbH in Köln (Traktoren) und die Deutz-Fahr Erntesysteme GmbH in Lauingen (Mähdrescher, selbstfahrende Erntemaschinen). Beide Standorte sowie Management und Mitarbeiter werden übernommen.
Das Geschäft soll unter der Marke Deutz-Fahr gemäß Vertrag zunächst für zehn Jahre weitergeführt werden.
Damit entsteht eine neue starke Gruppierung in Europa. Die Traktorenproduktion erreicht insgesamt 27 800 Einheiten, davon in Treviglio 18 200, in Köln 6 300 und in Lublin/Polen 3 200 Kleintraktoren, hinzu kommen noch 882 selbstfahrende Erntemaschinen aus Lauingen, vorwiegend Mähdrescher.
Der Kauf erfolgt zum Buchwert von 159 Mio. DM, zusätzlich übernimmt Same Verbindlichkeiten und auch Verträge mit Steyr und ZF über neue Getriebe.
Trotz der durch die Übernahme angefallenen Aufwendungen hat sich der Nettogewinn von Same auf 51 Mrd. Lire fast verdoppelt, obwohl davon noch laufende Verluste von Deutz-Fahr

Lamborghini Sprint mit 60- oder 70 PS.

in Höhe von 25 Mrd. Lire (24 Mio. DM) abzudecken waren.
Die Gruppe setzt auf den Hauptmarkt Europa, wo im südlichen Teil Same und Lamborghini dominieren und im nördlichen Teil Deutz-Fahr für eine noch stärkere Präsenz sorgen soll.
In Osteuropa setzt man auf das Werk Lublin, wo neben den kleinen auch Traktoren mittlerer Leistung produziert werden sollen.
Aber auch andere starke Märkte will das Unternehmen bedienen.
So schließt Same mit dem indischen Motoren- und Getriebehersteller Graeves Ltd. ein Lizenzabkommen über Traktoren für den indischen Markt sowie eine Joint Venture-Vereinbarung über die Herstellung von Motoren.

1996
wird die Firmenbezeichnung (S-L-H) in Same Deutz-Fahr Group S.p.A. Treviglio/Italien geändert.
Die sehr kostenintensive Traktorenfertigung aus den gemieteten Anlagen in Köln wird in nur vier Monaten in die eigenen Werksanlagen nach Lauingen verlagert. Der Marktanteil der Gruppe in Europa für die ersten neun Monate beträgt 14 % und in Deutschland 13 %.
Die Gesamtverschuldung, die zum Juni 1995 durch die Übernahme von Deutz-Fahr bei rund 300 Mio. DM gelegen hat, ist bis Ende September bereits auf 174 Mio. DM zurückgeführt.
Die neue Gruppe verfügt nunmehr über Produktionsstätten in Italien (Treviglio/Traktoren) Deutschland (Lauingen/Traktoren und selbstfahrende Landmaschinen), Polen (Lublin/kleine und mittlere Traktoren) und demnächst in Indien (Traktoren von 50 bis 70 PS). Vertriebsgesellschaften für die S-L-H-Marken gibt es in Frankreich, Deutschland, Großbritannien, Schweiz, Spanien und Portugal.
Deutz-Fahr hat Tochtergesellschaften in Skandinavien, Frankreich, Italien und Spanien mit 572 Vertragshändlern einschließlich Deutschland.
Darüber hinaus verfügt die gesamte Gruppe weltweit zusätzlich noch über mehr als 1 400 Importeure und Stützpunkte.
Die Produktpalette der einzelnen Marken besteht aus:
- Same-Traktoren von 35 bis 244 PS
- Lamborghini-Traktoren von 35 bis 244 PS
- Hürlimann-Traktoren von 50 bis 263 PS
- Deutz-Fahr-Traktoren von 46 bis 230 PS
- Mähdreschern, selbstfahrenden Pressen, Feldhäckslern und Futtererntern.

Die drei größten Traktoren sind in wesentlichen Teilen schon einheitlich aufgebaut.
Das größte Modell mit 230/260 PS kommt aus den USA von Agco, die Traktoren mit 165/190 PS von Same.
Same stellt die neue *Silver*-Traktorenreihe vor. Es sind drei Vierzylinder-Modelle mit 80, 90 und 100 PS sowie ein Sechszylinder-Modell mit 100 PS und elektronischem Motorenmanagement.
Zur Jahresmitte übergibt die Tochtergesellschaft Deutz-Fahr-Agrartechnik GmbH den im Auftrag von CMT (Complex Moteur Tracteur, Algerien) entwickelten Prototyp *CX 100.*
Er soll in Algerien mit jährlich 1 000 Einheiten hergestellt werden. Der allradangetriebene *CX 100* besitzt einen luftgekühlten Deutz-Motor *F6L 912*, der in leicht veränderter Form bereits als LKW-Motor hergestellt wird. Die Lizenzrechte für den *CX 100* sind Bestandteil des 49 Mio. DM umfassenden Vertrages zwischen Deutz-Fahr und CMT vom letzten Jahr. Der Vertrag beinhaltet die Vergabe von Lizenzen für die Traktoren *DX 3.70* und *DX 3.90*, für Triebwerke, Kabinen sowie den Verkauf von Maschinen für die Fertigung bzw. Lieferungen von Getrieben und Teilen für die

Traktoren- und Motoren-Montage.
Same hat jetzt als Ergänzung zum Electronic-Powershift-Getriebe (EPS) ein Automatic-Powershift-Getriebe mit einem Wählschalter vorgestellt. Im Modus *Leistung* erfolgt der Gangwechsel automatisch bei Höchstleistung, im Modus *Sparbetrieb* beim jeweils optimalen Kraftstoffverbrauch.
Die Deutz-Fahr-Gruppe präsentiert im Herbst das Ergebnis jahrelanger Entwicklungs- und Forschungsarbeit: die Baureihe *Agrotron* in ungewöhnlich fortschrittlichem Design. Es ist nach 17 Jahren die erste komplette Neuentwicklung. Sie umfasst elf Modelle, im Baukastenprinzip gefertigt, zunächst im Leistungsbereich von 68 bis 145 PS mit wassergekühlten Deutz-Motoren, die über Turbolader und eine zusätzlich Ladeluftkühlung verfügen.
Die Komfortausführung bietet das *Antriebsmanagement (ASM).*

1997

kann im März der 100 000ste Deutz-Fahr-Mähdrescher übergeben werden, und im Mai läuft in Lauingen der erste *Agrotron 200* vom Band. Es ist eine Baureihe mit 160, 175 und 200 PS.
Nach Sonderbelastungen durch Umstrukturierungen und Umzug der Tochtergesellschaft Deutz-Fahr von Köln nach Lauingen ist ein Aufwand von etwa 100 Mio. DM entstanden. Die Nettoverschuldung ist von 125 Mio. DM auf 118 Mio. DM zurückgeführt, was einem Verschuldungsgrad von 6,6 % entspricht.
Die Marktanteile in Westeuropa sind bei Traktoren auf 14 % und bei Mähdreschern auf 11,5 % angestiegen. In den drei Werken Treviglio, Lublin, und Lauingen wurden insgesamt rund 30 000 Traktoren und 1 300 Mähdrescher hergestellt.

1998

stellt Deutz-Fahr die komplett überarbeitete Schmalspur-Traktorenreihe *Agrocompact* vor. Die vier *X-Modelle* verfügen über eine Leistungsbreite von 60 bis 88 PS, 20/10 Synchrosplit- oder 45/45-Powershift-Getriebe. Letzteres mit kupplungsloser Wendeschaltung, Power-Shuttle, Vierradantrieb mit 60° Lenkeinschlag sowie abnehmbarer Kabine.
Der erste *Topliner 8XL* (der auf der Agritechnica 1997 zu sehen war) läuft vom Band. Dieser Mähdrescher hat einen 408-PS-Deutz-Motor, 10 500-l-Korntank, 7,85 m² Sieb- und 10,5 m² Abscheidefläche und ist für höchste Flächenleistungen ausgelegt.
Die ersten Großtraktoren *Agrotron* mit 230/260 PS verlassen das Werk.
Der Liefervertrag mit Kverneland für Deutz-Fahr-Produkte wird für fünf weitere Jahre unterzeichnet. Neu in diesem Programm ist die Rundballenpresse *Masterpress 122* mit der Bale-Trak-Stahlwalzenbauweise. Sie kombiniert die schonende Verdichtung von Heu und Stroh mit der großen Belastbarkeit im Silageeinsatz.
Im Oktober werden die Deutz-Fahr-Agrartechnik GmbH und die Deutz-Fahr Erntesysteme GmbH zur Deutz-Fahr Agrarsysteme GmbH verschmolzen.
Die Restrukturierung der Deutz-Fahr Agrarsysteme GmbH wird im Frühjahr 1999 abgeschlossen sein. Im Zuge der „Produktoffensive“ der letzten drei Jahre sind die Traktorenbaureihen komplett erneuert worden.
So fallen wichtige Entwicklungen wie gefederte Vorderachse und die gefederte Kabine in diesen Zeitraum. Jetzt bietet Deutz-Fahr 31 Traktortypen an, 21 davon sind seit Herbst 1997 auf dem Markt.
Im Bereich der Erntemaschinen wird die Topliner-Reihe um den *Typ 4068 Climber,* der *Balance*-Technik und dem *Terris/TCS-System* erweitert sowie die Entwicklung des Modelles *8 XL,* des weltweit größten Schüttler-Mähdreschers, abgeschlossen.
Das Werk Lauingen hat jetzt ein Produktionsvolumen von etwa 5 000 Traktoren und rund 1 200 Mähdreschern im Jahr.
Die Tochtergesellschaft in Lauingen erzielt 770 Mio. DM Umsatz. Dabei hat man 7 572 Traktoren und 1 210 Mähdrescher abgesetzt. Einschließlich der Saison-Arbeitskräfte sind 600 bis 1 000 Mitarbeiter beschäftigt.
Die Same-Deutz-Fahr-Group erzielt einen Marktanteil in Europa von 14 % bei Traktoren und 11 % bei Mähdreschern.

Diamond 250.

Deutz Agrotron und Mähdrescher.

Obst- und Plantagentraktor Golden 75.

Same Diamond 260.

1999

bringt Deutz-Fahr die wendigen Kleintraktoren *Agrikid* mit 25 bis 42 PS auf den Markt. Die Vorderachse mit großem Lenkeinschlag befähigen sie besonders im Einsatz in Sonderkulturen, Baumschulen, Gärtnereien und Kommunen.

Same präsentiert drei neue *Rubin*-Modelle mit 120, 135 und 150 PS. Zur Entlastung des Fahrers sind sie serienmäßig mit dem Automatic-Power-Shuttle-Getriebe APS, bei dem kein Gang mehr geschaltet wird, ausgerüstet. Die Gangwahl übernimmt dabei ein elektronisches Steuergerät, das den jeweils nach Belastung und Drehzahl des Motors optimalen Gang auswählt.

Bei Lamborghini heißen diese Modelle *Champion*, sie sind mit dem *Sequential Drive System (SDS)* ausgerüstet.

Damit lassen sich bis 25 verschiedene Bedienvorgänge programmieren und über das Multifunktionsbedienteil in der Armlehne abrufen.

Deutz-Fahr nennt diese Technik bei den entsprechenden Agrotron-Modellen *Automatisches-Antriebssteuerungs-Management (ASM)* und stellt sie auf der Agritechnica neben den neuen Fünf- und Sechs-Schüttler-Mähdreschern *Ectron* und *Actro*n vor.

2000

erweitert Same seine *Rubin*-Baureihe mit höheren Leistungen von 160, 180 und 193 PS und elektronischer Motorregelung *VIS (Variable Intake System)*.

Same Deutz-Fahr geht ein Joint Venture mit der indischen Greaves Ltd. zur Herstellung von Mechanisierungssystemen für die Landwirtschaft ein.

Beide Hersteller arbeiten seit vier Jahren auf dem Gebiet der Motorenproduktion für Traktoren, Generatoren und Pumpen zusammen. Die Beteiligung zu je 50 % an dem Traktorenwerk in Ranipet im Bundesstaat Tamil bei Chemai in Südindien sieht vor, dass Management und Betriebsleitung bei Same Deutz-Fahr liegen.

Noch im laufenden Jahr sollen dort 3 000 Einheiten das Werk verlassen.

Die Gesamtkapazität liegt bei 20 000 Traktoren, die eine Leistungsbreite von 25 bis 70 PS aufweisen. Graeves Ltd. beschäftigt etwa 6 000 Mitarbeiter und erzielt einen Umsatz von über 7 Mrd. Rupien (rund 317 Mio. DM). Same-Lamborghini-Hürlimann erreichte 1999 einen Umsatz von 923 Mio. DM und Deutz-Fahr von 700 Mio. DM.

Der erste *Agrotron TTV* mit einem leistungsverzweigten Getriebe läuft vom Band. Es bietet stufenlose Geschwindigkeiten in den vier Arbeitsbereichen 0-5 km/h, 0-10 km/h, 0-20 km/h und 0-50 km/h.

Das Unternehmen plant, die gesamte Mähdrescher-Produktion von Lauingen schrittweise in das Dronningborg-Mähdrescherwerk nach Randers in Dänemark zu verlegen. In dieser zum Agco-Konzern gehörenden Fabrik werden derzeit Massey Ferguson und Fendt-Mähdrescher gebaut. Forschung und Entwicklung, Marketing und Vertrieb sowie Kunden- und Ersatzteildienst sollen in Lauingen verbleiben. Wenige Monate zuvor ist zwischen den beiden Konzernen eine Vereinbarung in umgekehrter Richtung getroffen worden, wonach Obst- und Weinbautraktoren für Massey Ferguson zukünftig im Same-Werk/Treviglio mit bis zu 5 000 Einheiten jährlich produziert werden.

Same Deutz-Fahr und Agco vereinbaren ein Joint Venture zum Vertrieb der SDF-Produkte in Nordamerika. Dazu will der AGCO-Konzern 50 % der verfügbaren Anteile von Same Deutz-Fahr North America, Inc. erwerben. Im Gegenzug ist die paritätische Zusammensetzung des Vorstandes der Vertriebsgesellschaft

vorgesehen. Diese wird dazu beitragen, die Position der Same Deutz-Fahr-Marken am nordamerikanischen Markt zu sichern.
Am 28. September unterrichtet die US-Börsenaufsicht, dass die Same-Deutz-Fahr-Group den bisher knapp 5 % betragenden Anteil am Agco-Konzern aufgestockt hat, damit aber immer noch unter 10 % der Anteile besitzt.
Zwischenzeitlich ist die neue Traktorenfabrik in Jackow bei Lublin in Polen mit einem Investitionsvolumen von 80 Mrd. Lire eröffnet worden. Dort werden 250 Mitarbeiter jährlich rund 4 000 Traktoren mit 25 bis 45 PS bauen. Hinzu kommen noch die neueren Typenreihen *Roller* von Same und *Lampo* von Lamborghini mit 60 bis 70 PS, speziell für den polnischen Markt entwickelt. Der Umsatz der Same Deutz-Fahr Polska betrug 1999 180 Mio. PLN und erreichte mit 186 Traktoren einen Marktanteil von 3,7 %. Für 2000 sind 400 Traktoren und etwa 8% Marktanteil geplant.

2001

bringt Same die *Rubin*-Modelle *160, 180* und *200* mit dem neuen Kabinen-System *Galileo* in Serie. Dabei hält ein automatischer Niveauausgleich die Kabine, unabhängig von der Stellung des Traktors, immer in horizontaler Lage. Die Nivellierung erfolgt über vier Hydraulikzylinder mit elektronischer Steuerung über ein Can-Bus-System. Bei Lamborghini heißt dieses System *Intel Cab*.
Neu ist auch eine aktive Steuerung der Vorderachsaufhängung in Abhängigkeit von Fahrgeschwindigkeit und Bodenbeschaffenheit mit manueller Voreinstellung „weich" oder „starr".
Ebenso neu ist eine Modellreihe von Kettentraktoren für die Landwirtschaft *Krypton* mit 80, 90 und 100 PS in Ergänzung der bekannten Reihe *Rock* mit 55, 60 und 70 PS.
Bei Deutz-Fahr ist neu im Programm: *Agrotron MK 3, Agroplus 80* und *Agrolux* bei den Traktoren und bei den Mähdreschern die Sechs-Schüttler-Generation mit den Typen *5670, 5680* und *5690*.

Same hält an der Drei-Marken-Strategie fest, wobei auf Same 70 % entfallen, den Rest teilen sich Lamborghini und Hürlimann. In Deutschland verfügt Same über 25 Großhändler mit acht Händlern und weiteren 65 Direkthändlern.

2002

Aus wirtschaftlichen Gründen werden jetzt alle Deutz-Fahr-Mähdrescher im Werk Randers in Dänemark gebaut. Die Modelle *Actor* und *Ectron* seit Frühjahr 2001, die übrigen ab Anfang September 2002.
Im Rahmen des 100-Traktoren-Programmes der Bundesregierung übergibt die Same Deutz-Fahr-Group den 50sten Deutz-Fahr-Pflanzenöl-Traktor. Mit diesem können bei einer Betriebsleistung von 500 Stunden pro Jahr etwa 1 000 Euro eingespart werden.

Umsätze nach Produkten, Regionen und Marken von Same Deutz-Fahr 2000

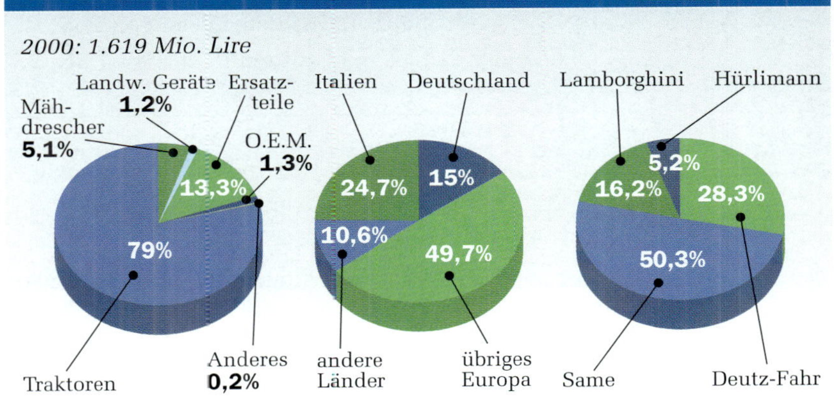

Umsätze und Zahl der Beschäftigten der Same Deutz-Fahr-Group von 1995 bis 2000 (bis 1994 Same-Group)

	1994	*1995*	*1996*	*1997*	*1998*	*1999*	*2000*	*2001*
Gesamtumsatz	630,3	1.233,7	1.801,4	1.765,7	1.710,0	1.640,6	1.619,0	826,4
Nettogewinn	25,1	50,6	36,4	30,3	50,2	30,5	10,1	2,7
Beschäftigte	1.366	2.754	2.924	2.688	2.581	2.511	2.439	2.303
Traktoren	15.371	24.530	27.880	27.535	26.682	25.145	25.115	27.998
Kompakt-Traktoren	2.383	3.236	3.780	3.679	3.396	3.244	3.276	2.398
Mähdrescher		882	1.025	1.231	1.005	640	533	248

Werte in Mrd. Lire, ab 2001 in Mio. €

Sampo

Sampo Rosenlew Ltd.
Pori (Fin)

Kleiner Finne baut große Maschinen

Mähdrescherspezialist enstand durch MBO und bietet Full-Linern Paroli– Auftragsfertigung für MF und IH – Holzerntemaschinen als jüngstes Standbein

1853
entsteht die Familiengesellschaft W. Rosenlew Ltd. in Pori. Das Unternehmen verschifft Bauholz aus dem Hafen von Pori, der damals noch mitten in der Stadt liegt.

1900
nimmt man den Bau von Landmaschinen auf. Es werden die ersten stationären Dreschmaschinen produziert.
Später kommen Pflüge und Eggen als Ergänzung hinzu.
Danach wird das Unternehmen um den Bereich Hausgeräte erweitert, was zu einer enormen Produktvielfalt führt.
In der eigenen Gießerei werden Gussteile für die unterschiedlichsten Produkte gefertigt.

Sampo-Mähdrescher 2055.

1957
stellt Rosenlew den ersten selbstfahrenden Mähdrescher vor. Nach und nach konzentrieren sich die landtechnischen Aktivitäten ausschließlich auf dieses erfolgreiche Produkt.

1983
liefert Sampo Rosenlew, die sich auf den Bau kleinerer Mähdrescher spezialisiert hat, im Rahmen eines Kooperationsvertrages an Massey Ferguson nach deren Spezifikationen die ersten *MF-Typen 330* und *340*.
Im Gegenzug erhält Sampo von MF Komponenten. Diese Zusammenarbeit erstreckt sich über viele Jahre.
Nachdem der Rosenlew-Konzern zu einem vielschichtigen Unternehmen mit mehreren Aktivitäten heranwächst und nun zur Rauma Gruppe gehört, wird

1991
die Produktion und der Vertrieb von Mähdreschern im MBO (Management Buy Out) aus der Rauma-Gruppe ausgegliedert. Seither ist Sampo Rosenlew Ltd. ein selbstständiges mittelgroßes Unternehmen im Besitz der Familie. Ziel ist es, durch ständige Produktentwicklung unter hohen Qualitäts-

Sampo-Mähdrescher in der Körnermais-Ernte.

maßstäben und modernster Produktion wettbewerbsfähig zu bleiben.
Die neue Optima-Serie umfasst drei Mähdreschertypen mit Schnittbreiten von 3,1 bis 4,2 m und 87 bis 140 PS Motorleistung.
Seit 1957 sind mehr als 40 000 Mähdrescher hergestellt worden, wobei die Firma der weltgrößte Hersteller von Parzellenmähdreschern ist.
Die jüngste Produktentwicklung ist ein Holzvollernter *1046*, der computergesteuert komplette Bäume fällt, entastet und in vorgegebenem Maß ablängt. Unter normalen Bedingungen schafft die Maschine zwischen 40 bis 60 Stämme in einer Stunde.
Hinzu kommen noch Industrie-Reinigungsanlagen unterschiedlicher Größe. Sampo Rosenlew erstellt auch für andere Betriebe Auftragskonstruktionen und Zulieferteile.

1996
ergänzt Sampo seine *Optima-2000*-Mähdrescherreihe mit dem Top-Modell *SR 2075, Twin-Separation*. Angetrieben wird dieser Mähdrescher von einem 181-PS-Turbodieselmotor.
Im Geschäftsjahr 1996 (Oktober/September) erzielt die Sampo-Rosenlew Ltd. einen Gesamtumsatz von 120 Mio. FIM mit 250 Mitarbeitern. Auf den Mähdrescherbereich entfallen 70 Mio. FIM und auf den Bereich Industriewaschanlagen 22 Mio. FIM.
Erfreulich gut hat sich das Geschäft mit Massey Ferguson entwickelt. Sampo baut die weltweit von Massey Ferguson verkaufte Mähdrescherreihe *MF 10* und *MF 20*.
Diese MF-Typen werden seit 1982 von Sampo hergestellt.

1997
besteht der neue Holzvollernter seine Bewährungsprobe. Der *1046* ist für die Durchforstung junger und mittelalter Baumbestände konzipiert. Dieser stufenlos vierradangetriebene Knicklenker hat einen 85 PS starken Valmet-Motor. Das bewährte Harvester-Agreggat *Mowi 460* zeichnet sich durch hohe Durchlassgeschwindigkeit bei genauer Holzhaltung und rindenschonender Verarbeitung aus.
Neu im westeuropäischen Angebot sind die Parzellenmähdrescher *2010* mit einem neuartigen Konstant-Hochleistungs-Reinigungsgebläse. Dieses sorgt schon ab dem Schneidwerk für die Selbstreinigung der Maschine zwischen den einzelnen Parzellen.

Parzellen-Mähdrescher 2010.

Holzvollernter 1046 mit MoWi 460 Harvester-Aggregat.

Der größte Mähdrescher der Baureihe 3000 ist der 3065 mit einem 220-PS-Sisu-Diesel.

Ebenfalls 1997 bringt Sampo zur Ergänzung seiner Mähdrescherreihe das Topmodell *SR 2075 Twin Separation* ein 2-Trommel-System mit einer Schnittbreite von 5,06 m und 181-PS-Motor heraus. Damit verfügt Sampo über sieben Mähdreschermodelle, einschließlich der Parzellenmähdrescher. Gleichzeitig wird in Bielefeld ein Büro für Marketing und Vertrieb für Zentraleuropa eröffnet.
Neben der Tochtergesellschaft in Estland wird in Timisoara/Rumänien eine weitere gegründet und in Szeged/Ungarn für Osteuropa ein Zentralersatzteillager eröffnet.
Im laufenden Geschäftsjahr werden 500 Mähdrescher in 23 Länder verkauft.
Der Gesamtumsatz liegt bei 60 Mio. DM.

1998

Das Unternehmen bietet mit dem Modell *2035* einen kompakten Mähdrescher mit bis zu 3,10 m Schnittbreite und einem 83-PS-Motor für die Eigenmechanisierung mittlerer landwirtschaftlicher Betriebe an.
Darüber hinaus kommt es zu einer Kooperation in Vertrieb und Entwicklung bei Parzellen-Mähdreschern zwischen Sampo und dem österreichischen Unternehmen Wintersteiger in Ried.
Im Rahmen einer internationalen Ausschreibung kann Sampo Parzellenmähdrescher nach Rumänien und in die Ukraine liefern.
Sampo hat in den vergangenen 30 Jahren über 4 400 Parzellen-Mähdrescher in alle Welt geliefert. Diese kompakten Maschinen gibt es mit Schneidwerken von 1,5 m, 2,0 m oder 2,3 m, 2-reihigen Maispflückern sowie Raps- oder Sonnenblumenschneidwerk.
Im Geschäftsjahr 1998 wird ein Rekordumsatz mit 243,1 Mio. FIM erzielt. Die Beschäftigtenzahl ist auf 350 angewachsen.
Allein in Finnland werden 400 Mähdrescher verkauft. Gut läuft auch der Export, hierbei besonders die *MF-20er*-Modelle über Agco MF. Zusätzlich kann man 50 Parzellenmähdrescher absetzen.

1999

Sampo produziert 650 Mähdrescher (davon 40 Parzellen-Mähdrescher), wovon 60 % exportiert werden. Der Gesamtumsatz liegt bei 249 FIM, davon entfallen 70 % auf Mähdrescher, 10 % auf Industrieanlagen, 9 % Forstmaschinen, 9 % auf Komponenten und Zulieferteile und 2 % Sonstiges. Weil ein Exklusivertrag mit MF 1999 ausläuft, erfolgt erst jetzt der eigene Markt-Auftritt in Deutschland.

2000

gibt es im Ersatzteillager Bielefeld auch Ersatzteile für die MF-*Typen 330, 430, MF 17, 19, 20* und die *IHC Modelle 8-31* und *IHC 211*, die von Sampo ebenfalls hergestellt worden waren.

2001

stellt Sampo die neuen Sechs-Schüttler-Mähdrescher *SR 3045, SR 3065* mit 4,5 und 5,7 m Schnittbreite, 1 330 mm breitem Dreschwerk mit 0,5 m Trommeldurchmesser und 175-, 200- bzw. 220-PS-Sisu-Dieselmotoren sowie entsprechendem Zubehör für unterschiedliche Ernteeinsätze her.
Im Herbst werden die neuen 6-Schüttler-Mähdrescher *SR 3045* und *SR 3065* zum Einsatz in Großbetrieben und bei Lohnunternehmern vorgestellt. Sie sind mit 175- und 220-PS-Motoren ausgerüstet, und bei einer Breite von 133 cm hat die Dreschtrommel einen Durchmesser von 50 cm.
Sampo erreicht 2001 einen Umsatz von 41,7 Mio. Euro, wovon 26,2 Mio. Euro auf Mähdrescher und 3,5 Mio. Euro auf Forstmaschinen entfallen.
Von den über 500 hergestellten Mähdreschern gehen 50 % in den Export. 3,9 Mio. Euro erzielt der Bereich Industriewaschmaschinen sowie 5,2 Mio. Euro die Komponentenfertigung. Am Standort Pori werden 350 Mitarbeiter beschäftigt.
Für die *300er*-Reihe, von der die ersten 30 Maschinen gebaut sind, erhält Sampo eine Goldmedaille in Novi Sad, Jugoslawien.

Steyr-Daimler-Puch AG
Wien (A)

Steyr-Daimler-Puch

Schwerter und Pflugschare

Traditionell stark in Österreich
und heute als Satellit von Case IH im CNH-Konzernverbund

1864
beginnt mit Josef Werndl die wechselvolle Geschichte der Waffenfabrik und Sägemühle in Oberletten, die J.u.F. Werndl & Comp., bis hin zum Technik- und Fahrzeugkonzern Steyr-Daimler-Puch AG.
Zunächst soll hier die Entstehung der Steyr-Daimler-Puch AG, der Muttergesellschaft der Steyr-Landmaschinentechnik, kurz aufgezeigt werden.

1899
erfolgt die Gründung der „Johann Puch – Erste Steiermärkische Fahrrad-Fabriks-Actiengesellschaft" in Graz durch Johann Puch, nachdem er zuvor die Fahrradfabrik Johann Puch & Comp. in Graz aufgebaut, jedoch 1887 verlassen hatte.
1899 entsteht die Firma „Österreichische Daimler-Motoren-Gesellschaft Bierenz, Fischer & Cie" in Wiener Neustadt.

1914
wird die Johann Puch in die Puchwerke AG umbenannt.

1926
Die Österreichische Waffenfabriksgesellschaft wird zur Steyr Werke AG.

1928
fusionieren die Firmen „Österreichische Daimler-Motorenwerke AG" und die „Puchwerke AG" zur „Austro-Daimler-Puchwerke AG", die dann schließlich

1934
mit der „Steyr-Werke AG" zur „Steyr-Daimler-Puch AG (SDP)" verschmolzen wird.
Daraus entsteht im Laufe der Jahre der große österreichische Industriekonzern mit einer Fahrrad- und Motorrad-Fertigung sowie einer Automobil-, Nutzfahrzeuge- und Traktorenproduktion. Dazu kommen noch Wälzlager, Komponenten und Waffen.

1986
erfolgt eine Umstrukturierung des Unternehmens in einzelne Geschäftsfelder, von denen

1998
die SDP-Fahrzeugtechnik, die SDP-Antriebstechnik, die SDP-Motorentechnik, die SDP-Spezialfahrzeuge und die Steyr Automobil-Vertriebsgesellschaft sowie die Steyr Mannlicher AG und die Suhler Jagd- und Sportwaffen Ges.mbH. sowie das Eurostar Automobilwerk übrig blieben. Danach wer-

Der 2-rädrige Vorspannwagen von 1917 hatte einen 4-Zylinder-Motor mit 14,5 PS.

den diese Unternehmensteile von der Bank Austria an die kanadische Magna-Gruppe verkauft, einem weltweit führenden Autozulieferer mit Hauptsitz in Aurora/Ontario und einem Umsatz im vergangenen Geschäftsjahr von 10,5 Mrd. CDN $, rund 63 000 Mitarbeitern in 166 Produktionsstätten.

Die Landmaschinenaktivitäten führen in das Jahr

1917

zurück zu dem Zeitpunkt, an dem es mit dem *Daimler-Pferd* beginnt. Das war ein zweirädriger Vorspannwagen, der die durch den Krieg stark ausgedünnten Pferdebestände ersetzen sollte.
Die 1,7 t schwere Maschine verfügt über eine Art Knicklenkung, Eisenräder und einen 14,5 PS starken Vierzylinder Motor, der vom Sitz aus gestartet werden kann.

Der Excelsior-Motorpflug wurde bei Puch in Graz gebaut (ab 1919).

1919

wird der Puch-Excelsior-Motorpflug vorgestellt. Dieser Tragpflug hat einen Vierzylindermotor mit 35/40 PS und wiegt 4,4 t. Er kommt auf Großbetrieben zum Einsatz.

1928

wird ein ausschließlich für die Landwirtschaft konzipierter Traktor vorgeführt. Hier sind bereits Motor mit 80 PS, Getriebe und Hinterachse in einem Block vereint.
Dieses Konzept ist seiner Zeit weit voraus. Trotzdem stößt es auf wenig Gegenliebe, sodass davon nur wenige Prototypen gebaut werden.

Der Steyr „Landmaschinentraktor“ von 1928 war seiner Zeit weit voraus.

1947

geht der Traktorenbau bei Steyr richtig los mit dem bekannten *Typ 180*, der über 26 PS verfügt und der Standardtraktor für die Mechanisierung der österreichischen Landwirtschaft wird. Von diesem Modell werden rund 45 000 Stück gebaut.
Erst auf Drängen der Händler und Landwirte hin erweitert man die Produktpalette

1950

um den kleinen Einzylinder-Traktor mit der Typbezeichnung *80*. Von diesem Modell verlassen bis 1966 fast 65 000 Einheiten das Werk.
Gleichzeitig rüstet man alle Traktoren mit hydraulischen Hubwerken aus, die bei bereits ausgelieferten Maschinen nachrüstbar sind.
Das Steyr-Agrarsystem ersetzt jetzt die noch fehlenden Normen für den Geräteanbau.

1960

sind mit der Vorstellung der Jubiläumsserie zahlreiche Steyr-Pionierideen verwirklicht: Schnelllaufende Dieselmotoren, Wendegetriebe, Motorzapfwelle, links- und rechtsdrehende Wegzapfwelle, Planetenhinterachse, Regelhydraulik sowie Frontlader-Tauglichkeit.

1964

kommen die ersten Allradtraktoren und Ladewagen auf den Markt, was eine vollkommen neue Sparte darstellt.

1976

werden mit der nigerianischen Regierung Verträge über die Errichtung eines Montagewerkes abgeschlossen.
Die Produktpalette wird bis zu einer Leistung von 140 PS ausgeweitet. Lastschaltgetriebe, zentraler Allradantrieb, gleichbreite Vorder- und Hinterräder sowie eine geräuschgedämmte Kabine finden Eingang in die Produktion.

1980

stellt Steyr ein spektakuläres Produkt, die *Arbeitsmaschine 8300* mit 280 PS, vor. Gedacht ist dieses neue Mechanisierungssystem für Großbetriebe und den überbetrieblichen Maschineneinsatz. Sie ist in beiden Fahrtrichtungen einsetzbar.
Das in Bauchi/Nigeria errichtete Montagewerk, welches in der Endausbaustufe pro Jahr 2 000 Lkw und 1 200 Traktoren fertigen soll, hat bereits 1 300 LKW und 447 Traktoren gebaut.

Ab 1947 wird der erste Steyr-Traktor in Serie gefertigt. Von diesem Typ 180 werden 150 000 Stück ausgeliefert.

1983
erfolgt die Produktionsaufnahme moderner Schmalspur- und Plantagentraktoren, nachdem ein Jahr vorher bei den neuen Reitsitztraktoren die Allradbremse *Optistop* eingeführt wurde.

1984
bringt Steyr eine völlig neue, aus vier Typen bestehende Ladewagenreihe auf den Markt. Die beiden kleineren Modelle sind mit einer Nachlauf-Pick-up ausgerüstet und haben ein 7-Messer-Schneidwerk, während die beiden größeren Typen mit Vorlauf-Pick-up, mit einem ausschwenkbaren 13-Messer-Schneidwerk und mit Einzelfremdkörpersicherung ausgestattet sind. Alle Wagen verfügen über das bewährte Rotationsschneidwerk, das jetzt mit drei Rechen bestückt ist.
Die Sparte Traktoren und Landmaschinen erzielt einen Gesamtumsatz von 2,25 Mrd. öS, wobei weltweit 14 000 Steyr-Traktoren gebaut werden. Davon gehen 70 % ins Ausland.

1985
sind in der Türkei 6 500 weiß-rote Traktoren vom Band gerollt, im Folgejahr sollen es 8 000 sein.

1986
erhalten die größeren Traktoren die vollelektronische Hubwerksregelung EHR und das Fahrerinformationssystem *Infomat*.

1987
schließen Steyr und Valmet einen Kooperationsvertrag über eine gemeinsame Entwicklung und Fertigung von Bauteilen für Schleppermotoren, Getriebe und Hydraulikeinrichtungen sowie elektronische Ausrüstungen für die Fahrerinformation auf dem Traktor. Außerdem soll der Einkauf von Konstruktionsteilen bei Zulieferfirmen gemeinsam erfolgen.
Die beiden im Konzern eingebetteten Schlepperwerke verfügen über einen Gesamtausstoß (einschließlich Auslandsfertigung und Lizenzen) von 17 000 und 14 000 Einheiten. Zu diesem Zeitpunkt fertigt Steyr in Österreich, Griechenland, Türkei, Nigeria und Tansania sowie Valmet in Finnland und Brasilien.

1988
wird die Steyr Landmaschinen Ges.m.b.H. gegründet und damit der Landtechnikbereich im Konzern verselbstständigt.

1989
finden mit KHD, Köln, Gespräche über eine weitergehende Zusammenarbeit statt, nachdem schon seit 1978 eine Kooperation auf dem Getriebesektor besteht. Dabei sollen die Traktoren beider Fabrikate weitgehend aus

Steyr-Diesel, Typ 80a, mit 15 PS von 1950.

gleichen Grundkomponenten bestehen, sich aber in Ausrüstungs- und Erscheinungsbild deutlich voneinander unterscheiden.
Für Steyr ist vorgesehen, sich auf die Produktion von Getrieben, Hinterachsen und Hubwerken zu konzentrieren, KHD auf die Motorenfertigung, wobei Steyr allerdings keine luftgekühlten Motoren einbauen wird – so jedenfalls der Plan.
Die Traktoren sollen in beiden Ländern montiert und auf getrennten Vertriebswegen vermarktet werden.
Die Verhandlungen geraten ins Stocken, weil KHD nunmehr an einer finanziellen Verflechtung nicht mehr interessiert ist.
An die Stelle soll eine lose Zusammenarbeit treten und um einen weiteren deutschen sowie französischen Hersteller und Valmet ergänzt werden. Letztendlich bleibt dies aber nur auf KHD und Valmet unter Beteiligung von ZF beschränkt.
Steyr und ZF entwickeln zwei Getriebefamilien, die in den Traktoren von Steyr und KHD Anwendung finden sollen. Im Gegenzug liefert die KHD-Tochter MWM Motoren an Steyr.

1992

1992 ersetzt Steyr die Reitsitztraktoren durch die neuen Kompakttraktoren der *Baureihe 900*, die sich durch hohe Zapfwellenleistung, Hangtauglichkeit, Komfort und Preiswürdigkeit auszeichnen.
Im gleichen Jahr läuft wegen des Bruchs des Abnahmevertrages für Traktorenteile eine einstweilige Verfügung beim zuständigen Landgericht gegen KHD. Zusätzlich wird KHD von Steyr auf Begleichung einer Schadenssumme in dreistelliger Millionenhöhe verklagt.

1993

erfolgt die Vorstellung der neuen Großtraktoren *9000* und der *Arbeitsmaschine 8300*, die zwischenzeitlich zu einem Zweiwege-Trägerfahrzeug mit 320 PS weiterentwickelt wurde.

1994

wird erstmals die Steyr-Multitrac-Serie, ein Traktor mit optimierter Frontgeräteanbaumöglichkeit, mit achsgeführtem Fronthubwerk und EGE (elektronische Frontgeräteentlastung) ausgeliefert.

1995

gelingt es Steyr, einen Lizenzvertrag über den Bau von jährlich 10 000 Traktoren des *Typs 948* in Indien abzuschließen. Der Vertrag mit einem Auftragswert von 200 Mio. öS sieht zunächst die Errichtung von Fertigungsstätten für Motoren und Triebwerke bei MCIL (Metal Corporation India Ltd.) in Jamshedpur vor, während die Fertigung der restlichen Bauteile und die Montage bei Brahma-Steyr in Chandigar im Punjab stattfinden wird. Der Produktionsanlauf soll in den nächsten zwei Jahren erfolgen.
Nachdem die Umsatzrückgänge des Gesamtkonzerns seit 1992 so bedeutend sind (1994 werden nur noch 9,1 Mrd. öS erzielt, 1985 waren es noch 15 Mrd. öS), gibt es Spekulationen um eine komplette Übernahme durch die koreanische Daewoo-Gruppe. Daewoo und Steyr arbeiteten schon länger

auf dem Gebiet der Motoren und Nutzfahrzeuge zusammen. So ist Daewoo Lizenznehmer für den von SDP entwickelten Dieselmotor *M 1* und Partner in dem gemeinschaftlich erworbenen tschechischen Lastwagenwerk Avia.
Der Mehrheitseigentümer von SDP, die Creditanstalt (CA) ist bereit, 65 % der Aktien an Daewoo abzugeben. In diesem Paket ist unter anderen auch die Steyr Landmaschinentechnik enthalten.
Die Nachfrage nach den Freisichttraktoren *M-Trac* (drei Typen mit 68 bis 83 PS) steigt stetig.
Zur Agritechnica werden weiterentwickelte Großtraktoren mit Leistungen von 160, 180, und 200 PS vorgestellt. Als Getriebe dient ein vierstufiges Lastschaltwendegetriebe, das Hydrauliksystem ist auf Loadsensing umgestellt.
Im April werden die langandauernden Verhandlungen mit der koreanischen Daewoo-Gruppe ergebnislos abgebrochen. Am 18. Juni übernimmt die Case Corporation 75 % der Anteile der Steyr Landmaschinentechnik GmbH.
Danach werden Traktoren der Steyr-Baureihe *900* in einem Case angepassten Styling über die Case-Vertriebsorganisation verkauft.

1996
macht die Steyr Landtechnik wieder Gewinn. Durch die Lieferung von über 600 Traktoren an Case wird auch der Export wieder deutlich höher. Für das laufende Jahr wird ein Umsatzziel von 2,5 Mrd. öS angestrebt.
Die Marke Steyr bleibt unabhängig. Der Verkauf der beiden Marken erfolgt über zwei getrennte Vertriebsnetze. Das Steyr-Know-how und die Produkte ergänzen die Case IH-Angebotspalette und verbessern die Wachstumschancen in Europa.
Steyr liefert neben der Compact-Reihe auch die *9000er* Modelle im Case-Layout als *CS*-Baureihe als Programmergänzung zwischen den Case-Baureihen *Maxxum* und *Magnum* an Case.

Ein CVT 150 zieht eine Kartoffellegemaschine.

1997
präsentiert Steyr eine neue Generation von Antriebssystemen, ein stufenloses, leistungsverzweigtes Getriebe *CVT (Continously Variable Transmisssion).*
Mit dem in die Fahrer-Armlehne integrierten *CVT*-Fahrhebel werden die Fahrgeschwindigkeit von 0 bis 50 km/h und die Fahrtrichtung gesteuert.

1998
übernimmt Case die letzten 20 % der Anteile von Case-Steyr-Landmaschinentechnik AG. Ein Jahr zuvor waren bereits 5 % der Anteile zu den bereits vorhandenen 75 % hinzugekommen.

Weitere Entwicklung siehe Case IH und CNH.

Umsätze und Zahl der Beschäftigten bei Steyr/Case-Steyr von 1993 bis 1997

	Steyr 1993	Steyr 1994	Steyr 1995	Case-Steyr 1996	Case-Steyr 1997
Gesamtumsatz in Mio. öS	1.779	1.525	1.755	2.530	3.003
Beschäftigte	441	410	392	480	550
Traktoren-Produktion in Stück	3.350	4.000	4.000	5.400	7.000
Exportanteil			48 %		

Stoll

Wilhelm Stoll Maschinenfabrik GmbH
Lengede-Broistedt (D)

Von der Kartoffel zur Rübe

Frontlader heute Hauptumsatzträger – Bei der Grünlandtechnik gibt die Muttergesellschaft JF-Freudendahl die Marschrichtung vor – Rübenroder jetzt aufgegeben

1878
wird die Firma Stoll in Luckenwalde, südlich von Berlin gelegen, gegründet. Die ersten Aktivitäten sind der Bau von Nähmaschinen und Velozipeds, wie man damals Fahrräder nannte.

1906
erfolgt der Umzug nach Torgau an der Elbe, weil es zu jener Zeit in Luckenwalde keine Erweiterungsmöglichkeiten gibt und auch kein Eisenbahnanschluss vorhanden ist.

Eine der ersten Stoll-Rübenerntemaschinen.

1920
beginnt die eigentliche Landmaschinenproduktion.
Das erste Produkt ist eine Deichselträgerkarre für aus den USA importierte gespanngezogene Mähbinder, damit die Tiere diese Maschinen nicht mehr tragen, sondern nur noch ziehen müssen.

1927
baut Stoll auch Hacken und andere Pflegegeräte. Dazu wird ein Hackparallelogramm entwickelt, das zwischen den Lenkern eine diagonal angeordnete Zugfeder besitzt.

1930
sind auch zwei unterschiedliche Kartoffelroder im Produktionsprogramm, die eine mehr grabende Arbeit verrichten.
Die erste Maschine ist in Gabelstangenausführung konstruiert, ähnlich dem Harder-Prinzip. Die zweite ist ein über Planetengetriebe gesteuerter Wurfgabelroder.
Diese verhältnismäßig teure Maschine wird haupsächlich auf steinigen und schweren Böden eingesetzt.

1932
übernimmt Stoll die Idee des Landwirts

Rübenernter mit Querschwadablage für Blatt und Rüben von 1960.

Goldbacher und entwickelt daraus einen Häufelkörper zur Kartoffelpflege, für den Stoll auch ein Patent erhält.

1935
hat Stoll bereits ein gut entwickeltes Kartoffelkulturgerät, das nach und nach zu einem Vielfachgerät für Gespannzug ausgebaut wird.

1937
werden bereits vierreihige Vielfachgeräte produziert. Hinzu kommen Federzahneggen.

1946
zieht das Unternehmen in den Westen, nach Broistedt bei Lengede inmitten des Hannoverschen Zuckerrübengebietes gelegen, was für die künftige Entwicklung des Unternehmens prägend werden soll. Zunächst geht es aber mit den bewährten Vielfachgeräten weiter.

1954
befinden sich im Fertigungsprogramm auch Kartoffellegemaschinen und Legeautomaten, die jedoch Ende der 50er Jahre wieder aufgegeben werden, weil die Entwicklung der Zuckerrübenroder vorrangig geworden war.

1960
ist die Gerätereihe *Juwel* und eine Saatbettkombination im Programm. Zwischenzeitlich laufen die Rübenroder in großen Stückzahlen in den Markt. Zuerst sind es einreihige Querschwad-Köpfroder, die aus der Gare rodend Blatt und Rüben in einem Arbeitsgang ernten. Für längere Zeit sind sie der Maßstab für die Rübenanbauer.

1963
eröffnet sich Stoll mit der Herstellung von Frontladern ein völlig neues Geschäftsfeld, das große Bedeutung für die Firma erreicht.

1965
sind die ein- und zweireihigen Rübenroder die Hauptprodukte des Unternehmens. Sie werden in allen denkbaren Varianten gebaut.
Dies bleibt so, bis Ende des Jahrzehnts die zwei- bis dreiphasigen, mehrreihigen Ernteverfahren in das Lieferprogramm Eingang finden.

1968
gelingt Stoll eine Kombinationsmaschine zum Zetten, Wenden und Schwaden von Gras, Heu und Stroh nach dem bekannten Kreiselprinzip. Dazu führt Stoll die Grundidee der Kreiselheuer und -schwader zusammen.
Bei dieser Kombinationsmaschine, deren

Moderner dreireihiger Bunkerköpfroder.

Rahmen quer zur Fahrtrichtung steht, drehen die beiden Kreisel – ineinandergreifend – zur Mitte hin, wobei die Zinken für das Zetten und Wenden fest ausgerichtet sind. Zum Schwaden wird der Rahmen zwischen 30 und 80 cm auseinandergezogen und die Zinkenarme umgestellt, sodass sie einer Kurvenbahn folgen.
Diese Maschinen sind vorzugsweise für kleinere Futterbaubetriebe gedacht und auch für den Export bestimmt. Stoll muss jedoch hierfür eine Teillizenz bei Bucher, dem Patenthalter des Kreiselschwadrechenprinzips, nehmen.

Universal-Heumaschine zum Zetten und Schwaden.

1978
hat Stoll neben der Universalmaschine *UM* eine komplette Reihe von Heuerntemaschinen im Angebot.

1982
erfolgt die Einführung des hydraulisch parallel geführten Frontladers.

Frontköpfer mit Heckrodelader.

1984
wird der Bunkerköpfroder *V 100* vorgestellt. Zwei Jahre später erfolgt die Markteinführung des zweireihigen Bunkerköpfroders. Mit beiden Modellen beherrscht Stoll von 1989 bis 1993 den Markt.

1991
stellt Stoll einen dreireihigen Bunkerköpfroder vor. Mit 17 m^3 Bunker-Fassungsvermögen ist dieser fast doppelt so groß wie jener der zweireihigen Maschine.

1992
wird aus dieser Maschine ein Selbstfahrer gemacht. Der dreireihige Roder hat ein Dreirad-Fahrwerk mit den Antriebsrädern hinten und einem Lenkrad vorn.
Dabei werden großvolumige Terrareifen verwendet. Angetrieben wird der Selbstfahrer von einem 197-PS-Motor.

1997
präsentiert Stoll einen völlig neu entwickelten selbstfahrenden sechsreihigen Bunkerköpfroder.
Zur Anwendung kommen die seit Jahren bewährten Rodeeinrichtungen; beim Fahrwerk geht man jedoch neue Wege. Das Fünfrad-Fahrwerk mit dem Lenkrad hinten und eine Panzerlenkung der vier Vorderräder verleiht dem Bunkerköpfroder eine bisher nicht gekannte Wendigkeit und Hangsicherheit. Angetrieben wird die Maschine über Hydrostat und einem 420-PS-Motor.
Dem Trend folgend werden neue Großgeräte bei den Futtererntemaschinen eingeführt. Zweikreiselige Hochleistungsschwader mit kardanisch aufgehängten Kreiseln und einem Vierrad-Multitastfahrwerk, Sechs- und Acht-Kreisel-Zettwender mit Arbeitsbreiten bis zu 9 m sowie Scheibenmäher mit 2,4 m und 2,8 m für den Heckanbau. Stoll steht auf drei Beinen:
1.) Den Frontladern, von denen seit Beginn mehr als 125 000 Einheiten geliefert wurden, und die gleichzeitig 40 % des Gesamtumsatzes ausmachen. Obwohl sie von den

6-reihiger Selbstfahrer 6.25 SF.

Teleskopladern im Markt bedrängt werden, werden in Deutschland noch immer etwa 10 500 Frontlader jährlich verkauft. Stoll sieht sich in dieser Sparte als Marktführer. Jeweils 25 % des restlichen Umsatzes entfallen auf die
2.) Erntetechnik für Zuckerrüben und die
3.) Grünlandtechnik.

Stoll übernimmt den Deutschland-Vertrieb des dänischen Landmaschinen-Herstellers JF. JF beteiligt sich im Gegenzug mit 20 % an der Stoll Maschinenfabrik GmbH. Ein Jahr später wird sich Stoll an der französischen Vertriebsfirma „Lemken-JF-Stoll" beteiligen. Der Gesamtumsatz von Stoll beträgt 1997 110 Mio. DM mit rund 500 Mitarbeitern.

1999
kommt die neue Frontladergeneration *Robust* mit hydraulischer oder mechanischer Parallelführung sowie selbstsichernden Abstellstützen auf den Markt.
Am 5. November wird das Unternehmen komplett von der Freudendahl Invest A/S übernommen, dabei wird die Anzahl der Mitarbeiter durch Rationalisierungsmaßnahmen auf 360 reduziert. Kurzfristig werden 6 Mio. DM in eine neue Fertigungsanlage investiert.

2000
stellt Stoll den zweikreiseligen Seitenschwader *R 1405b* mit Breitspur-Achse und vorgesetzter Zwillingsbereifung vor.
Der Umsatz liegt bei 100 Mio. DM mit 350 Mitarbeitern. Vom Umsatz entfallen 50 % auf Frontlader, 37 % auf Heumaschinen, Mäher und JF-Produkte, 10 % auf Ersatzteile und 3 % auf die Rübenerntetechnik – nach Aufgabe der Selbstfahrerproduktion und deren Übernahme durch die Firma Grimme.

2001
wird bei Stoll die 8 Mio. DM teure Farbgebungsanlage in Betrieb genommen.
Der zweikreiselige Seitenschwader *R 1405* S erhält zur besseren Bodenanpassung eine kardanische Steuerung des zweiten Kreisels.

2002
bietet das Unternehmen einen dreikreiseligen Seitenschwader an für Unterlenkeranhängung am Traktor und einer Arbeitsbreite von 8,60 m.
Stoll erzielt mit 360 Mitarbeitern einen Umsatz von 54 Mio. Euro, davon entfallen auf Frontlader 55 %, Heumaschinen 24 %, Handelswaren wie Mähwerke 9 %, Rübenroder, 2 % und Ersatzteile 10 %. Vom Gesamtumsatz bleiben 68 % in Deutschland, 21 % gehen nach Westeuropa, 2 % nach Osteuropa und 10 % nach Übersee. In der JF-Stoll-Gruppe arbeiten 830 Beschäftigte, die zusammen rund 110 Mio. Euro Umsatz erwirtschaften.

Anbau-Frontlader für alle Traktorenfabrikate und Modelle.

Kreiselzettwender.

Groß-Schwader.

Väderstad

Väderstad-Verken
Väderstad (S)

Junger Schwede

Größter Walzenproduzent Europas – Weltrekordhalter im Drillen

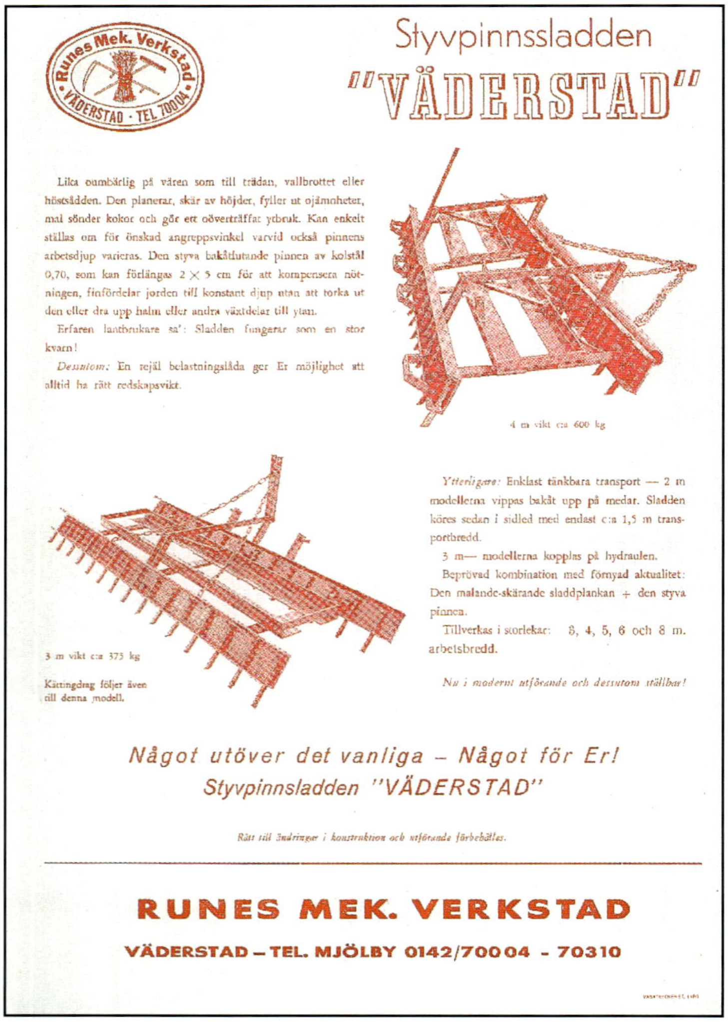

1962
gründen Rune und Siw Stark ihr Unternehmen, zwischen Ödeshög und Mjölby nahe Linköpping gelegen, in der 18 qm großen Werkstätte ihres etwa 30 ha umfassenden landwirtschaftlichen Betriebes. Das erste Gerät aus dieser Werkstatt ist eine Schleppegge, die so gute Arbeit leistet, dass auch andere Landwirte danach fragen.

1968
beginnt die Entwicklung einer Kulturegge einhergehend mit der Produktionserweiterung in einer Scheune.

1972
muss der gewachsene Betrieb in eine neue Fertigungshalle unziehen. Mit 20 Beschäftigten wird inzwischen ein Umsatz von 5 Mio. SEK erzielt.

1974
ist die Schleppegge weiterentwickelt worden, mit parallel geführter Tiefensteuerung, Nachläufer und Fahrwerk. Es gibt bereits erste Exporte nach Norwegen.

1975
kommen die ersten Schleppeggen auch

Das Flaggschiff der Schweden: die Weltrekord-Drillmaschine Rapid mit 6 m Arbeitsbreite.

nach Schleswig-Holstein. Die Kulturegge ist jetzt bis 15 m Arbeitsbreite im Angebot.

1977
wird die Walzenbaureihe *HV* sowie die Grubber *Cultus* mit Nachläufer entwickelt. Hiervon werden Lizenzen nach Frankreich und Russland vergeben. Gleichzeitig wird der Export nach Dänemark und Frankreich aufgenommen.

1982
gibt es die ersten Lieferungen nach Finnland. Ebenso beginnt die Entwicklung der Kultureggen-Baureihe *NZ*. Mittlerweile beschäftigt Väderstad über 80 Mitarbeiter und erreicht einen Umsatz von 70 Mio. SEK.

1985
beginnt der Einstieg in die Drilltechnik. Vorbild ist Technik aus Großbritannien, die nun weiterentwickelt wird zur Drillsaatmaschine *DS*. Hinzu kommt die Scheibeneggen-Baureihe *XT*.

1986
kann die neue Walzengeneration *Rollex* vorgestellt werden, von der zehn Lizenzen weltweit vergeben werden. Sie steht in Arbeitsbreiten bis zu 12,2 m zur Verfügung.

1990
erfolgt die Entwicklung des später so erfolgreichen komplexen *Rapid*-Systems.

1991
entwickelt das Unternehmen die Drillkombination *Concorde*, die auf eine Kulturegge mit Nachläufer aufgesattelt werden kann und bis 6 m zur Verfügung steht. Inzwischen ist die Mitarbeiterzahl auf 90 und der Umsatz auf etwa 98 Mio. SEK angewachsen.

1997
bringt Väderstad die Walzenbaureihe *Rexius* sowie die *Crossboard*-Werkzeuggruppe für verschiedene Bodenbearbeitungs-Kombinationen auf den Markt. Für die *Rollex-Crossboard* erhält Väderstad die Silbermedaille von der Royal Agricultural Society of England. Die gleiche Auszeichnung erhält das Unternehmen bereits ein Jahr zuvor für ihre Drillmaschine *Rapid*. Inzwischen ist Väderstad der größte Hersteller von Walzen in Europa.

1998
erweitern drei weitere Geräte das Angebot, nämlich die Anbaudrillmaschine *HD 30*, die leichte Kulturegge *NZ-Mini* und die Doppelwalzen-Kombination *Rexius*.

1999
wird die Kurzscheibeneggen-Kombination *Carrier* in das Produktionsprogramm aufgenommen.

2000
kommen der Fronttiller und die weiterent-

Rapid Super – zur gleichzeitigen Ausbringung von Dünger und Saatgut. Hier im Bild bei der pfluglosen Bestellung.

Drillkombination Rapid und Rexius Twin Doppelwalzen-Kombination.

wickelte Kulturegge *NZ-Agressiv* auf den Markt.

2001

stellt Väderstad auf der Agritechnica die neuen Flaggschiffe *Rapid A 600/800 C* vor, mit 6 bzw. 8 m Arbeitsbreite, geteiltem Saattank mit zweimal 3 000 l zur gleichzeitigen Ausbringung von granuliertem Dünger und Saatgut. Dabei wird der Dünger über eine Düngerscheibenreihe jeweils zwischen zwei Drillreihen abgelegt. Mit dieser Technik kann sowohl pfluglos als auch konventionell mit 15 km/h gedrillt werden. Diese Maschinen sind heute der Bestseller im Väderstad-Programm. In 2001 sind erstmalig 1 000 Einheiten davon gebaut worden, und im nächsten Jahr sollen es 1 200 sein. Gleichzeitig verlassen die 1 000ste *Rexius* sowie die 10 000ste *Rollex* das Werk. In Spanien wird mit den Verkaufsaktivitäten begonnen.

Im Zoom: Die Kurzscheiben der Scheibeneggen-Kombination Carrier.

2002

feiert das Unternehmen aus Väderstad sein 40-jähriges Bestehen.

Umsätze, Exportquote und Zahl der Beschäftigten von Väderstad 1994 bis 2001

	1994	*1995*	*1998*	*2000*	*2001*
Gesamtumsatz	154	300	345	506	67
Exportanteil %	54	60	65	73	80
Beschäftigte	148	210	260	300	320

Werte in Mio. SEK, ab 2001 in Mio. €.

Väderstad stellt sein Ackerbaukonzept für Deutschland vor, wo mittlerweile über 10 Mio. Euro Umsatz erzielt werden.
In Frankreich kann die 7 000ste Rapid-Drillkombination an einen Kunden übergeben werden.
Ein Weltrekord wird in Finnland aufgestellt. Mit einer Rapid-Drillkombination mit 6 m Arbeitsbreite werden in 24 Stunden 164 ha gesät.

Aus den selbst gemachten Erfahrungen und den jeweiligen Anforderungen ist das Produktangebot von Väderstad gewachsen.
Das in der zweiten Generation geführte Familienunternehmen produziert jährlich etwa 4 000 Maschinen in Produktionshallen mit 21 000 m^2. Für das laufende Jahr wird ein Umsatz von fast 80 Mio. Euro mit 350 Mitarbeitern erwartet.

Umsatz nach Regionen von Väderstad 2001

Tochtergesellschaften in
Großbritannien (1992)
Frankreich (1994)
Polen (1995)
Ungarn (1996)
Deutschland (1999)
Baltikum (2002)

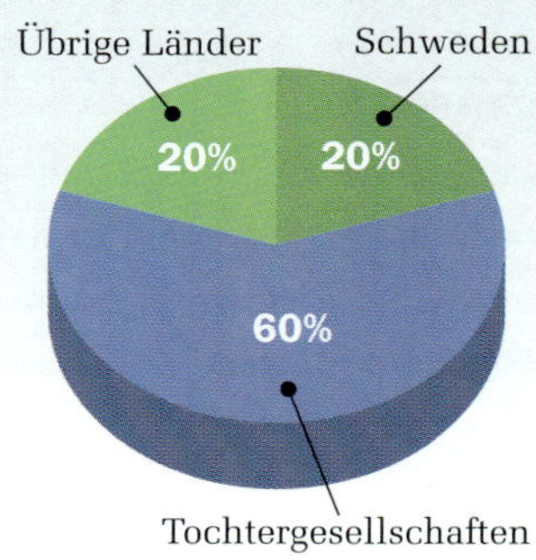

Valtra (Valmet)

Valtra Inc. (VALMET)
Suolahti (Fin)

Skandinavische Symbiose

Die Wurzeln von Munktell, Volvo und Valtra liegen in Schweden und Finnland – Heute einer der wenigen unabhängigen Traktorenhersteller

Die modernen Valtra-Traktoren sind aus einer Kombination der finnischen Valmet und der schwedischen Bolinder BM (Volvo) entstanden. Gemessen an Jahren reicht die Geschichte von BM weiter zurück.

Volvo-BM

1832
gründet Theofon Munktell seine Fabrik in Eskilstuna, nachdem er zwei Jahre zuvor die erste schwedische Druckmaschine gebaut hatte.

1850
beginnt er mit der Fertigung von Dampfmaschinen und Lokomobilen, wovon letztere zum Verkaufsschlager werden. Bis 1921 können fast 7 000 von ihnen gebaut und bis nach Russland, Argentinien und Brasilien exportiert werden.
Ein anderer Pionier ist Johann Thermaenius. Er arbeitet für Munktell und regt, auf Grund der gesammelten Erkenntnisse in Großbritannien, Deutschland und Frankreich, den Bau von Dreschmaschinen an.

1859
kommt die erste von Thermaenius entwickelte Dreschmaschine auf den Markt. Die Gebrüder Carl Gerhard und Jean Bolinder – die späteren Partner von Munktell – stellen ihren ersten serienmäßig mit Kerosin betriebenen Verbrennungsmotor im Jahre 1893 vor. Seit 1845 betreiben sie in Stockholm ein Maschinengeschäft mit Gießerei. Einige Jahre später konstruieren sie einen Zweitakt-Rohölmotor, mit dem die beiden Bolinder-Brüder 1920 etwa 80 % Weltmarktanteil erreichen.

1913
führt Munktell den ersten schwedischen Radtraktor vor – er hat bemerkenswerte Dimensionen. Er wiegt 8 t, der Raddurchmesser der Hinterräder misst mehr als 2 m, und das Kühlsystem nimmt 400 l Wasser auf, bei einer Motorleistung von gerade einmal 30 PS.

1922
endet jedoch mit einer Lieferung von 400 Maschinen an Russland die Dampfära bei Munktell.

1927
wird die AB Volvo in Göteborg gegründet. Auch sie beginnt mit der Herstellung von Traktoren.

Werbeplakat von 1943.

1956 bekam der Kerosin-Traktor einen Diesel-„Bruder".

1932
Zurzeit der großen Wirtschaftsdepression schließen sich die beiden Firmen Bolinder und Munktell zusammen. Diese neue Firma bringt in Folge eineReihe moderner Traktoren auf den Markt.

1940
Im II. Weltkrieg werden die Traktoren mit Holzgas-Generatoren ausgerüstet, und Ende 1945 sind etwa 13 000 dieser Traktoren im Einsatz.

1945
kommt es erst zur Kooperation und dann zur Vereinigung der Firmen AB Volvo und Bolinder Munktell zur Volvo BM.

1952
bringt Volvo BM den *35/36*-Traktor mit einem 3,3-l-Dreizylinder-43 PS starkem Motor auf den Markt und damit den ersten schwedischen Dieseltraktor. Er sieht dem *Ferguson-TE*-Traktor sehr ähnlich. Später ist zu diesem Modell auch ein Frontlader lieferbar.

BM-Volvo-Mähdrescher S 830 mit 2,74 m Schnittbreite und Absackstand. Die Körner kommen aus dem Korntank.

1959
wird mit dem *BM 350* eines der legendärsten und beliebtesten Modelle vorgestellt. Er verfügt über 56 PS Motorleistung, 10/2-Getriebe sowie unabhängige Zapfwelle für die zunehmend gezogenen Mähdrescher.

1960
integriert man die Erntemaschinenfabrik Arvika-Thermaenius, ein Teil der Volvo Corporation, in die Bolinder Munktell. Das ist gleichzeitig der Fertigungsbeginn der gezogenen und selbstfahrenden Mähdrescher von Volvo.

1968
wird der *Volvo BM T650* vorgestellt. Er wird innerhalb von zehn Jahren mit über 29 000 gebauten Einheiten das erfolgreichste Traktormodell von Volvo BM.

1976
und den darauf folgenden Jahren kommen auch die leistungsstärkeren Traktoren mit 90 bis 140 PS auf den Markt, die in größeren Stückzahlen exportiert werden. Darunter auch in Länder wie Kolumbien, Irak und Tansania.

1979
wird die Zusammenarbeit zwischen Volvo BM und Valmet beschlossen, um den „Nordic Tractor" zu entwickeln.

VALMET

1949
wird der erste Traktor-Prototyp von der finnischen Firma Valtion Metallitehtaat vorgestellt. Er besitzt einen 12-PS-Einzylindermotor. Der Motor ist über ein Kanonenrohr mit der Kupplung sowie dem Getriebe und der Hinterachse verbunden.

1951
wird der Firmenname in Valmet Corporation abgeändert.

1953
sind im Produktionsplan 1 000 Traktoren vorgesehen, wovon gleich 850 direkt verkauft werden. Bereits 1952 hatte man die-

sen neuen kleinen 15-PS-Traktor erstmals auf Ausstellungen der Weltöffentlichkeit vorgestellt.

1954
erreicht Valmet den Durchbruch mit einer Produktion von 2 000 Traktoren. Im darauf folgenden Frühjahr wird der 3 000ste Traktor ausgeliefert.

1955
folgt eine 22-PS-Version, der *Valmet 20*, zu dem auch eine Hydraulikanlage geliefert werden kann. Von diesem Typ werden im gleichen Jahr noch 1 511 Traktoren und von dem bisherigen Modell 571 Einheiten verkauft.

1957
wird ein neuer moderner Traktor, dem Ferguson sehr ähnlich, vorgestellt. Die Modellbezeichnung lautet *33D*. Er hat 37 PS, 6-/2-Ganggetriebe und ein Gewicht von 1,7 t.

1959
beschließt man auf Grund der guten Exporterfolge nach Brasilien, dort zu produzieren. Die Fabrik wird bei Sao Paulo errichtet.

1960
im Dezember verlassen die ersten fünf Traktoren das Montageband in Brasilien. Das dort gefertigte Modell, der *360 D*, ist ein einfacher, robuster Traktor, der auf Grund hoher Zollschranken mit einem in Brasilien gebauten MWM-Motor ausgerüstet wird.

1965
kann Valmet bereits 14 800 Traktoren bauen. Während in Finnland die Traktoren mit kleinerer Leistung gefertigt werden, gibt es in Brasilien schon Traktoren mit 85 bis 116 PS.

1973
werden in Brasilien 10 200 Traktoren in der neuen Farbgebung Braun/Gelb gebaut und

1975
verlässt der 50 000ste Traktor das brasilianische Werk.

1976
zieht Finnland mit dem 55 000sten Traktor nach.

1979
gründet man im Rahmen des Zusammenschlusses die Scantrac AB in Eskilstuna, an der die beiden Firmen Volvo BM und Valmet mit jeweils 50 % beteiligt sind.

oben:
Volvo BM 2654.

links, kleines Bild:
Der erste Munktell-Traktor von 1913 wog 8 t.

Der Valmet 361 D mit 46 PS, vorgestellt 1961.

1980
unterzeichnen Valmet und die Regierung von Tansania ein Abkommen zur Errichtung einer Traktorenfabrik. Für das Joint Venture wird seitens Tansania die Tansania-Tractors-Manufacturing Company Ltd., mit der Kurzbezeichnung Trama, gegründet.

1983
beginnt in Tansania die Montage von zunächst drei Typen in dem Werk Kibaha bei Daressalam unter dem gleichen Dach mit der Scania-Lkw-Produktion.

1985
kauft Valmet alle Anteile der Scantrac AB von Volvo-BM bei gleichzeitiger Namensänderung in Valmet.
Noch im gleichen Jahr verzeichnet die Trama in Tansania einen Produktionsrekord mit 729 Traktoren.

1986
beschließen die Valmet OY und die Steyr-Daimler Puch AG, Wien, auf dem Traktorensektor zusammenzuarbeiten. Geplant sind Kosteneinsparungen durch gemeinsame Entwicklung, Einkauf und Fertigung. Die gegenseitige Belieferung ist aber erst für die 90er Jahre geplant. Die laufenden Programme beider Firmen sollen davon nicht betroffen werden.

1988
sind die Firmenergebnisse besonders gut. In Skandinavien erreicht man 20 % Marktanteil, allein 27 % in Finnland und 26 % in Schweden. Valmet do Brasil hält 20 % des südamerikanischen Marktes.
Neben Tansania werden Traktoren auch nach Sambia, Uganda und in den Sudan geliefert.

1990
wird die Traktorreihe *MEGA 8000* und ein Jahr später die Reihe *Mezzo 6000* vorgestellt. Letztere löst die seit 1983 erfolgreiche Baureihe *05* von Volvo BM-Valmet ab. Zusätzlich kommt noch der Twin-Trac, ein Zweiwegetraktor, auf den Markt.

1992
wird in Brasilien eine leichte, aus acht Typen bestehende Traktorreihe eingeführt. Gleichzeitig beginnt man mit der Montage der *Metta-4000er*-Reihe in Montijo, Portugal. Das Werk wurde 1990 gemeinsam mit der Entwicklungsgesellschaft Iapmei, die 26 % der Anteile hält, errichtet.

1993
beginnen Gespräche mit Massey Ferguson, Beauvais, Frankreich. Valmet benötigt eine große Traktorenreihe, MF für seine großen Traktoren leistungsstarke Motoren. Mehrere Versionen werden diskutiert. Es wird beschlossen, dass MF den Valmet *612-DS*-7,4-Liter-Motor mit 180 PS bezieht und diesen in das Modell *MF 3680* einbaut, dafür erhält Valmet Getriebe aus Beauvais.
Zunächst wird in der großen Baureihe das bekannte Dynashift-Getriebe von Massey Ferguson eingesetzt.
Steyr bringt die neuen Traktoren *9155* (155 PS), *9170* (170 PS) und *9190a* (190 PS) auf den Markt. Sie werden in Zusammenarbeit mit Valmet und MF produziert und von allen drei Firmen in jeweils anderem Design verkauft.

1994
kommt der Valmet-Traktorenbau im Rahmen einer Neuordnung des finnischen

Staates (Haupteigner) zur Sisu-Gruppe, einem Fahrzeughersteller. Die Sisu-Gruppe erreicht mit 6 400 Beschäftigten in 17 Werken in aller Welt einen Umsatz von 4,6 Mrd. Fmk.
Daneben können noch 10 000 4- und 6-Zylinder-Motoren hergestellt werden. Hauptkunden sind neben den Sisu Tractors in Suolahti, die Firmen Dronningborg, Massey Ferguson, Steyr und Sisu Logging, der Produzent der Valmet-Forstmaschinen. Im Dezember werden die ersten 4- und 6-Zylinder-Motoren bei Valmet do Brasil eingebaut. Damit ändert sich dort die seit 1960 andauernde Zusammenarbeit mit MWM Motores Diesel. MWM liefert jetzt nur noch Motoren bis 85 PS. MWM Motores Diesel trennte sich von der gleichnamigen Muttergesellschaft, nachdem KHD die europäischen Aktivitäten 1984 aufkauft hatte.
Valmet hat seit Fertigungsbeginn in Brasilien rund 400 000 Traktoren produziert.

1995
werden 12 500 Dieselmotoren gebaut. Dabei ist zu berücksichtigen, dass sich Valmet auf den Bau von „Offroad"-Motoren spezialisiert hat. Seit 1946 sind in Nokia, Linnavuori annähernd 200 000 Motoren gebaut worden.
Der Sisu-Konzern erreicht 1995 einen Gesamtumsatz von 5,9 Mrd. Fmk.

1996
wird die Traktorenreihe *8000* zur *8050* optimiert und dabei mit dem leistungsstärkeren Permatorque-Motoren im Leistungsbereich von 110 bis 190 PS ausgestattet. Dazu entwickelt man auch das Delta-Powershift-Getriebe weiter.

1997
wird im Rahmen der Konzentration der finnischen Metallindustrie eine Absichtserklärung unterzeichnet, wonach der Sisu-Konzern in den Partek-Großkonzern integriert werden soll. Der Kern des Konzerns wird dann aus den jetzigen Hauptgeschäftszweigen der Sisu-Gruppe mit Lkw-Fertigung, Traktoren, Forstmaschinen, Terminal-Traktoren, Containerhubwagen und der Cargotec-Gruppe des Partek-Konzerns gebildet.
Seit 50 Jahren werden Valmet-Dieselmotoren im Werk Limavuori der Sisu Diesel OY hergestellt. Zu den Meilensteinen gehört 1980 die Vorstellung von Motoren, die mit dem Druckwellenlader *Comprex* ausgestattet sind. Seit 1986 gibt es den Kooperationsvertrag mit Steyr, dessen Resultat die *Serie 20* ist. Steyr gibt in der Endphase der Entwicklung diese Motorenproduktion auf, so dass ab 1993 Valmet-Motoren in Steyr-Traktoren eingebaut werden. Das Motorenwerk in Tampere wird 1991 der Traktorengruppe angegliedert. Die Lieferungen an das brasilianische Traktorenwerk hat man 1993 eingeleitet, und bereits 1994 werden dort die ersten Motoren montiert.
Valtra vereinbart den Verkauf der Lizenz- und Fertigungsrechte für den *Valmet-365-*

Entwicklung des Firmenlogos.

Valmet 118 aus brasilianischer Produktion.

Valmet 8050 mit 110 PS von 1996.

Traktor an die Indische Eicher Tractors Ldt. In zwei bis drei Jahren sollen dort die ersten Traktoren mit einer Jahresproduktion von 1 000 Einheiten ausgeliefert werden. Angestrebt wird eine Jahresproduktion von 5 000 Traktoren. Eicher Tractors vertreibt über 260 Händler in ganz Indien und erreicht einen Umsatz von umgerechnet rund 335 Mio. DM in ihren zehn Werken und 30 Handelszentren mit 6 000 Beschäftigten.
Die Sisu Tractors OY wird jetzt in Valtra OY geändert. Dieses ist eine Konsequenz aus dem Verkauf des Valmet-Traktorgeschäftes an Sisu im Jahre 1994. In diesem Jahr fusionierte Sisu mit der Partek-Gruppe.
Bis zum Jahr 2001 können noch Traktoren mit der Markenbezeichnung Valmet geliefert werden. Danach erfolgt die neue Firmierung Valtra (Kurzform von VALmet TRAktoren), wie sie schon bei Valtra do Brasil und der norwegischen Verkaufsgesellschaft Valtra-Norge eingeführt ist.
Valtra do Brasil ist der zweitgrößte brasilianische Traktorenhersteller.
In der Fabrik mit einer Jahreskapazität von 12 000 Traktoren sind 800 Mitarbeiter beschäftigt, die 6 000 Traktoren bauen. Davon gehen 1 600 Stück in den Export in 40 Länder, das sind 37 % der brasilianischen Traktorenausfuhr.
Valtra bietet in Brasilien drei verschiedene Modellreihen an:
– Eine leichte Baureihe mit acht Modellen von 61- bis 75-PS-MWM-Motoren als Standard- oder Schmalspurtraktoren, wahlweise auch mit Allradantrieb.
– Zur mittleren Baureihe gehören ebenfalls acht Modelle mit 84 bis 118 PS, wobei nur der 84-PS-Motor von MWM stammt. Die übrigen sind Valmet Motoren. Diese Baureihe gibt es nur mit Allradantrieb. Der größte 118-PS-Traktor wird auch nach Europa exportiert.
– Von der großen Baureihe, auch mit acht Modellen, wird der Kleinste von einem MWM-Motor angetrieben. Die übrigen Allrad-Traktoren haben 130 bis 170 PS.

Knicklenker-Traktor der X-Serie von Valtra. Mit einem Drehwinkel von 42° wird ein deutlich geringerer Wendekreis gegenüber Standardschleppern erreicht.

1997

ist der brasilianische Traktorenmarkt 15 700 Einheiten groß, im Vergleich zum Vorjahr mit 10 300 Traktoren eine gewaltige Steigerung. Der Valtra-Marktanteil liegt bei 27 %. In Skandinavien werden 17 400 Traktoren verkauft, dort sichert sich Valtra einen Anteil von 26,4 %. Daran sind Finnland mit 42,6 % und Schweden mit 27,1 % beteiligt. Knapp 3 000 Traktoren gehen in andere europäische Länder, darunter nach Frankreich mehr als 1 200 Stück.
Valtra schließt mit der Agritalia SpA ein Abkommen über die Fertigung von Spezialtraktoren der neuen Valtra-Serie *3000*. Agritalia ist eine Tochtergesellschaft der Carraro Group, einem Achsen-, Getriebe- und Komponentenhersteller (ebenfalls in Campodarsego ansässig).
Diese Traktoren werden über die gesamte Valtra-Organisation international verkauft. Mit fortschreitender Expansion ist es notwendig geworden, die Bandbreite um Wein- und Obstbautraktoren zu ergänzen – vor allem für Südeuropa.
Die vier Modelle liegen in einem Leistungsbereich von 70 bis 103 PS. Das Agritalia Werk ist in Rovigo, Norditalien, beheimatet und auf den Bau von Wein- und Obstbau-Traktoren spezialisiert. Es produziert diese für Valtra und weitere vier Hersteller.
1997 werden dort 4 600 Traktoren gebaut und damit ein Umsatz von 140 Mio. DM erzielt.

1998

kann Valtra mit dem Traktorenwerk HTZ in

Kiew einen Kooperationsvertrag über die Produktion von Valtra-Traktoren in der Ukraine abschließen. HTZ ist dort der führende Hersteller und hat seit seiner Gründung 1931 mehr als 3 Mio. Traktoren gebaut. Neben den Traktoren im Leistungsbereich zwischen 12 und 170 PS gehören auch verschiedene Baumaschinen zum Programm. Im Vorjahr wurden in diesem Werk 17 000 Traktoren gefertigt.
Valtra stellt einen Knickschlepper, speziell für den Einsatz in Forst und Kommunen, vor. Das zwischen Vorder- und Hinterachse eingebaute Gelenk ermöglicht einen Lenkwinkel des vorderen Teiles, über dem der Motor liegt, um jeweils 42° nach beiden Seiten. HiTrol-Turbokupplung, dreistufige Lastschaltung mit dem Delta-Powershift-Getriebe und Komfortkabine sind weitere Merkmale dieser Maschine mit niedrigem Eigengewicht.
Für Valtra sind die Forstmaschinen zu einer wichtigen Sparte geworden. 1997 liegen diese Umsätze bei 969 Mio. Fmk.
Die *Mezzo*-Reihe und die *Mega*-Serie bieten jetzt zusätzlichen Bedienungskomfort: Der neue Kupplungsschalter *HI shift* erspart dem Fahrer das Betätigen des Kupplungspedals.
Mit ZF wird ein für Valtra speziell zugeschnittenes Getriebe für Leistungen über 200 PS entwickelt.
Valtra und ZF do Brasil vereinbaren die Lieferungen von Fronttriebachsen.
Das neue dreistufige Lastschaltgetriebe in der *6000er*- und *8000er*-Reihe macht das Kupplungspedal überflüssig. Dieses Lastschaltgetriebe wird von einem Computer gesteuert. Außerdem wird eine neue luftgefederte Vorderachse angeboten. Die Aires-Vorderachse hat einen Luftkompressor als Standardausrüstung, der gleichzeitig die Anhängerbremsanlage und andere Verbraucher versorgen kann.
Im Jubiläumsjahr, anlässlich des 100-jährigen Bestehens der Muttergesellschaft Partek erzielt diese einen Gesamtumsatz von 13,5 Mrd. Fmk. Der Hauptgeschäftszweig ist der Maschinenbau für den Industrieeinsatz, gefolgt vom Bereich Containerhandling (Kalmar), Ladungshandling (Partek Cargotec), Forstmaschinen (Partek-Forest) und Traktoren (Valtra).

Valmet-Holzernter 921.

1999
zieht die deutsche Niederlassung von Landshut-Ergolding nach Hannover-Langenhagen um. Dort werden die Räumlichkeiten der Schwesterfirma Partek mitgenutzt.
Valtras neue Vertretung in Polen ist die niederländische Firma Vlogtmann, die auch die Interessen von Lemken, Fella und Bøgballe vertritt. Zuerst verkaufte Vlogtmann New Holland-Maschinen, hat dies aber nach dem Erwerb des polnischen Mähdrescherherstellers Bizon durch New Holland aufgegeben. Die starke Präsenz der Muttergesellschaft in Polen unterstützt dort die Valtra-Geschäfte. Außerdem wird von dort der Valtra-Vertrieb in die Tschechische und Slowakische Republik, Ungarn sowie Kroatien gesteuert.
Valmet liefert 1999 für 5 Mio. Fmk. Traktoren an den Straßendienst nach Litauen und baut damit seine Marktführerschaft in der baltischen Republik weiter aus.

Valmet-Allrad-Traktor.

Die S-Serie mit 230 und 260 PS sind die Flaggschiffe von Valtra.

Die neuen *TwinTrac*-Modelle aus der HighTech-Baureihe sollen die Vorzüge von Standard- und Systemtraktoren verbinden. Dazu kann in der sehr geräumigen Kabine der Fahrersitz gedreht werden, die Bedienungselemente sind zweifach vorhanden. Zur Agritechnica präsentiert Valmet die neue S-Serie mit einem 260-PS-Prototyp. Sie soll neue Maßstäbe in puncto Ergonomie, Produktivität und Zuverlässigkeit setzen. Als Kraftquelle dient ein elektronisch gesteuerter 8,4-Liter-Sisu-Valmet-Diesel, verbunden über eine Voith-Turbinenkupplung mit einem ZF-Wendegetriebe mit Valtra-Steuerungssystem. Gefederte Vorderachse und Kabine dienen dem Komfort. Der 8 t schwere Traktor erreicht 50 km/h.

2000

Valtra liefert die luftgefederte Vorderachse *Aires* für alle *Mezzo-*, *Mega-* und *HiTech*-Traktoren. Darüber hinaus bietet Valtra für die 4-Zylinder-Modelle *6650* und *6850* sowie alle 6-Zylinder-Modelle eine 50-km/h-Version an. Die *HiTech*-Reihe wird um den *6250* mit 80 PS nach unten erweitert.

2001

heißt der Hersteller endgültig Valtra, und mit einem neuen Firmenlogo startet der finnische Traktoren-Produzent in die nächsten 50 Jahre.

Jetzt startet Valtra in der Großtraktorenklasse mit zwei Modellen der S-Serie mit 230- und 260 PS-Motoren und 40/40 Gang-Getriebe mit vier Lastschaltstufen bis 50 km/h sowie Getriebeautomatikfunktionen, bekannt aus der HiTech-Baureihe.

Valtra Deutschland erreicht mit 485 Traktorzulassungen einen Marktanteil von 2 % und einen Umsatz von etwa 50 Mio. DM. In fünf Jahren wird ein Marktanteil von 5 % und in zehn Jahren von 10 % (nach Vervollständigung des Programm-Angebotes) angestrebt.

Bis heute sind insgesamt 480 000 Valmet- und Valtra-Traktoren hergestellt worden. Zählt man die Volvo Traktoren hinzu, ergibt das eine Gesamtzahl von 750 000.

Das Unternehmen, das seit 1993 als erster Traktorhersteller weltweit das ISO-9001-Zertifikat besitzt, erhielt 1999 den finnischen Qualitätspreis.

Mit einer Produktion von insgesamt 15 900 Traktoren und 20 700 Dieselmotoren konnte 2000 4,1 Mrd. Fmk Umsatz erzielt werden.

VALTRA
Umsätze nach Regionen (2001)

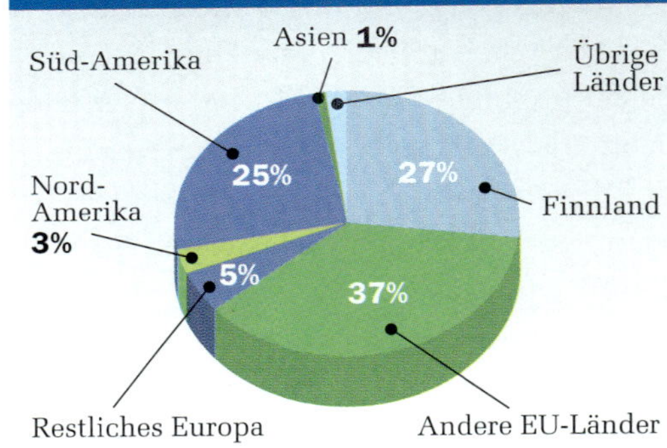

Umsatz, Produktion und Zahl der Beschäftigten von Valtra 1994 bis 2001

	1994	*1995*	*1996*	*1997*	*1998*	*1999*	*2000*	*2001*
Gesamtumsatz	2.800	2.360	2.614	3.245	3.541	3.541	3.990	685,5 €
Nettogewinn	248	115	98	203	167	177	205	26,5 €
Beschäftigte	2.591	2.214	2.159	2.357	2.405	2.375	2.358	2.430
Traktoren-Produktion (in Stück)	15.958	11.269	11.295	14.002	15.416	14.961	15.615	16.106
Davon in								
Finnland	4.506	5.906	6.942	7.990	8.426	9.223	8.896	8.638
Brasilien	11.452	5.363	4.353	6.012	6.990	5.738	6.719	7.468

Werte in Mio. Fmk, ab 2001 in Mio. €.

Vicon

Vicon International B.V.
Nieuw Vennep (NL)

Pendelndes Rohr

Die Erfindung des Pendeldüngerstreuers kam aus Italien – Heute im Kverneland-Konzern

1910
gründet Hermanus Vissers im trockengelegten Poldergebiet des Haarlemmermeeres etwa 16 km südwestlich von Amsterdam ein Lohnunternehmen mit einer Schmiede, die später zur Keimzelle des Vissers Constructionsbetriebs Vicon werden soll. Der anfänglich betriebene Landmaschinenhandel wird zu Beginn der 30er Jahre aufgegeben.

1933
erst beginnt Vicon mit einer kleinen Fabrikation. Zunächst werden Sackheber, Kartoffelsortiermaschinen, Ährenheber und anderes Zubehör für Mähwerke hergestellt.

Einer der ersten Streuer von Vicon.

1943
entwickelt Vicon eine Kartoffellegemaschine nach einem belgischen Vorbild, die erst nach erheblichen Verbesserungen funktioniert und

1946
auf der ersten Nachkriegsmesse in Utrecht vorgestellt wird. Das Resultat ist überwältigend, denn nicht weniger als 2 000 Maschinen werden bestellt. Dies ist für Vicon der eigentliche Beginn der Landmaschinenfabrikation.

1949
gelingt der große Durchbruch mit der Aufnahme der Produktion des von van der Lely erfundenen Sternradwenders. Vielfältige Ausführungen dieser Maschine ermöglichen einen starken Absatz im internationalen Markt.
Vicon kann die Vertriebsrechte dieser Sternradwender für die Niederlande, Großbritannien, Skandinavien, Kanada, Australien und Neuseeland erwerben.

1955
werden die nun erweiterten Fabrikationsanlagen durch den damaligen niederländischen Landwirtschaftsminister Dr. Sicco Mansholt eingeweiht.

1958
bringt Vicon die zweite innovative Landmaschine auf den Markt. Der Pendeldüngerstreuer, der von dem italienischen Erfinder Steffenino entwickelt wurde, erweist sich als der größte Verkaufserfolg des Unternehmens.
Danach kommen weitere Maschinen in das Programm, die sich aber im Markt nicht so richtig durchsetzen können. Zum Beispiel ein Futterlader, eine Spatenmaschine zur Bodenwendung in mehreren Arbeitsbreiten bis zu 6 m und ein selbstfahrender Kartoffelvollernter. Dieser kann nach Umrüstung auch zur Rübenernte eingesetzt werden. Bei dieser Erntemaschine handelt es sich um eine traktormontierte Einheit, sodass der Traktor nach der Ernte wieder für normale Aufgaben zur Verfügung steht.

1960
erreichen die Umsätze 16 Mio. hfl., wobei der Export in 25 verschiedene Länder etwa 70 % ausmacht. Die Mitarbeiterzahl ist inzwischen auf 400 angestiegen.
Die zwei Jahre zuvor eingeführte Spatenmaschine stößt bei der breiten Landwirtschaft nur auf geringes Interesse. Deshalb wird eine Pendelegge entwickelt, die vom Markt wesentlich besser aufgenommen wird.

1971
zieht sich Herbert Vissers aus der Firma zurück. Er übergibt 51 % der Anteile an eine Investmentfirma.

1979
Vicon nimmt eine neue Fabrik in Betrieb, in der Kunststoffprodukte (glasfiberverstärkte Polyesterteile) hergestellt werden. Auch die Einrichtung einer eigenen Gießerei erfolgt zu diesem Zeitpunkt.

Pendelegge mit Krümler SE 450 mit 4,5 m Arbeitsbreite.

1981
Wird die Vicon B.V. von der internationalen Industriegruppe Thyssen Bornemisza T.B.G. komplett übernommen und in die Greenland N.V. eingegliedert.

1983
läuft der 750 000ste Pendeldüngerstreuer vom Band. Danach wird eine Pneumatik-Drillmaschine und ein Anbau-Scheibenmäher in das Herstellungsprogramm aufgenommen und gleichzeitig die belgische Firma Allaeys Company übernommen. Dieses Unternehmen stellt eine komplette Reihe von Feldspritzgeräten her.

1985
erzielt Vicon einen Gesamtumsatz von 392 Mio. hfl. Von den 1 000 Beschäftigten sind allein 400 im Ausland tätig.
Das Produktprogramm ist auf Futterernte, Düngung, Aussaat und Pflanzenschutz ausgerichtet.
Fertigungsanlagen befinden sich in den Niederlanden (5), Kanada (2), Brasilien, Spanien, Belgien, und in Indien mit einem Joint Venture. Verkaufsniederlassungen existieren in den Niederlanden, Belgien, Dänemark, Deutschland, Frankreich, Großbritannien, Spanien, Japan, zwei in Kanada und drei in den USA.

Weitere Entwicklung siehe Greenland und Kverneland.

Pendelstreuer PS 754-18.

Vogel & Noot

Vogel & Noot Landmaschinen AG
Wartberg (A)

Stahlkonzern mit Landmaschinen

Pflüge und Schare bestimmten lange das Programm – Mit Niemeyer-Übernahme auch die Grünlandtechnik deutlich erweitert

1872
gründen Friedrich Vogel, Hugo Noot und Hermann Bührlein in Wartberg an der Mürz (Österreich) mit einer Stahlfrischerei, einem Hammer und einem Blechwalzwerk die erste Werksanlage. Die ersten Produkte sind Spaten und Schaufeln.

1897
kommt ein Gesenkwalzwerk für Pflugschare hinzu.

1900
errichten Vogel & Noot-Ingenieure das erste Wasserkraftwerk in der Steiermark.

1922
beginnt man mit dem Bau kompletter Pflüge, nachdem drei Jahre zuvor das Scharenwalzwerk erweitert worden war.

1936
wird das Unternehmen in eine Aktiengesellschaft umgewandelt.

1939
werden Gespannpflüge in Großserien bis zu 7 000 Einheiten gefertigt.

1946
Die Produktion des ersten Traktoranhängepflugs *Panther 1* beginnt.

1950
baut Vogel & Noot den ersten Motormäher Österreichs. Von diesen Maschinen wurden bis heute 80 000 Stück produziert.

1952
Der Bau von Einachstraktoren sowie eines

Der Heublitz – durch den großen Stützradabstand und niedrigen Schwerpunkt besonders hangtauglich.

oben:
8-schariger Aufsattel-Beetpflug.

rechts:
Profi/Magnum mit 3 bis 7 m Arbeitsbreite.

seilwindenbetriebenen Bergsitzpfluges wird aufgenommen.

1956
stellt das Unternehmen den ersten Beetpflug der Serie *Comet* vor.

1960
beginnt Vogel & Noot mit der Entwicklung des Bandrechwenders *Heumagd*.

1961
Der erste Grenzpflug wird produziert.

1962
Der *Heublitz* kommt auf den Markt – ein Gerät, das auch heute noch in ganz Europa mit Vogel & Noot in Verbindung gebracht wird.

1963
stellt die Firma die ersten Weinbaupflegegeräte vor und fünf Jahre später den Düngerstreuer *Tornado*.
Bis in die 70er Jahre wird der Umsatz des Unternehmens in erster Linie vom Blechwalzwerk bestimmt; der Landmaschinenbereich erzielt jedoch ansehnliche Exporterfolge. Die Hauptmärkte sind Jugoslawien, Italien, Schweiz, Frankreich, Großbritanien, Deutschland, Irland, Spanien, Skandinavien, Japan und die USA.

1972
beliefert Vogel & Noot alle österreichischen

Pflughersteller mit Pflugscharen. Der Jahresausstoß liegt bei rund 250 000 Stück.

1973
wird die Pflugfabrik KMF übernommen und die Entwicklung von Drehpflügen eingeleitet.

1979
verlässt der erste Euromat-Volldrehpflug das Werk in Wartenberg, nachdem ein Jahr zuvor die Beetpflüge der Baureihe *Farmer K* und *L* vorgestellt wurden.

1982
verlassen die ersten *Euromat*-Pflüge der Baureihe *HF* das Werk. Es sind die ersten von Vogel & Noot hergestellten Pflüge in Leichtbauweise und mit Vergütung der wesentlichen Teile.

1985
Die Saatbettkombination *Euro-Kombi* wird vorgestellt.

Pneumatische Drillmaschine Pneumadrill bis 6 m.

1989
wird Vogel & Noot der Staatspreis für gutes Design für den Motormäher *Jet 3* verliehen.

1993
Weil in Wartenberg keine Erweiterungsmöglichkeiten gegeben sind, errichtet das Unternehmen in Ungarn ein modernes Werk für Pflüge mit einem Aufwand von knapp 30 Mio. DM mit einer Produktionskapazität von zunächst 5 000 Pflügen.

1994
Das Unternehmen ist nach eigenen Angaben mit 4 300 Pflügen pro Jahr die Nr. 2 unter den größten Pflugherstellern der Welt. Dominiert werden die Märkte in Österreich und Ungarn mit jeweils über 50 % Marktanteil, gefolgt von Spanien und der Schweiz mit etwa 30 %. In Tschechien, Deutschland und Frankreich liegen die Marktanteile bei 20 % und deutlich darunter.

1995
bringt das Unternehmen den Geräteträger *Säpak* auf den Markt. Bei diesem Gerät handelt es sich um eine Saatbettkombination in Rahmenausführung mit eigenem Fahrgestell, ausgerüstet mit Schleppschild, Flachsteg- und Winkelstabwalze, Kultureggen mit Garezinken sowie einer Planierschiene mit nachfolgender Walzenkombination zur Rückverfestigung des Bodens. In einer Anbauvorrichtung kann eine pneumatische Drillmaschine tschechischer Herkunft mitgeführt und hydraulisch betätigt werden. Dieses Gerät kann in Arbeitsbreiten von 2,5 m bis 8,0 m geliefert werden. 70 % dieser Geräte gehen in den Export.

1996
kommen neue Aufsattelpflüge mit sechs bis neun Scharen sowie eine Kreiseleggenfamilie mit Arbeitsbreiten von 2,5 m bis 6 m in das Lieferprogramm. Sie sind geeignet für Traktoren bis 260 PS.
Bereits nach drei Jahren seit Eröffnung des Werkes in Monson Magyarovar, Ungarn, kann Vogel & Noot den 10 000sten Drehpflug der Erfolgsserie *Permanit 3 S* ausliefern. Damit setzt Vogel & Noot auf Großflächentechnologie, ohne die bäuerlichen Betriebe zu vernachlässigen, auf die 80 % des Landtechnikumsatzes entfallen.

1998
Vogel & Noot übernimmt 69 % der Stammanteile der H. Niemeyer Söhne GmbH & Co KG in Hörstel Riesenbeck und 76 % der Stimmrechte ihrer Tochtergesellschaft Niemeyer Landmaschinen GmbH.

Niemeyer SM 260 FZ am Traktorheck in Schubfahrt.

1999

Auf der Sima in Paris erfolgt der erste gemeinsame Auftritt von Vogel & Noot und Niemeyer. Niemeyer zeigt den Mäher *Semitra*, einen in der Dreipunktkupplung geführten gezogenen Mäher. Erstmals werden dort auch die Vogel & Noot-Schlegelhäcksler mit Arbeitsbreiten von 1 m bis 4 m vorgestellt.

Vogel & Noot und Niemeyer zusammen gehören in Europa zu den führenden Herstellern von Bodenbearbeitungsgeräten und Heuerntemaschinen. Ihre Programme ergänzen sich weitgehend. Vogel & Noot übernimmt den Vertrieb der Niemeyer-Produkte in Frankreich, Österreich, Spanien und den mitteleuropäischen Reformländern.

Die Tochtergesellschaft Vogel & Noot, Niemeyer Kft. in Szentgotthard/Ungarn nimmt ihre Arbeit auf.

Am Standort Riesenbeck werden dadurch bis Jahresmitte 2000 etwa 1 300 Arbeitsplätze entfallen. Künftig verbleiben dort die Unternehmensbereiche Forschung und Entwicklung, Testbetrieb, Prototypen- und Vorserienbau, Sonderanfertigungen, Farbgebung, Montage, Qualitätskontrolle, Versand, Kunden- und Ersatzteildienst, Marketing, Vertrieb und die Verwaltung mit 110 Dauerarbeitsplätzen. Wäre diese Zusammenarbeit nicht zustande gekommen, hätte dies wegen der schlechten Kostenstruktur sicher das Aus für das Unternehmen Niemeyer bedeutet.

Die Vogel & Noot-Gruppe verfügt über 13 Produktionsstätten in Europa, davon drei in Österreich, und arbeitet auf vier Geschäftsfeldern.

1. Wärmetechnik (Radiatoren, Boiler),
2. Verpackungstechnik (Lebensmitteldosen usw),
3. Landmaschinen (Bodenbearbeitungs- und Futtererntetechnik sowie
4. Technologie (Zulieferer für die Automobilindustrie).

2000

erzielte der Konzern einen Gesamtumsatz von 4,3 Mrd. öS. Davon entfallen 43 % auf Wärmetechnik, 36 % auf Verpackungstechnik, 17 % auf Landtechnik und 4 % auf Technologie.

Nach Regionen entfallen 23 % auf Österreich, 60 % auf die übrigen EU-Länder, 16 % auf Osteuropa und 1 % auf sonstige Länder.

Insgesamt werden 3 000 Mitarbeiter beschäftigt, davon 2000 im Ausland.

Die Niemeyer-Umsätze fließen erst 1999 in die Ergebnisrechnung ein.

2001

Das Unternehmen erwartet Verluste, die dem Landtechnikbereich zuzuordnen sind. Die Restrukturierungskosten für die Landmaschinentochter Niemeyer sind offenbar größer als vermutet. Auch die umfangreichen Expansionen in Ostdeutschland und den Reformländern tragen zu den Verlusten bei. Ein Sanierungsplan sieht das Gesundschrumpfen des Unternehmens vor.

Im Zuge der Restrukturierung schließt Vogel & Noot den Produktionsstandort Hörstel-Riesenbeck. Der Forbestand von Niemeyer aber, die jetzt unter Niemeyer Agrartechnik GmbH firmiert, ist gesichert. Daran sind mehrere Investoren beteiligt. Während die Komponentenproduktion im Vogel & Noot-Werk in Ungarn erfolgt, verbleiben die Endmontage und die Qualitätskontrolle in Hörstel. Insgesamt werden dort 50 Mitarbeiter beschäftigt.

Vogel & Noot rutscht in die roten Zahlen, zum einen wegen der Neuordnung im Landtechnikbereich, zum anderen wegen der Schließungskosten für den deutschen Wärmetechnikstandort Gera.

Als Teil der Restrukturierung trennt sich Vogel & Noot von der gesamten Wärmetechnik, die an die finnische Rettig-Gruppe verkauft wird.

2002

Die Vogel & Noot Landmaschinen GmbH & Co. KG ist dagegen für einen Neustart gut gerüstet.

Die Eigentümerin Vogel & Noot Holding AG will dazu einen Investor oder strategischen Partner finden und plant in Mürztal, Steiermark, weitere Investitionen für Produktentwicklung und Erprobung. Die Produktion verbleibt in Mosonmagyorovar und für Grünfuttererntemaschinen in St. Gotthard, beide Ungarn.

Im Herbst zeigt Vogel & Noot die mittelschwere Pflugreihe *plus XMS* mit einem Turm aus Formpressteilen für höchste Stabilität sowie die neue *Terrapack*-Krümelwalze zur Rückverfestigung als Nachläufer zum Scheibengrubber *F 2*.

Der *master cut*-Schlegelhäcksler *TSL* steht in einer Arbeitsbreite von 1,40 bis 4,60 m zur Verfügung.

Von Niemeyer kommt ein *Power Disc*-Mähwerk mit Mittenaufhängung zur besseren Bodenanpassung auf den Markt. Der wekzeuglos wegzuschaltende Aufbereiter arbeitet über die gesamte Arbeitsbreite von 2,55 oder 3,05 m.

Scheibengrubber F 2.

Umsatz nach Produkten und Regionen von Vogel & Noot-Landtechnik 2001

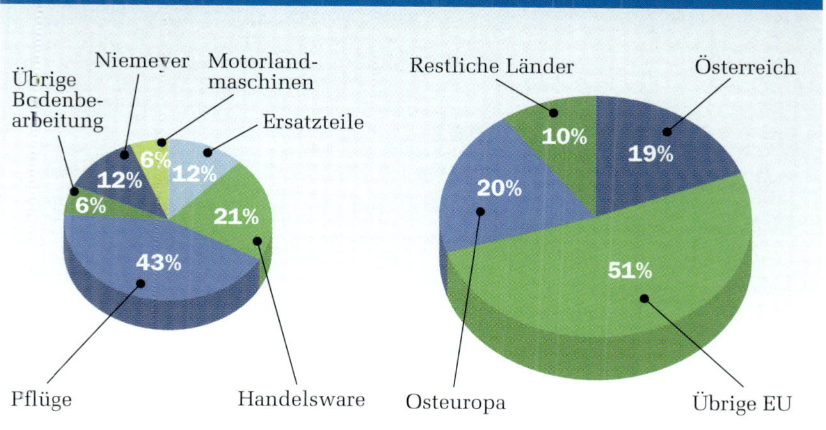

Umsätze und Zahl der Beschäftigten von Vogel & Noot 1994 bis 2001

	1994	*1995*	*1996*	*1997*	*1998*	*1999*	*2000*	*2001*
Gesamtumsatz in Mio. öS	3.267	3.579	4.018	4.409	4.237	4.577	4.374	321
Beschäftigte		2.810	2.855	3.086	3.030	3.021	3.182	2.869
Landtechnik Gesamtumsatz				746	735	945	955	64,3
Beschäftigte				514	553	734	852	737

Werte in Mio. öS, ab 2001 in Mio. €.

Welger

Welger GmbH
Wolfenbüttel (D)

Lange Nummer eins bei Pressen

Hohe Patenteinnnahmen ließen die Kasse kräftig klingeln –
Eigene Produktion vernachlässigt

1899
gründen Franz und Gustav Welger in Wolfenbüttel die Maschinenfabrik Gebrüder Welger und beginnen mit der Herstellung und Weiterentwicklung von Strohpressen, für die man schon um 1880 erste Patente erworben hatte. Die ursprünglichen Pressen arbeiten noch mit einer Handbindung.

1901
konstruiert Welger die erste automatisch bindende Ballenpresse der Welt, für deren Erfindung ein Patent erteilt wird.

Schwingkolbenpresse als Ergänzung zur Standdreschmaschine.

1928
macht Welger die ersten Versuche mit einer Aufsammelpresse, daneben erfolgt der Aufbau einer zweiten Produktlinie, nämlich die Fertigung landwirtschaftlicher Transportfahrzeuge.
Welger ist die erste Fabrik, die Ackerwagen serienmäßig mit Luftbereifung ausrüstet.

1930
folgen die schweren stationären Laufkolbenpressen mit Drahtbindung und zwei Jahre später die leichteren Schwingkolbenpressen der *WSP*-Baureihe.

1950
werden im Zuge der weiten Verbreitung der Mähdrescher die Mähdrescher-Anbaupressen in das Fertigungsprogramm aufgenommen.
In den nachfolgenden Jahren erweitert Welger auch seine Produktpalette landwirtschaftlicher Transportfahrzeuge. Die Plattformwagen werden um Stalldungstreuer und später um Ladewagen ergänzt.

1951
stellt Welger die erste Hochdruckpresse *AP 15* vor, aus der alle späteren *AP*-Baurei-

oben links:
Hochdruck-Aufsammelpresse AP 63.

oben rechts:
Das Stalldungstreuer-Programm Anfang der 80er Jahre: LS 260, LS 270, LS 280, LS 290 und LS 300.

hen abgeleitet werden. Hierzu gehört auch die legendäre *AP 12*.
Parallel dazu werden leichtere Niederdruck-Aufsammelpressen der *WSA*-Baureihe gefertigt.

1964
will Welger mit einer Eigenentwicklung von Scheibenmähwerken eine dritte Produktlinie aufbauen.
Der Erfolg ist eher bescheiden, denn in Deutschland werden zu diesem Zeitpunkt von den einschlägigen leistungsstarken Firmen ausschließlich Trommelmähwerke angeboten, die den Markt beherrschen.

1972
wird das Pressenprogramm um spezielle Ballenpressen in stationärer Ausführung zum Verdichten von voluminösen Abfallstoffen wie Papier, Kartonagen und ähnlichen Materialien erweitert.
Diese Pressen werden vorzugsweise in Kaufhäusern, Supermärkten, Druckereien sowie vielen Industriebetrieben eingesetzt.

1974
beginnt Welger die Entwicklung einer völlig neuen Pressenbauart für die Landwirtschaft. Es ist eine Rollpresse für zylindrische Großballen nach dem Festkammersystem. Diese Bauart nach dem System Welger wird weltweit patentiert, es existieren daher Lizenzvereinbarungen mit namhaften Herstellern in aller Welt.

1985
stellt Welger erstmals eine Großballenpresse vor, die *Delta 5000*, deren große Leistung vor allem für den Einsatz in Lohnunternehmen und Maschinenringen interessant ist. Diese Konstruktion wird jedoch auf Grund ihres Baumfanges und nach den ersten praktischen Erfahrungen deutlich verändert.

1990
baut der Pressenspezialist seine Marktstellung weiter aus. So erreicht Welger nach eigenen Angaben in der Bundesrepublik Deutschland mehr als ein Drittel aller Lieferungen mit deutlichem Abstand zum nächstfolgenden Wettbewerber.

Zweiseitenkipper FK 250 mit 12,5 t Nutzlast.

Bei den Rollpressen beträgt der Marktanteil 27 % und bei den konventionellen Hochdruck-Aufsammelpressen fast 55 %. Der Marktanteil aller nach Welger-Patent gebauten Rollpressen liegt bei über 75 %.

1991
findet man in Folge einer Marketingaktion die älteste noch funktionierende Welger-Langstroh-Presse aus dem Baujahr 1920 in Sagast, Kreis Pritzwalk/Brandenburg. Wirtschaftlich kommt das Unternehmen aber auf Grund mangelnder Innovation, veralteter Produktionsmethoden und falscher Markteinschätzungen in Bedrängnis.

Blick durch einen Scheibenmäher der SM-Serie.

1993
erreicht Welger im nachgebenden Pressenmarkt nur noch einen Anteil von 24 %. Bei Hochdruckpressen, die kaum noch nachgefragt werden, sind es 50 %, bei Rollpressen 21 % und bei Großpackenpressen 13 %.

1994
Welger erhält vom Land Niedersachsen eine Bürgschaft von 8 Mio. DM zur Unterstützung für die Umstrukturierung der Produktion. Von den mehr als 800 Mitarbeitern im Jahr 1991 sind jetzt nur noch rund 600 beschäftigt, und ein weiterer Abbau um 50 bis 60 Arbeitsplätze ist geplant.
Die EG-Kommision in Brüssel untersucht diesen Vorgang in einem Verfahren, weil Welger bereits im September 1992 Bürgschaften von insgesamt 22,3 Mio. DM für Umstrukturierungsmaßnahmen gewährt worden waren.

1994
kauft die niederländische Lely-Gruppe sämtliche Anteile an der Landmaschinenfabrik Welger GmbH in Wolfenbüttel.
Diese Übernahme fügt sich nahtlos in die regionale Profit-Center-Strategie von Lely ein. Die Welger GmbH übernimmt nun zusätzlich zu ihren bisherigen Zuständigkeiten die Vertriebsverantwortung für sämtliche Lely-Produkte in Deutschland.

Zweegers (PZ)

P. J. Zweegers en Zonen,
Landbouwmachinefabriek B.V.
Geldrop (NL)

Rotoren für das Grünland

Über Greenland heute im Kverneland-Konzern

1937
gründet Petrus J. Zweegers (PZ) seine Firma, nachdem er schon seit 1920 einen kleinen Landmaschinenhandel betrieben hat. Sortiermaschinen, Zwiebelzupfmaschinen und Pumpen sind die ersten Produkte. Später kommen Tellerdüngerstreuer hinzu.

1953
kommt es – ausgelöst durch eine Hochwasserkatastrophe, die eine Entsalzung des Bodens im großen Umfang erforderlich macht – zur Entwicklung eines modernen Düngerstreuers, dem *Vibrax*.
Bereits zu diesem Zeitpunkt bemüht sich Zweegers um Exportkontakte.

1956
entsteht das erste moderne Fabrikationsgebäude.

1957
kommt mit der Übernahme der Firma Bosch N.V. in Nijversdal der erfolgreiche *Schnellheuer* in das Lieferprogramm. Diese Maschine findet ausgezeichnete Absatzmärkte in Großbritannien, Irland, Skandinavien, der Schweiz und sogar in den USA.

1954
erfindet Piet Zweegers, einer der vier Brüder aus der dritten Generation, den Rotormäher mit zwei gegenläufigen Tellern, von denen jeder mit vier beweglich befestigten Messern bestückt ist.
Damit gelingt dem Unternehmen ein gewaltiger technischer Durchbruch – der Weltmarkt steht nun offen. Dieser Rotormäher wird in 26 Staaten patentiert und Lizenzen nur an leistungsfähige Unternehmen in verschiedenen Ländern vergeben. Zuerst an Fahr in Deutschland, Bamford

oben:
Rotormäher aus dem Jahr 1964.

unten:
Rotormäher zu Beginn noch mit Keilriemenantrieb.

rechts:
Rotorschwader CZ 450 in Transportstellung.

in Großbritannien sowie Kuhn in Frankreich. Später auch nach Jugoslawien und die CSSR.
Auf Grund der großen Nachfrage wird die Fabrik in Geldrop zu klein, so dass Montagebetriebe in Belgien und Neuseeland eingerichtet werden.

1967
kann der 3 000ste *PZ-Rotormäher* der Saison montiert werden. Dieses Rotationsprinzip findet sich in abgewandelter Form in der Universal-Heuerntemaschine *Strela* wieder.
Später kommen noch die einfachen Anbau-Feldhäcksler *Pezma* und *Elite* in das Programm. Zuerst für eine Reihe Silomais, dann mit zwei Reihen und zuletzt dreireihig, jedoch angebaut in die Dreipunktkupplung für Traktoren mit Rückfahreinrichtung.

Rotormäher mit Aufbereiter.

1975
hat das Unternehmen 750 Mitarbeiter und exportiert seine Produkte in 66 Länder.

1978
wird auf der französischen Landwirtschaftsausstellung Sima in Paris der 200 000ste Rotormäher ausgestellt.

1982
übernimmt die Greenland-Gruppe das Unternehmen Zweegers.

1984
Zweegers stellt den 300 000sten Rotormäher fertig.

1987
feiert das Unternehmen seinen 50. Geburtstag und erwirtschaftet fast 200 Mio. hfl. Umsatz bei einem Exportanteil von 87 % und 1 000 Beschäftigten.